住房城乡建设部土建类学科专业“十三五”规划教材
高等学校建筑环境与能源应用工程专业规划教材

暖通空调热泵技术

（第二版）

姚　杨　姜益强　倪　龙　编著
姚　杨　主编
马最良　主审

中国建筑工业出版社

图书在版编目（CIP）数据

暖通空调热泵技术/姚杨主编．—2版．—北京：中国建筑工业出版社，2019.7（2023.12重印）
住房城乡建设部土建类学科专业“十三五”规划教材
高等学校建筑环境与能源应用工程专业规划教材
ISBN 978-7-112-23843-9

Ⅰ.①暖… Ⅱ.①姚… Ⅲ.①采暖设备-热泵-高等学校-教材②通风设备-热泵-高等学校-教材③空气调节设备-热泵-高等学校-教材 Ⅳ.①TH3

中国版本图书馆CIP数据核字（2019）第114041号

本书既是一本有关热泵空调技术的教材，又是内容丰富、深入浅出、图文并茂、理论与实际并重的工程技术书籍。

本书系统地阐述了热泵技术的基础知识与原理，介绍了在暖通空调领域中应用广泛、技术成熟的蒸气压缩式热泵技术与系统（包括空气源、水源、土壤耦合热泵系统及水环热泵、变制冷剂流量的热泵多联机系统等），介绍了吸收式热泵技术，还对典型热泵工程进行了案例分析。

本书可供建筑环境与能源应用工程专业的学生阅读，同时也可供从事暖通空调和热泵工程的专业技术人员阅读。

配套课件下载方式：登录中国建筑工业出版社官网 www.cabp.com.cn→输入书名或征订号查询→点选图书→点击配套资源即可下载（重要提示：下载配套资源需注册网站用户并登录。）

* * *

责任编辑：齐庆梅 胡欣蕊
责任校对：张 颖

住房城乡建设部土建类学科专业“十三五”规划教材
高等学校建筑环境与能源应用工程专业规划教材
暖通空调热泵技术（第二版）
姚 杨 姜益强 倪 龙 编著
姚 杨 主编
马最良 主审
*
中国建筑工业出版社出版、发行（北京海淀三里河路9号）
各地新华书店、建筑书店经销
北京红光制版公司制版
建工社（河北）印刷有限公司印刷
*
开本：787×1092毫米 1/16 印张：19½ 字数：482千字
2019年12月第二版 2023年12月第十四次印刷
定价：**46.00**元（附网络下载）
ISBN 978-7-112-23843-9
（34145）

第二版前言

本书第一版自2008年问世至今，已有11年之久。这11年是我国热泵发展过程中很不平凡的时期，有创新的理念与技术的问世，有成功的经验积累与热泵市场下滑的教训总结。这些很值得热泵工作者思考与总结。

我国地源热泵（地下水源热泵、土壤源热泵和地表水源热泵）技术的应用与发展在前四年（2008～2011年）经历了快速发展，而后六年（2012～2017年）里又出现地源热泵市场停滞与下滑现象。有的文献称地源热泵由盲目快速发展回归于理性发展。其实是在前几年连续高速发展时，忽略了热泵技术在我国发展中表现出一些不同于其他国家与地区的新特点、新问题，这些新特点、新问题将会为热泵技术在中国的应用与发展带来不确定性与未知性。同时，地源热泵在发展中还存在达不到的技术要求和技术难点等问题，从而导致我国地源热泵的应用与发展出现下滑现象。

在这11年里，空气/水热泵在世界范围内保持了稳定的增长势头。现以2015年为例，全球空气/水热泵市场规模达到178万台，比2014年增长2.0%；欧洲空气/水热泵市场规模达到24.4万台，较前一年增长5.2%；中国空气/水热泵市场规模达103.5万台，较2014年增长4.9%。而且，近年来空气源热泵供暖系统又被认为是替代北方农村冬季散煤供暖的有效方案之一。从而导致空气源热泵在我国进入高速发展时期，已成为全球空气源热泵应用最广泛的区域之一。但我们也要清醒地认识到：空气源热泵在实际应用中又有许多新问题、新技术始终是业内的研究热点，如结霜与除霜问题、低温工况下的高效运行问题、适用地区与平衡点温度等问题。这又亟待创新与发展。

众所周知，一本特色鲜明的教材是一个持续成长、成熟的过程。因此，编著者基于上述背景和这十余年的热泵教学实践的新体会，在第一版的基础上，开始撰写第二版。第二版将保持第一版的特点，即在达到本课程教学大纲对专业知识深度与广度要求的基础上，从教材结构、内容选取、论述方法上始终将其定位成初学者的一本专业理论与技术的入门书籍，同时力求以培养学生能力为主线，开发学生的创新潜能，并且做到“教书”与“育人”的和谐统一等特点。对第一版进行增删、调整，增加地源热泵系统存在的问题与对策、空气源热泵近年来的研究成果（如空气源热泵系统多区域结霜图谱、误除霜事故、除霜新技术等）等新章节，力求使第二版教材更有特点、更适应于初学者的特点；更能让初学者对热泵技术产生极大的兴趣；更加激发他们的创造思维等。希望第二版能为高等学校建筑环境与能源应用工程专业“热泵技术”课程建设贡献微薄力量。同时更期待第二版教材能在我国热泵技术的普及工作中发挥积极的作用。

最后还有一点值得指出：在几十年的热泵教学中，笔者深深感到通过十几学时的热泵选修课的学习，完全可以把学生引进到“热泵技术”之门内，起到一个引路的作用。在今后的工作中，只要你对热泵感兴趣或工作需要，通过再学习、再思考，不断地实践，完全可以成为一名优秀的热泵工作者，甚至成为热泵专家。因此，《暖通空调热泵技术》（第二版）作为启蒙教材，给学生的不仅仅是热泵技术的基本理论知识与热泵空调系统的通用知识，而更重要的是带给学生启发与思考，以满足学生精神世界中对创新的强烈需求。

本书由姚杨、姜益强、倪龙编著，姚杨担任主编，马最良主审。具体分工为：第1、5、8章和3.1、3.3、3.5～3.8、4.5、4.6节由倪龙修订和编著；第2、7、9章和3.2、3.4、4.1、4.2、4.3节由姚杨修订和编著；第6、10章和4.4节由姜益强修订和编著。全书由姚杨统稿。本书的出版凝聚了编辑的辛勤工作，在此表示敬意和感谢。

为方便教学，我们制作了配套的电子课件，下载方式如下：登录中国建筑工业出版社官网 www.cabp.com.cn→输入书名或征订号查询→点选图书→点击配套资源即可下载（重要提示：下载配套资源需注册网站用户并登录）。

由于编著者的水平所限，本书难免存在缺点和不妥之处，敬请读者批评指正。

第一版前言

早在20世纪80年代初，徐邦裕教授率先在原哈尔滨建筑工程学院（现哈尔滨工业大学）为“供热通风与空调”专业研究生开设出“热泵”选修课程，并于1988年正式出版国内第一本《热泵》高等学校试用教材（中国建筑工业出版社）。当时，热泵技术在我国属起步阶段，尚不为人所知。但国外热泵技术发展迅速，在暖通空调中得到日益广泛的应用。因此，在我国有必要普及与推广热泵技术，应在暖通空调中大力提倡应用与发展热泵技术。正如《热泵》前言所指出的：“随着人口和经济的迅速增长，加剧了矿物能源的消耗和枯竭，导致环境的污染和破坏。因此，人们正以极大的努力去寻找能源的出路。出路无非两个，一是开发新能源；二是节约能量消耗。直到目前为止，节能技术一方面是以热力学第一定律为基础，从量的方面着手，减少各种损失和浪费，这是目前人们较熟悉的。另一方面是从热力学第二定律出发，从质的方面着手研究，利用低位能源（空气、土地、水、太阳能、工业废热等）代替一部分高位能源（煤、石油、电能等），以达到节约高位能源的目的。为此，利用低位能量的热泵技术已引起人们的重视。热泵技术经历了一段艰难的发展过程，在目前无疑已经得到了突破。热泵装置进入了家庭、公共建筑物、厂房，以提供空调、采暖、热水供应所需的热量，而且也已在工业的一些工艺工程中得到应用。目前热泵主要用来解决100℃以下的低温用能。据估计，欧洲在100℃以下的低温用能方面的耗能量约占总耗能量的50%左右。而这些能量主要用在建筑物的采暖。”

20多年后的今天，热泵技术在我国进入飞速发展的阶段。已在热泵理论、系统创新、实验研究、产品开发、工程应用诸方面取得可喜成果，显示出热泵技术在我国应用与发展的潜力。人们充分认识到：热泵技术是科学使用能源和科学配置能源的典型有效技术，它为解决暖通空调的能源与环境问题提供了技术支持，也为实现暖通空调事业可持续发展指明了有效途径。因此，在我国热泵技术新的发展起点上，重新编写一本“热泵”教材是十分必要而有益的事。同时，考虑到目前热泵在暖通空调领域中广泛应用与发展，为此，我们编写出《暖通空调热泵技术》一书，作为“建筑环境与设备工程”专业“热泵”课程的教材或研究生相关课程的参考书。希望本教材的出版能为热泵课程建设贡献微薄力量。

本书分四部分，1～3章阐述了热泵技术的基础知识与原理；4～8章阐述了在暖通空调领域中应用广泛、技术成熟的蒸气压缩式热泵技术与系统；9章阐述了吸收式热泵技术；10章对典型热泵工程进行了案例分析。

本书由马最良、姚杨、姜益强编著，姚杨担任主编。具体分工为：第1、5、8章和3.1节、3.3节、3.5～3.8节、4.5节由马最良编著；第2、7、9章和3.2、3.4、4.1、4.2、4.3节由姚杨编著；第6、10章和4.4节由姜益强编著。全书由姚杨统稿。在编著工作中，研究生倪龙、叶凌、李翔、牛福新、李宁、赵志丹、林艳艳等为本书成稿做了很多辅助性工作，对此谨致谢意。本书的出版凝聚了编辑的辛勤工作，在此表示敬意和感谢。

为方便任课教师制作电子课件，我们制作了包括本书中公式、图表等内容的素材库，可发送邮件至 jiangongshe@163. com 免费索取。

由于编著者的水平所限，本书难免存在缺点和不妥之处，敬请读者批评指正。

目　　录

第 1 章　导论与基础 …… 1
1.1　能源与环境 …… 1
1.2　高位能与低位能 …… 3
1.3　热泵的定义 …… 6
1.3.1　热泵的定义 …… 6
1.3.2　热泵机组与热泵系统 …… 7
1.3.3　热泵系统可视为热能再生系统 …… 9
1.3.4　热泵空调系统 …… 10
1.4　热泵的种类 …… 11
1.5　热泵空调系统的分类 …… 13
1.6　热泵工质及其替代问题 …… 14
1.6.1　蒸气压缩式热泵对工质的要求 …… 14
1.6.2　热泵工质的种类 …… 16
1.6.3　热泵工质的替代 …… 17
1.6.4　几种可能的替代工质 …… 22
1.7　热泵在我国应用与发展的回顾 …… 24
1.7.1　早期热泵的应用与发展阶段（1949～1966） …… 24
1.7.2　热泵应用与发展的断裂期（1966～1977） …… 25
1.7.3　热泵应用与发展的全面复苏期（1978～1988） …… 25
1.7.4　热泵应用与发展的兴旺期（1989～1999） …… 27
1.7.5　21 世纪后热泵发展进入发展高峰与低谷时期 …… 30
1.8　热泵的历史 …… 32
参考文献 …… 42
第 2 章　热泵的理论循环 …… 45
2.1　逆卡诺循环（Reverse Carnot Cycle） …… 45
2.2　劳仑兹循环（Lorehz Cycle） …… 48
2.3　蒸气压缩式热泵的理论循环 …… 49
2.4　吸收式热泵理论循环 …… 50
2.5　温差电热泵 …… 54
2.6　CO_2 跨临界热泵循环 …… 56
2.6.1　CO_2 作为制冷剂的发展历史 …… 56
2.6.2　CO_2 跨临界循环及其特点 …… 57
2.6.3　CO_2 跨临界循环的热力计算 …… 58

参考文献…………………………………………………………………………………… 59
第 3 章 热泵的低位热源和驱动能源 ………………………………………………… 60
3.1 概述……………………………………………………………………………… 60
3.2 空气……………………………………………………………………………… 61
3.3 水……………………………………………………………………………… 64
3.3.1 地下水 ………………………………………………………………………… 64
3.3.2 地表水 ………………………………………………………………………… 67
3.3.3 生活废水与工业废水 ………………………………………………………… 70
3.4 土壤……………………………………………………………………………… 71
3.4.1 土壤热物性 …………………………………………………………………… 71
3.4.2 土壤温度的状况分析及变化规律 …………………………………………… 73
3.5 太阳能……………………………………………………………………………… 76
3.6 驱动能源和驱动装置……………………………………………………………… 80
3.6.1 热泵的驱动能源和能源利用系数 …………………………………………… 80
3.6.2 电动机驱动 …………………………………………………………………… 81
3.6.3 燃料发动机驱动 ……………………………………………………………… 82
3.6.4 蒸汽透平（蒸汽轮机）驱动 ………………………………………………… 84
3.6.5 举例 …………………………………………………………………………… 86
3.7 热泵系统中的蓄能………………………………………………………………… 89
3.7.1 蓄能的意义 …………………………………………………………………… 89
3.7.2 蓄热材料……………………………………………………………………… 90
3.7.3 蓄热器 ………………………………………………………………………… 91
3.7.4 热泵蓄热系统 ………………………………………………………………… 92
3.8 热泵的经济性评价………………………………………………………………… 95
3.8.1 额外投资回收年限法 ………………………………………………………… 96
3.8.2 能耗费用……………………………………………………………………… 96
参考文献…………………………………………………………………………………… 98
第 4 章 空气源热泵空调系统……………………………………………………… 101
4.1 空气源热泵机组 ……………………………………………………………… 101
4.1.1 空气/空气热泵机组 ………………………………………………………… 101
4.1.2 空气/水热泵机组 …………………………………………………………… 104
4.2 空气源热泵机组的运行特性 ………………………………………………… 108
4.3 空气源热泵的结霜与融霜 …………………………………………………… 112
4.3.1 结霜的原因与危害…………………………………………………………… 112
4.3.2 结霜区域 …………………………………………………………………… 112
4.3.3 结霜的规律 ………………………………………………………………… 113
4.3.4 延缓结霜的技术 …………………………………………………………… 117
4.3.5 除霜的方法与控制方式 …………………………………………………… 118
4.3.6 结霜与除霜损失系数 ……………………………………………………… 124

4.4 空气源热泵机组的最佳平衡点 …… 127
4.4.1 平衡点与平衡点温度 …… 127
4.4.2 空气源热泵机组供热最佳平衡点的确定 …… 127
4.4.3 辅助加热与能量调节 …… 130
4.5 空气源热泵的低温适应性 …… 131
4.5.1 空气源热泵在寒冷地区应用存在的问题 …… 131
4.5.2 改善空气源热泵低温运行特性的技术措施 …… 132
4.6 空气源热泵在暖通空调系统中的应用情景 …… 136
参考文献 …… 138
第5章 水源热泵空调系统 …… 140
5.1 水源热泵机组与运行特性 …… 140
5.1.1 水/空气热泵机组 …… 140
5.1.2 水/水热泵机组 …… 141
5.1.3 水源热泵机组的运行特性 …… 142
5.2 地下水源热泵空调系统 …… 143
5.2.1 地下水源热泵空调系统的组成与工作原理 …… 144
5.2.2 地下水源热泵空调系统的设计要点 …… 144
5.2.3 地下水回灌技术 …… 148
5.3 地表水源热泵空调系统 …… 150
5.3.1 地表水换热系统的形式 …… 150
5.3.2 地表水的特点对热泵空调系统的影响 …… 152
5.3.3 地表水换热系统勘察 …… 153
5.3.4 松散捆卷盘管的设计要点 …… 153
5.4 海水源热泵空调系统 …… 155
5.4.1 大型海水源热泵站 …… 155
5.4.2 海水源热泵空调系统的特殊技术措施 …… 156
5.5 污水源热泵空调系统 …… 156
5.5.1 污水的特殊性及对污水源热泵的影响 …… 157
5.5.2 污水源热泵站 …… 157
5.5.3 城市原生污水源热泵设计中应注意的问题 …… 158
5.5.4 污水源热泵形式 …… 159
5.5.5 防堵塞与防腐蚀的技术措施 …… 160
参考文献 …… 161
第6章 土壤耦合热泵空调系统 …… 163
6.1 土壤耦合热泵空调系统简介 …… 163
6.1.1 土壤耦合热泵空调系统的组成 …… 163
6.1.2 土壤耦合热泵空调系统的分类 …… 164
6.2 现场调查与工程勘察 …… 165
6.2.1 现场勘察 …… 165

6.2.2 水文地质调查 …… 166
6.2.3 设置测试孔与监测孔 …… 166
6.2.4 土壤热响应实验 …… 167
6.3 地理管换热器的管材与传热介质 …… 169
6.3.1 地埋管管材 …… 169
6.3.2 管材规格和压力级别 …… 169
6.3.3 传热介质 …… 170
6.4 地理管换热器的布置形式 …… 172
6.4.1 埋管方式 …… 172
6.4.2 连接方式 …… 174
6.4.3 水平连接集管 …… 175
6.5 地理管换热器的传热计算 …… 175
6.5.1 地埋管换热器传热分析 …… 175
6.5.2 竖直地埋管换热器的长度 …… 176
6.6 地埋管换热器系统的水力计算 …… 179
6.6.1 压力损失计算 …… 179
6.6.2 循环泵的选择 …… 181
6.7 地埋管换热器的安装 …… 181
6.7.1 施工前的准备 …… 181
6.7.2 水平式地埋管换热器 …… 182
6.7.3 竖直U形埋管换热器 …… 183
6.7.4 地埋管换热系统的检验与水压试验 …… 187
6.8 我国地埋管地源热泵技术发展中应关注的几个问题 …… 188
6.8.1 浅层岩土蓄能+浅层地温能才是地源热泵可持续利用的低温热源 …… 188
6.8.2 地埋管地源热泵系统在夏季自然供冷（免费供冷）潜力巨大 …… 190
6.8.3 地下水流动是地埋管换热器换热过程的重要影响因素 …… 193
6.8.4 改善地埋管管群周围土壤热环境的技术措施 …… 193
6.8.5 系统能效比始终是地埋管地源热泵设计与运行中关注的问题 …… 195
参考文献 …… 196
第7章 水环热泵空调系统 …… 198
7.1 概述 …… 198
7.2 水环热泵空调系统的组成与运行 …… 198
7.2.1 水环热泵空调系统的组成 …… 198
7.2.2 水环热泵空调系统的运行特点 …… 200
7.3 水环热泵空调系统的特点 …… 201
7.4 水环热泵空调系统的设计要点 …… 202
7.4.1 建筑物供暖和供冷负荷 …… 202
7.4.2 水/空气热泵机组的选择 …… 203
7.4.3 机组风道的设计 …… 204

7.4.4 加热设备 …… 204
7.4.5 排热设备 …… 205
7.4.6 蓄热水箱 …… 205
7.5 水环热泵空调系统的问题与对策 …… 206
7.5.1 合理选择应用场所，充分体现出节能和环保效益 …… 206
7.5.2 向系统引入外部低温热源，拓宽水环热泵空调系统的应用范围 …… 207
7.5.3 采用混合系统，进一步提高水环热泵空调系统的节能效果和环保效益 …… 211
参考文献 …… 212
第8章 变制冷剂流量热泵式多联机空调系统 …… 213
8.1 概述 …… 213
8.2 变制冷剂流量热泵式多联机组 …… 214
8.2.1 变制冷剂流量热泵式多联机组的组成与工作原理 …… 214
8.2.2 机组中的部分辅助部件与设备 …… 215
8.3 变制冷剂流量热泵式多联空调系统类型 …… 218
8.3.1 风冷交流变频变容热泵多联机系统 …… 218
8.3.2 水冷变频变容热泵多联空调系统 …… 219
8.3.3 风冷定频变容系统 …… 221
8.4 变制冷剂流量热泵式多联空调系统中的几个关注问题 …… 223
8.4.1 系统的地域适应性 …… 223
8.4.2 制冷剂管路的配管长度对其系统性能的影响 …… 224
8.4.3 室内外机高差对系统性能的影响 …… 225
8.4.4 室内机高度差对系统性能的影响 …… 226
8.4.5 系统的回油问题 …… 227
8.5 水环多联机热泵空调系统 …… 228
8.5.1 水环多联机热泵空调系统 …… 228
8.5.2 水环多联机热泵空调系统运行的模拟预测分析 …… 230
参考文献 …… 232
第9章 吸收式热泵 …… 234
9.1 概述 …… 234
9.2 第一种吸收式热泵 …… 235
9.3 第二种吸收式热泵 …… 237
9.4 单效吸收式热泵循环 …… 238
9.4.1 单效第一种吸收式热泵 …… 238
9.4.2 单效第二种吸收式热泵 …… 239
9.5 双效吸收式热泵循环 …… 240
9.5.1 双效第一种吸收式热泵 …… 240
9.5.2 双效二级吸收第一种吸收式热泵 …… 241
9.5.3 双效第二种吸收式热泵 …… 242
9.6 联合型吸收式热泵及再吸收式热泵 …… 243

9.6.1 第一种和第二种联合型吸收式热泵 …… 243
9.6.2 再吸收式热泵 …… 244
参考文献 …… 245
第10章 热泵工程典型案例分析 …… 246
10.1 概述 …… 246
10.2 异井回灌地下水源热泵工程案例分析 …… 246
10.2.1 工程案例介绍 …… 246
10.2.2 场地水文地质条件和主要含水层水文地质参数 …… 246
10.2.3 抽水井和回灌井设计 …… 248
10.2.4 水源冷热水机组及深井泵的选用 …… 248
10.2.5 案例分析与评价 …… 249
10.3 同井回灌地下水源热泵工程案例分析 …… 251
10.3.1 工程案例介绍 …… 251
10.3.2 地质概况 …… 252
10.3.3 抽灌同井装置 …… 252
10.3.4 系统测试与结果分析 …… 253
10.3.5 案例分析与评价 …… 258
10.4 空气源热泵空调系统案例分析 …… 260
10.4.1 工程案例介绍 …… 260
10.4.2 冷热源系统 …… 260
10.4.3 案例分析与评价 …… 262
10.5 空气源单、双级耦合热泵空调系统案例分析 …… 265
10.5.1 工程案例介绍 …… 265
10.5.2 单、双级耦合热泵机房平面布置 …… 266
10.5.3 工程测试与分析 …… 267
10.5.4 单、双级耦合热泵系统的经济性评价 …… 273
10.5.5 案例分析与评价 …… 274
10.6 地热尾水水源热泵案例分析 …… 275
10.6.1 工程案例介绍 …… 275
10.6.2 水系统原理及运行效果测试 …… 276
10.6.3 案例分析与评价 …… 277
10.7 水环热泵空调系统案例分析 …… 278
10.7.1 工程案例介绍 …… 278
10.7.2 空调系统 …… 278
10.7.3 公寓部分空调设备费概算及系统运行情况 …… 280
10.7.4 案例分析与评价 …… 281
10.8 土壤耦合热泵空调系统案例分析 …… 281
10.8.1 工程案例介绍 …… 281
10.8.2 混合地埋管系统的设计概况 …… 281

10.8.3 单一地埋管和混合地埋管系统的经济性分析 …… 283
10.8.4 案例分析与评价 …… 284
10.9 基于热泵的能量综合利用系统案例分析 …… 285
10.9.1 工程案例介绍 …… 285
10.9.2 泳池能量回收系统设计 …… 286
10.9.3 案例分析与评价 …… 288
10.10 再生水源热泵工程案例分析 …… 289
10.10.1 工程概况 …… 289
10.10.2 系统原理 …… 290
10.10.3 运行方式及分析 …… 292
10.10.4 案例分析与评价 …… 295
参考文献 …… 296

第1章　导论与基础

1.1　能源与环境

能源与环境问题是当今世界各国面临的重大社会问题之一。能源是人类生存和社会发展的物质基础。在过去二百多年的能源发展史中，人类依靠化石能源取得了辉煌的经济发展和科技文化的进步。但发展到今天，人们对能源的需求日益增长，这些能源所具有的资源有限性和对生态环境的危害性愈来愈突出，已成为人类面临的巨大威胁和挑战。

先看一些简单的数据[1,2]：

① 1770～1900年，全球工业化初期，世界人口增长2倍，能源消费总量增加6倍；1900～1992年，全球工业成熟阶段，世界人口增长3倍，能源消费总量却增长75倍。

② 全球能源消费总量：1970年为83亿吨标准煤（tce），2006年为164亿tce，估计2020年将为200亿tce。

③ 世界人均能耗：1950年为1tce，2000年超过了2.1tce，50年翻了一番，预计2050年将达到2.8tce。

④ 发达国家人均能耗一直居高不下。2000年美国人均能耗为11.7tce，经济合作与发展组织为6.7tce，日本为5.9tce，都远远超过世界平均水平。

⑤ 我国的能源需求也在日益增长。1949年新中国成立，能源消费总量为2000多tce；1958年新中国成立初期处于经济恢复期，能源消费总量为5400万tce；1980年改革开放，发展经济初期，能源消费总量为6.03亿tce；1996年为13.97亿tce，约占全球能源生产总量的11%；2003增长到16.78亿tce，是1980年的2.78倍。

目前中国人均GDP已经超过1000美元的小康目标，按照预定的经济发展目标，2020年将全面实现小康，达到中等发达国家的水平，人均GDP将达到10000美元。从其他发达国家的发展历程来看，GDP达到10000美元的能源消耗是人均标准煤5.6t/年。这样，到2020年我国人口达到15亿，将需要84亿tce。这是世界目前能源生产能力的60%。

⑥ 建筑能耗是能源消费构成的重要部分，占相当大的比重，在发达国家已占到能源消费总量的35%～40%。例如，美国占31.9%，英国占34.3%，瑞典占33.9%，丹麦占42.4%，荷兰占33.9%，加拿大占31.8%，比利时占31.8%。在我国也占到能源消费总量的25%以上。

上述数字，明确地告诉我们：随着人类文明的进步和社会的发展，人类对能源的需求在急速增长，能源的消耗将会越来越多；能源资源的消耗速度远远超过资源的可再生能力。有限的储量和无限的需求使发生全球性或地区性能源危机的可能性依然存在。目前，石油、天然气、煤炭等化石能源占世界能源消耗的90%。这些亿万年生成的地下资源储量有限，与消费速度相比是不可再生的，资源耗尽只是迟早的事。根据2000年末的测算，世界煤炭可采期限是 204 年，石油是 41 年，天然气是 61 年。我国的能源资源储量更是不容乐观。根据最新资料显示[3]，现有探明技术可开发能源资源总量超过 8230 亿 tce，探明经济可开发剩余可采总储量为 1392 亿 tce，约占世界总量的 10.1%。我国能源经济可开发剩余可采储量的资源保证度仅为 129.17 年，其中原煤仅为 114.5 年，原油仅为 20.1 年，天然气仅为 49.3 年。显然，未来能源的发展将面临重大的挑战，需要调整能源结构，发展多元化的能源结构；需要发展节能新技术，提高能源效率；需要发展清洁能源技术，开发利用再生能源技术，改进能源环境状态。这种挑战也为推动热泵技术的发展，提供一个很好的机遇。从译著中可以看出[4]，每一次能源危机和燃料涨价，总会引起大小不一、范围不等的“热泵热”。这给我们一个重要启示：能源问题是今后长期存在的问题，节能工作及热泵技术的应用与研究将会是暖通空调制冷领域中永恒的研究课题。

能源环境问题主要是指能源开发利用过程中的污染物的排放及其对生态环境的影响。目前，我们最关注的两个全球性的环境问题是全球气候的变化和臭氧层破坏。《蒙特利尔议定书》以及议定书各方的合作已经成功地减少了对臭氧层破坏的威胁。

但是，全球气候变化对人类生存的威胁越来越大。观测资料表明，在过去的 100 年中，全球平均气温上升了 0.3～0.6℃，全球海平面平均上升了 10～25cm。如果不对温室气体采取减排措施，在未来的几十年内，全球平均气温每 10 年将可升高 0.2℃，到 2100 年全球平均气温将升高 1～3.5℃。大气是人类生存的基本生态环境，全球平均气温上升，将引起诸如厄尔尼诺现象等的异常天气变化，从而对整个地球生态系统造成威胁。

全球气候变暖主要是发达国家在其工业化过程中燃烧大量化石燃料产生 CO_2 等温室气体的排放所造成的。2017 年全世界一次能源消费量为 135 亿吨油当量，其中煤炭、石油、天然气分别占到 28%、34% 和 23%。根据国际能源署（IEA）2019 年 3 月发布的第二份全球能源和 CO_2 状况报告，2018 年全球能源消耗的 CO_2 排放增长了 1.7%，总量达到 331 亿 t 的历史最高水平。

我国是世界上少数几个能源结构以煤炭为主的国家，也是世界上最大的煤炭消费国。2018 年中国能源生产总量为 37.7 亿 tce，其中煤炭占 68.3%；2018 年我国排放 100 亿 t 碳，居世界第一位。

因此，限制和减少化石燃料燃烧产生的 CO_2 等温室气体的排放，已成为国际社会减缓全球气候变暖的重要组成部分。许多国家都提倡采用热泵技术，把热泵技术作为减少 CO_2 排放量的一种有效技术。国际能源署（IEA）热泵中心评估了热泵的全球环境效益。如图 1-1 所示。由图 1-1 可见，电动热泵和燃气热泵的 CO_2 排放量均小于燃油锅炉和燃气锅炉。电动热泵运行所使用的电力，来自可再生能（如风力等）时，根本不排放任何 CO_2。可见，通过热泵来减少 CO_2 排放的潜力极大。2002 年，全世界约有 1.3 亿台热泵在

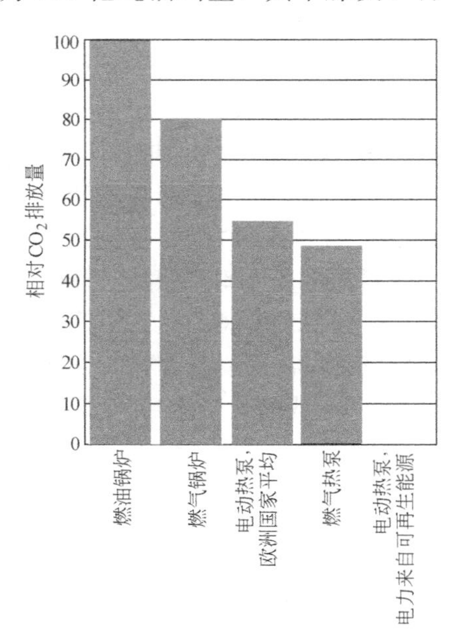

图 1-1　供热装置的相对 CO_2 排放量
（注：图中欧洲发电的 CO_2 排放量，平均为 0.55kg CO_2/kWh）

运行，总供热量约为每年 4.7×10^{15} kJ，每年减少 CO_2 排放量约为 1.3 亿 t。如果在建筑供暖中热泵所占比例能增加到 30%，在采用现有先进技术的条件下，可以使全世界每年 CO_2 的排放量减少 13.2 亿 t，占全世界 CO_2 排放量的 6%。随着热泵技术的进一步改进和发电效率的进一步提高，采用热泵供暖，使全世界 CO_2 排放量减少 16%是有可能的[5]。正是因为环境原因，进入 21 世纪后，热泵又迎来一个新的发展起点。通过热泵的应用与研究，来推动暖通空调的可持续发展，实现暖通空调的生态化和绿色化。

综上所述，未来能源与环境问题将是人类面临的重大挑战，也是促进科学技术发展的良好机遇。正因为这样，热泵技术将会在能源与环境问题的推动下，获得进步与发展。

1.2 高位能与低位能

通常，以做功本领来描述能量的大小。在封闭系统中，各种形式的能量无论发生什么变化过程，都可以互相转变，但其总和恒定不变。换言之，我们可根据需要把自然界中存在的形形色色的能转化为其他各种形式的能。所以，能量利用的过程实质就是能量的转化、传递过程。能量由某一种状态转化或传递到另一状态时，因能源状态不同，其转化效果亦不同，也就是说，能源因所处的状态不同，而其价值也不同。

例如，某城镇供水池位于 100m 水坝之下，而又高出了某湖面 10m 的地方（图 1-2）。该城镇供水的取水方案有二，一是由水坝直接供水，似乎未消耗任何能量；二是用水泵从湖中取水，即以坝中水作为动力驱动一个水轮机，水轮机再拖动水泵，将低于 10m 以下的湖水，输入供水池中。若向供水池供水 10t/s，且不计机械摩擦损失（认为机械效率 $\eta=1$）和管路的阻力损失时，则水坝直接供水的方案，不需要外界做功，而水由 100m 高处流下的势能将损失掉，其量为 $100\times10\times1000\times9.81=9.81\times10^6$ W；用水泵从湖中取水的方案将需要由外界供给一定量的能量，其值为 $9.09\times1000\times10\times9.81=8.92\times10^5$ W。如果用水坝中 0.91t/s 水（仅方案一供水量的 1/11）拖动水轮机（$0.91\times1000\times100\times9.81=8.92\times10^5$ W），即能完成由湖中取水的任务。由此可见，水坝中的水和湖中的水，虽然都是水，但其价值是不同的。就其供水而言，坝中的水有做功的能力，可自动地流向水池。坝中水的价值随其位置的高低而变，若坝的位置降至 50m，则它的价值亦降一半；而大量的低位湖水需要外界对它做功，方能取得。外界做功的大小也与湖水的位置有关。因此，湖中水的价值为负，坝中水的价值为正。供水方案二用了 0.91t/s 水坝中的高价值的水，而且利用了 9.09t/s 低价值的湖水。水位不同，其做功的能力不同。热能也一样，不仅有其数量，而且也有其质量问题。现以室内供暖为例说明之。

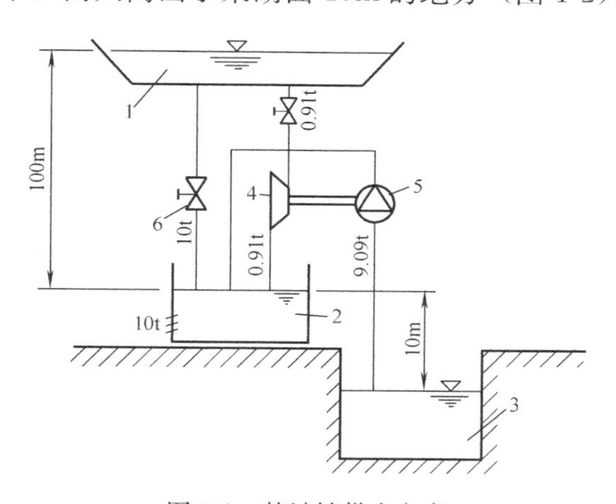

图 1-2 某城镇供水方案

1—水坝中的水；2—供水池；3—湖水中的水；4—水轮机；5—水泵；6—调节阀

若向室内供热 10kW，现有两种用电能的供暖方案（图 1-3）。

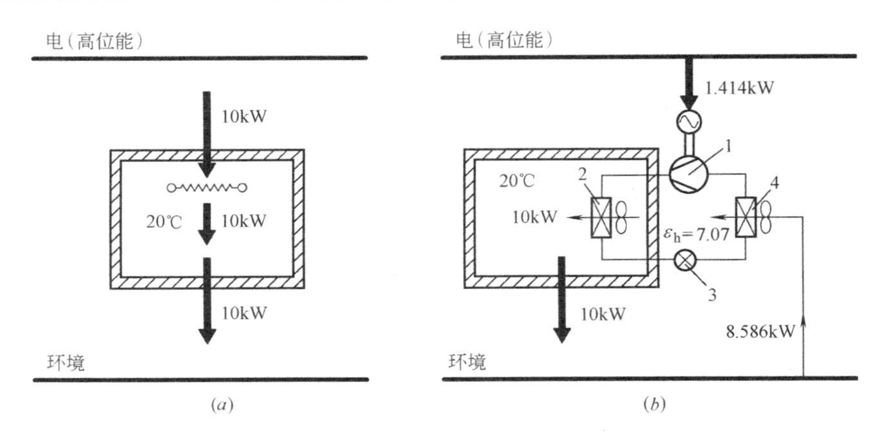

图 1-3　供暖方案

（a）电供暖；（b）空气源热泵供暖

1—压缩机；2—室内换热器；3—节流阀；4—室外换热器

第一方案，采用电阻式加热器，直接加热室内空气，则需要供给电能 10kW。

第二方案，采用电能拖动制冷机向室内供热，即热泵供热。若供热温度 $t_2=45℃$，低温热源的温度 $t_1=0℃$，热泵采用如图 1-4 所示理想循环——逆卡诺循环（参见 2.1 节），则理想循环热泵的制热性能系数：

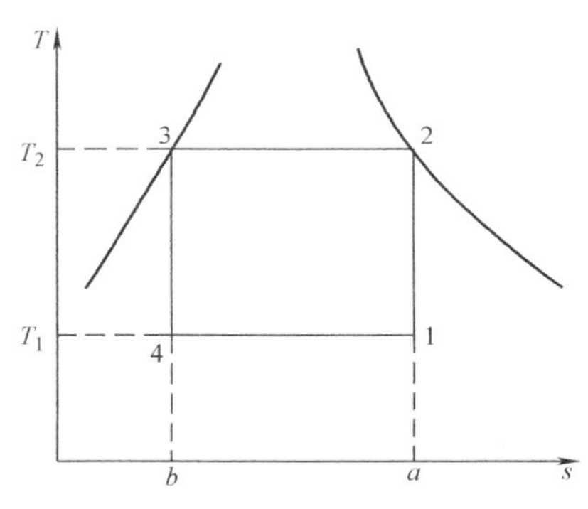

图 1-4　逆卡诺循环的 T-s 图

$$\varepsilon_h=\frac{\dot{Q}_h}{\dot{W}}=\frac{T_2}{T_2-T_1}=\frac{273+45}{45}=7.07$$

如向室内供热 10kW，驱动热泵所消耗的电能为：

$$\dot{W}=\frac{\dot{Q}_h}{\varepsilon_h}=\frac{10}{7.07}=1.414\text{kW}$$

用第二方案供热仅消耗 1.414kW 的电能，约为第一种方案的 1/7。这似乎违背了热力学第一定律——能量守恒定律。事实上则不然，由于此方案中的 6/7 的供热量利用了温度低于室温的低温热源的热量，因此，节省了高位能源（电能）的消耗量。

又如，室温下的 4.1868kJ 热量与 100℃下的 4.1868kJ 热量比较，从其数量上说是相等的，但其品质却大不一样。例如，用这两种温度下的热量，来向室内供热时，则温度为室温下的 4.1868kJ 热量不能自动传递到室内，而温度为 100℃的 4.1868kJ 热量可自动传递到室内。那么，两种热量协同的热能品质如何衡量呢？一般来说，品质的高低完全取决于它做功的本领，温度为室温下的热能毫无向室内供暖的能力，温度为 100℃的热量具有向室内供暖的能力。同时，也看出热能的温度高与低就是其品质高与低的标志。

综上所述，可归纳为以下几点：

（1）评价能源的价值时，既要看其数量，又要看其质量。能量按其质量可划分为高位能和低位能两种。在理论上可以完全转化为功的能量，称为高位能，或称高质量的能量。

属于这一类的有电能、机械能、化学能、高位的水力和风力、高位的物质等，从本质上说，高位能是完全有用的能量。不能全部而只是部分地转化为功的能量，称为低位能，或称低质量的能量。属于这一类的有物质的内能、低温的物质等。

热源也同样分为高位热源和低位热源。一般高位热源系指温度较高而能直接应用的热源。如蒸汽、热水、燃气以及燃料化学能、生物能等等。而低位热源系指无价值，不能直接应用的热源。如：取之不尽的贮存在周围空气、水、大地之中的热能，生活中所排出的废热（如排水和排气中的废热）；生产的排除物（水、气、渣等）中的含热量；能量的密度较小的太阳能等。

能量质量上的高低或者说能量品位的差别，实际上就是能量可用性的差别。能量的质量高，表示做功的能力大；能量的质量低，表示做功的能力小；能量的质量完全由做功的本领确定。如果高位能变为低位能，就表示能量在做功的本领上变小了，在质量上已经降级或贬值了。

（2）合理地使用高位能的问题是十分重要的。因为实际的能量利用过程具有两个特性：量的守恒性和质的贬值性。任何用能过程实质上也可以说成是能的量与质的利用过程。要使热能得到合理利用，必须合理使用高位能，必须做到按质用能。例如，由燃料直接提供给供暖所需要的低位热量，即使在不损失热量的条件下，室内所得到的热量最多为燃料发热量的100%，也应该认为是一种巨大的浪费。因为在这种情况下，贮藏在燃料中的化学能所具有的做功能力并未加以合理利用而贬值了。假如采用上述例子中提供的高位能利用方案，即利用高位能来推动一台动力机，然后再由动力机来驱动工作机（例如，制冷压缩机）运转，工作机像泵的作用一样，将低位能的位势提高。如图1-2中利用水泵取水提高了湖水的水位，合理地使用水坝中的高位水，坝中的水先做功，然后再向城市供水。又如图1-3中利用热泵供热，提高了低位热能的质量，节省了高位的电能。

（3）基于能量质量的概念，可提炼出合理利用能源的两个重要原则——能量的梯级利用和能级的提升，从而克服了传统能量利用的分产分供方式，如图1-5所示。

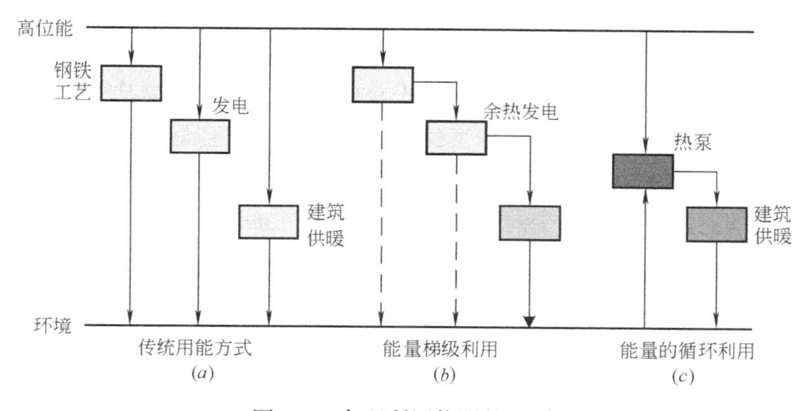

图1-5 合理利用能源的原则

(*a*) 传统的分产分供；(*b*) 能量的梯级利用；(*c*) 能级的提升

由图1-5可见，传统利用是采用分产分供的方式（图1-5*a*）。从钢铁工业高温加热需求到建筑物供暖的低温需求，传统上，对于每一种加热需求都是独立供给，独立加热，这种用能方式中忽略了在能量的转换过程中，如何防止和减少能量贬值的问题。因此，可以说这种传统用能极大地引发用能过程中的能源质量的浪费现象。为此在用能过程中，应遵守能量梯级使用原则（图 1-5*b*）和能级的提升原则（图 1-5*c*）。所谓的能量梯级使用是指将高位能先满足于高端的需求，如用作机械驱动能、电能、高温加热等，从这些用能过程中排出的废热，再满足于低端的需求。在能量利用过程中始终按着这个原则，满足不同温度所需要的能量，直至降低到环境热能为止，从而避免了热量的不必要的降级损失。例如：天然气先用于钢铁工业的加热，加热钢材料排出的废热再用于发电（余热发电），由发电排出的废热最后用于建筑物的供暖。供暖后，热量排入环境中（图 1-5*b*）。能级提升是指，将低位能的品位提升，用于需要较高温度热能的场合。根据热力学第二定律，热量不会自发地从低温物体传到高温物体，因此，能级提升过程，就必须从外界输入一部分有用能量，以实现这种能量的传递。图 1-5（*c*）说明了能级的提升过程。图 1-2 水泵供水方案和图 1-3 中的第二方案都是能级提升的例子。

通过这些例子告诉我们很重要的一点：采用热泵技术可以实现热能的能级提升。

（4）由上述例子可见，应用图 1-3 中的第二方案供热比采用第一方案要大大节省高位能源的能量，其减少的数量与供热温度和周围环境温度之差有关。假设周围环境温度为0℃，则在不同的供热温度时，两个方案所消耗的高位能源的能量之比不同，其比值列入表 1-1 中。

由表 1-1 可明显地看出，供热温度越低时，第二方案消耗高位能也越少。这表明在能级提升过程中，随着温升（输出温度与热源之间的温差）的增加，热泵的驱动能亦成比例的增加。

两个方案所消耗的高位能源之比 **表 1-1**

供热温度(℃)	20	34	40	45	50	60	70
$\frac{\text{第一方案所消耗的高位能}}{\text{第二方案所消耗的高位能}}$	14.75	10.1	7.82	7.07	6.5	5.54	4.9

（5）按照热力学第一定律，在一系统内，能量既不能产生，也不能消失，只能从一种形式转变为另一种形式，而且转换的方向也是一定的，只能从高位能变为低位能。因此，一般所谓“节约能量”之说，严格而言是不十分确切的。因为仅仅是节约了高位能，而利用了部分低位能，也就是说，能量是守恒的，一切能量使用到最后，都成为废热传递给大气环境了，虽然它在数量上看是守恒的，但质量上已经越来越不中用，最后降级到无用了。因此，在节约能量问题上，要把能量贬值看为重要问题。在能量利用过程中节约能量，真正意味着节约它的质量，意味着科学用能。

1.3 热泵的定义

上述两节中已多次提到“热泵”一词，为了进一步理解它，本节将给出热泵定义及其内涵，并介绍热泵机组、热泵系统和热泵空调系统之间的联系与区别。

1.3.1 热泵的定义

热泵是一种利用高位能使热量从低位热源流向高位热源的节能装置[6]。顾名思义，热泵也就是像泵那样，可以把不能直接利用的低位热能（如空气、土壤、水中所含的热能、太阳能、工业废热等）转换为可以利用的有用高位热能，从而达到节约部分高位能（如煤、燃气、油、电能等）的目的。

由此可见，热泵的定义涵盖了以下几点：

（1）热泵虽然需要消耗一定量的高位能，但所供给用户的有用热量却是消耗的高位热能与吸取的低位热能的总和。也就是说，应用热泵，用户获得的热量永远大于所消耗的高位能。因此，热泵是一种节能装置，或者说热泵是热能再生装置。

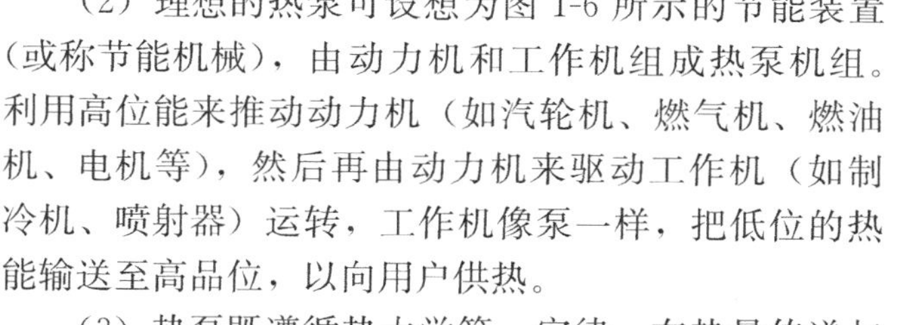

（2）理想的热泵可设想为图1-6所示的节能装置（或称节能机械），由动力机和工作机组成热泵机组。利用高位能来推动动力机（如汽轮机、燃气机、燃油机、电机等），然后再由动力机来驱动工作机（如制冷机、喷射器）运转，工作机像泵一样，把低位的热能输送至高品位，以向用户供热。

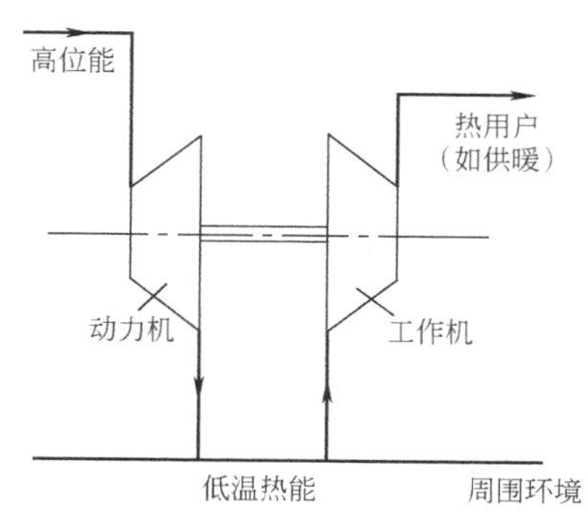

图1-6 理想的热泵机组

（3）热泵既遵循热力学第一定律，在热量传递与转换的工程中，遵循着守恒的数量关系；又遵循着热力学第二定律，热量不可能自发、不付出代价的、自动地从低温物体转移至高温物体。在热泵的定义中明确指出，热泵是靠高位能拖动，迫使热量由低温物体传递给高温物体。

1.3.2 热泵机组与热泵系统

图1-7给出热泵系统的框图。由框图可明确地看出热泵机组与热泵系统的区别。热泵机组是由动力机和工作机组成的节能机械，是热泵系统中的核心部分。而热泵系统是由热泵机组、高位能输配系统、低位能采集系统和热能分配系统四大部分组成的一种能级提升的能量利用系统。

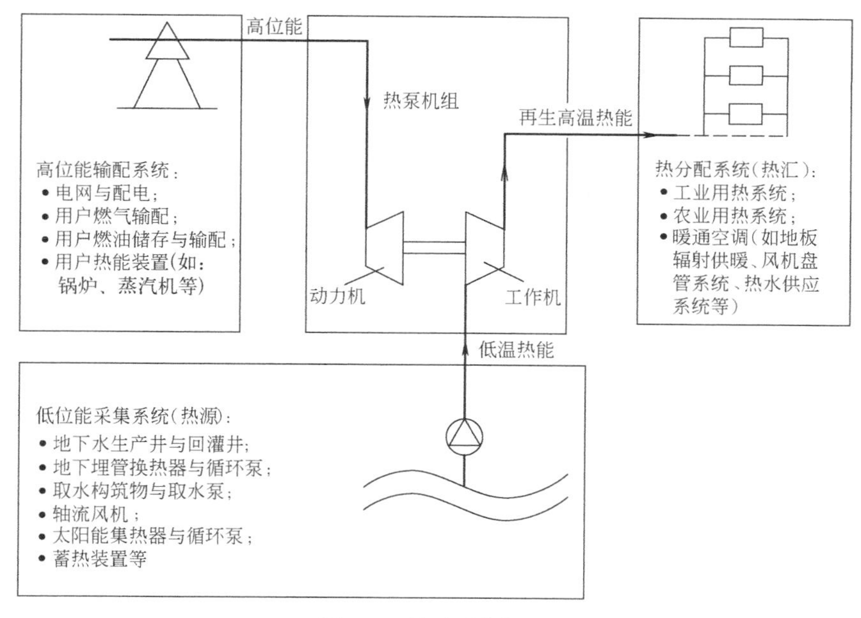

图1-7 热泵系统框图

图1-8给出典型地下水源热泵系统图示，以具体热泵系统简图来深刻理解热泵系统框图（图1-7），并以此说明热泵系统各组成系统的工作原理。由图1-8可以看出：

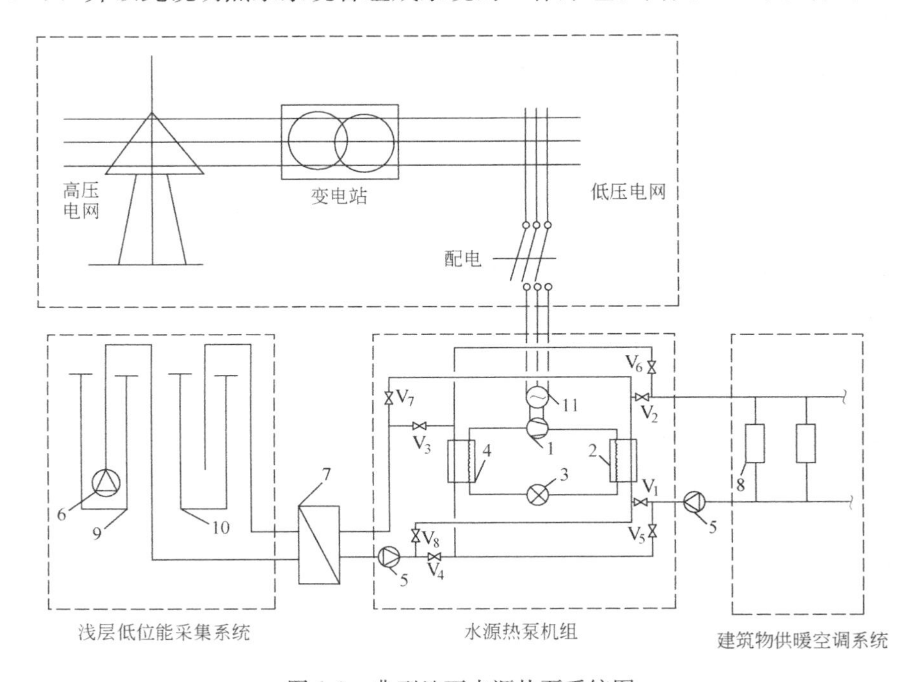

图1-8　典型地下水源热泵系统图

1—压缩机；2—冷凝器；3—节流机构；4—蒸发器；5—循环水泵；6—深井泵；7—板式换热器；8—热用户；9—抽水井；10—回灌井；11—电动机；V_1～V_8—阀门

（1）热泵机组冬季按热泵工况运行。机组中阀门V_1、V_2、V_3、V_4开启，V_5、V_6、V_7、V_8关闭。通过蒸发器4从地下水（低位热源）吸取热量Q_e，在冷凝器2中放出温度较高的热量$Q_c=Q_e+W$，将满足房间供暖所要求的热量Q_c供给热用户。夏季，机组按制冷工况运行。机组中阀门V_5、V_6、V_7、V_8开启，V_1、V_2、V_3、V_4关闭。蒸发器4出来的冷冻水直接送入用户8，对建筑物降温除湿，而中间介质（水）在冷凝器2中吸取冷凝热，被加热的中间介质（水）在板式换热器7中加热井水，被加热的井水由回灌井10返回地下同一含水层内。同时，也起到季节蓄热作用，以备冬季供暖用。

（2）低位能采集系统一般有直接和间接系统两种。直接系统是将低位热源中的介质（如空气、水等）直接输给热泵机组的系统。间接系统是借助于水或防冻剂的水溶液，通过换热器将岩土体、地下水、地表水中的热量传输出来，并输送给热泵机组的系统。通常有地埋管换热系统、地下水换热系统和地表水换热系统等。热源的选择与低位能采集系统的设计对热泵机组、运行特性、经济性有重要的影响。

（3）高位能输配系统是热泵系统中的重要组成部分，原则上可用各种发动机来作热泵的驱动装置。那么，对于热泵系统而言，就应有一套相应的高位能输配系统与之相配套。例如，用燃料发动机（柴油机、汽油机或燃气机等）作为热泵的驱动装置，这就需要燃料储存与输配系统。用电动机作热泵的驱动装置是目前最常见的，这就需要电力输配系统，如图1-8所示。以电作为热泵的驱动能源时，我们应注意到，在发电中，相当一部分一次能在电站以废热形式损失了，因此从能量观点来看，使用燃料发动机来驱动热泵更好，燃料发动机损失的热量大部分可以输入供热系统，这样可大大提高一次能源的利用程度。

（4）热分配系统是指热泵的用热系统。热泵的应用十分广泛。热泵可在工业中应用，如热泵干燥多湿物料（木材、纸张、谷物、鱼类、茶叶等）、热泵式海水淡化、热泵在石油化工蒸馏工艺中的应用、热泵回收工艺过程中的热量等。热泵也可在农业中应用，如温室加热、水产养殖、乳品厂清洗用温水等。暖通空调系统更是热泵的理想用户，这是由于暖通空调用热品位不高，风机盘管系统要求60℃/50℃的热水，地板辐射供暖系统一般要求低于50℃，甚至用30～40℃进水也能达到明显的供暖效果[7]。这为使用热泵创造了提高热泵性能的条件。因此，暖通空调系统是热泵应用中的理想用户之一。

1.3.3 热泵系统可视为热能再生系统

由图1-3（*b*）和图1-5（*c*）可以看出，热泵系统是转移热量而不是产生热量的系统，并在转移热量的过程中实现了能级（品位）的提升，从而使热源端不能直接利用的低位热能变为可以满足热用户（热汇端）要求的用热品位的热能。因此，从热汇端看，完全可以将热泵系统视为热能再生系统。比如图1-3（*b*），通过空气源热泵系统吸取不能直接利用的室外空气中热能（炕），并提高了其温度，使它转变为可供暖通空调、热水供应等热用户应用的有用热能（㶲+炕）。这部分有用热能大部分是从不能直接应用的热能再生成可直接应用的热能。因此，暖通空调、热水供应等热用户从热泵系统中获得的有用热能为名副其实的再生热能。基于此概念，我们可将热泵系统视为一种热能的再生系统。

为了进一步理解此概念，还可以通过下面的例子说明之。

图1-9给出某地下水源热泵供暖的图式。水/水热泵制热性能系数为$\varepsilon_h=4$，其功率为5kW，通过图中的水/水热泵可从井水中吸取15kW的热量，然后将流量为3440kg/h的循环水，由45℃加热至50℃，向建筑物提供20kW的热量（不考虑各种损失）。若我们以同水/水热泵功率一样的5kW的电加热器替代水/水热泵，用功率为5kW的电加热器对从井水中获取15kW的水加热，然后向建筑物内供给同样的20kW热量。其图式如图1-10所示。

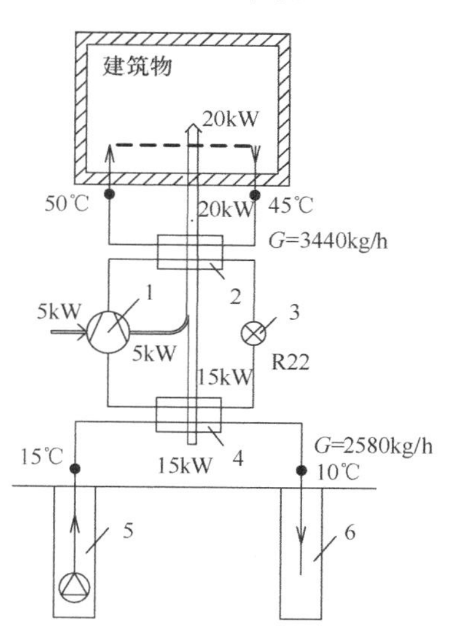

图1-9 地下水源热泵供暖原理图
1—压缩机；2—冷凝器；3—节流机构；4—蒸发器；5—生产井；6—回灌井

图1-10（*a*）表示流量为3440kg/h的水，通过板式换热器从井水中吸取15kW热量，其水温由9℃升至12.75℃，然后，用5kW的电加热器对其循环水加热，循环水水温由12.75℃升至14℃，又获得5kW的热量，向室内供20kW热量（温降为5℃）。

图1-10（*b*）表示在井水管路上直接设置5kW的电加热器，加热井水。流量为2580kg/h的井水，生产井与回灌井的井水温差为5℃，这表明从井水中吸取了15kW的热量，井水经电加热器，又由15℃升至16.67℃，这表明井水又从电加热器处获取了5kW的热量，由建筑物流出井水水温变为10℃，其进出建筑物温差为6.67℃，则向室内供20kW的热量。

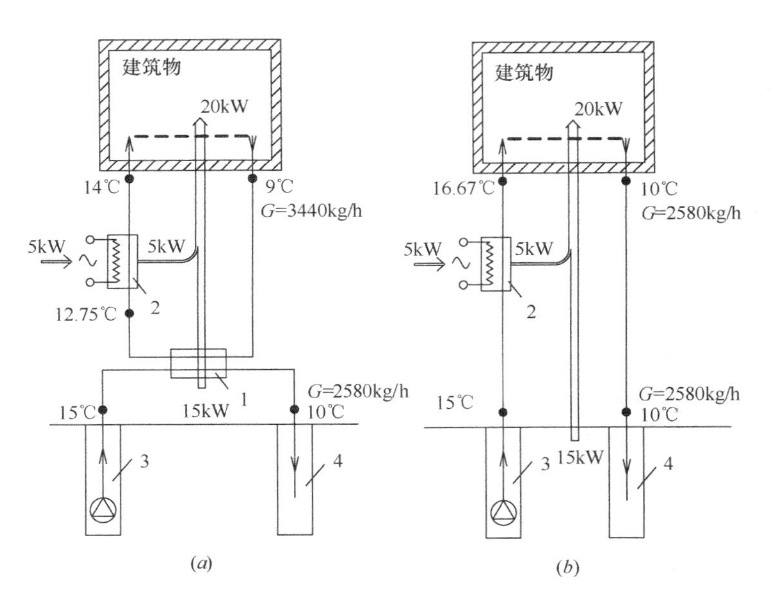

图1-10 以电加热替代水/水热泵的供暖图式

(a) 间接方式;(b) 直接方式

1—板式换热器;2—电加热器;3—生产井;4—回灌井

由图1-9与图1-10可明显地看出:虽然图1-9和图1-10的能流图一样,依据热力学第一定律来看,图1-9和图1-10供暖效果似乎一样,都是向室内提供20kW热量。但是,通过水/水热泵(图1-9)向室内提供的是50℃热水中的20kW热量,而无水/水热泵(图1-10)时,向室内提供的是14℃或16.67℃水中的20kW热量。由此可见,只有通过热泵技术才能真正开发和利用井水低温热源,向室内供暖,维持20℃的室温,否则是无法用于供暖。这充分说明,只有通过热泵系统,才能使不能直接利用的地下水中热量变为建筑物可以直接利用的有用热能,使其再生。

纵观上述,编著者认为完全可以将热泵系统视为热能再生系统。当然从热源端看,也可将热泵系统视为低位再生能源利用技术,但某些低位热源是否为可再生能源尚有争论。

1.3.4 热泵空调系统

热泵空调系统是热泵系统中应用最为广泛的一种系统。在空调工程实践中,常在空调系统的部分设备或全部设备中选用热泵装置。空调系统中选用热泵时,称其系统为热泵空调系统,或简称热泵空调,如图1-11所示。它与常规的空调系统相比,具有如下特点:

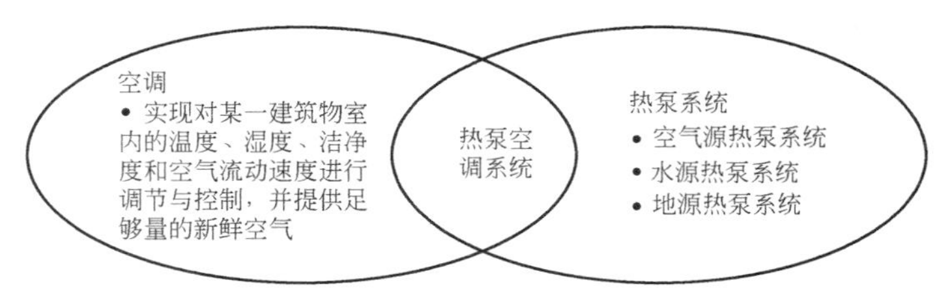

图1-11 热泵空调系统

（1）热泵空调系统用能遵循了能级提升的用能原则，而避免了常规空调系统用能的单向性。所谓的用能单向性是指“热源消耗高位能（电、燃气、油和煤等）→向建筑物内提供低温的热量→向环境排放废物（废热、废气、废渣等）”的单向用能模式。热泵空调系统用能是一种仿效自然生态过程物质循环模式的部分热量循环使用的用能模式。

（2）热泵空调系统用大量的低温再生能替代常规空调系统中的高位能。通过热泵技术，将贮存在土壤、地下水、地表水或空气中的太阳能之类的自然能源，以及生活和生产排放出的废热，用于建筑物供暖和热水供应。

（3）常规暖通空调系统除了采用直燃机的系统外，基本上分别设置空调系统的热源和冷源，而热泵空调系统是冷源与热源合二为一，用一套热泵设备实现夏季供冷，冬季供暖，冷热源一体化，节省设备投资。

（4）一般来说，热泵空调系统比常规空调系统更具有节能效果和环保效益。

1.4 热泵的种类

热泵的种类很多，分类方法各不相同，可按热源种类、热泵驱动方式、用途、热泵工作原理、热泵工艺类型等方面来分类[8-10]。本节将按国内长期形成的习惯来划分热泵机组的种类，归纳为图 1-12 示的分类。国内规范[11]中把地表水源热泵、地下水源热泵和土壤耦合热泵系统称为地源热泵，与美国 ASHRAE 中地源热泵术语一致。

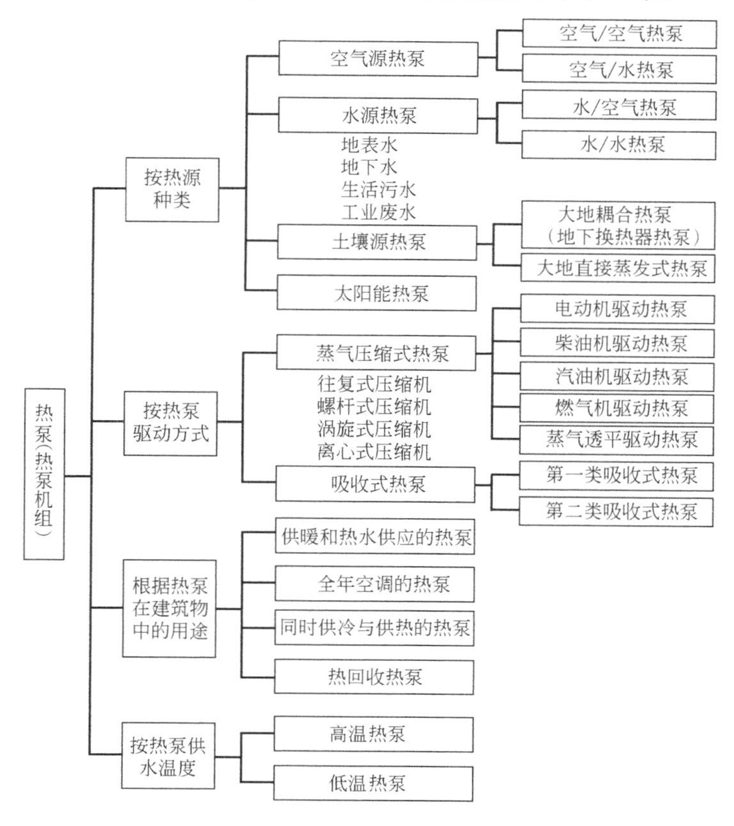

图 1-12 热泵基本框图

在美国，对供建筑空调与供热用的热泵，按热源种类（源放在首位）和热媒种类（汇放在第二位）来划分。这种分类法在我国也普遍使用，见图 1-12 和表 1-2。供暖通空调用的热泵机组具有在不同季节改变使用要求的特点，即夏季制冷，冬季制热。这种运行工况的转换，由表 1-2 可看出，一般有两种做法。

几种热泵所采用的载热介质、低位热源和简图　　表 1-2

热泵机组名称	低温端载热介质	高温端载热介质	主要热源种类	典型图示	国内代表性产品
空气/空气热泵	空气	空气	空气，排风，太阳能	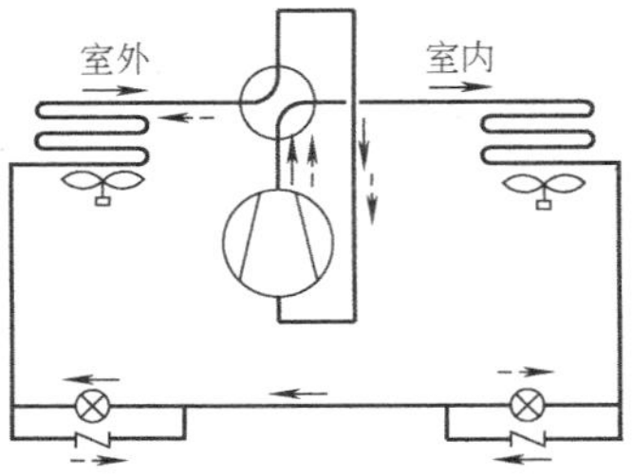 室外　室内	分体式热泵空调器 VRV 热泵系统
空气/水热泵	空气	水	空气，排风，太阳能	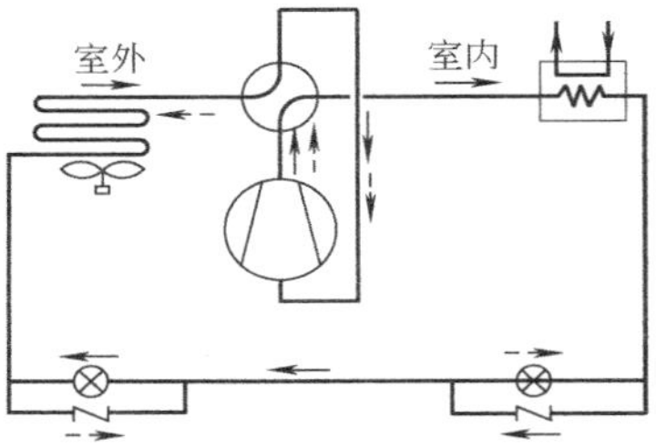 室外　室内	空气源热泵冷热水机组
水/水热泵	水、盐水、乙二醇水溶液	水	水、太阳能，土壤	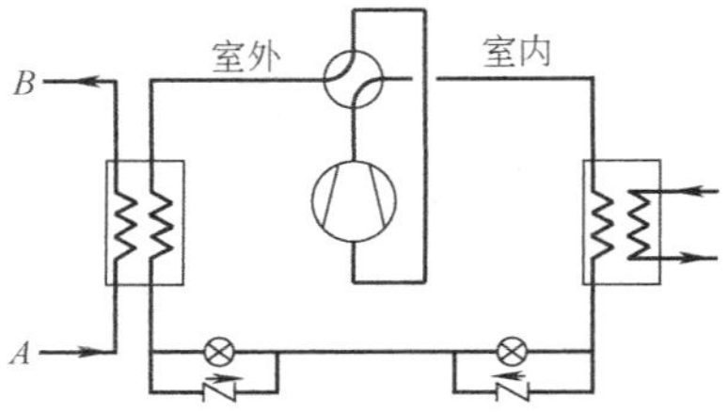 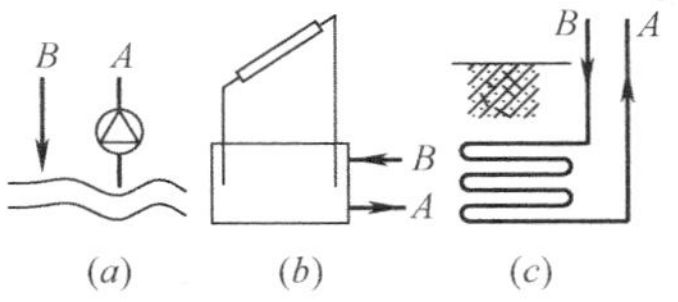 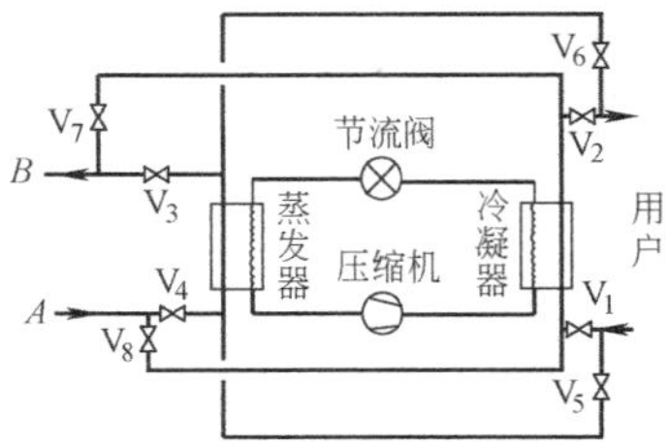 室外　室内　B　A (a)　(b)　(c) 节流阀　蒸发器　压缩机　冷凝器　用户　V_1 V_2 V_3 V_4 V_5 V_6 V_7 V_8　A　B	井水源热泵冷热水机组 污水源热泵 土壤耦合热泵

续表

热泵机组名称	低温端载热介质	高温端载热介质	主要热源种类	典型图示	国内代表性产品
水/空气热泵	水、乙二醇水溶液	空气	水，太阳能，土壤	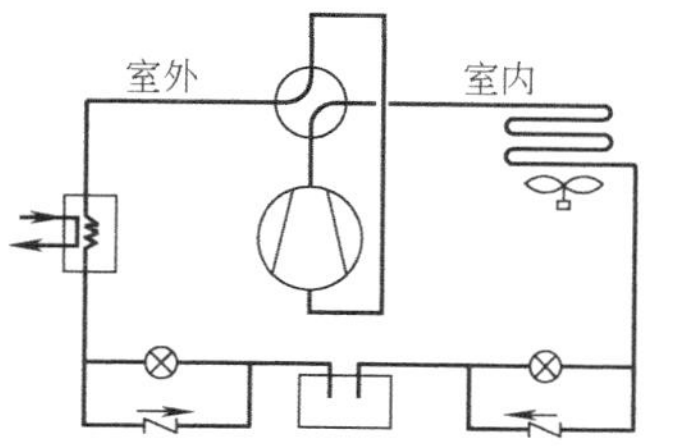 室外　室内	水环热泵空调系统中的小型室内热泵机组（常称小型水/空气热泵或室内水源热泵机组）

（1）改变热泵工质的流动方向。系统中设置四通换向阀（详见第8章）。在冬季，使得由压缩机排出的高温高压气态热泵工质流向室内侧换热器，加热室内空气（或热水）做供暖用。而室外换热器作为蒸发器，从室外空气（或水）中吸取热量。在夏季，四通换向阀又使得由压缩机排出的高温高压气态热泵工质流向室外换热器，将冷凝热释放到室外空气（或水）中，而室内换热器却作为蒸发器，冷却室内空气，或制备冷冻水，向用户供冷。

（2）改变热交换器用的流体介质。在这种情况下，无论是冬季还是夏季，热泵工质的流动方向和系统中蒸发器、冷凝器不变，通过流体介质管路上阀门的开启与关闭来改变流入蒸发器和冷凝器的流体介质。即供用户侧用的流体介质（如水）夏季流进入蒸发器，制备冷冻水供空调用；冬季流入冷凝器，制备热媒，供供暖用。而热源的流体介质（如地下水）夏季流入冷凝器，作为冷却介质用；冬季流入蒸发器，作为热泵的热源用。

1.5　热泵空调系统的分类

近年来，有关热泵空调系统的名称与分类，在一些专业论文、书刊、产品样本上的提法很不一致。常见到一些同义不同名、含义不清的术语，一些不合理的俗称。例如：将水环热泵空调系统称为“水环热泵”；将空气源热泵空调系统称为“风冷热泵空调系统”；又如：地能中央空调系统、地温中央空调系统、地温热泵冷热空调系统、中央液态冷热源环境系统等，如此等等，很不统一，也很不科学。为使热泵空调系统名称与分类严谨和统一，便于对热泵空调系统的正确理解和认识，本节有必要对热泵空调系统分类问题作一简单叙述。图1-13给出热泵空调系统分类情况。

以热泵冷热水机组作为空调冷热源，以全空气系统、全水系统或空气-水系统组成的热泵空调系统是目前国内应用较为广泛的一种系统。根据选用的热泵冷热水机组种类的不同，可分为空气源热泵空调系统和地源热泵空调系统，前者选用的是空气源热泵冷热水机组（空气/水热泵），而后者选用的是水源热泵冷热水机组（水/水热泵）。地源热泵空调系统又分为土壤耦合热泵空调系统、河水源热泵空调系统、海水源热泵空调系统、污水源热泵空调系统、同井回灌地下水源热泵空调系统、异井回灌地下水源热泵空调系统等。这类热泵空调系统的特点是，利用几种布置在机房内的热泵机组制备热水（或冷水），再通过

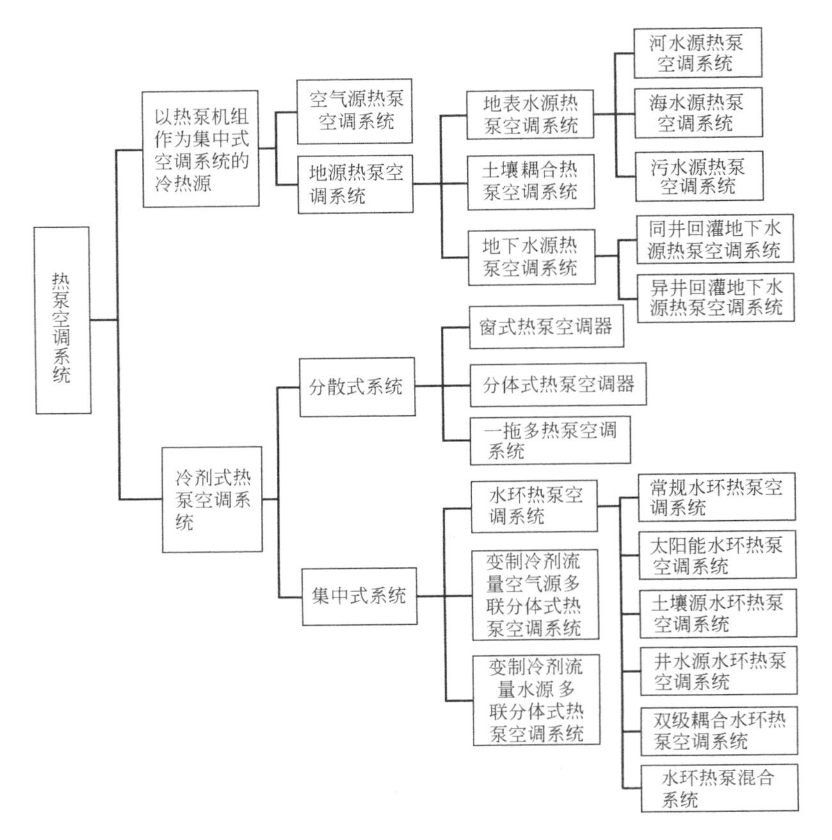

图 1-13　热泵空调系统分类框图

空调水系统将热水（或冷水）输送给用户供暖（或供冷）。

冷剂式热泵空调系统是冷剂式空调系统中的一种。它的特点是将小型热泵式空调机（如分体式、单元式）直接置于建筑物每个房间内或每个区内，热泵机组中冷凝器（或蒸发器）直接向空调房间放出或吸收热量，以达到制热或制冷的目的。

1.6　热泵工质及其替代问题

热泵工质是在热泵机组中进行状态变化的工作流体，也是热泵循环中赖以进行能量转换与传递的介质，以实现制热（制冷）目的。众所周知，热泵机组与制冷系统的工作原理是一样的，只是工作温度范围不同。因此，有的制冷剂作为热泵工质的话，虽然能满足工质的一般要求，但是往往又难于满足热泵的特殊要求。

热泵系统的供热特性、经济性、可靠性很大程度上与工质有关，因此，要讨论热泵，首先要了解热泵工质。

1.6.1　蒸气压缩式热泵对工质的要求

蒸气压缩式热泵是目前在暖通空调领域内应用最为广泛的一种热泵形式。因此，下面仅讨论蒸气压缩式热泵对工质的要求。通常，应满足下列要求。

（1）热泵工质应具有优良的热力学特性。所谓热泵工质具有优良热力特性是指热泵工质在给定的温度区域（T_c与T_e之间）内循环时，有较高的循环效率（即热泵在T_c与T_e温度之间按实际循环运行时，制热性能系数与在此温度区域内热泵按逆卡诺循环运行时制热性能系数之比）。影响热泵循环效率的工质热力特性主要有：

① 临界温度应比最大冷凝温度高。如果冷凝温度接近于临界温度，则循环的节流损失大，制热量及制热性能系数下降。但在特殊情况下，如果采用CO_2的超临界热泵循环中，供热温度高于临界温度，这时可用专门的热量回收方式来提高循环的经济性。

② 在热泵的工作温度区间内应有合适的饱和压力。也就是说，在热泵运行时，它的蒸发压力与冷凝压力要适中。一方面，冷凝压力不超过2.5MPa。如冷凝压力过高，则处于高压下工作的压缩机、冷凝器等设备强度要求高，导致壁厚增加，造价上升；工质泄漏的可能性增大；压缩机的耗功也会增加。另一方面，在一定的蒸发温度下的蒸发压力最好稍高于大气压力，以防空气渗入热泵系统内。

③ 其他的热力学特性也希望如下：

A. 工质的比热容要小，以减少节流损失。

B. 工质的绝热指数$\left(k=\frac{c_p}{c_v}\right)$要低，以避免压缩机的排气温度过高（一般情况下，要求压缩机排气温度不超过150℃）。

C. 工质的单位容积制热能力要大，以使热泵机组尺寸紧凑。

D. 工质的气相比焓随压力变化小，可降低同样压缩比下的压缩机耗功。

（2）热泵工质应具有优良的热物理性能。在传热学方面，工质应有较高的导热系数以及当相变时具有良好的传热性能，以降低热交换器中的损失。

在流动阻力方面，希望工质有较低的黏度及较小的密度，以减小工质在系统中的流动阻力，或可以采用较小的管路，而不致造成过大的压力损失。

（3）热泵工质应具有良好的化学稳定性。尤其是热泵工质有时必须在较高的温度下工作。如排气阀处温度很高，工质在此温度下，带有少量的油，高速通过各种金属表面，而此时金属表面能对工质分解反应起催化作用。因此，要求热泵工质在高温下不分解，与润滑油不发生化学作用。同时，还要求工质对压缩机与设备所使用的材料无腐蚀，也无侵蚀作用。

对于半封闭或全封闭压缩机使用的热泵工质，对绝缘材料（如：绝缘漆、橡胶、胶木、塑料等）不起腐蚀作用。同时，本身也有良好的绝缘性。

（4）热泵工质与润滑油的互溶性对系统工作的影响各有利弊。当热泵工质与润滑油相溶时，对系统的影响是：

① 润滑油随制冷剂一起渗到压缩机的各个部件，为压缩机创造良好的润滑条件，并不会在冷凝器、蒸发器等换热表面上形成油膜而妨碍传热。

② 工质中润滑油含量较多时，会引起蒸发压力降低，制冷量、制热量减少。

③ 溶有工质的润滑油会变稀，黏度变小。在满液蒸发器中，由于工质溶于油，在沸腾时泡沫多，液面不稳定，会导致浮球膨胀阀的供液量调节失准。

当热泵工质在润滑油中溶解度很小［如：R717在润滑油中溶解度（质量百分比）一般不超过1%］时，工质与油的溶解分为贫油层和富油层。此时，对热泵系统影响与上述情况相反。但应注意：热泵系统使用有限溶于润滑油的工质时，在其系统上应设置高效油分离器，防止润滑油进入冷凝器与蒸发器中，避免在换热器的换热面上形成油膜而影响传热。

（5）热泵工质应具有安全性。热泵工质有可能从热泵系统不严密处，或意外故障中泄漏出来。因此，要求热泵工质对人的健康要比较安全，要求尽量无毒和不易燃烧，更无爆炸的危险。

工质的安全性分类一般采用国家标准[12]，此标准采用《制冷剂——命名和安全分类》ISO 817：2014，参考了美国国家标准协会和美国供热制冷空调工程师学会标准（ANSI/ASHRAE 34—2013）。

按照国家标准，工质的安全性分类包括毒性和可燃性两项内容。毒性按起限值的时间加权平均值（*TLV-TWA*）分为A、B两类；可燃性则按最低燃烧极限（*LEL*）值分为1、2、3类。基于毒性和可燃性，工质安全性分类见表1-3。

起限值是物质在空气中的某浓度，几乎所有的人日复一日暴露在此浓度下，对健康没有不利影响；而起限值的时间加权平均值（*TLV-TWA*）是指一周五个工作日共40h的时间加权平均浓度。*TLV-TMA* 值不大于 400×10^{-6} 时，未被确定有毒性的工质视为低毒性，列为A类；而小于 40×10^{-6} 时，有毒性的工质视为高毒性，列为B类。

工质的安全性分类　　表1-3

可燃性＼毒性	低　毒　性	高　毒　性
高度可燃性	A3	B3
低度可燃性	A2	B2
无火焰传播	A1	B1

最低燃烧极限（*LEL*）是指能够在工质与空气均匀混合物中传播火焰的制冷剂最小浓度。*LEL* 一般是在25℃、101kPa条件下，工质的体积百分比乘以0.0004141，再乘以分子量，单位为 kg/m^3。1类工质在18℃、101kPa大气中不着火；2类工质在21℃、101kPa条件下，*LEL* 值高于 $0.1kg/m^3$，燃烧热低于19000kJ/kg；3类工质在21℃、101kPa条件下，*LEL* 值不大于 $0.1kg/m^3$，燃烧热大于19000kJ/kg。热泵工质具有环境的可接受性（详见1.6.3）。

1.6.2 热泵工质的种类

目前，暖通空调领域中的应用的热泵基本上都是蒸气压缩式热泵，而且暖通空调用的热泵又具有制热与制冷两种功能。因此，热泵工质的种类基本上与蒸气压缩式制冷系统的制冷剂是一致的。其种类归结在图1-14上。

常见的热泵工质的热工性质列入表1-4中。

常用制冷剂的热工性质　　表1-4

制冷剂	类别	无机物	卤代烃(氟利昂)				非共沸混合工质	
	编号	R717	R123	R134a	R22	R32	R407c	R410a
化学式		NH_3	$CHCl_2CF_3$	CF_3CH_2F	$CHClF_2$	CH_2F_2	R32/125/134a (23/25/52)	R32/125 (50/50)
分子量		17.03	152.93	102.03	86.48	52.02	95.03	86.03

续表

制冷剂	类别	无机物	卤代烃(氟利昂)				非共沸混合工质	
	编号	R717	R123	R134a	R22	R32	R407c	R410a
沸点(℃)		-33.3	27.87	-26.16	-40.76	-51.8	泡点:-43.77 露点:-36.70	泡点:-51.56 露点:-51.50
凝固点(℃)		-77.7	-107.15	-96.6	-160.0	-136.0	—	—
临界温度(℃)		133.0	183.79	101.1	96.0	78.4	—	—
临界压力(MPa)		11.417	3.674	4.067	4.974	5.830	—	—
密度	30℃液体 (kg/m³)	595.4	1450.5	1187.2	1170.7	938.9	泡点:1115.40	泡点:1034.5
	0℃饱和气 (kg/m³)	3.4567	2.2496	14.4196	21.26	21.96	泡点:24.15	泡点:30.481
比热容	30℃液体 [kJ/(kg·℃)]	4.843	1.009	1.447	1.282	—	泡点:1.564	泡点:1.751
	0℃饱和气 [kJ/(kg·℃)]	2.660	0.667	0.883	0.744	1.121	泡点:0.9559	泡点:1.0124
0℃饱和气绝热指数 (c_p/c_v)		1.400	1.104	1.178	1.294	1.753	泡点:1.2526	泡点:1.361
0℃比潜热 (kJ/kg)		1261.81	179.75	198.68	204.87	316.77	泡点:212.15	泡点:221.80
导热系数	0℃液体 [W/(m·K)]	0.1758	0.0839	0.0934	0.0962	0.1474	—	—
	0℃饱和气 [W/(m·K)]	0.00909	—	0.01179	0.0095	—	—	—
黏度 $\times 10^3$	0℃液体 (Pa·s)	0.5202	0.5696	0.2874	0.2101	0.1932	—	—
	0℃饱和气 (Pa·s)	0.02184	—	0.01094	0.01180	—	—	—
23℃相对绝缘强度 (以氮为1)		0.83	—	—	1.3	—	—	—
安全级别		B2	B1	A1	A1	A2	—	—

1.6.3 热泵工质的替代

臭氧层的耗减和全球温暖化进程的加剧，已经成为日益严峻的全球环境问题。CFC、HCFC类的工质对臭氧层有破坏作用，CFC、HCFC、HFC类工质同CO_2一样产生温室效应，使制冷与空调行业面临严重挑战，寻找高效、绿色环保的热泵工质已成为当前国际社会共同关注的问题。

先介绍几个概念。

为了评估各种工质对臭氧层的消耗能力和对全球温室效应的作用，通常引入消耗臭氧潜能值（Ozone Depletion Potential，简称*ODP*值）和全球变暖潜能值（Global Warming Potential，简称*GWP*值）两个指标。所谓热泵工质的*ODP*值，就是规定R11的*ODP*值为1.0，其余各种工质的*ODP*值是相对R11对臭氧层消耗能力的大小。同样规定R11的

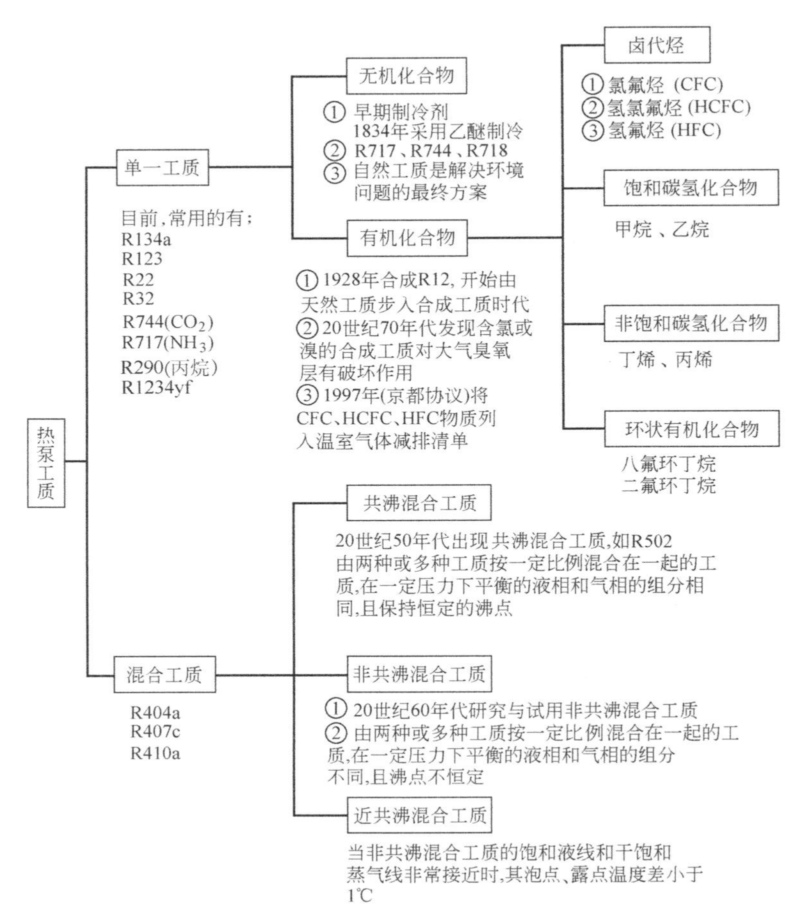

图 1-14 工质种类的框图

GWP 值为 1.0，其余各种工质的 *GWP* 就是相对 R11 的温室效应能力的大小。显然，工质的 *ODP* 值和 *GWP* 值越小越好，希望为 0。表 1-5 给出部分工质的 *ODP* 值和 *GWP* 值[13]。但应注意，有的文献中对工质的 *GWP* 的定义是以 CO_2 的 *GWP* 值规定为 1.0 而定义的，使用时务必注意。

部分工质的 *ODP* 值与 *GWP* 值 **表 1-5**

工 质	*ODP*	*GWP*	工 质	*ODP*	*GWP*
R11	1.0	1.0	R124	0.016～0.024	0.092～0.10
R12	0.9～1.0	2.8～3.4	R125	0	0.51～0.65
R13	1.0		R134a	0	0.24～0.29
R113	0.8～0.9	1.3～1.4	R1416	0.07～0.11	0.084～0.097
R114	0.6～0.8	3.7～4.1	R1426	0.05～0.06	0.34～0.39
R115	0.3～0.5	7.4～7.6	R143a	0	0.72～0.76
R22	0.04～0.06	0.32～0.37	R152a	0	0.026～0.033
R123	0.013～0.022	0.017～0.020			

注：本表数值取自联合国环境署技术方案专家组报告。

此外，国际上还采用变暖影响总当量（*TEWI*）指标来衡量工质长期使用对气候变暖的影响。这是因为在空调制冷系统中，除了工质的 *GWP* 值外，空调制冷系统运行中，由于消耗电力或化石燃料（如煤、油、燃气等）而排放大量 CO_2，这也会导致气候变暖。为了反映这两个方面的影响，而引入变暖影响总当量 *TEWI* 指标。*TEWI* 既考虑工质排放的直接效应，又考虑能源利用引起的间接效应。因此，采用变暖影响总当量 *TEWI* 指标来衡量工质长期使用对气候变暖的影响是全面、科学的。

为了保护大气臭氧层，自 1987 年《蒙特利尔议定书》制定以来，CFCs 和 HCFCs 的替代问题已取得了很大的进展。

① 发达国家已从 1996 年 1 月 1 日起百分之百禁止生产和使用 CFCs。

② 发展中国家从 1999 年 7 月 1 日起，将 R11、R12、R113、R114 和 R115 的消费量冻结在 1995～1997 年的平均数。2010 年已停止生产和消费。

③ 发达国家均加快了替代 HCFCs 的步伐，见表 1-6。

HCFCs 禁用时间表（发达国家） **表 1-6**

1. 蒙特利尔议定书缔约国	1996.1.1：以 1989 年的 HCFCs 消费量加 2.8% CFCs 消费量的总和（折合到 *ODP* 吨）作为基准加以冻结 2004.1.1：削减 35% 2010.1.1：削减 65% 2015.1.1：削减 95% 2020.1.1：削减 99.5%（0.5%仅用于现有设备的维修） 2030.1.1：削减 100%
2. 美国	2003.1.1：禁止 R141b 用于发泡剂 2010.1.1：冻结 R22 和 R142b 的生产； 不再制造使用 R22 的新设备 2015.1.1：冻结 R123 和 R124 的生产 2020.1.1：禁用 R22 和 R141b； 不再制造使用 R123 和 R124 的新设备 2030.1.1：禁用 R123 和 R124
3. 欧共体国家	2000.1.1：削减 50% 2004.1.1：削减 75% 2007.1.1：削减 90% 2015.1.1：削减 100%
4. 瑞士、意大利	2000.1.1：禁用 HCFCs
5. 德国	2000.1.1：禁用 R22
6. 瑞典、加拿大	2010.1.1：禁用 HCFCs

摘自文献 [5]。

④ 发展中国家在 2016 年起将 HCFCs 的生产量和消费量冻结在 2015 年的消费水平上，到 2040 年全部淘汰 HCFCs。

目前，在我国，将 R22（HCFC-22）作为一种过渡性工质使用，还有大部分热泵机组采用 R22 作工质。但是，由于氟利昂的优良性能，京都协议（1997 年前）前以保护臭氧层为主要目标的工质替代研究中，人们得到了 R123 作为 R11 的替代物，R134a 作为 R12 的替代物，R407c（R32/R125/R134a，质量组成 23/25/52%）和 R410a（R32/R125，质量组成 50/50%）等作为 R22 的替代物。因此，热泵机组开始用

R407c 与 R410a 替代 R22，R410a 和 R407c 已逐步进入使用阶段。表 1-7 综述了替代物性质的比较情况。

由表 1-7 可知，若不采取措施，这些替代物的效率均比 R22 低。只有改型后才有可能达到相同的效果甚至更好。在装置商业化前，必须解决可燃性、材料兼容性、新的润滑油与干燥剂、成分迁移以及压缩机与装置的设计、生产和维护问题。

空调机组 R22 替代物的性能比较 **表 1-7**

制冷剂组分 混合比 （质量）%		R22 R22 100%	R134a R134a 100%	R410a 和 R410b R32/R125 50/50-45/50	R407c R32/R125/R134a 23/25/52	R900JA R32/R134a 30/70	R290 丙烷 100%
主要性质 （与 R22 相比）			工作压力低 35% 在相同冷量时压损增加	接近于共沸混合物 工作压力高 1.5 倍 压损减少	非共沸化合物，成分会发生变化 工作压力高 10%	非共沸化合物，成分会发生变化 弱燃性	强燃性 工作压力接近
冷量 （与 R22 相比）		1.0	0.6	1.4～1.5	0.9～1.1	0.89～1.02	0.8
效率 （与 R22 相比）		1.0	0.72～0.9	0.94～1.0	0.9～0.97	0.93～0.99	0.96～1.0
技术性 问题			机组大型化 扩大压缩机排量	工作压力太高 压缩机部件的最适化与耐压 管道部件的耐压	成分变动 为提高效率，需改进换热器和机组设计	成分变动 对应于滑移温度，改进换热器设计	安全措施
社会与 经济 问题	费用		机组大型化	耐高压	改善效率，扩大换热器	安全措施	确保安全性的投资
	维修			耐高压	非共沸引起的管理办法	非共沸引起的管理办法	维修流通时的安全措施
	制冷剂 回收				技术与管理问题	技术与管理问题	强燃性物质的管理与设备
预计商品 化时间			无法预计	已商品化	已商品化	2005 年后	无法预计，克服强燃性引起的问题是困难的

摘自文献［5］。

表 1-8 给出 R407c、R410a 和 R22 的理论循环特性，表 1-9 则为分别采用 R407c、R410a 和 R22 工质时空调器与热泵的设计与生产工艺的对比表，供读者参考。

R407c、R410a 和 R22 的一般性质和理论制冷循环特性比较 **表 1-8**

参数			R407c	R410a	R22
成分			R32/125/134a	R32/125	R22
质量混合比例/%			23/25/52	50/50	100
相对分子量			86.20	72.59	86.48
理论循环条件	蒸发温度(℃)		0	0	0
	冷凝温度(℃)		50	50	50
	过冷度(℃)		0	0	0
	过热度(℃)		0	0	0
理论循环	蒸发压力(kPa)		499	804	498
	冷凝压力(kPa)		2112	3061	19433
	温度滑移(℃)		4.3	0.07	0
特性	排气温度(℃)		67.4	72.5	70.3
	制冷	*COP*	3.94	3.69	4.14
		制冷能力(kJ/m^3)	2947	4190	3010
	制热	*COP*	5.03	4.69	5.14
		制热能力(kJ/m^3)	3762	5326	3737

设计与生产工艺对比表 **表 1-9**

制冷剂	R22	R407c	R410a
压缩机		1. 专用压缩机 2. 润滑油更换为 POE 或 PVE	同 R407c
冷凝器		1. 系统设计压力增大到 3.3MPa，对铜管耐压重新校核； 2. 增大换热面积，加大风扇直径，降低冷凝温度； 3. 针对温度滑移，采用制冷剂和空气逆向流动的管路方式	由于冷凝压力增大 60%，而系统耐压设计为 4.15MPa，为安全起见，一般采用 ϕ8mm 和 ϕ7mm 铜管
蒸发器		1. 对铜管的耐压性能重新校核； 2. 通过改变热交换器通路数、制冷剂分流、制冷剂和空气逆向流动等方法提高效率	对铜管的耐压性能重新校核
节流装置		建议采用膨胀阀或内表面加工精度好、内径大的毛细管	1. 对节流装置的耐压重新校核； 2. 建议采用膨胀阀或内表面加工精度好、内径大的毛细管
四通阀		专用	专用
二、三通阀		专用	专用
铜管		1. 系统压力上升 10%，对配管、连接管的耐压需要重新确认； 2. 提高部分配管的壁厚	对铜管的耐压性能重新校核，不能使用壁厚 0.7mm 以下的配管
干燥过滤器		因 R32 分子直径小，建议采用分子筛牌号为 XH-10C 或 11C 的干燥过滤器	同 R407c

续表

制冷剂	R22	R407c	R410a
高分子材料	CR合成橡胶	HNBR合成橡胶	同R407c
两器加工		1. 残留水分、异物要减少； 2. 加工设备改用POE挥发油	1. 残留水分、异物要减少； 2. 加工设备改用POE挥发油； 3. 室外换热器因管径缩小，设备需更换
焊接工艺		采用含氯离子的助焊剂	同R407c
水分和清洁度控制指标		基本同R134a	同R407c
冷媒充注机		需要适用新制冷剂的充注机	需要耐压高的新设备
检漏设备		需要适用新制冷剂的检漏仪	同R407c
商检模拟机		专用	同R407c
抽真空工艺	真空度100Pa以下	同R22	同R22
制冷剂充注方式		1. 液态充注 2. 注入压力变更	同R407c
外包装		增加R407c标识	增加R410a标识

摘自：俞炳丰主编，制冷与空调应用新技术。

1997年制定的《京都议定书》将CFC、HCFC、HFC物质列入温室气体减排清单。这样一来，R22和R22的替代工质只能是一种过渡性替代物而不是长久使用的工质。因此，R22过渡性替代工质（如R407c和R410a）的替代研究又步入第二阶段（《京都议定书》前为第一阶段）。第二阶段替代研究的目标由单纯保护臭氧层转向为同时保护臭氧层和减小温室效应。第一阶段提出的R22替代工质（R407c、R410a）虽然消耗臭氧层潜能值*ODP*为0，但其全球变暖潜能值*GWP*比CO_2高得多。比如，R407c的$GWP_{(CO_2=1)}$值为1920，R410a的$GWP_{(CO_2=1)}$值为1890，R134a的$GWP_{(CO_2=1)}$值为1200。可见它们的*GWP*值较高，因为受限使用的工质，不能长久使用。因此，在第二阶段工质替代研究中，一些国家（如美国、日本等），首先采用R410a和R407c替代R22作为过渡性替代品，然后研究与开发新型不含氯元素，消耗臭氧层潜能值*ODP*为0，且全球变暖潜能值*GWP*相对较小的新工质。同时人们又重新应用自然工质，这也是一种非常安全的选择。于是，采用CO_2（R744）和氨（R717）等作为热泵工质已成为第二阶段替代研究中很重要的一种解决环境问题的替代方案。

从环境特性、热力特性、相对安全性等方面综合考虑，未来适用于中国热泵的R22替代工质可能有R32（CH_2F_2）、R1234yf、R744（CO_2）、R717（NH_3）、R290（丙烷）等[14]。

1.6.4 几种可能的替代工质

（1）CO_2（R744）

1866年美国首先利用CO_2进行了制冰，20世纪30年代由于氟利昂的出现，CO_2迅速被替代。但是，近几年，由于全球气候变化问题，CO_2又一次引起人们的重视。

CO_2（R744）的*ODP*等于0，从废气中回收的CO_2也可以认为*GWP*为0。CO_2无

毒、不燃，但大量泄漏时会对人造成窒息的危险。由于 CO_2 的临界温度（31.1℃）较低，作为热泵工质时，要采用跨临界循环，这种循环中的冷却器具有较高的排气温度和较大的温度滑移，这正好与热泵热媒的加热过程相匹配，此点使它在热泵循环方面具有其他工质等温冷凝过程无法比拟的优势。为提高循环效率，宜采用跨临界回热循环方式。天津大学热能研究所于 2000 年建立了我国第一台 CO_2 跨临界热泵循环实验台，对 CO_2 系统的结构参数、选材和安全性、可靠性做了较全面的研究，并在此基础上，开展了跨临界循环系统的理论分析和实验研究[15]。

目前，CO_2 在热泵中的应用有：

① CO_2热泵热水器。

② 汽车热泵式空调系统。

③ CO_2 热泵在干燥工艺中的应用。

（2）氨（R717）

氨是目前冷藏工业中用得最为广泛的一种制冷剂，也是一种优越的制冷剂。它具有卓越的热力学性能，*ODP* 等于 0，*GWP* 等于 0，价廉且容易检漏。但是，R717 在空调、热泵中应用时，人们的顾虑主要是：

① R717 的安全性问题。主要是指 R717 的毒性和可燃性。

② R717 具有刺激性气味。

上述的缺陷在“氟利昂时代”往往被夸大了[16]。实际上，R717 的毒性只有氯气的 1/50～1/10；着火极限为 15.5%（容积比），比通常的烃类和天然气高 3～7 倍，而燃烧热却比它们少一半左右；氨蒸气在空气中的浓度达 5×10^{-6}时已能闻到，这比眼睛和喉咙受到刺激的浓度低 5～10 倍，因此，一旦有微小的泄漏就会被及时发现，而这一浓度远低于氨的着火浓度。一百多年的使用历史表明，氨的安全记录是好的。用 R717 作为热泵的替代工质将会有光明的前途。

早在 1994 年春，在挪威国家污染管理局的赞助下，海德马克（Hedmark）地区学院利用氨为工质在地下室建造了一台以低温地下水为热源的容量为 200kW 的热泵（兼有制冷功能）。蒸发器进口水温为 6℃，冷凝器出口水温为 48℃。压缩机为两台开启往复式，输入功率为 56kW，制热系数为 3.6[9]。其系统有良好的示范作用。

（3）丙烷（R290，自然工质）

R290（丙烷，自然工质）对环境影响小，是长期替代 R22 的理想工质，可以与目前广泛使用的矿物油互溶，对密封材料、干燥剂无特殊要求。与 R22 相比，R290 具有优良的热物性。比如，R22 和 R290 在蒸发温度为 7.2℃、冷凝温度为 54.4℃、过热度 11.1℃、过冷度 8.3℃计算条件下，R290 的冷凝压力为 19.00×10^5Pa，比 R22 低 2.79×10^5Pa；蒸发压力为 5.90×10^5Pa，比 R22 低 0.37×10^5Pa；排气温度为 77.65℃，比 R22 低 22.72℃；能效比 *EER* 为 3.34，比 R22 低 0.09。但 R290 存在易燃易爆的危险性。文献［17］对 R290 在家用空调器应用的可靠性设计进行研究。研究结果表明，只需在设计和生产上严格遵守相关安全标准要求，并且在说明书、生产标识等方面提示使用者注意按规范操作，那么使用 R290 为工质的家用空气源热泵是安全的。

（4）R32

R32（分子式 CH_2F_2）属于 HFC 类。在蒸发温度为 7.2℃、冷凝温度为 54.4℃、过热度 11.1℃、过冷度 8.3℃计算条件下，R32 与 R410a 具有非常接近的热物性（如蒸发压力、冷凝压力、单位容积制冷量等）；R32 的能效比（*EER*）比 R410a 的 *EER* 提高 5.35%；R32 压缩机的排气温度比 R410a 大，约为 R410a 的 1.63 倍；R32 压缩机的排气温度较 R410a 压缩机高出不少，过高的排气温度会影响压缩机的可靠性。文献 [18] 研究采用吸气带液方式降低压缩机排气温度，其效果大大提升。R32 的全球变暖潜能值（$GWP_{R11=1}$值）仅为 R410a 的 1/3，而且在相同的温度条件下，R32 的运行压力与 R410a 非常接近。因此近年来 R32 正逐渐成为空气源热泵中 R410a（也包括空气/水热泵中 R134a 螺杆压缩、热泵热水器中 134a）的热门替代工质。如 2014 年第 25 届“中国制冷展”上，某些空调设备制造企业展出了以 R32 为制冷剂的热泵供热机组，室外机工作温度可低至−20℃，供热水温度达到 50℃左右，满足地板辐射采暖、沐浴用热水的热源需求。但应注意，需针对 R32 的特点开发 R32 压缩机专用冷冻机油。

（5）R1234yf [19]

R1234yf 的 *ODP* 值为零，$GWP_{R11=1}=4$，大气停留时间只有 11d，环保性远好于目前使用的 R22 以及 R22 的过渡性替代品。因此逐渐成为替代 R22 的较佳工质，主要存在单位容积制冷量和单位质量制冷量偏低的问题。在蒸发温度为 7.2℃、冷凝温度为 54.4℃、过热度 11.1℃、过冷度 8.3℃计算条件下，与 R22 比较，R1234yf 的能效比 *EER* 低约 4.8%，单位质量制冷量低约 28.4%，单位容积制冷量低约 40.1%，但是 R1234yf 的冷凝压力约是 R22 的 0.67 倍，排气温度低 25.97℃。尽管 R1234yf 在制冷量（制热量）方面存在一定的劣势，但其较低的排气温度和冷凝压力，使得其在高温工况下具有一定优势，值得关注。也要注意 R1234yf 具有可燃性，但比 R32 工质弱。

综上所述，现有 R22 替代工质的缺陷有：

（1）R134a，R407c，R410a 具有较高的 *GWP* 值；

（2）R32 微燃，仍有一定的 *GWP* 值；

（3）由于压力过高在适用范围上受局限；

（4）R290（丙烷）可燃性等指标在很多领域的应用受到限制。

1.7　热泵在我国应用与发展的回顾

本节以大量翔实的文献资料为基础，通过对大量文献资料的统计、分类、比较和分析，明显地将我国热泵的应用与发展分为以下几个阶段：

① 早期热泵的应用与发展阶段（1966 年以前）

② 热泵应用与发展的断裂期（1966～1977）

③ 热泵应用与发展的全面复苏期（1978～1988）

④ 热泵应用与发展的兴旺期（1989～1999）

⑤ 进入 21 世纪后热泵发展面临挑战也面临发展的新局面（2000～2017）

1.7.1　早期热泵的应用与发展阶段（1949～1966）

相对世界热泵的发展，我国热泵的研究工作起步约晚 20～30 年。但从中国情况来看，众所周知，旧中国的工业十分落后，根本谈不上热泵技术的应用与发展。新中国成立后，随着工业建设新高潮的到来，热泵技术也开始引入中国。早在 20 世纪 50 年代初，天津大学的一些学者已经开始从事热泵的研究工作，1956年吕灿仁教授的“热泵及其在我国应用的前途”一文是我国热泵研究现存的最早文献，为我国热泵研究开了个好头。20世纪60年代，我国开始在暖通空调中应用热泵。1960年同济大学吴沈钇教授发表了论文“简介热泵供暖并建议济南市试用热泵供暖”；1963年原华东建筑设计院与上海冷气机厂开始研制热泵式空调器；1965年上海冰箱厂研制成功了我国第一台制热量为3720 W的CKT—3A热泵型窗式空调器；1965年天津大学与天津冷气机厂研制成国内第一台水源热泵空调机组；1966年又与铁道部四方车辆研究所合作，进行干线客车的空气/空气热泵试验；1965年，由原哈尔滨建筑工程学院徐邦裕教授、吴元炜教授领导的科研小组，根据热泵理论首次提出应用辅助冷凝器作为恒温恒湿空调机组的二次加热器的新流程，这是世界首创的新流程；1966年又与哈尔滨空调机厂共同研制利用制冷系统的冷凝废热作为空调二次加热的新型立柜式恒温恒湿热泵式空调机。

我国早期热泵经历了17年的发展历程，度过一段漫长的起步发展阶段。其特点可归纳为：第一，对新中国而言，起步较早，起点高，某些研究具有世界先进水平。第二，由于受当时工业基础薄弱、能源结构与价格的特殊性等因素的影响，热泵空调在我国的应用与发展始终很缓慢。第三，在学习外国基础上走创新之路，为我国以后热泵研究工作的开展指明了方向。

1.7.2 热泵应用与发展的断裂期（1966～1977）

1966年，随着“文化大革命”的爆发，科技工作同全国各个领域一样进入了一个非常的时期。在此期间热泵的应用与发展基本处于停滞状态。如：

① 1966～1977年间没有一篇有关热泵方面的学术论文报道与正式出版有关热泵的译作、著作等。

② 1966～1977年间国内没有举办过一次有关热泵的学术研讨会，也没有参加过任何一次国际热泵学术会议。

③ 1966～1977年间，全国高校一律停课闹“革命”，根本谈不上搞热泵科研。但是原哈尔滨建筑工程学院徐邦裕、吴元炜领导科研小组在1966～1969年期间坚持了LHR20热泵机组的研制收尾工作，于1969年通过技术鉴定，这是在“文化大革命”时期全国唯一的一项热泵科研工作。而后，哈尔滨空调机厂开始小批量生产，首台机组安装在黑龙江省安达市总机修厂精加工车间，现场实测的运行效果（冬季、夏季、过渡季）完全达到20±1℃、60±10%的恒温恒湿的要求，这是我国第一例以热泵机组实现的恒温恒湿工程。

鉴于上述事实，将热泵在这个时期的应用与发展的整个过程，定为热泵应用与发展的断裂期，是名副其实的。

1.7.3 热泵应用与发展的全面复苏期（1978～1988）

改革开放政策使中国的国民经济重新走向发展之路，经济的发展为暖通空调系统提供了广阔的市场，也为热泵在中国的发展提供了很好的契机。因此，热泵的发展在经历了断裂期之后于1978年开始进入一个新的发展阶段。从文献统计看，1988年又出现一个文献数量变化的转折点，故将1978～1988年间定为我国热泵应用与发展的全面复苏期。

（1）中国暖通空调制冷界开始了解国外热泵发展动态

与世隔绝十余年后，中国的热泵发展又迎来了新时期，遇到的第一个问题就是要了解世界各国热泵应用与发展的现状，热泵在一些国家里是如何发展的。为此，在1978～

1988 年间，我们开始通过以下工作，充分了解国外热泵发展的现状与进展。

① 大量出版译著。1978～1988 年间正式出版 8 本热泵书，其中译著 6 本，占 75%。1986 年一年出版了 3 本译著。另外，还有许多未正式出版的译文资料集。

② 国内刊物积极刊登有关热泵的译文。1978～1988 年间共发表 27 篇论文，其中译文占 26%。

③ 对国外热泵产品进行测试与分析，以便找出我国现有热泵产品与国外的差距，为我国开发、生产新产品提供参考数据。

④ 积极参加国际学术交流。中国制冷学会先后于 1979 年、1983 年、1987 年组团参加了 15 届、16 届、17 届国际制冷会议，并组织翻译“第 15 届国际制冷大会”论文译丛。1984 年派代表参加了在英国举办的第二届国际热泵大规模应用专题讨论会。

译文、译著等系统地介绍了：

① 有关热泵技术的基础知识。使我们系统地了解到热泵的分类、组成、热力学原理、热泵部件和热泵系统的设计选择原理、热泵的低位热源、与能源工业的关系、运行费和经济性计算基本原理等。

② 热泵技术在世界各国中应用的大量实例和应用方式。例如：以热泵作为住宅的供暖（冷）机组；热泵在大型建筑物或建筑群的供暖（冷）；热泵在室内或室外露天游泳池中的应用；热泵用于建筑物余热（排风废热）回收与利用；采用热泵回收和应用制冷装置的冷凝废热；人工冰场和游泳池相结合的热泵系统；热泵技术在工农业中的应用等。

③ 从译著中可以看出，热泵真正开始发展还是在第二次世界大战前后，至 20 世纪 60 年代，在美国得到很大的发展，这种发展势头至今历久不衰。

（2）中国暖通空调制冷界开始思索我国热泵技术的发展方向

在充分了解了国外热泵应用与发展的现状后，看到热泵在中国发展的远景。为此，中国暖通空调制冷界开始思索我国热泵技术的发展方向问题。一些学者撰写论文，论述我国应如何发展热泵技术。其论点可归纳为：

① 由于我国热泵技术处于发展的初级阶段，因此，要对国外热泵的发展进行跟踪，吸收国外热泵新技术。但是，对引进的项目，应组织研究、设计和生产单位的力量共同进行消化、吸收、试验研究、研制，不应单纯以生产为目的。

② 从我国 20 世纪 80 年代的工业基础和技术力量出发，应先开发已较成熟的电动压缩式热泵，努力扩大热泵的应用范围。

③ 今后应大力研究和开发适合国情的热泵装置和热泵系统。主要有：空气/空气热泵、空气/水热泵、水/水热泵等。

④ 热泵的应用应先从经济效益好的领域开发。如：低温热泵干燥、蒸发蒸馏领域热泵的应用、低温供暖（冷）、热泵式的热水供应等。

⑤ 从长远出发，应及早开展吸收式热泵和燃气热泵的研究、热泵工质的研究、变频热泵的研究、热泵的计算机模拟与分析、热泵的自动调节等。

（3）全面复苏期中热泵在我国的应用与发展

在 1978～1988 年期间，主要开展了以下几项工作：

① 热泵空调技术在我国应用的可行性研究。

② 小型空气/空气热泵（家用热泵空调机组）的理论与实验研究。在这期间，大量地

引进国外空气/空气热泵技术和先进生产线，我国家用热泵空调器开始较快地发展。由1980年年产量1.32万台到1988年年产量24.35万台，增长速度非常快，但年产量却很小，其中很多都是进口件组装的或仿制国外样机，这些产品是否适合我国的气候条件，在我国气候条件下是否先进，这些问题亟待研究解决。为此，哈尔滨建筑工程学院徐邦裕教授又开始对小型空气/空气热泵进行了一些基础性的实验研究工作。在短短的十年里，做出许多成绩。如：为开发家用热泵空调器新产品，对进口样机进行详细的实验研究；我国小型空气/空气热泵季节性能系数的实验研究；小型空气/空气热泵除霜问题的研究；小型空气/空气热泵室外换热器的优化研究等。

③ 热泵产品的研发和热泵系统的应用。20世纪80年代初开发了分体热泵空调器；厦门国本空调冷冻工艺有限公司也于80年代末开发出用全封压缩机（5～60Rt）、半封压缩机（80～200Rt）、双螺杆压缩机（>200Rt）组成的空气源热泵冷热水机组产品。空气源热泵、水源热泵以及土壤耦合热泵系统的应用也开始崭露头角。

④ 工业热泵的应用优于暖通空调上的应用。1978～1988年，由于我国国内生产总值（GDP）很低，国家正在大力发展工业，电力供应紧张，国家限制民用电气产品过早进入家庭，因此，在当时普遍的看法是我国热泵的发展应先从工业应用上开始，在此期间，发表的热泵文献中有41%的文献为工业热泵内容。主要集中在三方面的应用：一是干燥去湿（木材干燥、茶叶干燥等），二是蒸汽喷射式热泵在工业中的应用，三是热水型热泵（游泳池、水产养殖池冬季用热泵加热等）。

⑤ 国外知名热泵生产厂家开始来中国投资建厂。例如美国开利公司是最早来中国投资的外国公司之一，于1987年率先在上海成立合资企业。

（4）全面复苏期中我国热泵应用与发展的特点与经验

总的来说，这个时期我国热泵的发展又是个良好的开端，为今后热泵新的发展打下了坚实的基础并起到积极的推动作用。但是，当时热泵在我国仍是一门“超前”的技术。具体特点与经验如下：

① 在暖通空调制冷界初步普及了热泵的基本知识；

② 外国热泵的产品和应用技术大量引入中国，成了我国发展热泵的“起步”技术；

③ 热泵在暖通空调节能工作中起到良好的示范作用，引起暖通空调制冷工作者的关注与兴趣；

④ 初步形成中国热泵工业发展的基础，为迎接新的发展打下坚实基础，积蓄了发展我国热泵的力量；

⑤ 走向正确的发展之路，发展形势喜人，前景乐观。

但是也存在下述问题：

① 盲目引进、重复引进的现象很多；

② 唯外是从，照搬仿造多，结合国情少。

1.7.4 热泵应用与发展的兴旺期（1989～1999）

（1）基本概况

1989～1999年期间，我国国民经济突飞猛进地大发展。1989～1999年间国内最高GDP值是20世纪80年代的4倍以上，其增长速度十分惊人。

我国热泵的应用与发展紧跟时代，在全面复苏期热泵发展的基础上，于1989年开始到1999年期间又迎来了新的发展里程。先看一看基本概况：

① 房间空调器的生产已成为世界生产大国，其每年的增长率列于表1-10中。

房间空调器逐年增长率 表1-10

年　　代	1989	1990	1991	1992	1993	1994
年产量(万台)	37.47	20.07	63.03	158.05	396.41	393.42
年增长台数(万台)	—	−17.4	42.96	95.02	238.36	−2.99
年增长率(%)	—	−46.44	214.05	150.75	150.81	−0.75
年　　代	1995	1996	1997	1998	1999	—
年产量(万台)	682.56	786.21	974.01	1156.87	1337.64	—
年增长台数(万台)	289.14	103.65	187.8	182.86	180.77	—
年增长率(%)	73.49	15.18	23.89	18.77	15.63	—

② 20世纪90年代，热泵在我国的应用范围迅速扩大。由20世纪80年代4个城市扩大到11个省市。在我国应用的热泵形式开始多样化，有空气/空气热泵、空气/水热泵、水/空气热泵和水/水热泵等。

③ 1989～1999年，正式发表有关热泵方面论文270篇，是1978～1988年间发表论文的10倍。

④ 1989～1999年全国有9个主要刊物登载有关热泵方面的论文，是1978～1988年刊登热泵方面论文的刊物数的2.26倍。

⑤ 1989～1999年全国正式出版热泵著作和译著共6部，其中我国学者编写或编著的热泵著作4部，是20世纪80年代的2倍。

⑥ 1989～1999年热泵专利总数161项，是1978～1988年热泵专利总数的20多倍。而发明专利1989～1999年为77项，是1978～1988年热泵发明专利数的15.4倍。

⑦ 全国高校研究生以热泵技术为论文题目者，20世纪90年代约有39名，是80年代的3.9倍。曾研究过热泵技术的高校，90年代约有11所，是80年代的5.5倍。

由此可见，1989～1999年期间，我国热泵的发展比1978～1988年期间上了个新台阶，进入了一个新的发展时期，故将1989～1999年期间我国热泵的发展定为热泵应用与发展的兴旺期。

(2) 兴旺期中热泵在我国的应用与发展

1989～1999年间，我国暖通空调领域掀起一股“热泵热”，在热泵理论研究、实验研究、产品开发、工程应用诸方面取得可喜成果，主要表现在以下方面：

① 窗式热泵空调器、分体式热泵空调器有了突飞猛进的发展，热泵空调器开始步入百姓家庭。到1999年底，上海每百户居民拥有家用空调器85.2台，广东为83.47台，北京为49.9台，天津为59.8台。1993年国内开始开发和研制变频式分体空调器。1995年以后，国内部分企业开始引进日本变频控制技术和设备，生产变频空调器。在这期间国内已有国有、民营、独资、台资等不少于300家家用空调器厂家，逐步形成我国热泵空调器的完整工业体系。

② 在20世纪90年代里，根据我国实际情况制定出空气源热泵冷热水机组的标准，同时采用大容量的螺杆式压缩机和小容量的涡旋压缩机的空气源热泵冷热水机组产品日趋

成熟。因此，用空气源热泵冷热水机组作公共和民用建筑空调系统的冷热源开始被国内设计部门、业主所接受，尤其在华中、华东和华南地区逐步形成中小型项目的设计主流。其应用范围愈来愈广泛，1995年以后，其应用范围由长江流域开始扩展到黄河流域，在京津地区、山东胶东地区、济南、西安等地区都开始选用空气源热泵冷热水机组作空调系统的冷热源。

③ 20世纪90年代，水环热泵空调系统在我国得到广泛应用。据统计，1997年国内采用水环热泵空调系统的工程共52项。到1999年，全国约有100个项目，2万台水源热泵机组在运行。

④ 我国的热泵新产品不断涌现。20世纪90年代初开始大量生产空气源热泵冷热水机组，90年代中期开发出井水源热泵冷热水机组，90年代末又开始出现污水源热泵系统。

⑤ 20世纪90年代，土壤耦合热泵的研究已成为国内暖通空调界的热门研究课题。国内的研究方向和内容主要集中在地下埋管换热器，在国外技术的基础上有所创新。如：

A. 各种地下埋管换热器热工性能的实验研究；

B. 回填材料的研究；

C. 地下埋管的铺设形式及管材的研究；

D. 土壤耦合热泵系统的设计与安装等问题的研究。

除此之外，一些高校开展了热泵空调的计算机模拟技术研究、空气源热泵结霜特性的理论与实验研究、地下井水源热泵冷热水机组及水源问题的研究、热泵空调技术在我国应用的可行性研究等。

⑥ 热泵空调的学术交流活动十分活跃。除中国制冷学会第二专业委员会每两年主办一次“全国余热制冷与热泵技术学术会议”外，自20世纪90年代起，中国建筑学会暖通空调委员会、中国制冷学会第五专业委员会主办的各届全国暖通空调制冷学术年会上专门增设热泵专题会。会上交流了大量学术论文，推动了热泵的应用与发展。

（3）兴旺期中我国热泵应用与发展的特征

兴旺期中，我国热泵应用与发展的特征主要表现在：

① 热泵技术进步显著。这十年里，热泵新技术与新产品不断地涌现。

② 逐步形成我国热泵的完整工业体系。20世纪90年代，热泵式家用空调器厂家约有300家；空气源热泵冷热水机组生产厂家约有40家；水源热泵生产厂家20几家；国际知名品牌热泵生产厂商纷纷在中国投资建厂，形成生产、销售和服务、产品研发机构一条龙的完整体系。

③ 热泵空调装置产量在这十年里成倍地增长，有关热泵设备的标准不断地完善，使中国成为名副其实的世界热泵大国，但不是强国。

④ 热泵理论研究工作比前十年显著地加大了深度与广度，打破了空气源热泵一统天下的局面和研究工作仅局限于空气/空气热泵的研究范畴，这十年科研单位纷纷对空气源热泵、水源热泵、地源热泵和水环热泵空调系统等进行了研究，尤其是对土壤耦合热泵的理论研究更活跃，研究的内容也十分广泛。如热泵的变频技术、热泵计算机仿真和优化技术、热泵的CFCs替代技术，空气源热泵的除霜技术、一拖多热泵技术等。但是，热泵的理论研究在这十年里仍是以跟踪国外的技术为主，自主创新性研究工作少，且还存在着一

定的重复性现象。

⑤ 随着计算机技术的发展，计算机仿真和优化技术开始在热泵空调系统行业中得到应用。让热泵空调系统在计算机上实现运行，从而对一些热泵空调系统在我国的应用做出客观的预测分析，以进一步指导热泵空调系统在我国的实际应用。

⑥ 热泵空调在我国的应用范围十分广泛。到了20世纪90年代，“热泵”这个词再也不生疏。热泵装置已成为暖通空调中重要设备之一，应用十分广泛。空气/空气热泵已进入普通百姓家庭；空气/水热泵已成为我国夏热冬冷地区空调设计中的主流，并开始逐渐北扩到山东、河南、陕西、天津、北京等地；水/水热泵在山东、河南、湖北、辽宁、河北、黑龙江、北京、天津等地应用广泛。

1.7.5 21世纪后热泵发展进入发展高峰与低谷时期

进入21世纪后，由于我国沿海地区城市化进程的加快、人均GDP的增长、2008年北京奥运会和2010年上海世博会等因素拉动了中国空调市场的发展。同时，在能源需求与雾霾治理背景下，使得热泵在我国的应用越来越广泛，热泵的发展十分迅速，热泵技术的研究不断创新。在2000～2011年期间，热泵的应用、研究空前活跃，硕果累累。在这十一年间，热泵在我国的应用与发展进入快速发展时期，迎来了我国热泵应用与发展的高峰期。但是在快速发展中表现出一些不同于其他国家与地区的新特点。比如，热泵空调系统在我国民用建筑中的使用数量急剧上升；热泵空调系统应用规模由中小建筑（1万m^2以下）转向大型建筑群、住宅小区，几十万平方米的地埋管地源热泵工程实例很多。这些新特点带来的新问题又没有及时的创新研究，缺乏理论创新与实践创新，又导致在我国热泵技术快速发展中开始孕育着热泵市场下滑的因素。果然，从2012年开始至今（2017年），我国热泵市场的发展出现下滑，地源热泵一些产品从主流产品被边缘化，地源热泵产品市场份额也跌落到近年来的历史最低点。从此，我国地源热泵进入了发展低谷期。但是我们也要清醒地认识到，在能源紧缺的当今时代，由于热泵技术具有用能的合理性、节能性与环保性等基本属性，热泵系统又是热能再生系统，因此，随着热泵技术的进步，地源热泵技术很快又会获得新的发展，由快速增长转向高质量发展，迎来一个以质量为核心的快速发展新时期。为说明此问题，请看下面的数据。

① 进入21世纪后，我国地源热泵相关设备制造、工程设计与施工、系统集成与调试的相关企业越来越多。据不完全统计，截至2004年底约有80余家，到2009年底，已达到400余家，到2012年飞速发展到4000余家[20]。

② 我国地源热泵应用工程面积年年增加，详见图1-15我国地源热泵工程应用总面积年度增长曲线[21]。由图1-15可以看出，从2007年开始呈现快速增长，截至2016年底地源热泵工程应用总面积达到48000万m^2。

③ 2009年，住房和城乡建设部开始组织实施“可再生能源建筑应用城市示范”和“农村地区可再生能源建筑应用示范”工程。2009年批准示范城市26个，示范县38个；2010年批准示范城市18个，示范县48个。住房和城乡建设部公布的地源热泵示范项目前后四批共324个项目（第一批16项，第二批42项，第三批130项，第四批136项）。这些示范城市、县、项目为推动我国地源热泵的应用与发展起到了很好的示范作用。

④ 热泵技术的著作、教材、译著、标准、规范不断出版与再版，不断完善。其数量见表1-11[14]。由表1-11明显看出，进入21世纪以后，热泵技术在我国开始大量的应用

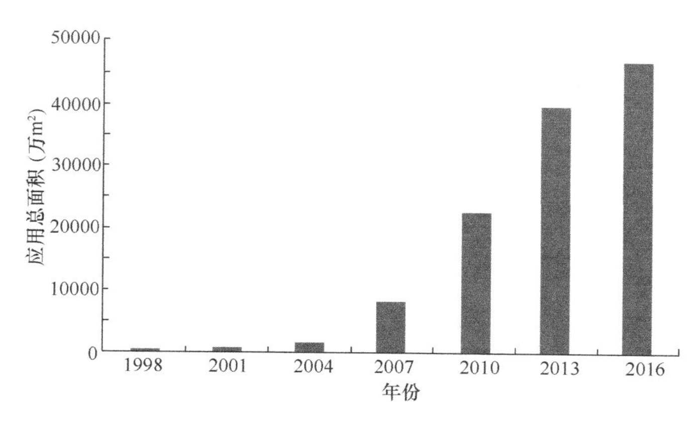

图 1-15 我国地源热泵工程应用总面积年度增长曲线

与快速发展。尤其是 2010～2015 年的五年，热泵方面的出版物快速增长。在 2010～2015 年五年期间，正式出版有关热泵技术著作、教材 30 部，占全部著作、教材的 54.5%；标准与图集占 63.5%。

热泵著作、教材和译著数量统计表 **表 1-11**

年代	著作、教材	译著	标准与图集	总计
1980～1989	4	7	0	11
1990～1999	4	1	1	6
2000～2009	17	2	22	41
2010～2015	30	1	40	71
总计	55	11	63	130

值得一提的还有一点，《地源热泵系统工程技术规范》GB 50366—2005 是我国有关地源热泵系统的第一部规范，于 2006 年 1 月 1 日起实施。规范中对其设计方法提出了具体要求，对地埋管换热系统、地下水换热系统和地表水换热系统的前期勘察，系统设计、施工，以及系统检查验收和调试都做了相应的规定。2009 年又对 2005 版规范重新修订，通过规范的修订与实施把我国地源热泵技术各方面水平大大向前提高了一步。该规范对我国地源热泵应用与发展起到很好的指导和规范作用。

⑤ 2004 年以后，我国空气源热泵热水器市场出现了较大的增长，初步形成产业雏形。据国际铜业协会统计[14]，2004 年空气源热泵热水器市场出现了 400%的同比增长，2005 年空气源热泵热水器的行业销售额达到 3.6 亿人民币，2006 年销售额达到 4.2 亿元，2007 年销售额达到了 10.2 亿元，比 2006 年增长了 142.9%。从 2008 年开始，空气源热泵热水器市场又进入了高速增长阶段。来自产业在线的数据显示，2008 年热泵热水器行业销售额达到 18.4 亿元，2009 年热泵热水器行业销售额为 23.62 亿元，2010 年的市场销售额飙升到 30.93 亿元，同比增长 30.9%。

⑥ 从某相关资讯平台公布的数据看，2010 年水地源热泵销售额为 31 亿元，2011 年水地源热泵销售额为 42 亿元，2012 年则为 26 亿元，2013 年降为 21.66 亿元。由此可见，水地源热泵市场从 2012 开始出现下滑现象。2014 年仍以负增长率（－17.0%）下滑，

2015 年以负增长率—20.5%再度下滑，2016 年继续呈现负增长，下滑 19%，2017 年上半年负增长率为—13.0%。这充分说明，我国地源热泵经历快速增长的高峰期后，从 2012 年开始至 2017 年出现市场下滑，其发展开始变缓，出现发展的低谷期。为什么在能源需求和雾霾治理需要发展热泵技术的形势下出现此现象，很值得深入思考。

⑦ 在我国地源热泵快速发展过程中，一些项目显示出，地源热泵空调系统的能效比还较低，大有提升空间。比如，文献［22］中测试了 24 个项目（地埋管地源热泵 11 项，地下水源热泵 7 项，污水源热泵 3 项，海水源热泵 3 项）的能效比。结果为，地埋管地源热泵系统中能效比最大值 3.4、最小值 2.0、平均为 2.73，能效比大于 3 的系统占 27.27%，能效比为 2.5 ～3.0 的系统占 45.46%，小于 2.5 的系统占 27.27%；地下水源热泵系统中能效比最大值为 3.05、最小值为 1.86、平均为 2.48；污水源热泵系统中能效比最大值为 3.07、最小值为 1.5、平均为 2.53；海水源热泵系统中能效比最大值为 2.36、最小值为 2.08、平均为 2.18。又如文献［23］中对寒冷地区使用的地源热泵系统能效的实际调研情况表明，地源热泵冬季供暖运行的能效水平没有达到《可再生能源建筑应用工程评价标准》GB/T 50801—2013 中有关规定的系统所占比例较大，没有达到 1 级能效标准的项目。比如，地埋管地源热泵系统中冬季供暖能效不满足标准要求的系统占 55%，满足 2 级能效标准的仅占 17%，满足 3 级的占 28%；地下水源热泵系统中冬季供暖能效不满足标准要求的系统占 57.14%，满足 2 级能效标准的仅占 17.87%，满足 3 级的占 24.99%；污水源热泵系统中冬季供暖能效不满足标准要求的系统占 83.33%，满足 2 级能效标准的占 16.67%。

以上几组简单数据，明显感觉到，进入 21 世纪后，前 11 年里热泵迎来一个新的发展起点，正如汉斯·冯·库伯写的“无疑，在不久的将来，热泵会身价大增并将在气候适合的地区取代传统的供热方式”一样。但 2012 年至今，地源热泵的发展出现拐点，出现持续下滑的现象。这个时期热泵发展的特点主要有：

（1）进入 21 世纪后，热泵的快速发展不单是为了能源问题而更主要的是为了改善环境问题。通过热泵的应用与发展，来推动暖通空调的可持续发展，实现暖通空调的生态化与绿色化。

（2）热泵技术已被业主接受，全国各省市均有热泵应用工程实例。在应用工程实例中，既有各种热泵系统类型，又有各种建筑类型。

（3）进入 21 世纪后，中国地源热泵市场前期空前繁荣，产品规格种类齐全，国内生产厂家众多，而后期市场又持续下滑。

（4）在经济全球化的条件下，就要求不断加强对外学术交流和合作，热泵技术也不例外，进入新世纪后，对外交流与合作十分活跃，在这个过程中，已深感学习外国技术时应当避免照抄、照搬现象，把国外的技术消化、吸收后有机地融入国内学术理论与技术中，走自主研发面向世界的必然之路。

1.8　热泵的历史

热泵的历史以压缩式最悠久，它可追溯到 18 世纪初叶，可以说 1824 年卡诺循环的出现，即奠定了热泵研究的基础。

1852 年汤姆逊（Thomoson）指出：制冷机也可用于供热，他第一个提出了一个正式的热泵系统，那时称为“热量倍增器”。如图 1-16 所示，该装置有一个吸气缸和一个排气缸，它们由共同的蒸汽机驱动；工作介质为空气。装置运行时空气进入吸气缸，并在其中膨胀而降低压力与温度；低压、低温的空气从吸气缸排出后进入储气器，在储气器中吸收环境空气中的热量而提高温度；接着被排气缸吸入，经排气缸压缩后进一步提高温度后，送至所需供暖的建筑。据说瑞士曾成功地建造了这样一台机器[24]。

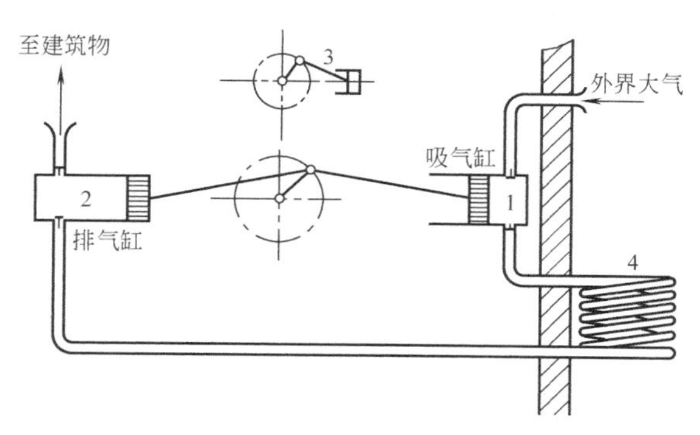

图 1-16 “汤姆逊”热量倍增器

1—吸入气缸；2—排出气缸；3—蒸汽机；4—储气器

霍尔丹（Haldane）于 1927～1928 年首次实现了热泵供暖，在他的伦敦办公室和埃科斯的住宅安装了热泵系统，其工质为氨，用空气为热源，供室内供暖及水加热之用。霍尔丹的热泵已发展到了较高的技术水平，可以认为这一装置是现代蒸气压缩式热泵的真正原型。同时，在他的论文中，已经认识到通过简单地切换制冷剂循环来实现装置在冬季供热，夏季制冷的可能性。

20 世纪 30 年代，热泵首次进入商用阶段。世界一些国家开始发展热泵，推行热泵供暖。

在美国，1930 年，阿里萨拉州特斯康的一间房间采用热泵供暖方式。尤其 1931 年，洛杉矶一幢 13 层的办公大楼配备了一套 1628kW 的制冷装置，主要用于冷却办公室，但其中 1/4 的能量用于供暖。1937～1940 年该公司在四幢大楼内装备了热泵。其他公司于 1934～1940 年在美国东部为 8 幢大楼配备了热泵（58.15～1163kW）。1936～1940 年间在加利福尼亚还安装了 5 台热泵（23.26～255.86kW）。1935 年左右一些私人住宅实现热泵供暖。1938 年在洛杉矶同时安装了 20 套装置。在 1940 年前美国已安装了约 50 台热泵[25]。

在此期间，一些制冷设备制造商，特别是威斯汀豪斯公司已经认识到热泵作为家用空调与供暖设备的市场潜力和重要性。美国开始工厂化装配热泵空调机组。最早的工厂化装配机组起源于盖尔森（Galson），它提出的全年运行空调机组的方法至今仍用于美国[4]。1938 年，洛杉矶的塞梅多电气制造公司造了 20 台配有 3 马力压缩机的空气/空气热泵机组，安装于单元住宅，收到了好的效果。1940 年威斯汀豪斯公司制造了第一台用于供暖和供冷的便携式机组，用空气作热源，机组容量 770W，性能系统 2.37（室外空气温度 5℃）。该机组尽管还没有融霜系统，但已经用了首次大批生产的制冷剂循环换向阀[4]。

在瑞士，1938 年，苏黎世市政厅安装了供热热泵；1939 年，苏黎世会议中心安装了带有离心式压缩机的供热-制冷装置。

在日本，1930年第一次报道了热泵实验，1937年在大型建筑物内装备了热泵的空调系统[26]。采用透平式压缩机，以泉水作为低温热源。

热泵在20世纪40～50年代进入早期发展阶段。到1943年大型热泵的数量在欧洲已很可观。当时，"电气服务"杂志以"能源经济和热力学热泵"为题发表了一篇专门报告[27]。报告描述了1937～1941年期间安装的各种热泵装置，包括安装在学校、医院、办公室和牛奶场的热泵装置。在40年代后期出现了许多更加具有代表性的热泵装置的设计。瑞士、英国早期的热泵装置列入表1-12中[8]。

早期的热泵装置　　**表1-12**

施工年份	国别	地　　点	低位热源	出力(kW)	备　　注
1941	瑞士	苏黎世	河水、废水	1500	游泳池加热
1941	瑞士	Skeckborn	湖水	1950	人造丝厂工艺用热
1941	瑞士	Landquart	空气	122	纸工厂工艺用热
1943	瑞士	苏黎世	河水	1750	供热
1943	瑞士	Schoncnwerd	河水	250	鞋厂空气调节
1945	英国	诺里季电力公司	河水	120～240	供暖
1949	英国	皇家节日大厅	水	2700	
1950	英国	诺里季旅馆	混凝土地板	3.74	
1951	英国	伦敦	河水	2.3～2.6	
1951	英国	英国电机及有关工业研究协会	水	7～15	
1952	英国	英国电气研究协会	污水	25	

由表1-12可以看到瑞士和英国早期使用的典型地表水热泵系统。其供暖能力比20世纪30年代大，其用途也比30年代广泛。除了用于建筑供暖外，还用于游泳池加热，人造丝厂工艺加热和鞋厂空调等。

欧洲其他一些国家（如比利时、法国等）也开始安装地表水源热泵系统。

20世纪40年代，美国开始对热泵有了进一步的认识。到1948年小型空气源热泵的开发工作有了很大的进展，家用热泵和工业建筑用的热泵大批投放市场。1948年地下水源热泵在俄勒冈州运行后，美国西部乃至全美均开始大量安装地源热泵，华盛顿逐渐成为美国地源热泵安装和使用的领头羊[28]。1950年，美国拥有约600台热泵，其中53%为水源热泵[4]。早期安装的大部分都是地下水源热泵，由于采用的是直接式系统，这些系统在建成5～15年都由于腐蚀和生锈失效了。由此地下水源热泵系统进入了低潮期。

土壤耦合热泵在英国和美国于1950年左右问世。一些家庭用热泵开始采用地下埋管作热源，并开始了土壤耦合热泵的研究工作。但是由于这个时期能源价格低、土壤源热泵系统的投资高，使得这种系统并不经济，且由于计算复杂、土壤对金属地下埋管的腐蚀等原因，土壤源热泵系统的早期研究高潮持续到20世纪50年代中期就基本停止了。

在20世纪50～60年代初（1952～1963）这10年中，由于家用空气/空气热泵可以把制冷与供暖合用一套装置，而热泵若在电力充足而电能价格又便宜的地区使用时，其运行费用低。因此，用户对热泵产生兴趣，家用空气/空气热泵在美国市场上取得了相当大的成功。美国1952年约出厂1000套热泵，1954年，年产量翻一番，约生产2000套热泵，1957年则增长到10倍，而到1963年发货量增加到76000套/年（图1-17）。

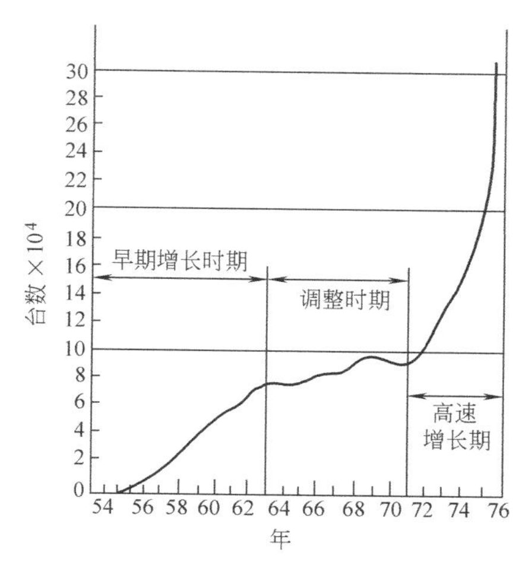

图1-17 1954～1976年间美国单元式热泵制造台数

美国在20世纪60年代和70年代初期的经历几乎毁坏了空气源热泵工业。一个具有如此大前途的产品，却因其可靠性低和设备费高而败坏了声誉。到1964年，热泵可靠性问题已成了一个十分严峻的问题，以至于美国陆军当局禁止在兵营里安装热泵，这一禁令一直延续到1975年。又因60年代电价持续下降，电加热器以其可靠性和低电费吸引着人们，使电加热器的应用不断增加，成了热泵发展的主要竞争对手，限制了热泵的发展，空气源热泵工业进入了10年左右的徘徊状态。尽管如此，在此期间全世界范围内还是扩大了热泵的应用。日本、瑞典和法国等国家生产了以室外空气为热源的小型家用热泵，至于大型热泵装置，则越来越与商业和公共建筑的热回收方案结合起来，这在英国和德国更突出。但是，对全世界而言，直到1958年为止，在一些国家里，热泵尚未充分传播开来。

20世纪70年代初期，人们充分认识到矿物燃料是有限的。1973年"能源危机"的出现，热泵又以其回收低温废热、节约能源的特点，在产品经改进后，重新登上了历史舞台，在世界范围内扩大了热泵的应用，热泵到了真正的发展期。美国对热泵的兴趣又开始抬头了，1971年生产了8.2万套热泵装置，1976年年产30万套，在短暂的五年里，热泵装置增长了约4倍。1977年再次跃升为50万套/年；而日本后来居上，年产量已超过50万套。据报道，1976年美国已有160万套热泵在运行，1979年约有200万套热泵装置在运行。联邦德国约有5000个热泵系统正常地使用。

20世纪70年代以来，欧洲各国和苏、日、美、澳等国家对热泵的研究工作十分重视。苏、英、法、联邦德国、丹麦、瑞典、挪威等国家都参加了世界能源组织1976年成立的"国际热泵委员会"。北欧和美国又重新有了对地源热泵研究的兴趣，再一次引起地源热泵的研究高潮。1974年，欧洲开始了30个工程开发研究项目，发展地源热泵的设计方法、安装技术并积累运行经验。瑞典安装了6000个水平地下埋管热泵系统，德国也有大量的此类工程出现，所有的地源热泵系统都只用于供暖，且主要是水平埋管形式；美国自1977年，重新开始了对土壤源热泵的大规模研究，最显著的特征就是政府积极支持与倡导。1978年布鲁克海文国家实验室BNL（Brookhaven National Laboratory）制定了土壤源热泵的研究计划，调查其运行情况，并发表一些研究成果。几乎所有的研究都在美国能源部（DOE）的支持下，由美国橡树岭ORNL（Oak Ridge National Laboratory）和布鲁克海文BNL（Brookhaven National Laboratory）等国家实验室和俄克拉何马州立大学（Oklahoma State University）等研究机构进行的。这一时期的工作主要集中在土壤的导热性能、地下埋管换热器的传热特性、不同地下埋管换热器形式对换热过程的影响及其模拟计算方法的研究[29-32]。地下埋管已由早期使用的金属管改为塑料埋管，解决了土壤对埋管的腐蚀问题。可以认为，土壤源热泵的大部分工作都在这一阶段完成，并完成了商品化以及大规模推广应用的准备工作。

20世纪80年代，美国、日本和欧洲的一些国家迎来了热泵发展的新时期。发展的原因是：

① 热泵技术日益进步，在80年代，美国和日本已有工业化生产的、技术上成熟的产品出现；热泵设计在理论和技术的问题几乎都已解决；热泵的可靠性大大提高。

② 用户对热泵的了解与认识日益深刻。

③ 各国政府采取一些措施，以推动热泵的发展。如减轻税收；加大对热泵研究和热泵商业化发展的资助，为实验性研究和示范性研究项目提供贷款；热泵用户享受信贷；一些公司加强技术培训和提供保证的维修计划，并加大宣传热泵的力度等。

正因为这样，空气源热泵在日本和美国的应用最为普及，尤其是住宅，热泵设备由于以大生产为基础，其造价与其他供暖与供冷设备相比具有较强的竞争力，热泵产品的商业化，更具有经济生命力。因此，美国在此期间，开始用空气/空气热泵替代空调机。1985年单元式热泵的销售量约100万台，创历史记录，比1984年多11%。1986年4月统计比1985年同期增加18%。美国20世纪80年代建的住宅中超过25%采用电动热泵作为供热与供冷设备，在1985年新建的建筑中，热泵已占供暖空调设备的30%。美国热泵的发展是以单元式热泵空调机为先导，主要生产以空气为热源的单元式热泵空调机组，同时在此基础上，又开发了适用于商业建筑的空气/水热泵和水环热泵空调系统。在日本，由于对供冷与供热的双重需求，日本住宅用的热泵大部分是整体热泵式房间空调器（HP-RAC），HP-RAC由于近来性能的改善获得了广大的市场。1984年，HP-RAC销售量达到175万台。

欧洲在20世纪80年代，由于住宅空调还不普及和能源价格等问题，其热泵的市场还是有限的，联邦德国、法国等国家在80年代曾出现市场的下跌现象。法国1982年安装50000台，与1979年相同；联邦德国1981年热泵销售量达到13000台，1985年安装20000～25000台，而在1984年新装置少于5000台[33]。奥地利、丹麦、芬兰等国家热泵市场潜力还未挖掘出来。

与美国和日本不同的是，欧洲一些国家致力于大型热泵装置的研究，主要用于集中供热或区域供热。

20世纪80年代以来，瑞典建立了一批大型热泵站。现将以湖/海水、地下水为热源的热泵站列入表1-13中。到1987年，已有约100座热泵站投入运行，总供热能力达到1200MW[34]，已成为世界上应用大型地表水源热泵站的代表国家之一。

1987年，苏联的杨图夫斯基等人对热泵站供热与热化电站、区域锅炉房集中供热进行比较，得出可节省燃料29.7%～32%，提出了利用莫斯科河水做低位热源的热泵站区域供热方案[35,36]。

而后，大型地表水源、地下水源热泵在欧洲各国开始兴建。芬兰有6台MW级装置；荷兰有1套1.5MW装置；罗马尼亚有7.5MW的吸收式热泵15套，2.9MW的10套，8.7MW的1台，用于区域供热，连同其他约400套中型压缩式热泵一起，每年节约30000tce[37]。

1982年丹麦建造最早的海水源热泵站，供区域供热，到1990年，区域供热用热泵装机容量达 350MW，热泵台数可达 100 台。

瑞典的地表水源和地下水源的大型热泵站 表 1-13

地　　点	容量(MW)	制造厂	投入工作时间	低位热源
斯德哥尔摩	1×15 3×25 1×10 4×25	Stal-Laval Elajo/Sulzer Elajo/Sulzer Asea-Stal	1983 1985 1986 1986	湖/海水 湖/海水 湖/海水 湖/海水
阿普兰德斯瓦斯科	2×11	Asea-Stal	1984	湖/海水
隆德	1×20 1×27	Asea-Stal Asea-Stal	1985 1986	地下水 地下水
林德伯格	1×5	Asea-Stal	1986	地下水
黑森伯格	1×2.5	Sulzer	1983	地下水

另外，在 20 世纪 80 年代里，世界各国对土壤耦合热泵的研究工作和学术交流十分活跃，同时，不断地扩大了应用范围。80 年代初期欧洲先后召开了 5 次大型的土壤源热泵的专题国际会议，研究工作主要有：

① 1983 年，BNL 修改了线热源理论。它是将埋管周围的岩土划分为两个区，即严格区和自由区，在土壤源热泵运行时，不同区域之间的热传导引起区域温度的变化[38]。

② 1983 年，Claesson 和 Dunand 首次对垂直 U 形埋管提出了等效管的概念。

③ 1985 年，Mei 和 Emerson 开发了一个适用于水平埋管的数值模型，其中包含管周围冻土影响模型。

④ 1986 年，V. C. Mei 提出了建立在能量平衡基础上的三维瞬态远边界传热模型[38]。该模型有别于线热源理论，是可以考虑结冰界面的移动以及回填土等因素的影响。

⑤ 1986 年，T. K. Lei 忽略轴向导热，建立 U 形管径向一维导热微分方程，并用有限差分法进行求解。

⑥ 80 年代后期在实验和模拟中发现，回填土的性能对地下埋管换热器的传热性能的影响是不可忽视的[38~40]。

土壤耦合热泵系统直到 20 世纪 80 年代后期才在商业、民用建筑的空调设计中采用[41]。截至 1985 年，美国共有 14000 台地源热泵[41]。瑞士 80 年代开始土壤耦合热泵供暖。1985 年瑞典生产 20000 套热泵，其中土壤耦合热泵为 6000 套，占 30%[37]。

20 世纪 90 年代，人们普遍开始重视节能与环境问题，许多国家把推广应用热泵作为节能、开发与利用低温自然能，减少 CO_2 排放的一种有效技术手段。因此，热泵技术在一些国家又开始进入了一个快速成长期。在热泵理论研究、实验研究、产品开发、工程应用诸方面取得可喜成果。

据国际能源机构（IEA）统计，1996 年全世界热泵安装总数 9000 万套，自 1992 年开始世界热泵的应用每年增长 15%，热泵承担着总供热量的 6%，美国为 8.4%，而日本比例高达 28.6%[42]。20 世纪 90 年代世界单元式空气源热泵空调市场情况见图 1-18[43]。

20 世纪 90 年代，地源热泵已经是一种成熟、完全产业化的技术。1997 年在美国安装了 45000 台，而且每年以 10%的速度稳步增长。1998 年美国商业建筑中地源热泵已占空

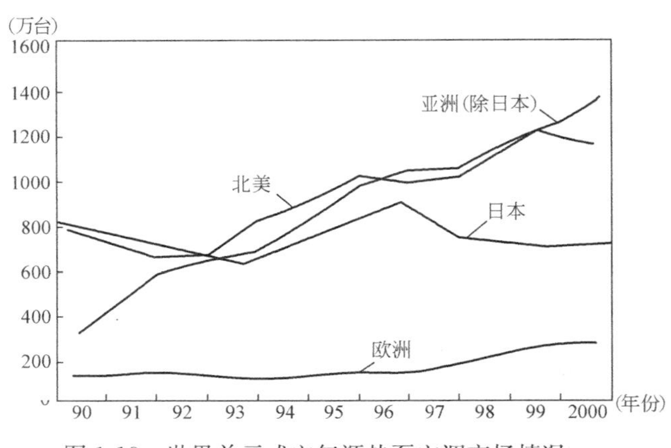

图 1-18 世界单元式空气源热泵空调市场情况

调总保有量的19%[42]。美国地下水源热泵系统的应用一直呈上升趋势。美国能源信息部(Energy Information Administration，USA)的调查表明[44]：美国地下水源热泵(ARI-325)的生产量1994年、1995年、1996年、1997年分别为5924台、8615台、7603台、9724台、除了1996年外，基本呈直线上升趋势。美国在过去的10年内，地源热泵的年增长率为12%，每年大约有5万套地源热泵在安装，其中开式系统占15%[28]。在肯塔基州的路易维尔市的一幢旅馆办公建筑中安装的供热能力为10MW的地下水源热泵空调系统是全美最大的系统，也是世界最大的地下水源热泵系统。欧洲一些国家由于采取积极的促进政策(包括财政补贴、减税、优惠电价和广告宣传等)，使得欧洲热泵市场得到快速发展，1997年欧洲发展基金会(EDF)重新提出热泵发展计划[45]。到2000年，欧洲用于供热、热水供应的热泵总数约为46.7万台，其中水源热泵约占11.75%。一些国家热泵应用情况列入表1-14[45]。

欧洲各国热泵的应用 **表 1-14**

国家		德国	奥地利	比利时	芬兰	英国	挪威	荷兰	瑞典	瑞士	法国
到2000年为止总量[万台(套)]		10	14.9	0.65	1.5	0.3	3	2.95	3.7	6.7	3
各类热泵的份额(%)	土壤耦合热泵	72	80	30	52		17		72	40	15
	水源热泵	11	16	0	48		2		12	5	0
	空气源热泵	17	4	70	0		81		16	55	85

这期间，地源热泵的研究工作十分活跃，其研究的热点依然集中在土壤源热泵的地下埋管换热器的换热机理、强化传热等方面[46～49]，与前阶段的研究不同，最新的研究更多地关注相互耦合的传热、传质模型，以便更好地模拟地下埋管的真实换热；研究物性更好的回填材料，以强化埋管在土壤中的导热过程；为进一步优化系统，而研究埋管换热器与热泵装置的匹配问题等，从而使土壤源热泵的应用和发展进入了一个新的发展阶段。主要的研究工作有：

① 1990年，Hailey S. M. 等人对地下埋管换热器周围土壤热传导率进行分析，研究

表明土壤含湿量对其导热系数有着重要影响[50]；

② 1990 年，Couvillion 采用有限元法模拟了水平埋管矩形截面回填土的实验系统，模拟结果与实验数据吻合较好[30]；

③ 1992 年，Drown D. C. 等人对土壤条件以及土壤的导热系数对土壤蓄热热泵系统的影响进行多年的监视[47]；

④ 1992 年，Deng Y. 等人对多层土质的土壤中采用垂直地埋管换热器进行测试。发现不同的土质层导热系数是不连续的，粗砂层和细砂层的导热系数比黏土层分别高出62%和 27%[51]；

⑤ 1993 年成立了国际土壤源热泵协会（IGSHPA），1996 年该协会专门报道了土壤源热泵研究的期刊和网上杂志。土壤源热泵正应用于大型的商业建筑；

⑥ 1997 年，Rottmayer 等人基于有限差分法开发了一个二维的 U 形地下埋管换热器数值模型[52]；

⑦ 1998 年，Leong WH. 等人对三种土质（沙土、淤泥亚黏土、淤泥黏土），在五种不同的相对湿度（0%、12.5%、25%、50%和 100%）下，土壤耦合热泵系统的性能系数（COP）进行了计算机模拟，发现土壤类型和湿度对土壤耦合热泵性能影响很大[53]；

⑧ 1999 年，Shonder 和 Beck 开发了 U 形地下埋管换热器一维传热模型，在模型中将 U 形管等量成单根管进行考虑。并假设在等价单根管外围有一薄层，用来模拟 U 形管的热容和传热流体。该模型假设在薄层和回填土以及周围土壤中进行着一维动态热传导，采用有限差分网格划分和 Crank-Nicolson 求解方法[54]。

由上数例，足以表明这个时期的研究工作十分活跃，同时，每年见诸报道的土壤耦合热泵工程应用实例不断增加，各国的土壤耦合热泵发展很快。

目前美国发展最快的工业之一是土壤耦合热泵供暖和制冷，仅 1994～1995 年土壤耦合热泵的应用从 18%发展到 30%。全美有各类地源热泵系统 60 多万套，其中 20 万套以上为闭式循环系统，开式循环的地源热泵系统有 35 万～40 万套，每年递增 20%。2000 年安装 5 万～6 万套，其中 4 万套以上为闭式循环系统。1998 年美国商业建筑中地源热泵系统已占空调总量的 19%，其中新建建筑占 30%[55]。

与美国地源热泵发展历史有所不同，中、北欧如瑞士、瑞典、奥地利、德国等国家主要把地下土壤埋管的地源热泵系统用于室内地板辐射供暖和提供生活热水。据 1999 年统计，在家用供热装置中，地源热泵系统占的比例为：瑞士 96%，奥地利 38%，丹麦 27%[56]。

加拿大地源热泵技术发展较晚，其中闭式循环系统刚刚开始，至 1994 年，仅有 7000～8000 台土壤耦合热泵系统投入使用，加上开式系统总数不超过 1 万台。

瑞典政府在地源热泵应用的初期采取了一定的补贴政策。20 世纪 90 年代以后，政府补贴取消，但仍以 1000 套/年的速度递增。全国已安装了 23 万套，其中 5 万套为闭式循环系统。

瑞士是世界上地源热泵应用人均占有比例最高的国家，其中闭式循环系统所占比例越来越高，至 1998 年已占 70%以上，总数达 20 万台以上。

进入 21 世纪后，热泵的快速发展不单是为了能源问题，而更重要的是为了改善环境问题。如果将热泵从 20 世纪 70 年代末到 90 年代初的发展作为热泵发展的第一次兴旺期，那么，进入 21 世纪后，由于人们要求减少温室效应，使能源效率再次变得最重要。出于环境原因，热泵将经历第二次兴旺期。通过热泵的应用与发展，来推动暖通空调的可持续发展，实现暖通空调的生态化和绿色化。

但是，世界各国由于国情、地理位置、气候条件、能源政策和人的意识的不同，其热泵发展情况（如热泵的用途、使用面积、安装容量和台数等）也不尽相同。

美国热泵市场在 2008 年之前的十年，每年都以超过 50%的市场增长率发展。之后的 2008～2009 年由于房地产市场危机，热泵发展巅峰之后经历了小幅度的下滑，但是随后几年热泵设备的安装数量又呈现出稳定上升的趋势，2017 年的美国地源热泵设备安装数量达到了约 32.6 万台，如图 1-19 所示[21]。虽然美国热泵行业近年来增长迅速，但主要集中在小型家用热泵（空气源热泵和小型地源热泵），占市场份额的 96%，大型商用热泵仅占市场份额的 4%。

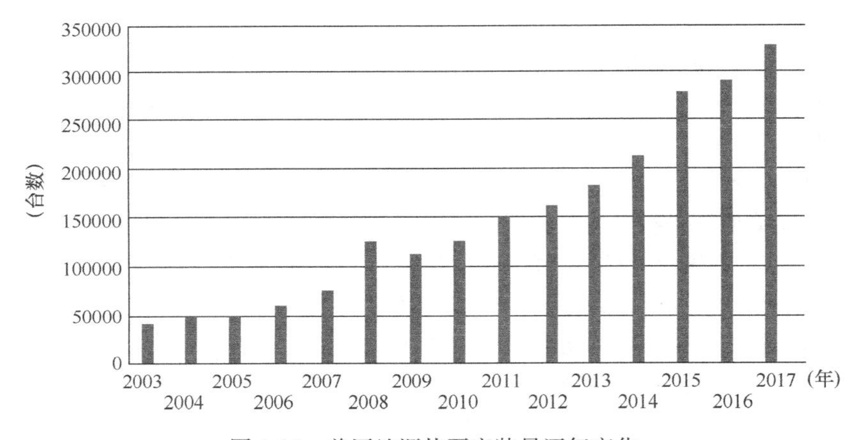

图 1-19 美国地源热泵安装量逐年变化

为促进地源热泵的发展，加拿大 2007～2015 年间出台了多种补贴政策，2009 年地源热泵市场达到历史高峰。但随着燃气价格不断降低，地源热泵市场逐渐衰退，到 2015 年，加拿大地源热泵年安装台数仅为 4000 台左右，如图 1-20 所示[21]。由于加拿大地广人稀，地源热泵中水平型地埋管系统应用广泛。

欧洲的热泵市场分为三个阶段：1990～2003 年为缓慢发展阶段；2004～2008 年为快速发展阶段；2009～2014 年由于经济危机，热泵市场进入相对停滞阶段。根据 EurObservER 报告数据，欧洲热泵市场的全面复苏发生在 2015 年，如图 1-21 所示[21]，2015 年

图 1-20 加拿大地源热泵年安装台数

欧洲热泵销售达到 89 万台，与 2014 年相比增加了 12.2%，2016 年和 2017 年也紧随上升趋势。其中，空气源热泵市场份额最大，占热泵市场的 68%，主要原因在于其初投资较低、安装相对容易以及近几年空气源热泵能效不断提升；地源热泵的市场份额仅占 10%，如表 1-15 所示[21]。

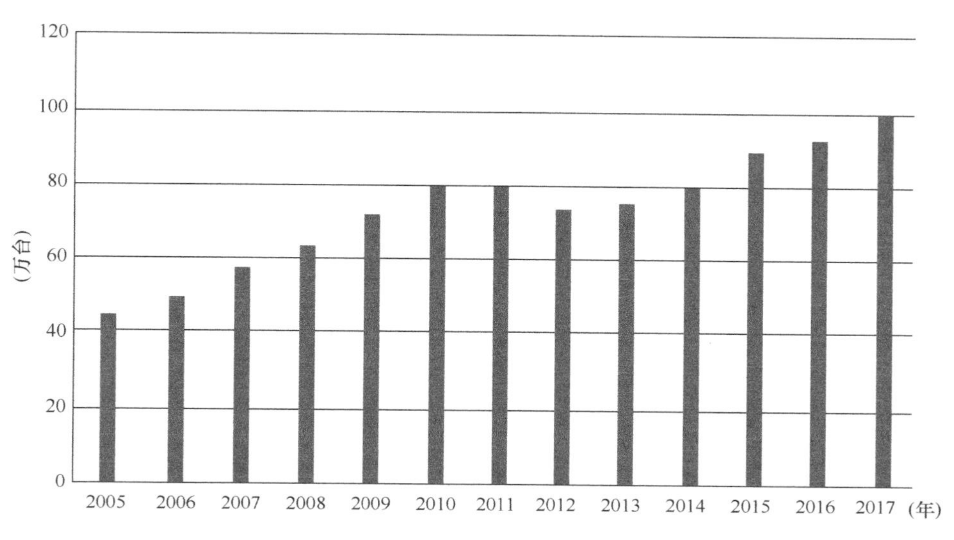

图 1-21 欧洲热泵市场销售量

欧洲不同种类热泵销售比例 **表 1-15**

分类	空气/空气热泵	空气/水热泵	地源热泵	卫生热水热泵	其他
百分比（%）	48	20	10	13	8

地源热泵在快速发展与应用过程中遇到的主要问题有，初投资高，有的工程节能效果有限，导致资本回收期比较长；长期取热和放热不平衡所导致的土壤温度变化；地下水源热泵运行过程中导致地下水的流失；地源热泵技术的普及有待进一步提高等。为此，世界各国一直致力于热泵技术的创新，希望通过技术的不断提高，减少成本，实现低能耗、低排放。同时也注重热泵技术和其他系统的集成创新。

纵观世界各国热泵的发展态势，可以看到：

① 世界各国热泵的发展道路必须依赖本国的国情、地理位置、能源政策和人的意识等诸多因素，这对于我国各地热泵的发展有很好的借鉴作用。今后我国热泵的发展应充分考虑中国的国情、全方位考虑各方面的因素（气候条件、能源结构、能源比价、人民生活水平和政府政策等），因地制宜地发展我国的热泵事业。

② 世界各国热泵技术的不断发展过程就是热泵技术不断进步与创新的过程。因此，在今后，我国热泵技术的发展要坚持以科学发展观为指导，面对热泵发展中的各种关键技术问题，要走技术创新之路。

③ 世界各国热泵发展过程中曾多次出现热泵发展停滞、热泵市场下跌等问题。我们应很好地吸取各国发展热泵的经验与教训，以避免今后我国热泵快速发展中出现类似的热泵发展停滞现象。

④ 了解热泵的历史背景，可以使人们避免三种盲目倾向：一是对于那些貌似新颖的

东西抱有过分的盲目热情；二是对尚处于开发中具有应用前景的理论、设备、系统等持不应用的盲目怀疑态度；三是不知道、也不了解热泵的发展，而盲目自吹，什么首次提出、什么创新与发明等。

参 考 文 献

[1] 龙惟定. 建筑节能与建筑能效管理. 北京：中国建筑工业出版社，2005.

[2] 韩晓平. 科学用能——应对能源的挑战. 电力需求侧管理，2005，(1)：22-25.

[3] 罗运俊，何梓年，王长贵. 太阳能利用技术. 北京：化学工业出版社，2005.

[4] H. L. Von 库伯，F·斯泰姆莱. 王子介译. 热泵的理论与实践. 北京：中国建筑工业出版社，1986.

[5] 俞炳丰. 中央空调新技术及其应用. 北京：化学工业出版社，2005.

[6] 姚杨，马最良. 浅谈热泵定义. 暖通空调，2002，32(3)：33.

[7] 王子介. 低温辐射供暖与辐射供冷. 北京：机械工业出版社，2004.

[8] 徐邦裕，陆亚俊，马最良. 热泵. 北京：中国建筑工业出版社，1988.

[9] 蒋能照. 空调用热泵技术与应用. 北京：机械工业出版社，1997.

[10] 陆亚俊，马最良，姚杨. 空调工程中的制冷技术. 哈尔滨：哈尔滨工程大学出版社，1997.

[11] GB 50366—2005(2009 版)地源热泵系统工程技术规范. 北京：中国建筑工业出版社，2009.

[12] 中华人民共和国国家质量监督检验检疫总局，中国国家标准化管理委员会. GB/T 7778—2017 制冷剂编号方法和安全性分类.

[13] 陆亚俊，马最良，姚杨. 空调工程中的制冷技术(第二版). 哈尔滨：哈尔滨工程大学出版社，2001.

[14] 王伟，倪龙，马最良. 空气源热泵技术与应用. 北京：中国建筑工业出版社，2017.

[15] 马一太，王侃宏，王景刚等. CO_2跨临界水-水热泵循环系统的实验研究. 暖通空调，2001，31(3)：1-4.

[16] 马一太，魏东，王景刚. 国内外自然工质研究现状与发展趋势. 暖通空调，2003，33(1)：41-46.

[17] 冼志健. R290 家用空调器的可靠性设计. 制冷与空调. 2014，14(2)：54-56

[18] 张利，杨敏，张蕾. 滚动转子式 R32 压缩机开发. 制冷与空调. 2015，15(2)：75-78.

[19] 张青，胡云鹏，陈焕新等. 制冷剂 R1234yf 替代 R22 的理论分析和试验研究. 制冷与空调. 2015，15(1)：54-57.

[20] 徐伟主编. 中国地源热泵发展研究报告. 北京：中国建筑工业出版社，2013.

[21] 徐伟主编. 中国地源热泵发展研究报告(2018). 北京：中国建筑工业出版社，2019.

[22] 邹瑜. 中国地源热泵技术现状及动向. 第 3 届 2010 年中日热泵与蓄热技术交流会论文集. 2010.

[23] 龙惟定主编. 城市需求侧能源规划和能源微网技术(上册). 北京：中国建筑工业出版社. 2016.

[24] 郁永章. 热泵原理与应用. 北京：机械工业出版社，1993.

[25] 邱忠岳译. 世界制冷史. 北京：中国制冷会，2001.

[26] 陈中北译. 世界范围的热泵. 热泵译文集(一). 山西省科学技术情报研究处，1979.

[27] Anon (1994) Energy Economy and the Thermodynamic Heat Pump Electrical Service，1943/44 (7～9)：85-116.

[28] 倪龙. 同井回灌地下水源热泵地下水运移数值模拟. 哈尔滨工业大学硕士学位论文，2004.

[29] 余延顺. 寒区太阳能-土壤源热泵系统运行工况的模拟研究. 哈尔滨工业大学硕士学位论

文，2001.

[30] 周亚素. 土壤源热泵动态特性与能耗分析研究. 同济大学博士学位论文，2001.

[31] 殷平. 地源热泵在中国. 现代空调，2001，(3)：1-9.

[32] 张旭. 土壤源热泵的实验及相关基础理论研究. 现代空调，2001，(3)：75-87.

[33] 世界能源联合会(WEC)热泵专业工作小组. 世界能源会议第十二届大会——热泵的市场开发. 国外热泵发展与应用. 中国科学院广州能源研究所，1988.

[34] Enstrom H. Karstrom A. Sdin L. Large Heat Pump in District Heating Networks. The XVⅡ th International Congress of Refrigeration，1977.

[35] 马最良译. 蒸气压缩式热泵的经济效益. 暖通空调，1985，15(6)：41-43.

[36] Е. И. Янтовский，Ю. В. Пустовалов，В. С. Янков. Теплонасосные Станций в Энергетике. Теплоэнергетика. 1978，(4).

[37] 何荣帜，林奕诚. 国外热泵发展与应用译文集(一). 热泵在我国应用与发展问题专家研讨会资料集，1988：25-30.

[38] 丁勇，刘宪英. 地源热泵系统实验研究综述. 现代空调，2001，(3)：11-32.

[39] Stephen P Kavnangh，Marita L Altan. Testing of Thermally Enhanced Cement Ground Heat Exchanger Grouts. ASHRAE Transaction，1999，105(1)：446-449.

[40] Charles P. Remund. Borehole Thermal Resistance：Laboratory and Field Studies. ASHRAE Transactions，1999，105(1)：439-445.

[41] 陈光明，陈文斌，张玲. 压缩式热泵技术的最新进展，制冷空调新技术进展. 上海：上海交通大学出版社. 2001.

[42] 王如竹，丁国良. 最新制冷空调技术. 北京：科学出版社，2002.

[43] 江辉民，王洋，赵丽莹等. 国内外热泵的发展与新技术. 建筑热能通风空调，2003，22(4)：7-9.

[44] Peter Holihan. Analysis of Geothermal Heat Pump Manufacturers Survey Data. Energy Information Administration/Renewable Energy 1998：Issues and Trends：59-66.

[45] 杨自强，赵琰. 欧洲住宅领域热泵应用现状. 暖通空调，2005，35(2)：31-34.

[46] 刘东，陈沛霖，张旭. 地源热泵的特性研究. 流体机械，2001，29(7)：42-45.

[47] Drown D C. Effect of soil Conditions and Thermal Conductivity on Heat Transfer in Ground Source Heat Pump. Proceedings of the ASME JSESKSES International Solar Energy Conference Maui，Hawaii，1992：5-9.

[48] 寿青云，陈汝东. 封闭环路地源热泵地下换热器的选择和设计. 流体机械，2001，29(9)：54-56.

[49] 宋春林，张国强. 土壤源热泵系统分类与特性. 全国暖通空调制冷 1998 年学术年会论文集. 1998：374-377.

[50] Hailey. Thermal Conductivity and Soil Conditions Heat Transfer Effects on Ground Source Heat Pumps. Proceedings of the 16th Annual Halifax，Nor Scotia，1990：317-322.

[51] Deng Y. Multi—Layered Soil Effects on Vertical Ground—Coupled Heat Pump Design. Transaction of ASAE，1992，35(2)：687-694.

[52] Rottmayer. Simulation of a Single Vertical U—Tube Ground Heat Exchanger in an Infinite Medium. ASHRAE Transactions，1997，103(2)：651-659.

[53] Loong W H. Effect of Soil Type and Moisture Content on Ground Heat Pump Performance. International Journal of Refrigeration，1998，21(8)：595-609.

[54] John A. Shonder，James V. Beck. Determining Effective Soil Formation Thermal Properties from Field Data Using a Parameter Estimation Technique. ASHRAE Transactions，1999，105(1)：458-

465.
[55]　余延顺. 土壤蓄冷与耦合热泵集成系统的蓄冷与释冷特性研究. 哈尔滨工业大学博士学位论文，2004.
[56]　高青，于鸣，效率高、环保效能好的供热制冷装置—地源热泵的开发与利用，吉林工业大学自然科学学报. 2001，31(2)：96-102.

第 2 章　热泵的理论循环

热泵的作用是从周围环境中吸取热量，并把它传递给被加热的对象（温度较高的物体）。其工作原理与制冷机相同，都是按热机的逆循环工作的，所不同的只是工作温度范围不同，如图 2-1 所示[1]。图中 T_A 是环境温度，T_R 是低温物体的温度，T_H 是高温物体的温度。图 2-1（a）表示热泵装置，通过消耗一定的高位能，从环境中吸取热量传递给高温物体，实现供热目的；图 2-1（b）表示制冷机，它从低温物体吸取热量传递到环境中去，实现制冷目的；图 2-1（c）表示同时供冷供热联合循环机，它从低温物体吸热，实现制冷，同时又把热量传递给被加热的对象，实现供热目的。

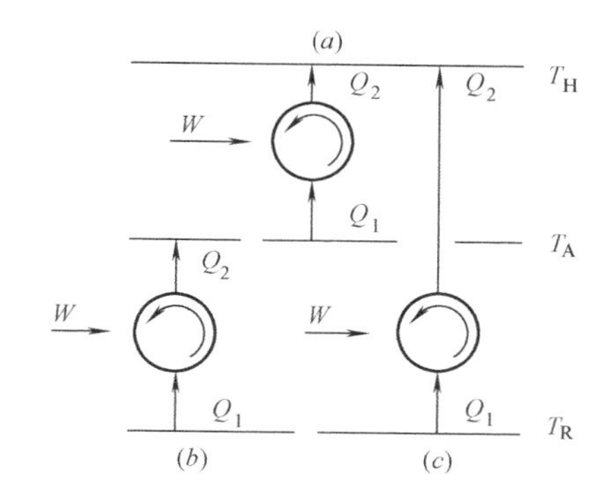

图 2-1　热泵循环

（a）热泵；（b）制冷机；（c）同时供冷供热联合循环机

根据热力学第二定律，当以高位能作补偿条件时，热量是可以从低温物体转移到高温物体的。因而热泵循环中，为了向被加热的对象供热 Q_2，要消耗功 W。按热泵驱动功的形式，可把常见的热泵分为四种形式：

（1）蒸气压缩式热泵；

（2）吸收式热泵；

（3）温差电热泵（热电热泵）；

（4）蒸汽喷射式热泵。

本章中只讨论前三种形式热泵的理论循环。

热泵系统的性能主要用制热性能系数 ε_h 来表示：

$$\varepsilon_h = \frac{有效制热量}{净输入能量} \tag{2-1}$$

2.1　逆卡诺循环（Reverse Carnot Cycle）

最理想的热泵循环是逆卡诺热泵循环，它和逆卡诺制冷循环的组成和作用是相同的，都是由两个可逆的绝热过程和两个可逆的等温过程所组成[2]，但是两者工作的高温热源和低温热源温度范围却不同，两者的比较如图 2-2 所示的 T-s 图上。图中 1—2—3—4 为逆卡诺热泵循环，2′—1—4—3′是逆卡诺制冷循环[1]。

逆卡诺热泵循环中，2—3 等温过程是产生供热效应的过程，即向高温热源（温度为 T_H）放出热量；而 4—1 等温过程从低温热源（温度为 T_A）中吸取热量。若设 2—3 等温

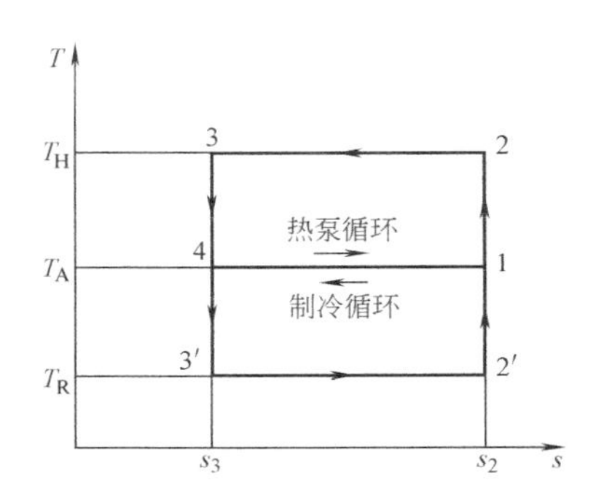

图 2-2　制冷循环与热泵循环的温度区间比较

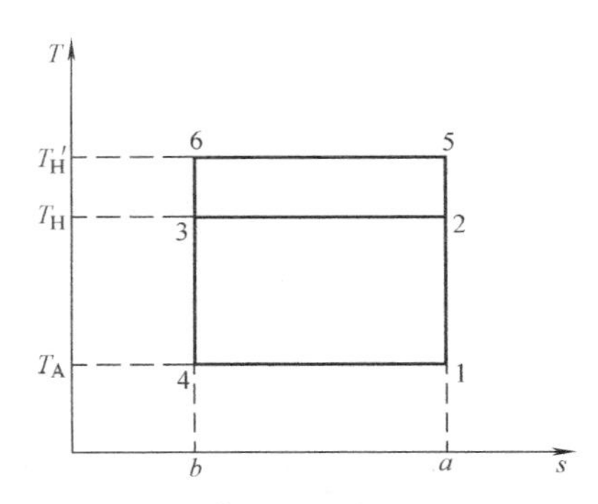

图 2-3　被加热物体温度升高时，循环的 T-s 图

过程放出的热量为 Q_2（供热量），4—1 等温过程吸取的热量为 Q_1，循环 1—2—3—4 所消耗的功为 W，则根据热力学第一定律，$Q_2=Q_1+W$。循环中可逆过程 1—2 和 3—4 熵不变，而 4—1 过程熵增加了 $\frac{Q_1}{T_A}$，2—3 过程熵减少了 $\frac{Q_2}{T_H}=\frac{Q_1+W}{T_H}$，由于整个循环是可逆循环，因此总熵保持不变，即

$$\Delta s=\frac{Q_1}{T_A}-\frac{Q_1+W}{T_H}=0 \tag{2-2}$$

因此有

$$W=Q_1\frac{T_H-T_A}{T_A} \tag{2-3}$$

逆卡诺循环的制热性能系数（制热系数）为

$$\begin{aligned}\varepsilon_{h\cdot c}&=\frac{Q_2}{W}=\frac{Q_1+W}{W}=\frac{Q_1}{W}+1\\&=\varepsilon_c+1=\frac{T_A}{T_H-T_A}+1\\&=\frac{T_H}{T_H-T_A}\end{aligned} \tag{2-4}$$

式中 ε_c 为逆卡诺热泵看成制冷循环时的制冷性能系数（制冷系数），即

$$\varepsilon_c=\frac{Q_1}{T_A}=\frac{T_A}{T_H-T_A} \tag{2-5}$$

利用热力学第二定律可以证明，在已知的高温和低温热源温度下，逆卡诺热泵循环具有最大的制热性能系数，即是说：在相同供热量时消耗的功最小。

同时兼有制冷机和热泵功能的热力机称为联合循环机（图 2-1c），这类机器可同时制冷和制热，即冷却一个物体的同时又加热另一个物体。以联合循环工作的制冷机，能够获得最高的能量效果。因为耗功 W 使我们既有效地获得制冷量 Q_1，又有效地获得制热量 Q_2。

联合循环机性能系数为：

$$\varepsilon_{c\cdot h}=\frac{Q_1+Q_2}{W}=\frac{Q_1}{W}+\frac{Q_1+W}{W}=2\varepsilon_c+1 \tag{2-6}$$

式（2-6）表明：同时供冷供热的联合循环机，其性能系数很高。从能量利用的角度看是经济的。

当高温热源温度由 T_H升高到 T'_H（即被加热物体的温度升高），从图 2-3 上看到，循环耗功增加了 ΔW（面积 25632），热泵的制热量亦增加了 ΔW，但这时的制热性能系数为：

$$\varepsilon_h'=\frac{Q_1+W+\Delta W}{W+\Delta W}=\frac{Q_1}{W+\Delta W}+1<\frac{Q_1}{W}+1=\varepsilon_h \tag{2-7}$$

由此可见，热泵的制热性能系数随着高温热源的温度升高而降低。不难证明，热泵的制热性能系数随着低温热源的温度（或环境介质的温度）的下降而下降。

上面讨论的逆卡诺循环，系假定工质放热时的温度与被加热物体的温度相同，吸热时的温度与环境介质（低温物体）的温度相同，即传热时的温差为无限小。无限小的传热温差要求有无限大的传热面积，这在实际上是不可能的。若考虑在放热和吸热时有传热温差 $\Delta T_1=T_A-T'_A$，$\Delta T_2=T'_H-T_H$，则具有恒定传热温差的逆卡诺循环如图 2-4 中的 1′—2′—3′—4′—1′所示。

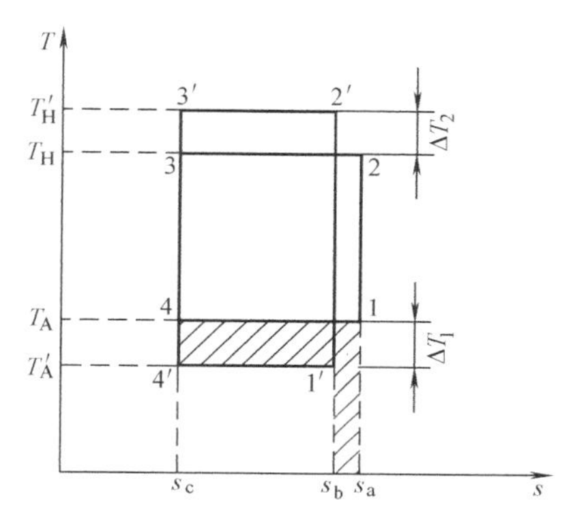

图 2-4　有传热温差的逆卡诺热泵循环

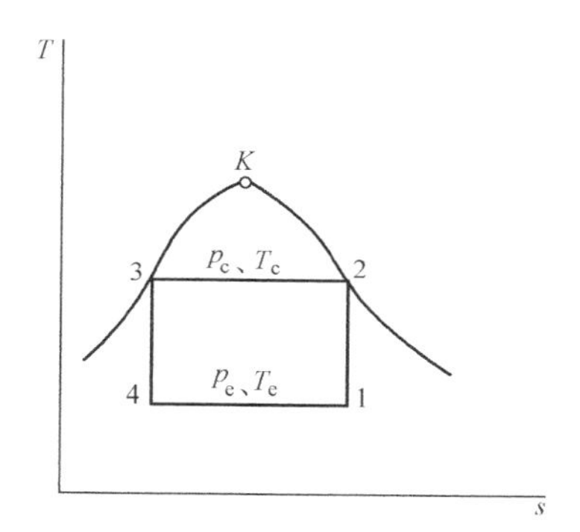

图 2-5　两相区的逆卡诺循环

有温差的传热是不可逆过程，由两个等熵过程和两个等温过程组成的循环 1′—2′—3′—4′—1′是具有外部不可逆的逆卡诺循环，其制热性能系数为

$$\varepsilon_h'=\frac{Q_2'}{W'}=\frac{T'_H}{T'_H-T'_A}=\frac{T'_A}{T'_H-T'_A}+1 \tag{2-8}$$

与式（2-4）相比，由于 $T'_A<T_A$，$T'_H-T'_A>T_H-T_A$，因此与无温差的逆卡诺循环相比较，$\varepsilon_h'<\varepsilon_h$。当两个循环具有相同的制热量，即 $Q_2=T_H(s_a-s_c)=T'_H(s_b-s_c)=Q_2'$，循环 1′—2′—3′—4′—1′多耗的功为：

$$\Delta W=W'-W=(Q_2-Q_1')-(Q_2-Q_1)=Q_1-Q_1' \tag{2-9}$$

因此多耗的功在数值上等于两个循环从环境介质中吸收热量之差，即图 2-4 中阴影线所示的面积。ΔW 称为不可逆附加功。

当高温热源的温度低于工质的临界温度时，工质可以在两相区内实现逆卡诺循环。这时等温压缩过程和等温膨胀过程可以用两个等压下的相变过程来代替。图 2-5 是两相区内逆卡诺循环在 T-s 图上的表示。过程 2—3 是在冷凝器内的等压等温凝结过程，放出凝结潜热 Q_c，即为热泵的制热量 $Q_h=Q_c$，冷凝过程中的压力称为冷凝压力（p_c），与之对应的饱和温度称为冷凝温度（T_c）。过程 4—1 是蒸发器内的等压等温汽化过程，从环境介质中吸取热量，蒸发器吸取的热量 Q_e，即为循环的制冷量。蒸发器中的汽化过程的压力称为蒸发压力（p_e），与之对应的温度称蒸发温度（T_e）。过程 1—2、3—4 分别为绝热压缩和绝热膨胀过程。因此，在两相区内的逆卡诺循环的制热性能系数为：

$$\varepsilon_h=\frac{Q_c}{Q_c-Q_e}=\frac{T_c}{T_c-T_e} \tag{2-10}$$

在两相区的逆卡诺循环与气相区的逆卡诺循环有同样的特性。

2.2 劳仑兹循环（Lorehz Cycle）

在实际循环中，被加热物体（高温热源）的温度常常是变化的，环境介质（低温热源）的温度通常也是变化的。在这种变温热源间，逆卡诺循环是否耗功最小呢？下面就这个问题进行分析。

设被加热物体（高温热源）由温度 T_C 加热到 T_B，环境介质的温度由 T_A 冷却到 T_D，如图 2-6 所示。若采用逆卡诺循环，为了从变温的低温热源中吸热或向变温的高温热源放热，以及尽可能得到较大的制热性能系数，工质等温吸热的温度应等于 T_D，工质等温放热的温度应等于 T_B，即循环为 A'—B—C'—D'—A'。由于这个逆卡诺循环的两个等温过程有个传热温差，势必引起不可逆损失，循环 A'—B—C'—D'—A' 是具有温差的不可逆的逆卡诺循环，而且温差非定值。为了减少不可逆损失，劳仑兹（Lorehz）提出了变温热源的逆向循环[1]。在这个循环中，工质的放热过程 B—C 与高温热源的吸热过程 C—B 重合，但方向相反，这样工质与热源之间的换热无传热温差，同样，工质的吸热过程 D—A 与低温热源放热过程 A—D 重合，但方向相反，也无传热温差。A—B 和 C—D 为可逆的绝热压缩过程和绝热的膨胀过程。因此，循环 A—B—C—D—A 是可逆循环，它没有不可逆附加功的损失。

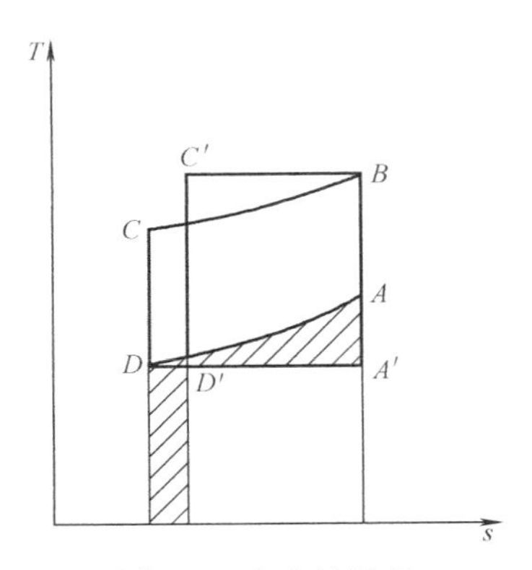

图 2-6　劳仑兹循环

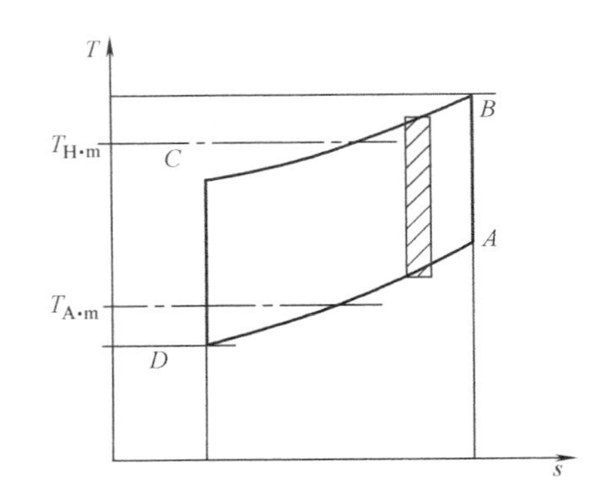

图 2-7　用微元法求劳仑兹循环的制热性能系数

现在来比较在同样的供热量情况下，采用具有温差的逆卡诺循环与变温热源的可逆循环，即比较循环 A—B—C—D—A 和 A'—B—C'—D'—A'。由于两个循环的供热量相等，不难证明，循环 A—B—C—D—A 的制热性能系数比循环 A'—B—C'—D'—A' 大，后者多耗附加功，它在数值上等于两个循环从环境中吸收热量之差，即图 2-6 中阴影线面积。

变温热源的可逆循环的制热性能系数可以用下述方法求得，如图 2-7 所示，我们可以把劳仑兹循环看成由无限多个微元循环所组成，图 2-7 中阴影线表示的是其中之一。每个微元循环高温和低温热源的温度可以看成是恒定的，分别为 $T_{H,i}$，$T_{A,i}$，因此这个微元循

环是一个可逆的逆卡诺循环，其制热性能系数为

$$\varepsilon_{h,i}=\frac{dQ_2}{dQ_2-dQ_1}=\frac{T_{H,i}ds}{T_{H,i}ds-T_{A,i}ds}=\frac{T_{H,i}}{T_{H,i}-T_{A,i}} \tag{2-11}$$

但是，随着 $T_{H,i}$ 和 $T_{A,i}$ 的变化，各微元循环的制热系数 $\varepsilon_{h,i}$ 也是变化的。对于整个可逆循环的制热性能系数

$$\varepsilon_h=\frac{Q_2}{Q_2-Q_1}=\frac{\int_{s_2}^{s_1}T_{H,i}ds}{\int_{s_1}^{s_2}T_{H,i}ds-\int_{s_1}^{s_2}T_{A,i}ds} \tag{2-12}$$

而

$$Q_2=\int_{s_1}^{s_2}T_{H,i}ds=T_{H,m}(s_2-s_1) \tag{2-13}$$

$$Q_1=\int_{s_1}^{s_2}T_{A,i}ds=T_{A,m}(s_2-s_1) \tag{2-14}$$

式（2-13）、式（2-14）表示变温热源放出或吸取的热量可以等于在平均温度下放出或吸取的热量，若 $T_{H,m}$ 和 $T_{A,m}$ 分别为高温热源和低温热源的平均温度，将式（2-13）和式（2-14）代入式（2-12），则得

$$\varepsilon_h=\frac{T_{H,m}}{T_{H,m}-T_{A,m}} \tag{2-15}$$

式（2-15）表示劳仑兹循环的制热性能系数等于在平均热源温度下的逆卡诺循环的制热性能系数。由于 $T_{H,m}<T_B$，$T_{A,m}<T_D$，因此劳仑兹循环的制热性能系数大于具有温差的逆卡诺循环的制热性能系数。

2.3 蒸气压缩式热泵的理论循环

蒸气压缩式热泵同蒸气压缩式制冷一样，其工作原理如图 2-8 所示。我们知道一台最简单的蒸气压缩式热泵是由压缩机、冷凝器、节流机构、蒸发器组成。

蒸气压缩式热泵的理论循环是在具有温差传热的两相区的逆卡诺循环基础上改造而成的。利用冷凝器和蒸发器实现等压的冷凝放热和汽化吸热过程。将绝热压缩过程移到了过热蒸气区，以取代在两相区的不安全且效率低的湿压缩过程。利用节流机构取代了膨胀机，使设备大为简化。

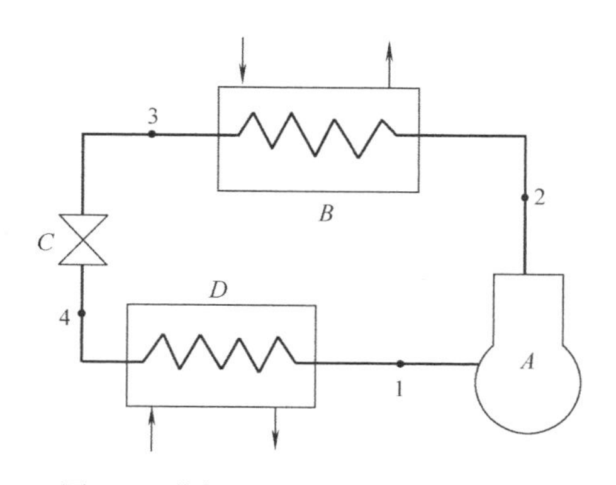

图 2-8 蒸气压缩式热泵的工作原理图

A—压缩机；*B*—冷凝器；*C*—节流机构；*D*—蒸发器

图 2-9 是蒸气压缩式热泵的理论循环在温熵（*T*-*s*）图和压焓（lg*p*-*h*）图上的表示。在 *T*-*s* 图和 lg*p*-*h* 图上，线段 3-4 表示节流膨胀过程，工质在节流前后焓值不变，但工质压力，温度同时降低，并进入两相区；4-1 表示

汽化过程，在此过程中工质从环境介质中吸取热量；1—2表示等熵压缩过程；2—2′—3表示冷凝过程，它包括冷却（2—2′）及凝结（2′—3）两个阶段，2—2′阶段在较高温度下释放出部分高位热能，2′—3阶段在冷凝温度T_c下释放出凝结热。由此可见，2—2′—3过程将由环境介质中吸取的热量和压缩功输送到温度较高的被加热物体中去。

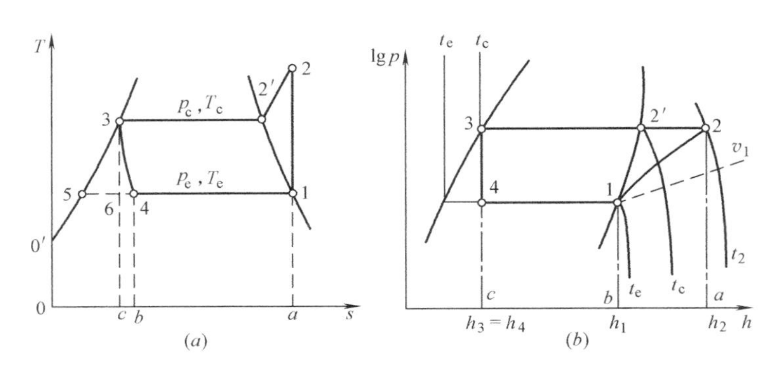

图2-9 蒸气压缩式热泵的理论循环

（a）在T-s图上的表示；（b）在lgp-h图上的表示

根据稳定流动能量方程式可得：

（1）单位质量工质制热量（q_c）

在冷凝器中每1kg工质放出的热量称单位质量工质制热量，简称单位制热量。在T-s图上用2-3过程线下的面积2—3—c—a—2表示。在lgp-h图上用点2和点3间比焓坐标差表示，它包括过热热量和潜热两部分，即

$$q_c=c_p(T_2-T_1)+r_c=h_2-h_3 \tag{2-16}$$

（2）单位质量工质制冷量（q_e）

在蒸发器中每1kg工质吸取的热量称单位质量工质制冷量，简称单位制冷量。在T-s图上用4-1过程线下的面积4—1—a—b—4表示；在lgp-h图上用点1和点4的比焓坐标差来表示，即

$$q_e=h_1-h_4 \tag{2-17}$$

（3）单位质量工质耗功量（w）

每1kg工质压缩的功称单位质量工质耗功量，简称单位功。在T-s图上可近似地用面积1—2—3—5—4—1表示；在lgp-h图上用点2和点1的比焓坐标差来表示，即

$$w=h_2-h_1 \tag{2-18}$$

（4）节流前后，工质的比焓不变，即

$$h_3=h_4 \tag{2-19}$$

（5）制热性能系数ε_h

$$\varepsilon_h=\frac{q_c}{w}=\frac{h_2-h_3}{h_2-h_1} \tag{2-20}$$

2.4 吸收式热泵理论循环

最简单的吸收式热泵如图2-10（b）所示。作为比较，图2-10（a）给出了蒸气压缩

式循环简图[3]。与蒸气压缩式热泵相同的是，吸收式热泵的低压制冷剂液体在蒸发器中蒸发，吸收低温热源的热量；而在冷凝器中，高压制冷剂蒸气冷凝，释放出热量；冷凝后的高压液体经节流后进入蒸发器。与蒸气压缩式热泵不同的是，压缩式热泵靠消耗机械功（或电能）驱动机械压缩机，从蒸发器中吸入蒸气并提高压力后送入冷凝器中，以使热量由低温热源传递给高温热源；而吸收式热泵则是用发生器、溶液泵、吸收器、节流阀取代了压缩机，以消耗热能来完成这种非自发过程。因此，吸收式热泵有两个循环，一是制冷剂循环，即由发生器中产生制冷剂的蒸气在冷凝器中冷凝（放出热量 Q_c），而后经节流机构节流，在蒸发器中汽化成蒸气（吸取热量 Q_e），蒸气进入吸收器被吸收；二是溶液循环，即发生器的浓溶液（制冷剂含量低的溶液）经节流阀进入吸收器中，在低压情况下，吸收蒸发器来的低压蒸气，在吸收过程中，再次释放出热量 Q_a；所形成的稀溶液（制冷剂含量高的溶液）再由溶液泵（消耗功 W_p）提高压力送回发生器，在发生器中加入外界热量 Q_g，以产生高压制冷剂蒸气。吸收式热泵的供热量包括冷凝器和吸收器的放热量，即 $Q_H=Q_c+Q_a$。吸收式热泵消耗的总能量为 $Q_g'=Q_g+W_p$。

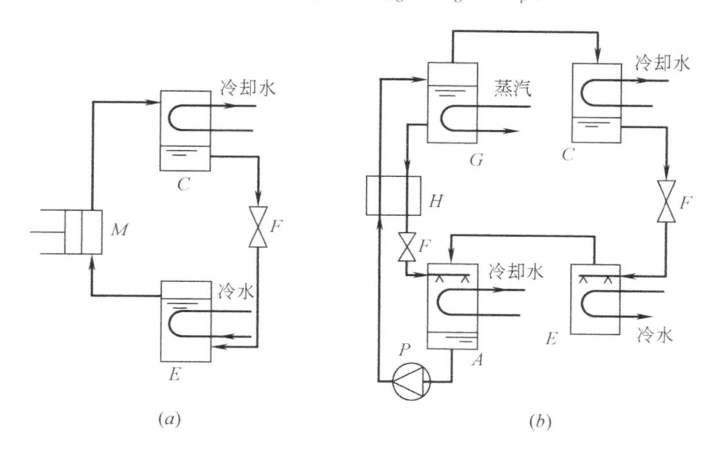

图 2-10 吸收式热泵与压缩式热泵简图

（a）蒸气压缩式热泵；（b）吸收式热泵

A—吸收器；C—冷凝器；E—蒸发器；F—节流阀；G—发生器；

H—溶液热交换器；M—压缩机；P—溶液泵

在稳定工况下，假若外界没有热损失，则根据热力学第一定律，可建立吸收式热泵热量平衡方程

$$Q_a+Q_c=Q_e+Q_g+W_p \tag{2-21a}$$

或

$$Q_a+Q_c=Q_e+Q_g' \tag{2-21b}$$

实际上溶液泵消耗的功 W_p 相对于发生器中所消耗的热量 Q_g 来说是很小的，在热平衡中常常可忽略不计，这样，得到

$$Q_a+Q_c=Q_e+Q_g \tag{2-22}$$

吸收式热泵的制热性能系数为

$$\varepsilon_h=\frac{Q_H}{Q_g}=\frac{Q_c+Q_a}{Q_g} \tag{2-23}$$

其制冷性能系数

$$\varepsilon=\frac{Q_e}{Q_g}$$

根据式（2-22），有

$$\varepsilon_h=1+\varepsilon \tag{2-24}$$

图 2-10 的吸收式热泵循环是不可逆的热泵循环。对于蒸气压缩式热泵，逆卡诺循环是最理想的循环，有最大的制热性能系数。理想的吸收式热泵循环，如图 2-11 所示。1—2、3—4、5—6、7—8 的等温过程中工质与热源之间无传热温差。假定消耗在溶液泵的功 W_p是在发生器中温度为 T_g时加入系统，即认为加入到发生器的热量为 $Q_g'=Q_g+W_p$。由图 2-11 可知

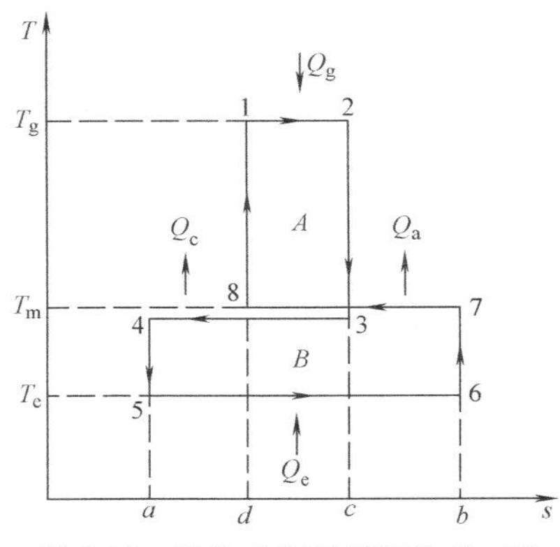

图 2-11 吸收式热泵循环的 T-s 图

$$Q_e=T_e(s_b-s_a)$$

$$Q_a=T_a(s_b-s_d)$$

$$Q_c=T_c(s_c-s_a)$$

$$Q_g'=T_g(s_c-s_d)$$

因为 $T_a=T_c=T_m$，将以上公式带入（2-21b）得

$$T_m(s_b-s_d)+T_m(s_c-s_a)=T_e(s_b-s_a)+T_g(s_c-s_d)$$

整理上式得

$$\frac{T_g-T_m}{T_m-T_e}=\frac{s_b-s_a}{s_c-s_d} \tag{2-25}$$

理想吸收式热泵循环的制热性能系数

$$\varepsilon_{h,max}=\frac{Q_a+Q_c}{Q_g'}=\frac{T_m(s_b-s_d)+T_m(s_c-s_a)}{T_g(s_c-s_d)}$$

$$=\frac{T_m}{T_g}\left(1+\frac{s_b-s_a}{s_c-s_d}\right)$$

将式（2-25）带入上式得

$$\varepsilon_{h,max}=\frac{T_m}{T_g}\times\frac{T_g-T_e}{T_m-T_e}=\frac{T_g-T_e}{T_g}\times\frac{T_m}{T_m-T_e} \tag{2-26}$$

在温度 T_g、T_e间进行的卡诺循环热机的效率应为

$$\eta_c=\frac{T_g-T_e}{T_g} \tag{2-27}$$

而在温度 T_m、T_e间进行的逆卡诺热泵循环（图 2-11 中循环 B）的制热性能系数为

$$\varepsilon_{h,c}=\frac{T_m}{T_m-T_e} \tag{2-28}$$

由此可见，理想的吸收式循环最大制热性能系数等于 T_g、T_e间的卡诺循环热机效率 η_c与 T_m、T_e间的逆卡诺循环热泵制热性能系数 $\varepsilon_{h,c}$的乘积。卡诺循环热机的热效率值恒小于 1，所以理想的吸收式热泵的制热性能系数，永远小于同温范围内的压缩式逆卡诺循环的制热性能系数。这是因为压缩式和吸收式热泵性能系数中分母的能量有质的不同。当吸收式热泵 T_g不高时，两种性能系数相差很大，如表 2-1 所示。

压缩式和吸收式热泵性能系数比较（t_e=20℃，t_c=60℃） **表 2-1**

高温热源温度		理论值	
T_g(℃)	T_g(K)	压缩式 $\varepsilon_{h,c}$	吸收式 $\varepsilon_{h,max}$
80	353	8.325	1.414
90	363	8.325	1.605
100	373	8.325	1.694
150	423	8.325	1.558
200	473	8.325	3.167
400	673	8.325	4.700
800	1073	8.325	6.051
1200	1473	8.325	6.668

为了改善吸收式热泵的热力性能，降低发生器、吸收器的单位热负荷 q_g 和 q_a，可在系统中增设溶液热交换器，如图 2-12 所示。溶液热交换器的作用是把从发生器中出来的稀溶液的热量，传递给由吸收器出来的浓溶液，从而减少发生器中把溶液加热到饱和状态所需要的热量，同时也减少了吸收器的放热量。

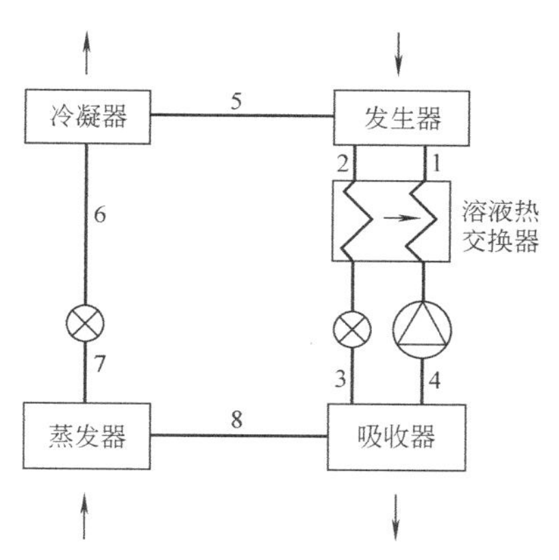

图 2-12 有溶液热交换器的吸收式热泵图示

例如有一氨水吸收式热泵循环，循环中各点的状态列于表 2-2 中。表 2-3 比较了最简单吸收式热泵有无溶液热交换器的制热性能系数与各设备的单位热负荷。

由表 2-3 可见，增设溶液热交换器之后，发生器和吸收器热负荷都显著地减少，热泵性能系数大大提高。

氨水吸收式热泵循环中各点的状态 **表 2-2**

工作各点状态	温度(℃)	压力(×10²kPa)	浓度(kg/kg)	比焓(kJ/kg)
进发生器浓溶液	77	13.948	0.49	272.14
出发生器稀溶液	85	13.948	0.44	293.08
进吸收器稀溶液	54	4.438	0.44	293.08
出吸收器浓溶液	32	4.438	0.49	58.615
出发生器蒸气	81	13.948	0.976	1787.76
出冷凝器液体	35	13.948	0.976	494.04
进蒸发器湿蒸气	0	4.438	0.976	494.04
出蒸发器湿蒸气	3	4.438	0.976	1423.51

吸收式热泵以热能为动力，利用二元或多元工质对实现循环过程，与蒸气压缩式热泵相比，有如下特点：

吸收式热泵有无溶液热交换器的制热性能系数与各设备的单位热负荷　　**表 2-3**

项目	q_e(W)	q_c(W)	q_g(W)	q_t(W)	q_a(W)	$\varepsilon_h=\frac{q_c+q_a}{q_g}$
①无溶液热交换器	258.18	359.37	1112.99	—	1011.81	1.232
②有溶液热交换器	258.18	359.37	489.62	623.37	388.44	1.577
比值①/②	1.00	1.00	2.27	—	2.60	0.781

（1）可以利用各种热能驱动。除利用锅炉蒸汽的热能、燃气和燃油燃烧产生的热能外，还可利用废热、废气、废水和太阳能等低品位热能，热电站和热电冷联供系统等集中供应的热能，从而节省初级能源的消耗。

（2）可以大量节约用电，平衡热电站的热电负荷。

（3）吸收式热泵结构简单，运动部件少，安全可靠。除了泵和阀件外，绝大部分是换热器，运行时没有振动和噪声，安装时无特殊要求，维护管理方便。

（4）以水或氨等为制冷剂，其消耗臭氧潜能值 *ODP*（Ozone Depletion Potential）和全球变暖潜能值 *GWP*（Global Warming Potential）均为零，对环境和大气臭氧层无害。

（5）吸收式热泵的性能系数低于蒸气压缩式热泵。

2.5　温差电热泵

温差电热泵（又称热电热泵、珀尔帖热泵）是建立在珀尔帖效应的原理上的。当一块N型半导体（电子型）和一块P型半导体（空穴型）联结成电偶（图 2-13），在这个电路中接上一个直流电源，并流过电流时，就发生能量的转移，在一个接头上放出热量，而在另一个接头上吸收热量。这种现象称为珀尔帖效应。

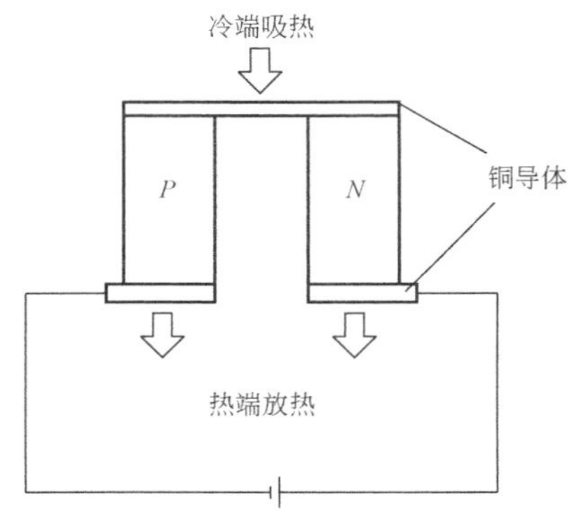

图 2-13　温差电热泵示意图

温差电偶哪个接头放热？哪个接头吸热？这是由电流方向决定的。当外电场使N型半导体中的电子与P型半导体中的空穴都向接头方向运动时，它们在接头附近发生复合，电子-空穴对复合前的动能和势能就变成了接头处晶格的热振动能量，于是接头处就有能量释放出来。如果电流的方向相反，电子、空穴离开接头，则在接头附近产生电子-空穴对，电子-空穴对的能量来自晶格的热能，于是观察到吸热效应。

假定热端放出的热量为 Q_c，冷端的吸热量为 Q_e，消耗的功为 W。因此电偶在热端放出的热量 Q_c 为

$$Q_c=Q_e+W \tag{2-29}$$

电偶在热端放热效率，即制热性能系数 ε_h 为

$$\varepsilon_h=\frac{Q_c}{W}=1+\frac{Q_e}{W}=1+\varepsilon \tag{2-30}$$

式中　ε——热电制冷性能系数，即

$$\varepsilon=\frac{Q_e}{W}$$

由式（2-30）可以看出，热端放出的热量比消耗电功率大。

由珀尔帖效应吸收或释放的热量（珀尔帖热 Q_π）与电流成正比，即

$$Q_\pi=\pi I \tag{2-31}$$

式中 I——电路中通过的电流（A）；

π——珀尔帖系数，与半导体的物理化学性质有关，按式（2-32）计算

$$\pi=(\alpha_P+\alpha_N)T=\alpha T \tag{2-32}$$

式中 α_P、α_N——分别为两个电偶臂的温差电动势（V/K）；

α——电偶的温差电动势系数，即外加电压与产生的温差之比（V/K）；

T——接头的温度（K）。

由于电路中有电阻，当有电流流通时，则产生焦耳热 Q_j，其值应为

$$Q_j=I^2R \tag{2-33}$$

式中 R——电偶的电阻（Ω）。

焦耳热有 $\frac{1}{2}Q_j$ 传到冷端，减少了冷端的吸热量，有 $\frac{1}{2}Q_j$ 传到热端，增加热端的放热量。

除此之外，由于在电热堆中同时有热端和冷端，因此还产生内部的热传导，由热端向冷端的导热量为

$$Q_\lambda=\lambda_l(T_c-T_e) \tag{2-34}$$

式中 T_c、T_e——分别为热端与冷端的温度（K）；

λ_l——两接头之间总导热系数（W/K），应为

$$\lambda_l=\frac{1}{L}(\lambda_1A_1+\lambda_2A_2) \tag{2-35}$$

式中 λ_1、λ_2——两电偶臂的导热系数 [W/(m·K)]；

A_1、A_2——两电偶臂的截面积（m^2）；

L——两接头之间的长度（m）。

热端的放热量应与珀尔帖热量、焦耳热量、导热量相平衡；冷端的吸热量也应与珀尔帖热量、焦耳热量、导热量相平衡，即有下列结果：

冷端的吸热量（即制冷量）

$$Q_e=\alpha T_eI-\frac{1}{2}I^2R-\lambda_l(T_c-T_e) \tag{2-36}$$

热端的放热量（即制热量）

$$Q_c=\alpha T_cI+\frac{1}{2}I^2R-\lambda_l(T_c-T_e) \tag{2-37}$$

电偶堆消耗的功率应为

$$W=Q_c-Q_e=\alpha(T_c-T_e)I+I^2R \tag{2-38}$$

上式表明，电偶堆消耗的功率含两部分，一部分用于产生焦耳热，另一部分用于克服电偶堆的冷、热端产生的赛贝克电动势。赛贝克电动势是两种不同导体组成的电路，当两接头温度不同时产生的电动势。这种电温差产生电动势的效应称赛贝克效应，与珀尔帖效应

相反。

因此，温差电热泵的制热性能系数为

$$\varepsilon_h=\frac{\alpha T_c I+\frac{1}{2}I^2R-\lambda_1(T_c-T_e)}{\alpha(T_c-T_e)I+I^2R} \tag{2-39}$$

相应的制冷系数为

$$\varepsilon=\frac{\alpha T_e I-\frac{1}{2}I^2R-\lambda_1(T_c-T_e)}{\alpha(T_c-T_e)I+I^2R} \tag{2-40}$$

从上述公式可见，制冷量、制热量、制冷性能系数、制热性能系数都与电流有关。若把式（2-40）对 I 求偏导，并令其等于零，即可求得最大制冷系数（亦即最大制热性能系数）的电流值为

$$I_{opt}=\frac{\alpha(T_c-T_e)}{R(M-1)} \tag{2-41}$$

其中

$$M=\sqrt{1+0.5(T_c+T_e)Z} \tag{2-42}$$

$$Z=\frac{\alpha\sigma}{4\lambda} \tag{2-43}$$

式中 Z——称为优值系数，是热电材料的导热性、热电性、导电性的综合系数（1/K）；

σ——材料的电导率（s/m）。

上述公式假定P型和N型的电导率 σ，导热系数 λ 均相等。随着工业水平的提高，材料的优值系数不断增大。在20世纪50年代后，半导体材料的性能已有很大的提高，其优值系数从 $0.2\times10^{-3}K^{-1}$ 提高到 $3.0\times10^{-3}K^{-1}$，从而使热电制冷进入工程实践领域[4]。

将式（2-41）代入式（2-39）中，即可求得最大的制热性能系数

$$\varepsilon_{h,max}=\frac{T_c}{T_c-T_e}\cdot\frac{M-\frac{T_e}{T_c}}{M+1} \tag{2-44}$$

式（2-44）中前一项为逆卡诺循环的制热性能系数，而后一项则是不可逆损失的系数。当材料的 $Z=3.5\times10^{-3}K^{-1}$ 时，最大的制热系数只达到逆卡诺循环的20%。若能研制出 $Z=6\times10^{-3}K^{-1}$，或更大些的半导体材料，将会显著扩大温差电热泵的应用。到目前为止，室温下优值系数最高的材料是P型 $Ag_{0.58}Cu_{0.29}Ti_{0.29}Te$ 四元合金，其在300K时的优值系数可达 $5.7\times10^{-3}K^{-1}$，但是这种材料制备起来非常困难。在250～500K温度范围内，应用较多的是三元 Bi_2Te_3-Sb_2Te_3-Sb_2Se_3 固溶体合金，在300K附近优值系数可维持在 $3.0\times10^{-3}K^{-1}$ 左右，是目前各国半导体制冷器生产厂家的首选材料[4,5]。在近期内，温差电热泵将不能与蒸气压缩式热泵相竞争，这是由于其成本高、效率低、可靠性差，妨碍了温差电热泵的普遍应用，它只能用在要求功率低或要求无噪声的特殊用途上。

2.6 CO_2 跨临界热泵循环

2.6.1 CO_2 作为制冷剂的发展历史

在蒸气压缩系统中采用 CO_2 作为制冷剂，最初是由美国人 Alexander Twining 在

1850 年提出，并获英国专利[6]。第一次成功将 CO_2 应用于商业机的是 Thaddeus S. C. Lowe，他于 1867 年获得英国专利，于 1869 年制造了一台制冰机。

1886 年德国人 Franz Windhausen 设计的 CO_2 压缩机获得了英国专利，英国的 Hall 公司收购了该专利，将其改进后于 1890 年开始投入生产。20 世纪 40 年代在英国的船上广泛采用 Hall 公司的 CO_2 压缩机。19 世纪末 20 世纪初，美国开始将 CO_2 应用于制冷。1919 年前后，CO_2 制冷压缩机才被广泛应用于舒适性空调。

CO_2 制冷曾经达到很辉煌的程度。据统计，1900 年全世界范围内的 356 艘船只中，37%用空气循环制冷机，37%用氨吸收式制冷机，25%使用 CO_2 蒸气压缩制冷机。到 1930 年，80%的船舶采用 CO_2 制冷机，其余的 20%则用氨制冷机。由于当时的技术水平比较差，CO_2 较低的临界温度（31.1℃）和较高的临界压力（7.37MPa），使得 CO_2 系统的效率较低，加上其冷凝器的冷却介质采用温度较低的地下水或海水，基本属于亚临界循环，当水温较高时，其制冷效率会下降更快。因 CO_2 制冷机的工作压力很高、材料消耗严重、安全性较差，1931 年，以 R12 为代表的 CFCs 制冷剂一经开发，很快取代了 CO_2 在安全制冷剂方面的位置，CO_2 逐渐不再作为制冷剂使用，最后一艘使用 CO_2 制冷机的船只在 1950 年停止工作[7,8]。但随着人们对环境问题的日益重视和对有关氟利昂类某些物质于环境的破坏作用了解的逐步深入，重新起用天然制冷剂是一种安全的选择。在制冷空调领域，特别对于热泵而言，由于 CO_2 优良的特性，以及 CO_2 跨临界循环的放热过程可以和变温热源相匹配，更接近于劳仑兹循环，可获得较高的用能效率，被认为是 CFCs、HCFCs 和 HFCs 最具潜力的长期替代物。

2.6.2 CO_2 跨临界循环及其特点

CO_2 的临界温度接近环境温度，根据循环的外部条件，可实现三种循环[3]。

（1）亚临界循环（Subcritical Cycle）

CO_2 亚临界循环的流程与普通的蒸气压缩式制冷循环完全一样，其循环过程如图 2-14中的 1—2—3—4—1 所示。此时，压缩机的吸、排气压力都低于临界压力，蒸发温度、冷凝温度也低于临界温度，循环的吸、放热过程都在亚临界条件下进行，换热过程主要依靠潜热来完成，早年的 CO_2 制冷循环多为亚临界循环。

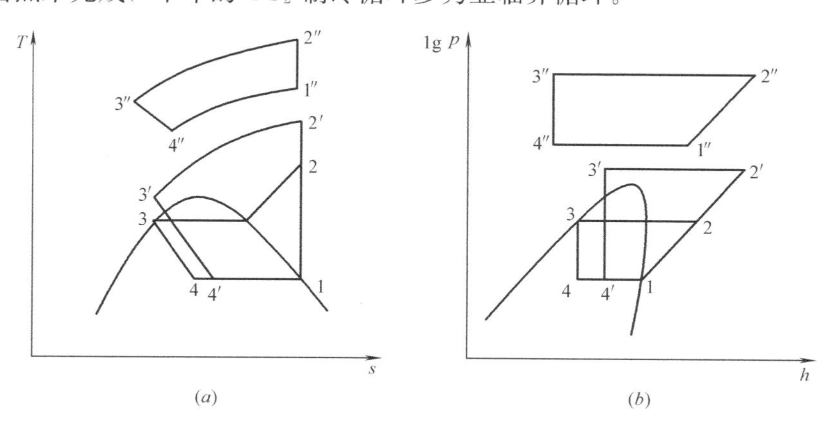

图 2-14 CO_2 的三种循环方式
（a）T-s 图；（b）lgp-h 图

（2）跨临界循环（Transcritical Cycle）

CO_2 跨临界循环的流程与普通的蒸气压缩式制冷循环略有不同，其循环过程如图2-14中的1—2′—3′—4′—1所示。此时，压缩机的吸气压力低于临界压力，蒸发温度也低于临界温度，循环的吸热过程仍在亚临界条件下进行，换热过程主要依靠潜热来完成。但是压缩机的排气压力高于临界压力，工质的冷凝过程与亚临界状态下则完全不同，换热过程依靠显热来完成，此时，高压换热器不再称为冷凝器，而称为气体冷却器（Gas Cooler）。此类循环有时也称为超临界循环（Supercritical Cycle），它是当前 CO_2 制冷循环研究中最为活跃的循环方式。

（3）超临界循环（Supercritical Cycle）

CO_2 超临界循环与普通的蒸气压缩式制冷循环完全不同，所有的循环都在临界点以上，工质的循环过程没有相变，不能变为液态，实际上是气体循环，如图2-14中的1″—2″—3″—4″—1″所示。

目前制冷、空调、热泵热水器等设备中采用的 CO_2 循环形式，基本上都是跨临界循环方式。采用跨临界循环，可以避免亚临界循环条件下热源温度过高导致的系统性能下降，而且由于流体在超临界条件下的特殊热物理性质，使 CO_2 在流动和换热方面都具有无与伦比的优势。特别是在气体冷却器中冷却介质与制冷剂逆流换热，一方面可减少高压侧不可逆传热损失，另一方面跨临界循环可以获得较高的排气温度和较大的温度变化，因此用于较大温差变温热源时，具有独特优势。

2.6.3 CO_2 跨临界循环的热力计算

对于图2-14所示的 CO_2 跨临界循环1—2′—3′—4′—1，根据稳定流动能量方程式可得：

（1）单位质量工质制热量（q_c，kJ/kg）

$$q_c = h_{2'} - h_{3'} \tag{2-45}$$

（2）单位质量工质制冷量（q_e，kJ/kg）

$$q_e = h_1 - h_{4'} \tag{2-46}$$

（3）单位质量工质耗功量（w，kJ/kg）

$$w = h_{2'} - h_1 \tag{2-47}$$

（4）节流前后，工质的比焓不变，即

$$h_{3'} = h_{4'} \tag{2-48}$$

（5）理论循环的制热性能系数 ε_h

$$\varepsilon_h = \frac{q_c}{w} = \frac{h_{2'} - h_{3'}}{h_{2'} - h_1} \tag{2-49}$$

在常规亚临界循环中，冷凝器出口制冷剂焓值只是温度的函数，但在跨临界循环中，其值受温度和压力的共同影响。在超临界压力下，CO_2 无饱和状态，由于温度与压力彼此独立，改变高压侧压力将对循环的制热量、压缩机耗功量以及循环的制热性能系数产生影响。当蒸发温度 t_e、气体冷却器出口温度 $t_{3'}$ 保持恒定时，循环的制热性能系数随着高压侧压力的升高先逐渐升高再逐渐下降，在某个压力下会出现最大值 $\varepsilon_{h,max}$，对应于 $\varepsilon_{h,max}$ 的压力称为最优高压侧压力 $p_{c,o}$，该压力可采用文献［9］推荐的半经验公式进行计算。当不考虑吸气过热度的影响时，$p_{c,o}$ 可以采用如下公式进行计算：

$$p_{c,o}=(2.778-0.015t_e)t_{3'}+(0.381t_e-9.34) \tag{2-50}$$

式中 $p_{c,o}$——最优高压侧压力（100kPa）；

$t_{3'}$——气体冷却器出口温度（℃）；

t_e——蒸发温度（℃）。

参考文献

[1] 徐邦裕，陆亚俊，马最良. 热泵. 北京：中国建筑工业出版社，1988.

[2] 彦启森，石文星，田长青. 空气调节用制冷技术（第三版）. 北京：中国建筑工业出版社，2004.

[3] 俞炳丰. 制冷与空调应用新技术. 北京：化学工业出版社，2002.

[4] 刘华军，李来风. 半导体热电制冷材料的研究进展. 低温工程，2004，(1)：32-38.

[5] 管海清，马一太. 半导体热电制冷材料性能提高原理与研究现状. 家电科技，2004，(9)：67-69.

[6] Bodinus P. E. , William S. The Rise and Fall of Carbon Dioxide Systems. ASHRAE Journal. 1999，41 (4)：29-34.

[7] 丁国良，黄冬平编著. 二氧化碳制冷技术. 北京：化学工业出版社，2007.

[8] 马一太，杨昭，吕灿仁. CO_2 跨临界（逆）循环的热力学分析. 工程热物理学报，1998，19 (6)：663-668.

[9] Friedrich Kauf. Determination of the Optimum High Pressure for Transcritical CO_2—Refrigeration Cycles. Int. J. Therm. Sci，1999，38：325-330.

第 3 章　热泵的低位热源和驱动能源

3.1　概述

由 1.3 节可知，热泵系统必须具备低温热源（或称低位热源）和高温热源（即热用户或称高位热源）。被热泵吸收热量的物体一般称为热泵的低温热源，术语为源。接受热泵所供出热量的物体一般称为热用户，即为热泵的高温热源，术语为汇。根据热力学第二定律，热泵使热量由源到汇是由热泵的驱动装置带动工作机来完成的。目前，热泵的驱动装置主要有电动机、燃气机、燃油机等，因此，电、燃气、汽油、柴油等高位能源则是热泵的驱动能源。

热用户部分在《暖通空调》教材（陆亚俊等编著）中已有详细介绍，因此，本章主要介绍热泵的低位热源和驱动能源的相关问题。

低位热源系指无价值、不能直接应用的热源。如取之不尽地贮存在周围空气、水、大地之中的热能；生活中所排出的废热，如排水和排气中的废热；生产的排除物（水或气等）中的热能；能量密度较小的太阳能等。这些低位热源具有以下特点：

① 能源的品位较低，但其数量巨大。如浅层地能（热）温度水平一般在 10～25℃范围内，它是在太阳能照射和地心热能产生的大地热流的综合作用下，贮存在地下浅层（数百米以内）恒温带中的土壤、砂岩和地下水里的低温地热能，蕴藏丰富，是一个巨大的冷热源（热源与热汇）。

② 自然低位热源是再生能源的一部分。自然低位热源是自然界存在的温度较低的能源，可以再生。如太阳能、浅层地能（热）、海洋能、空气中的能量等。这些自然资源是可以通过一定的技术从自然界直接获取、可再生的非化石能源。但它又不同生物质能、风能、小型水电等再生能源，这些能源可以直接作为高位能利用。

③ 低位热源分布广泛、俯拾皆是。这为开发与利用自然低温热源提供了方便与良好的适用性。

④ 部分自然低位热源又属于宝贵的资源，它具有双重性，既是不能直接利用的优良低温热源又是重要的资源。如：水是一种优良的低温热源，但水又是人类赖以生存的最重要的基本物质之一。没有水，人类无法生存和发展。因此保护水资源、合理地开发和利用水资源，走可持续发展之路，使人类社会与自然环境协调发展，事在当代，功在千秋。

在资源紧缺的当今时代，人们愈来愈关注如何通过一定的技术，将贮存在土壤、地下水、地表水或空气中的太阳能之类的自然能源以及生活和生产中排出的废热，用于建筑物供暖和热水供应。因此，这些低温热源便是热泵常选用的源。

众所周知，热泵的工作特性及其经济性很大程度上取决于热汇温度（供热温度）和热源温度。保证热泵经济运行的条件为：

供热温度与可获取的热源温度间的温差要小；

热源温度尽可能高。

为此，在选择低温热源时，既要充分考虑上述原则，又要考虑下列各项要求：

① 热源任何时候在可能的最高供热温度下，都能满足供热的要求。

② 用作热源时应该没有任何或者有极少的附加费用，文献［1］中提到热源附加投资不超过供热设备投资的10%～15%。

③ 输送热量的载热（冷）介质的动力能耗要尽可能的小，以减少输送费用和提高系统的总制热性能系数。

④ 载热（冷）介质对热交换设备与管路无物理和化学作用（腐蚀、污染、冻结等）。

⑤ 热源温度的时间特性与供热的时间特性应尽量一致。

⑥ 应该便于把低位热源的介质与批量生产的系列化热泵产品连接起来。

在热泵系统设计中，还应注意下述问题：

(1) 热源与热汇的蓄热问题。由于热源（如空气、太阳能等）往往具有周期性变化，间歇性，难以稳定地向热泵供给低温热量，故可设置热源的蓄热装置，以解决热源供热的不平衡性问题；热用户用热与热泵供热之间在时间上也可能存在不平衡性，或为解决电力供应的峰谷差较大的问题。常在高温端设置热汇的蓄热装置；采用季节性蓄能技术改善热泵运行特性也是目前正在研究的重要课题。

(2) 低温热源与附加热源的匹配问题。一般来说，对于大型空气源热泵（地表水源热泵），使得室外空气气温最低时也能满足建筑最大供热量要求的做法往往是不经济的，而应该将热泵设计成保证在特别冷的天气里启动辅助热源，来补充热泵供热量不足部分。

(3) 热源多元化。热源的种类很多，其特性各不相同，如将其集成，充分发挥各自特点，组成热泵的组合热源，有利于改善热泵的运行特性和提高其经济性。如室内余热源与空气源，室内余热源与水源，土壤源和太阳能等作为热泵的组合低位热源，这对提高整个系统的节能效果与环保效益十分有利，应该说，这种组合热源的选择是一种理想的选择。

(4) 本章介绍的热泵低温热源各具有不同的特征，应注意不同的低温热源对热泵系统产生了不同的影响，热泵系统又如何调整去适应它。同时也要注意到热泵系统的长期运行对低温热源是否带来新的问题，对低温热源又会产生什么样的变化，如何解决，等等。

热泵的驱动能源是指热泵驱动装置所使用的高位能源。目前，热泵常使用的驱动能源有一次能源（如天然气、水电等）和二次能源（火电、城市燃气、燃油、柴油等）。其中，电能是主要的驱动能源。对此，我们应该注意到：在发电中相当一部分一次能源在电站以废热形式损失掉了，因此从能量观点看，使用燃料动力发动机来驱动热泵更好。它可以将发动机损失的大部分热量通过热回收系统输入供热系统，这样就可以大大提高热泵系统一次能源的利用率，更好地展现热泵的节能效果与环保效益。

3.2 空气

空气作为热泵的低位热源，取之不尽，用之不竭，处处都有，可以无偿地获取，而且空气源热泵装置的安装和使用也都比较方便。但是空气作为热泵的低位热源也有缺点：

(1) 室外空气的状态参数随地区和季节的不同而变化，这对热泵的供热能力和制热性能系数影响很大。

(2) 冬季室外温度很低时，室外换热器中工质的蒸发温度也很低。当室外换热器表面温度低于周围空气的露点温度且低于 0℃时，换热器表面就会结霜。霜的形成使得换热器传热效果恶化，且增加了空气流动阻力，使得机组的供热能力降低，严重时机组会停止运行。结霜后热泵的制热性能系数下降，机组的可靠性降低；室外换热器热阻增加；空气流动阻力增加。

(3) 空气的热容量小，为了获得足够的热量时，需要较大的空气量。按经验，一般是每 1kW 的供热量需要 0.24m^3/s 空气，进风温度与蒸发温度之差为 5℃。同时由于风机风量的增大，使空气源热泵装置的噪声也增大。

空气是一般用途热泵（如热泵式家用空调器、空气源热泵冷热水机组、VRV 热泵（风冷）系统等）最常见的热源。室外空气的热能来源于太阳对地球表面直接或间接的辐射，空气起太阳能贮存器的作用。不同地区的气候特点差异很大，这将直接对空气源热泵的结构、性能、运行特性产生很大的影响。因此只有充分地了解我国的气候特点，才能设计和开发出适合我国气候特征的高效空气源热泵；才能在我国各地区正确而合理地使用空气源热泵。

气候是自然地理环境的重要组成部分，并且是一个易于变化的不稳定因素。我国疆域辽阔，其气候涵盖了寒、温、热带。按我国《建筑气候区划标准》GB 50178—93，全国分为 7 个一级区和 20 个二级区[2]。各区气候特点及地区位置列入表 3-1 和表 3-2 中。与此相应，空气源热泵的设计与应用方式等，各地区都应有不同。

一级区区划指标 **表 3-1**

区名	主要指标	辅助指标	各区行政范围
Ⅰ	1 月平均气温＜－10℃；7 月平均气温＜25℃；7 月平均相对湿度＞50％	年降水量 200～800mm；年日平均气温＜5℃的日数＞145d	黑龙江、吉林全境；辽宁大部；内蒙古北部及山西、陕西、河北、北京北部的部分地区
Ⅱ	1 月平均气温－10～0℃；7 月平均气温 18～28℃	年日平均气温＜5℃的日数 90～145d；年日平均气温＞25℃的日数＜80d	天津、山东、宁夏全境北京、河北、山西、陕西大部；辽宁南部；甘肃中东部；河南、安徽、江苏北部的部分地区
Ⅲ	1 月平均气温 0～10℃；7 月平均气温 25～30℃	年日平均气温＜5℃的日数 0～90d；年日平均气温＞25℃的日数 40～110d	上海、浙江、江西、湖北、湖南全境；江苏、安徽、四川大部；陕西、河南南部；贵州东部；福建、广东、广西北部及甘肃南部的部分地区
Ⅳ	1 月平均气温＞10℃；7 月平均气温 25～29℃	年日平均气温＞25℃的日数 100～200d	海南、台湾全境；福建南部；广东、广西大部；云南西南部的部分地区
Ⅴ	1 月平均气温 0～13℃；7 月平均气温 18～25℃	年日平均气温＜5℃的日数 0～90d	云南大部；贵州、四川西南部；西藏南部一小部分地区
Ⅵ	1 月平均气温 0～－22℃；7 月平均气温＜18℃	年日平均气温＜5℃的日数 90～285d	青海全境；西藏大部；四川西部；甘肃西南部；新疆南部部分地区
Ⅶ	1 月平均气温－5～－20℃；7 月平均气温＞18℃；7 月平均相对湿度＜50％	年降水量 10～600mm；年日平均气温＜5℃的日数 110～180d；年日平均气温＞25℃的日数＜120d	新疆大部；甘肃北部；内蒙西部

二级区区划指标 **表 3-2**

区名	指标		
	1月平均气温		冻土性质
ⅠA	<−28℃		永冻土
ⅠB	−28～−22℃		岛状冻土
ⅠC	−22～−16℃		季节冻土
ⅠD	−16～−10℃		季节冻土
	7月平均气温		7月平均气温日较差
ⅡA	>25℃		<10℃
ⅡB	<25℃		>10℃
	最大风速		7月平均气温
ⅢA	>25m/s		26～29℃
ⅢB	<25m/s		>28℃
ⅢC	<25m/s		<28℃
	最大风速		
ⅣA	>25m/s		
ⅣB	<25m/s		
	1月平均气温		
ⅤA	<5℃		
ⅤB	>5℃		
	7月平均气温		1月平均气温
ⅥA	>10℃		<−10℃
ⅥB	<10℃		<−10℃
ⅥC	>10℃		>−10℃
	1月平均气温	7月平均气温	年降水量
ⅦA	<−10℃	>25℃	<200mm
ⅦB	<−10℃	<25℃	200～600mm
ⅦC	<−10℃	<25℃	50～200mm
ⅦD	>−10℃	>25℃	10～200mm

（1）Ⅲ区属于我国夏热冬冷地区的范围。夏热冬冷地区的范围大致为陇海线以南，南岭以北，四川盆地以东，大体上可以说是长江中下游地区。该地区包括上海、重庆二直辖市，湖北、湖南、江西、安徽、浙江五省全部，四川、贵州二省东半部，江苏、河南二省南半部，福建省北半部，陕西、甘肃二省南端，广东、广西二省区北端。夏热冬冷地区的气候特征是夏季闷热，7月份平均气温25～30℃，年日平均气温大于25℃的日数为40～100d；冬季湿冷，1月平均气温0～10℃，年日平均气温小于5℃的日数为0～90d。气温的日较差较小，年降雨量大，日照偏小。这些地区的气候特点非常适合于应用空气源热泵。《民用建筑供暖通风与空气调节设计规范》GB 50736—2012中也指出夏热冬冷地区的中、小型建筑可用空气源热泵供冷、供暖。

近年来，随着我国国民经济的发展，这些地区国内生产总值约占全国的48%，是经济、文化较发达的地区，同时又是我国人口密集（城乡人口约为5.5亿）的地区。在这些地区的民用建筑中常要求夏季供冷，冬季供暖。因此，在这些地区选用空气源热泵（如热泵家用空调器、空气源热泵冷热水机组等）解决空调供冷、供暖问题是较为合适的选择。其应用愈来愈普遍，现已成为设计人员、业主的首选方案之一。

（2）Ⅴ区主要包括云南大部，贵州、四川西南部，西藏南部一小部分地区。这些地区

1月平均气温0～13℃，年日平均气温小于5℃的日数0～90d。在这样的气候条件下，过去一般情况建筑物不设置供暖设备。但是，近年来随着现代化建筑的发展和向小康生活水平迈进，人们对居住和工作建筑环境要求愈来愈高，因此，这些地区的现代建筑和高级公寓等建筑也开始设置供暖系统。因此，在这种气候条件下，选用空气源热泵系统是非常合适的。

(3) 多年运行实践表明，传统的空气源热泵机组在室外空气温度高于－3℃的情况下，均能安全可靠地运行。因此，空气源热泵机组的应用范围早已由长江流域北扩至黄河流域，即已进入气候区划标准Ⅱ区部分地区。如山东的胶东地区、济南、西安、京津地区、郑州、徐州、石家庄等地。这些地区气候特点是冬季气温较低，1月平均气温为－10～0℃，但是在供暖期里气温高于－3℃的时数却占很大的比例。为说明这个问题，我们对某几个城市的气象资料进行统计，其结果列入表3-3中[3]。表3-3充分说明，这些地区在供暖季里室外气温大于－3℃的小时数占50%以上。而气温小于－3℃的时间多出现在夜间。因此，在这些地区以白天运行为主的建筑（如办公楼、商场、银行等建筑）选用空气源热泵，其运行是可行而可靠的。另外这些地区冬季气候干燥，最冷月室外相对湿度在45%～65%左右，因此，选用空气源热泵其结霜现象又不太严重。

几个典型城市的气象资料 **表3-3**

城 市 名 称	北京	西安	西宁	太原	济南
供暖室外计算温度(℃)	－7.6	－3.4	－11.4	－10.1	－5.3
最冷月平均室外相对湿度(%)	45	67	48	51	54
供暖季供暖小时数(h)	2592	2400	3960	3384	2376
室外气温＞－3℃的小时数(h)	1809	2216	1852	1819	2072
室外气温＞－3℃的小时数占供暖小时数的百分比(%)	69.8	92.3	46.8	53.8	87.2

注：在文献［3］统计数据基础上参考《民用建筑供暖通风与空气调节设计规范》GB 50736—2012重新计算。

3.3 水

由于水的热容量大、流动和传热性能好、水温相对于气温而言较稳定。因此，水是一个优良的引人注目的低位热源。目前，在热泵系统中常选用地下水（浅井、深井、泉水、地热尾水等）、地表水（河水、湖水、海水等）、生活废水和工业废水作为低位热源。以水为源的热泵称为水源热泵。但用水做热泵的低温热源应注意下述问题：

① 热泵系统必须靠近水源，或设有一定的蓄水装置。

② 要通过水质分析，证实所选用的水/水换热设备及管路无腐蚀、无堵塞与结垢问题。

③ 选用水源热泵时，应充分认识到：水是人类及一切生物赖以生存的不可缺少的重要物质，也是工农业生产、经济发展与环境改善不可替代的极为宝贵的自然资源，同时，淡水资源的储量又是十分有限的。全球的淡水资源仅占全球总水量的2.5%，真正能够被人类直接利用的淡水资源仅占全球水资源的0.8%[4]。

3.3.1 地下水

地下水作为热泵的低温热源早在20世纪30年代就已经开始使用。以地下水为源

（汇）的热泵系统称为地下水源热泵系统。美国到 1940 年已安装了 15 台大型商业用热泵，其中大部分是以井水为热源[5]。通常，井水为潜水或承压水。

潜水是指埋藏于地表以下，饱和水带中第一个具有自由表面的含水层的水。潜水分布范围大，补给来源广，所以水量一般较丰富。加之潜水埋藏深度一般不大，便于开采。因此，潜水一般可作为地下水源热泵的主要水源加以合理开采。但由于含水层之上无连续的隔水层分布，水体易受污染和蒸发，作为热泵的低温热源时应注意全面考虑。

承压水是指充满于上下两个稳定隔水层之间的含水层中的重力水。承压水的主要特点是有稳定的隔水顶板和底板存在，因而与外界联系较差，补给较困难；没有自由水面，水体承受静水压力；承压含水层的埋藏深度一般都比潜水大，在水位、水量、水温、水质等方面受水的气象因素、人为因素，以及季节变化的影响较小。因此富水性好的承压含水层是地下水源热泵理想的低温热源。选用地下水作为热泵的低温热源时，应注意以下几点：

（1）我国地下水分布的不均匀性

由于我国地形、降水分布的地域差异性，使我国地下水资源具有南方丰富、北方贫乏的特征。占全国总面积 60%的北方地区地下水天然资源约占 260km^3/a，约占全国地下水天然资源量的 30%，不足南方的 1/2；占全国总面积约 1/3 的西北地区的地下水天然资源量约 110km^3/a，约占全国地下水天然资源量的 13%；而东南及中南地区，面积仅占全国的 13%，但地下水天然资源约占 260km^3/a，约占全国地下水天然资源量的 30%[4]。我国地下水分布的不均匀性，为普遍地推广与应用地下水源热泵带来地域的局限性。

（2）含水层的渗透性

通常，以渗透系数来描述含水层渗透性的优劣。渗透系数的物理意义为：当水力坡度为 1 时的地下水的流速。它不仅取决于岩石的性能（如空隙的大小和多少），而且和水的物理性能（如密度和黏滞性）有关。但在一般情况下，地下水的温度变化不大，故往往假设其密度和黏度是常数，所以渗透系数值只看成与岩石的性质有关。砂岩和砾岩含水层由于有效孔隙率（有效孔隙体积与多孔介质总体积之比）大，其含水层的渗透性好，渗透系数也大，含水层的砂层粒度愈大，含水层的渗透系数愈大。这样，一方面单井出水量大，另一方面地下水也容易回灌。因此，地下水源热泵应选择在地下水含水层为砂岩和中粗砂地域，避免在中细砂区域设立。

（3）地下水的温度

地下水的温度与同层地温相同。深井水的水温一般比当地年平均气温高 1～2℃。我国东北北部地区深井水水温约为 4℃，中部地区约为 12℃，南部地区约为 12～14℃；华北地区深井水水温约为 15～19℃；华东地区深井水水温约为 19～20℃；西北地区浅井水水温约为 16～18℃，深井水水温约为 19～20℃；中南地区浅深井水水温约为 20～21℃[6]。国内部分城市的地下水水温值列入表 3-4 中[7]。

地下水的温度是地下水源热泵系统设计中的主要参数，关系到地下水流量的确定、换热设备的选择以及系统的优化设计。因此，在设计之前，必须通过地下水水文地质勘察（如钻探）准确了解地下水的水温，作为设计依据。一般冬季不宜低于 10℃，夏季不宜高于 30℃[8]。

（4）地下水的水质

部分城市地下水温概略值　　表 3-4

城　市	地下水温(℃)	备　注	城　市	地下水温(℃)	备　注
北京	13～14		西安	16～18	70～130m 深处
沈阳	8～12		兰州	11	
哈尔滨	6		宝鸡	16～17.5	
齐齐哈尔	6～7.5	60～110m 深处	银川	11.3	低限值
鞍山	12～13		乌鲁木齐	8	低限值
呼和浩特	8～9	100m 以下	武汉	18～20	
郑州	18	浅层井 60～130m	南昌	20	井深 20～25m
石家庄	16	100m 以下	南宁	17～18	
济南	18		上海	17.8	
青岛	18.4	月平均最高温	成都	18	18～20m 深处
太原	15		贵阳	18	

注：表中大部分数据由各城市自来水公司提供。

地下水水质差将会降低地下水源热泵系统的运行寿命、增加其维修费用、引起地下水回灌造成含水层堵塞等问题。因此，对地下水水质的基本要求是：清澈、水质稳定、不腐蚀、不滋生微生物或生物、不结垢等。而对于地下水水质的具体要求，在目前还未设有机组产品标准的情况下，可参照下列要求：pH 值为 6.5～8.5，CaO 含量＜200mg/L，矿化度＜3g/L，Cl^- 含量＜100mg/L，SO_4^{2-} 含量＜200mg/L，Fe^{2+} 含量＜1mg/L，H_2S 含量＜0.5mg/L，含砂量＜1/200000[8,9]。另外，应注意国标《地源热泵系统工程技术规范》(2009 年版) GB 50366—2005 中指出：当水质达不到要求时，应进行水处理。经过处理后仍达不到规定时，应在地下水与水源热泵机组之间加设中间换热器。对于腐蚀性及硬度高的水源，应设置抗腐蚀的不锈钢换热器或钛板换热器。

(5) 我国地下水超采现象严重，已引起一些地质灾害问题[10]

地下水超采是指两部分：一是浅层地下水超采，即地下水多年平均开采量超过相应的总补给量，并造成地下水位持续下降的现象；二是深层承压水超采，由于补给十分困难，其大规模开采即可视为超采。

由于地下水开采过于集中，我国一些城市地下水位持续下降，降落漏斗面积不断扩大，地面下降。上海早在 20 世纪 20 年代开始，由于大量超采地下水导致地面下沉，1921～1967 年，最严重的地区下降 2.37m[6]。至今，全国已有 50 多个大中城市出现了区域性地面沉降，80%分布在沿海地区，较严重的是上海、天津、沧州、苏州、宁波等地；沿海地区，特别是山东半岛、辽东半岛和渤海湾由于地下水超采造成不同程度的海水入侵；在我国北方、云贵高原和两广等开采岩溶地下水的地区，由于超采，岩溶塌陷现象也比较普遍。

我国由于地下水超采引发的地质灾害问题已越来越严重，因此，在推广和应用地下水源热泵时，首要任务是保护地下水资源。地下水源热泵只能通过地下水采集浅层地能(热)❶，而不得再对地下水资源造成浪费和污染，基本实现补采平衡，不得引发地下水超采现象。

❶ 地源热泵是一个广义术语，为了便于使热源（或热汇）与地源热泵相呼应，国内提出了“浅层地能（热）”的概念化术语，它将土壤、地下水和地表水汇集在同一术语中，统称浅层地能（热）。

3.3.2 地表水

地表水包括江水、河水、湖水、水库水、海水等。一般来说，只要地表水冬季不结冰，均可作为热泵的低温热源。以地表水为源（汇）的热泵系统称为地表水源热泵系统，是地源热泵中最早使用的热泵系统形式之一。由于地表水相对于室外空气来说，可算是温度较高的热源，它不存在结霜现象，冬季水温也较稳定。因此，早期的热泵中就开始使用河水、湖水等作低温热源。欧洲第一台较大的热泵装置是1938～1939年间在瑞士苏黎世市政大厅投入运行的。它以河水作为热源，供热能力175kW[11]；日本于1937年在大型建筑物内安装了以泉水为热源的热泵空调系统[12]。

我国是多河流分布的国家，流域面积在100km^{2}以上的河流就有五万多条，流域面积在1000km^{2}以上的有1500条。在数万条河流中，年径流量大于7.0km^{3}的大河流有26条[4]。我国水面面积1km^{2}以上的湖泊有2300多个，湖水总面积为13000km^2，湖水总储量约为7.09×10^{11}m^3，其中淡水量占32%[13]。我国有11万多km的海岸线，有众多的不冻良港、岛屿和半岛。水库也很多，如北京密云、抚顺大伙房、吉林松花湖、天津于桥、湖北丹江口、合肥董铺、青岛崂山、烟台门楼、汉口石门、杭州千岛湖等大水库。因此，在我国发展地表水源热泵系统具备基本条件，很有发展前景。选用地表水作为热泵低位热源时，应注意地表水特点对热泵系统的影响。地表水的特点如下：

（1）江河水流量变化大

江河水流量大小主要取决于降水量的多寡。由于我国大部分地区受季风的影响，降水量的年内分配很不均匀，长江以南地区雨季为3～6月或4～7月，而长江以北地区雨季为6～9月。最大年降水量与最小年降水量之间又相差悬殊。南部地区最大年降水量一般是最小年降水量的2～4倍，北部地区则达3～6倍。因此，引起江河水水位变幅特大，在西南地区许多河流水位变幅都在30m以上。如重庆地区长江最高洪水位（100年一遇）为193.50m，最低枯水位（保证率为97%）为158.90m，常年平均水位为170.50m。这对地表水源热泵的影响应给予充分重视。在枯水期内也应能保证机组的需水量，尤其是在取水构筑物的设计与选取中更要充分注意江河水水位变幅的问题。

（2）河流水温的变化

河流水温与当地室外空气温度相比，在一年内的变化相对稳定。图3-1给出日本东京箱崎地区河流水温与空气温度的变化[14]。图3-2给出松花江吉林市段江水供暖期江水水温与空气温度的变化[15]。由图3-1和图3-2明显看出，河水水温的年变化比空气气温的变化小而且相对稳定。河水水温明显夏季高冬季低，北半球最高水温出现在7～8月，最低水温在1月。河面水温度的日变化一般为早晨低，最低水温出现在6～8时；午后高，最高水温出现在15～16时。与气温极值出现时期相比，有

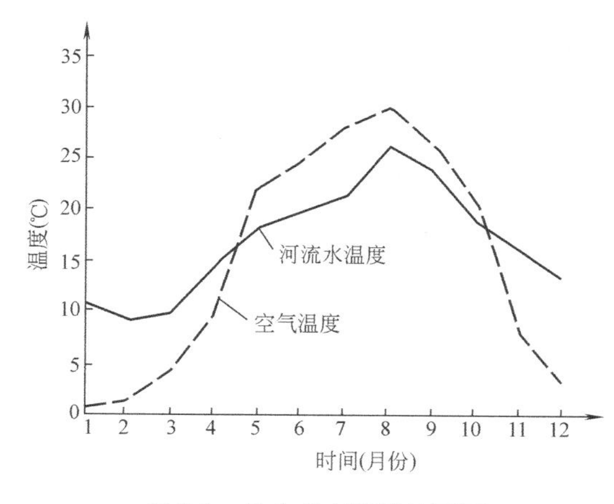

图3-1　日本东京箱崎地区河流水温与空气温度的变化

滞后现象，一般10时的水温接近日平均气温。地表水水深较深时，其水温随着深度变化而变缓。表3-5给出某水库水温的变化[16]。

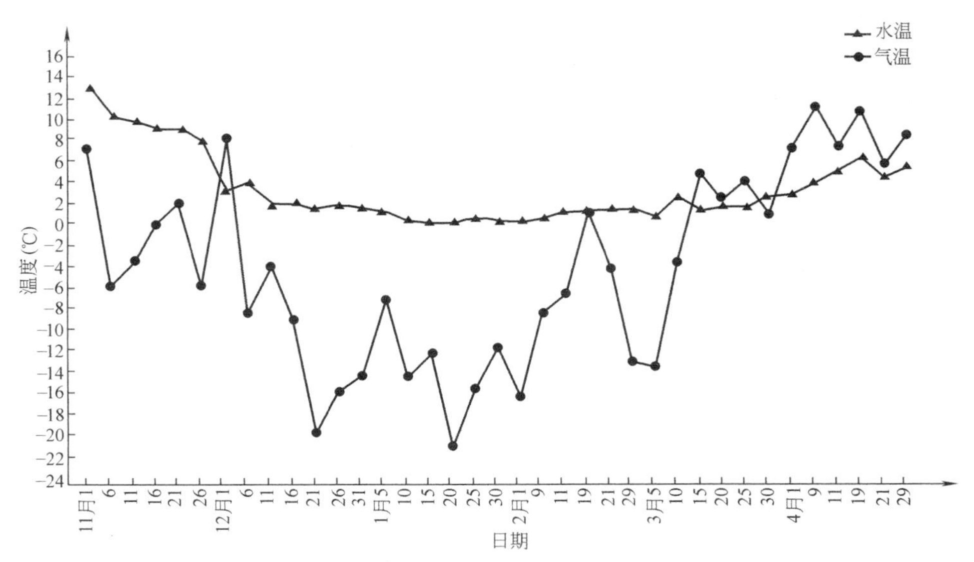

图3-2　松花江吉林市段江水供暖期江水水温与空气温度的变化示意图

某水库水温实测值　　**表3-5**

水深(m)	7月份水温(℃)	11月份水温(℃)
0	23.0	14.9
2	23.0	14.5
4	22.5	14.5
6	22.0	14.5
8	17.0	14.5
10	11.5	14.5
12	10.0	10.8
14	7.8	10.0
16	7.7	8.8
18	7.7	7.8
20	7.5	7.5
22	7.5	7.2
24	7.5	7.2

水温的变化将会影响到地表水源热泵的运行工况，水温变化范围应在地表水源热泵能够接受的范围内。像图3-2松花江吉林市段江水水温由于上游丰满水电站排热的原因，虽然使江水水温都在2℃以上，但在冬季作热泵低温热源仍显得水温过低。因此，应采取特殊的技术措施才能用地表水源热泵为沿江供暖。

(3) 河流含沙量大

我国每年被河流输送的泥沙约为34亿t。黄河（陕县）平均每年输沙量为16.0亿t，年平均含沙量为 36.9kg/m^3[13]；重庆地区长江水最高含沙量为 3.62kg/m^3，最低含沙量为 0.016kg/m^3，年平均含沙量为 0.522kg/m^3。高含沙时段出现在 6～10 月。总的来说，我国诸河含沙量大，尤其以北方河流最为突出。水中含沙量大，增大了地表水源热泵开发利用难度。

（4）河流天然水质差异明显

由于地质条件不同，河流的水化学性质差异明显。西北大部分河流矿化度在 300mg/L 左右，东南湿润带最小，在 50mg/L 以下。淮河、秦岭以南河流硬度普遍小于 3，以北大部分地区总硬度为 3～6，高原、盆地硬度超过 9[13]。多数河水含磷酸高，以致换热器上广结藻类，易造成腐蚀等，将会影响地表水源热泵机组的正常运行，并增加运行费用。

（5）热泵长期不停地从河水或湖水中采热，对河流或湖泊的生态有何影响？现难以作出结论[6]。文献 [1] 指出：出于生物学方面的原因，要求排水温度为 2℃左右。但湖沼生物学家们认为，水温对河流的生态学影响比光线和含氧量的影响小。此问题有待于在今后长期运行实践中取得经验。

海洋是一个巨大的可再生能源库，非常适合作水源热泵的低温热源与热汇。到目前为止，世界范围内利用海水作热源与热汇的热泵供热、供冷已有一些工程实例正在运行。经几十年的研究，北欧诸国在利用海水作热源、热汇方面具有丰富的实践经验。近年来，我国已有海水源热泵在运行。但其规模较小，运行时间较短，缺少深入的理论与实验研究，只能说我国海水源热泵仍处于起步阶段。今后应注意研究海水的特殊性对热泵系统的影响与对策。海水的特殊性主要有：

（1）由于巨大海面时刻接受太阳辐射热，并受大洋环流、海域周围具体气候条件的影响，故近海域海水水温会因地、因时而异，同时海洋水温也会随着其深度的不同而异，表 3-6给出我国各海区典型月份不同深度处的海水温度[17]。海水源热泵设计中应充分注意这个问题。

我国各海区典型月份不同深度处的海水温度（℃） **表 3-6**

月　份	深度(m)	黄、渤海	东海	南海
2 月	25	0～13	9～23	17～27
	50	5～12	11～23	19～26
	100	—	14～21	18～22
5 月	25	6～11	10～26	23～29
	50	5～12	12～25	22～27
	100	—	14～24	17～22
8 月	25	8～25	20～28	21～29
	50	7～16	15～27	21～29
	100	—	14～26	18～22
11 月	25	12～19	20～26	22～28
	50	9～20	20～25	24～28
	100	—	17～25	20～25

（2）海水含盐量高，海水主要含有氯化钠、氯化镁和少量的硫酸钠、硫酸钙，因此海

水具有较强的腐蚀性和较高的硬度。与海水接触的钢结构的腐蚀比淡水环境高，一般在0.10～0.17mm/a，局部可达0.4～0.5mm/a，而暴露在海洋大气环境中的钢结构腐蚀也比内陆大得多。因此，海水源热泵系统与设备的防止海水腐蚀是十分重要的问题。

（3）海洋生物。海洋附着生物十分丰富，有海藻类、细微生物等，它们在适宜的条件下大量繁殖，附着在取水构筑物、管道和设备上，常会造成取水构筑物、管道和设备的堵塞，并不易清除，构成对海水源热泵系统安全可靠运行的极大威胁。

（4）潮汐和波浪。潮汐平均每隔12h 25min出现一次高潮，在高潮之后6h 12min出现一次低潮。潮汐可引起的水位变化在2～3m左右。海浪则是由于风力引起的，风力大、历时长时，往往会产生巨浪，且具有很大的冲击力和破坏力。海水取水构筑物在设计时，应充分注意到潮汐和海浪的影响。

（5）泥沙淤积。海滨地区，潮汐运动往往使泥沙移动和淤积，在泥质海滩地区，这种现象更为明显，因此，取水口应避开泥沙可能淤积的地方，最好设在岩石海岸、海湾或防波堤内。

3.3.3　生活废水与工业废水

生活废水是指洗衣房、浴池、旅馆等的废水，温度较高（冬季接近日最高温度的平均值），是可利用的低位热源。但存在问题是：如何贮存足够的水量以应付热负荷的波动，以及如何保持换热器表面的清洁（换热器传热管设有自动清洗刷以及经四通换向阀定期进行清洗）和防止水对设备的腐蚀。

城市污水是很好的热源，在整个供暖季内，温度比较稳定。文献［18］指出：城市污水是一种巨大的低温余热热源。现代化城市的污水处理设施十分完善，每天排放大量的净化后的污水。污水温度较高，北京地区以高碑店污水处理厂为例，其二级出水温度在冬季为13.5～16.5℃；夏季出水温度为22～25℃。黄河及长江流域，污水处理厂的二级出水温度为17～28℃；且在整个供暖期内水温波动不大。

我国污水的排放量巨大，主要集中在城市中。同时随着国民经济的发展，我国城市污水处理厂的数目及处理能力年年增加，为污水回用创造了条件。截至2016年底，全国城市、县城共建有污水处理厂3552座，处理能力为1.79亿m^3/d，比2011年增长了30.9%。2015年全国城市污水处理量为428亿m^3，比2011年增加了6.8%，城市污水处理率达91.9%，而一些大城市（如北京）已达到95%。据预测，2020年城市污水排放量将达到624.15亿m^3[19]。

值得注意的是，污水处理厂往往远离城市。这样，利用处理后污水的热泵站必然离用户太远而使经济效益下降。而城市污水干管总是通过整个市区，如果直接利用污水干管中未处理的污水作热泵站的热源，这样经济效益将大大提高。但是应注意两个问题：一是取水设施中应设置适当的水处理装置；二是利用城市原生污水余热不能对后续水处理工艺有影响。若原生污水水温降低过大，将会影响市政曝气站的正常运行。北欧诸国较早在这方面做了开发。如1983年，挪威奥斯陆建成利用未处理污水作热源的热泵区域供热系统，热泵站的容量为9000kW[20]。又如1981年，在瑞典塞勒建成利用污水区域供热热泵站以后，发展很快，到1983年为止，又建成8个。此外，在寒冷地区研究与开发推广供污水处理工艺用的污水/污水热泵系统，即热源为处理后的污水，热汇为处理前的原生污水的新型热泵系统，以此来提高待处理污水的温度，改善污水处理条件，提高处理效果，将会取得很大的经济效益和社会效益。

工业废水形式颇多，数量大、温度高，有的可直接利用，有的可作为水源热泵的低位热源，如冶金和铸造工业的冷却水；又如从牛奶厂冷却器中排出的废水可以回收，用来加热清洗牛奶器皿的热水；从溜冰场制冷装置中吸取的热量经热泵提高温度后可以用于游泳池水加热等。

因此，我们应明确地认识到，工业排放的净化后的污水是一种优良的低位热源，其数量十分可观，例如，哈尔滨某厂污水处理站一昼夜流量达 $1.5\times10^4\mathrm{m}^3$ （$625\mathrm{m}^3/\mathrm{h}$），冬季污水温度在 16～18℃。建立供工业企业用的热泵站，回收污水余热是工业企业科学用能的重要途径。

3.4 土壤

土壤同样是热泵的一种良好的低温热源。与空气一样，土壤处处皆有，而其温度变化不大，换热器不需要除霜，是有一定蓄能作用的有效热源。

3.4.1 土壤热物性

土壤的热物性对土壤源热泵系统的性能影响较大。它是土壤源热泵系统设计和研究过程诸多环节中最基本最重要的参数，它直接与土壤源热泵系统的埋地换热器的面积和运行参数有关，是计算有关地表层中的能量平衡、土壤中的蓄能量和温度分布特征等所必需的基本参数。研究表明[21]，干燥土壤的土壤源热泵的性能系数 *COP* 要比潮湿土壤的 *COP* 低 35%，当土壤含水量低于 15%时，随着含水量的降低，热泵循环的性能系数将迅速下降。土壤含水量在 25%以上，土壤源热泵的性能将会得到有效的提高，而当含水量超过 50%后，随含水量的增加，热泵循环性能系数提高的趋势减缓。土壤含水量从 50%增加到 100%，其 *COP* 仅增加 1.5%。文献［22］计算了在重庆气候条件下，U 形管埋深 50m，单管夏季间歇运行，不同土壤热物性参数的单位井深换热量，见表 3-7。

不同土壤热物性参数的单位井深换热量 **表 3-7**

岩土类别	导热系数［W/(m・K)］	比热容［J/(kg・K)］	密度 ($\mathrm{kg/m^3}$)	单位井深换热量 (W/m)
页岩	0.835	840	2046.9	33.79
石灰岩	0.984	890.4	2881.9	39.31
砂岩	1.838	1008	2616.8	63.78
大理石	3.489	924	3256.4	96.52

由表 3-7 可以看出，钻孔地点的岩土物性参数对单位埋管换热量的影响非常大。因此，设计土壤源热泵前，掌握准确的岩土物性参数是非常重要的。

土壤属多孔介质，描述其热物性的基本参数主要包括土壤的密度 $\rho(\mathrm{kg/m^3})$，含水率 $\omega(\%)$，空隙比 l，饱和度 S_r，比热容 c_p 及导热系数 λ［W/(m・℃)］等。下面分别说明其定义和测定方法。

（1）含水率 $\omega(\%)$

土壤的含水率可按下式确定：

$$\omega=\frac{m_o-m_d}{m_o}\times100\% \tag{3-1}$$

式中 m_d——V 体积内干土质量（kg）；

m_o——V 体积内天然土质量（kg）。

其中 m_o 和 m_d 均采用重量法测定。m_d 是对湿土在 105～110℃的恒温环境中烘干，烘干大于或等于 8h 后称重。

（2）密度 ρ（kg/m^3）

密度分为干密度和湿密度。

湿密度
$$\rho_o=\frac{m_o}{V} \tag{3-2}$$

干密度
$$\rho=\frac{\rho_o}{1+0.01\omega} \tag{3-3}$$

（3）饱和度 S_r

被水冲满空隙的土称为饱和土。试验时按照土壤的性质如颗粒构成、渗透性等选择实验方法测试。其中，砂土可以直接采用浸水饱和法；黏土渗透系数大于 4～10m/s 时，可以采用毛细管法；渗透系数不大于 4～10m/s 时，可以采用抽气饱和法。

试样的饱和度按下式计算：

$$S_r=\frac{\omega_s\cdot d_s}{e} \tag{3-4}$$

式中 S_r——试样的饱和度（%）；

ω_s——含水率（%）；

d_s——土粒的相对密度；

e——土壤的孔隙比。

表 3-8 给出了上海地区土样的参数范围。

土样参数范围（括号内为取土深度，单位 m） **表 3-8**

参数	含水率 ω(%)	密度 ρ ($kg/m^3\times10^3$)	空隙比 e	饱和度 S_r(%)
最高值	53.2 (6.0～6.3)	2 (29～29.3)	1.45(6.0～6.3)	100 (2～2.3)
最低值	24.2(29～29.3)	1.72 (6.0～6.3)	0.67(29～29.3)	85.7 (4.0～4.3)

（4）比热容 c_p

土壤是一个多相体系，其各组分的热容量相差很大，见表 3-9[23]。由表 3-9 可见，土壤水分的比热容最大，为固相部分的两倍左右，因此，土壤水分越大，则其热容量越大，温度变化就越慢；反之，土壤水分越少，则其热容量越小，温度变化也就越快。其次热容量还取决于土壤的矿物组成，一般来说，砂性土壤热容量比黏性土壤小，因此，砂土升温快，而黏土升温慢。

土壤各组分比热容和导热系数 **表 3-9**

土壤组成部分	比热[J/(kg·K)]	导热系数[W/(m·K)]
石英砂	820	2.43
石灰	896	1.67
黏粒	933	0.87
泥炭	1997	0.84
水分	4186	0.50
土壤中空气	1005	0.021

(5) 导热系数 λ [W/(m·℃)]

在描述土壤热物性的诸多参数中，土壤导热系数最为重要。其定义式为：

$$\lambda = -\frac{q}{\frac{\partial t}{\partial n}} \tag{3-5}$$

式中 λ——导热系数 [W/(m·℃)]；

q——法线方向热流通量 (W/m^2)；

$\partial t/\partial n$——法线方向的温度梯度 (℃/m)。

已有的研究表明[24]，土壤的导热系数和土壤的密度、含水率、孔隙度和饱和度有关。当土壤的种类确定时，饱和度和空隙比也就随之确定了，而土壤的温度对土壤的导热系数影响不是很大。因此，对于土壤的导热系数起决定作用的是密度 ρ 和含水率 ω，即：$\lambda = f(\rho \cdot \omega)$。根据测试结果回归的土壤导热系数与含水率 ω、干密度 ρ 的实验关联式及不同工况实验参数适用范围见表 3-10。

土壤导热系数关联式及其适用范围 **表 3-10**

土壤类型	导热系数关联式	相关系数 R	适用范围	
			含水率 ω(%)	干密度/(kg/m^3)
纯土	$\lambda=1.3\times10^{-8}\cdot\omega^{1.10}\cdot\rho^{1.95}$	0.9702	15～35	873.13～1307.27
纯砂	$\lambda=1.3\times10^{-7}\cdot\omega^{0.33}\cdot\rho^{2.0}$	0.9238	5～20	1197～16973.25
土：砂=1：2	$\lambda=1.3\times10^{-6}\cdot\omega^{0.87}\cdot\rho^{1.40}$	0.9903	5～20	1117～1642.58
土：砂=2：1	$\lambda=1.3\times10^{-10}\cdot\omega^{0.79}\cdot\rho^{2.79}$	0.9805	5～20	1001.89～1409.12

导热系数通常由实验测定，测定导热系数的方法有：稳定平板法、圆球导热仪法、探针法，其中稳态平板法或圆球导热仪法仅限于测定干材料，如果用来测定湿材料，在恒定温差作用下会产生湿分迁移而造成误差，故稳态法不适宜于测定有湿分的材料。非稳态法，由于测定时间短，一般不会超过 20min（几秒钟到 20min），适合测定含有湿分的材料。

3.4.2 土壤温度的状况分析及变化规律

(1) 原始土壤的温度状况分析

土壤环境温度状况是指土体温度随时间与空间的变化。它是土壤热量平衡和土壤热状况的反映。了解土壤的温度状况对于研究土壤源热泵的地下换热有很重要的意义。

原状土的温度可由计算得到也可以测出。地下约 5m 以下土壤温度基本不受地面温度波动的影响，而保持一个定值。已有的研究表明[25]，地下约 10m 深处的土壤温度比全年的平均气温在多数情况下要高出 1～2℃，并且几乎无季节性波动。其偏离平均温度的值在地下 0.3m 处仅为 1.5℃。

(2) 土壤温度的变化规律

受地面温度波动的影响，土壤温度有两种周期性变化：

① 土壤温度的日变化：土壤表层的温度，日出之后即逐渐升高，到下午 1～2 时达到最大值，以后又逐渐下降。土壤温度的日变化幅度随着土壤深度的增加而显著减少，温度的最高最低峰值出现时间也就随之推迟。一般情况下，80～100cm 以下土层的温度日变化就不明显了。

② 土壤温度的年变化：土壤温度的年变化是指一年中各个月份中途温度变化。在我国，地表温度从 3 月份开始升高，到 7 月份达到最高值，以后又逐渐下降；随着土层深度的增加，土壤温度的年变化幅度逐渐缩小，最高、最低温度出现的时间也逐渐推迟。在达到相当深度后，土壤温度便终年不变。这种温度终年不变的土层，在高纬地区出现在 25m，在中纬地区出现在 15～20m。图 3-3 为我国河北省某地土壤温度季节性波动图，可以看出，在 10m 深度以下，土壤温度几乎全年一样，但在埋深 1.5～2m 处，土壤温度的季节性波动仍较为明显，随着深度的增加，土壤温度的波动进一步减少，且波动有延迟现象，这对热泵供热十分有利。因为需要热量最大的时候，其土壤温度还比较高，到春季土壤温度比较低，但这时需要热量已经减小，热泵运行的时间也相应缩短了。

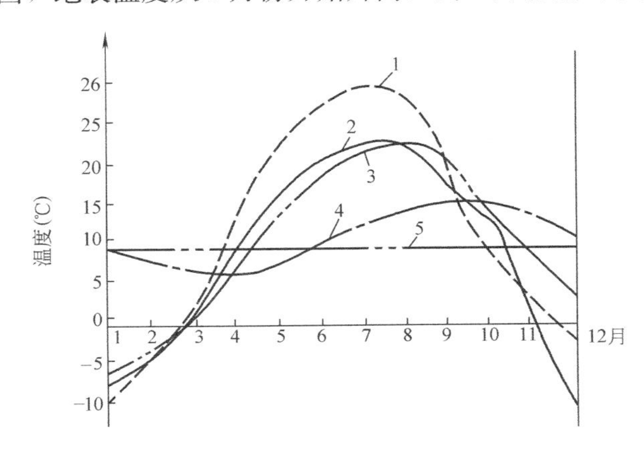

图 3-3 不同深度土壤温度的年变化情况

1—地面温度；2—气温；3—地面以下 0.8m 处的温度；4—地面以下 3.2m 处的温度；5—地面以下 14m 处的温度

(3) 热泵运行工况下土壤的温度变化

由以上土壤的温度变化规律可知，水平埋管的土壤源热泵系统比垂直埋管的土壤源热泵系统受土壤温度变化的影响大。对埋地盘管周围的土壤温度的影响主要取决于盘管本身的取热量，其影响可用实测方法来确定，也可将因吸热而引起的温降逐渐叠加（例如按月）算得，现在已有程序可以计算不同埋深、土壤质量、管径、管距及全年空气温度分布下的管周围土壤温度场，其结果与实测结果比较吻合。图 3-4

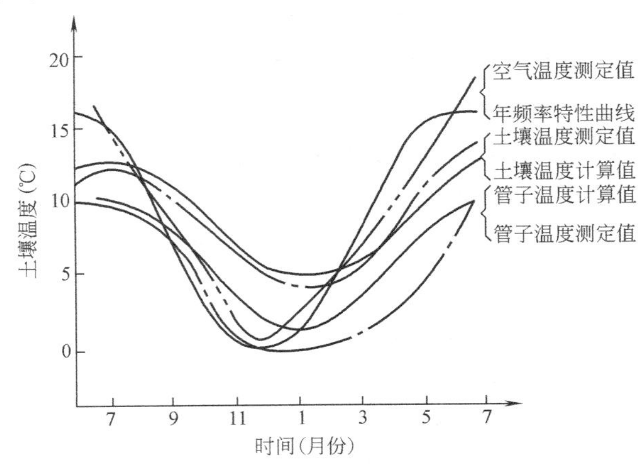

图 3-4 水平地埋管年温度变化图

给出水平地埋管年温度测定值和计算值的变化。

国际地热协会副主席 L. Rybach 教授对垂直埋管换热器周围土壤的变化进行了十多年的实测，其测试装置如图 3-5 所示[15]。图 3-6 给出距垂直埋管 1m 处土壤温度随年度和深度的变化，图 3-7 给出垂直埋管换热器周围土壤温度变化，图 3-8 给出距垂直埋管换热器 1m，深 50m 处土壤温度下降与恢复情况。由图 3-6 可以看出，随着土壤源热泵机组的累年运行，换热器周围的 10 多米以下的土壤温度逐年降低，且随着深度的增加变化逐渐减少，而地表部分受太阳辐射影响，呈季节性周期性变化，因此每年变化不大。由图 3-7 可知，离地表越近，温度变化幅度也越大，越深温度变化幅度越小，50m 以下基本无变化。图 3-8 可以看出，热泵系统运行 30 年后，其距垂直埋管换热器 1m，深 50m 处土壤温度下降仅 1.7℃，热泵机组停止运行 30 年后，才基本恢复原始土壤状况，并且一开始恢复较快，随着时间的增加，恢复速度逐渐变慢。但距原始温度仍存在很小的温度差 ΔT。

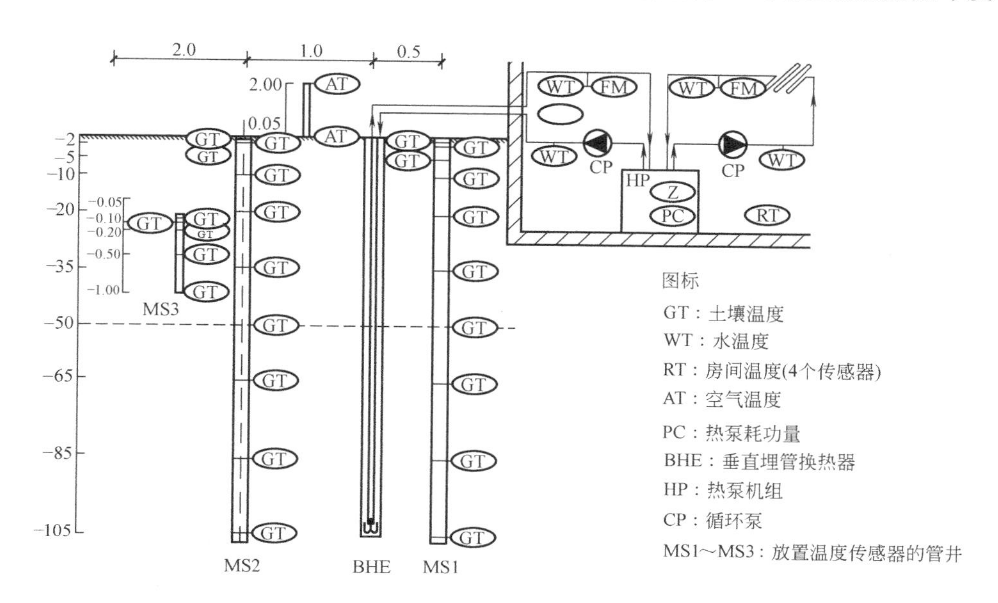

图 3-5 垂直埋管地下换热器周围土壤温度测试示意图

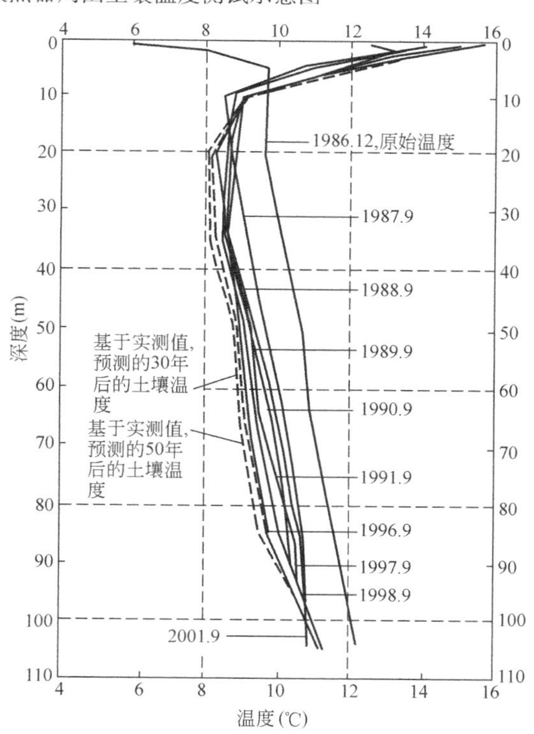

图 3-6 距垂直埋管 1m 处土壤温度随年度和深度的变化

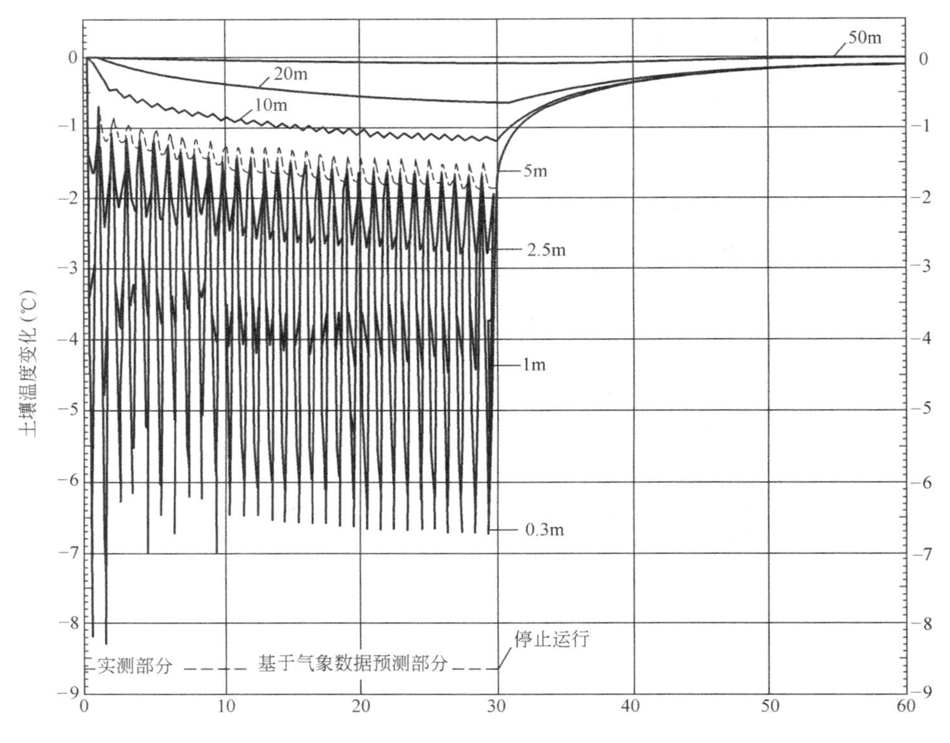

图 3-7　垂直埋管换热器周围土壤温度变化

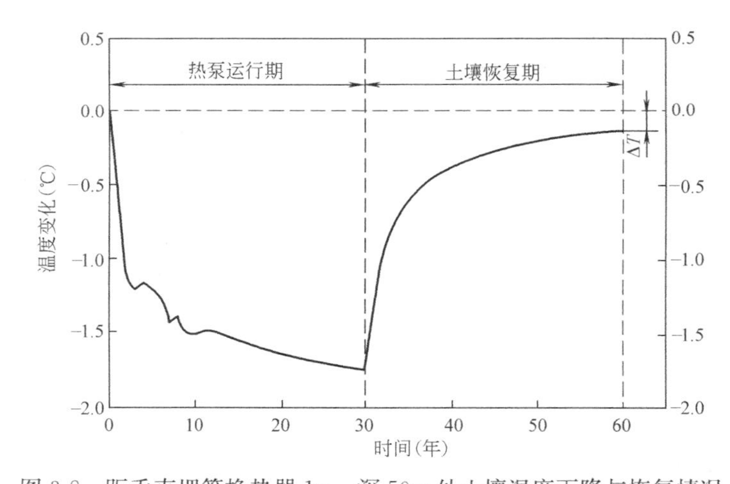

图 3-8　距垂直埋管换热器 1m、深 50m 处土壤温度下降与恢复情况

3.5　太阳能

众所周知，太阳向四周放出巨大的能量，虽然到达地面的太阳能量只不过是其总能量的二十亿分之一，但是在一年内可达 5.61×10^{21} kJ 的热量。其中平均 34%被云和地表面反射，66%被地球所吸收，而这 66%左右，最终又全部从地面和大气中通过长波辐射，送回到宇宙中去。不过在此过程中，会引起地面上水的循环、刮风和潮流，并促使谷物生

长，森林茂盛……因此，完全可以说，太阳能是地球上一切能源的主要来源，它是无穷无尽的、无公害的清洁能源，也是21世纪以后人类可期待的最有希望的能源。我国地域辽阔，年日照时间大于2000h的地区约占全国面积的2/3，处于利用太阳能较有利的区域内。全国700个气象台长期实测积累的数据资料证明，我国各地太阳能年辐射总量大约在334.9～837.4kJ/(cm^2・a)，年辐射总量为586.2kJ/(cm^2・a）的等值线，从大兴安岭西麓的内蒙古东北部，向南经过北京西北侧，朝西南方向至兰州，然后一直朝南到昆明，沿横断山脉转向西藏南部。在这条线以西和以北，除天山背面的新疆小部分地区544.3kJ/(cm^2・a）左右，其余年辐射总量都超过586.2kJ/(cm^2・a)。20世纪80年代中国的科研人员根据各地接受太阳总辐射量的多少，将全国划分为5类地区[26]，见表3-11。

但是太阳能是稀薄的能源，太阳能在地球表面的能源密度极低。例如，上海地区，夏季晴天中午时刻的太阳能密度低于1kW/m^2，冬季的强度更低，而且受天气阴晴和昼夜的影响。这为利用太阳能带来一定的困难。利用太阳能时，需要大量的设备投资。

在太阳能利用系统中，最具有实用性的系统是太阳能供热。但是，它们在技术上和经济上都存在一定问题。主要表现在：

（1）太阳能辐射热量有季节、昼夜的规律变化，同时还受阴晴云雨等随机因素的强烈影响，故太阳能辐射热量具有很大的不稳定性。据资料介绍，在美国纬度45°的平面上，严冬时最小太阳辐射强度只是夏季最大辐射强度的1/3。又如，我国所谓“天无三日晴”的地区也不少。因此，要利用太阳能，必须要解决太阳能的间歇性和不可靠性问题。利用太阳能为房屋供热时，要设有一个大容量的蓄热槽或其他形式的辅助热源。

（2）集热器是太阳能供热、供冷中最重要的组成部分，其性能与成本对整个系统的成败起着决定性作用。高、中温平板集热器和聚光型集热器价格昂贵，是直接利用太阳能供热的极大障碍。另外，由于集热器的集热面积与散热面积相等，所以集热器效率随集热温度的增加而急剧降低，如图3-9所示[27]。由图可见，高、中温集热器的效率很低，所以必须要有较大的面积才行。

中国太阳能资源分布表 **表3-11**

地区分布	太阳能资源情况	全年日照时数(h)	年接受的太阳辐射总量[MJ/(cm^2・a)]	主要地区
Ⅰ	资源丰富	3200～3300	≥6700	宁夏北部、甘肃北部、新疆东南部、青海西部、西藏西部等地
Ⅱ	资源较丰富	3000～3200	5800～6700	河北西北部、山西北部、内蒙古南部、宁夏南部、甘肃中部、青海东部、西藏东、东南部、新疆南部等地
Ⅲ	资源一般	2200～3000	5000～5800	山东东南部、河南东南部、河北东南部、山西南部、新疆北部、吉林、辽宁、云南、陕西北部、甘肃东南部、广东南部、福建南部、江苏北部、安徽北部、天津、北京、台湾西南部等地
Ⅳ	资源缺乏	1400～2200	4200～5000	湖南、湖北、广西、江西、浙江、福建北部、广东北部、陕西南部、江苏南部、安徽南部、黑龙江、台湾东北部等地
Ⅴ	资源最小	1000～1400	3300～4200	四川、贵州、重庆等地

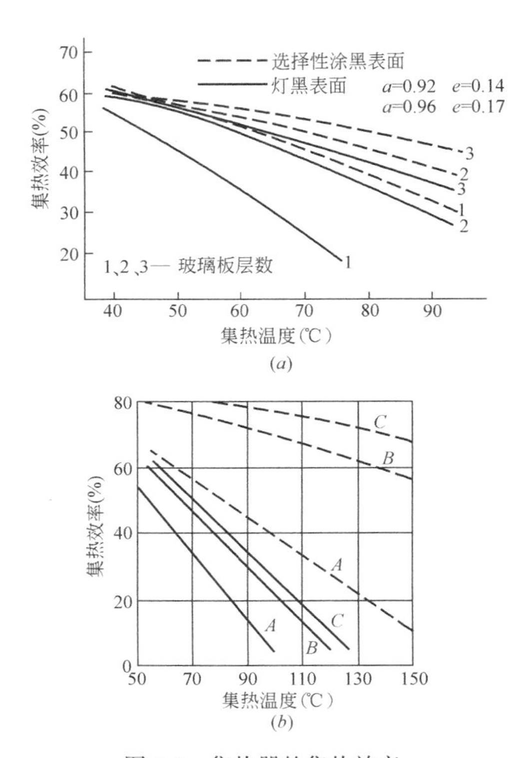

图 3-9　集热器的集热效率

(a) 平板集热器；(b) 真空集热器

A—大气压力 $1.013\times10^5N/m^2$；B—真空度 $3385N/m^2$；C—真空度 $133N/m^2$

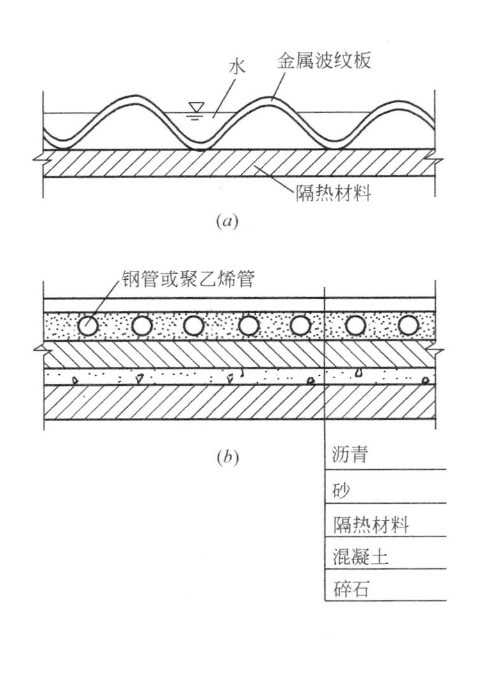

图 3-10　与建筑构造为一体的集热器

(a) 敞开下降式（铝波纹板）；

(b) 停车场等的地下集热器

为此，在10～20℃低温下集热，再由热泵装置进行升温的太阳能供热系统，是一种利用太阳能较好的方案，即把10～20℃温度较低的太阳热能经热泵提升到30～50℃再供热。这样的系统虽然也需要设置蓄热装置（可加在低温端或高温端、可高低温端同时设置）或其他辅助的加热装置，以解决太阳能的稳定性差与可靠性低的问题，但供热泵用的太阳能集热装置有下列优点：

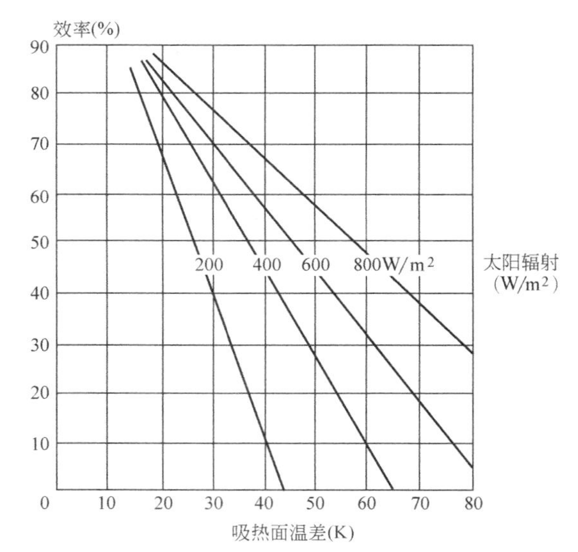

图 3-11　太阳能集热器吸热面温差和效率的关系

① 可以采用结构简单的低温平板集热器。常用敞开式集热器，并常与建筑做成一体[28]。图 3-10（a）为敞开下降式，屋顶上设无玻璃的金属波纹板的简易集热器（或塑料挤压成型的），一般取 $6\sim10m^2$/户。

图 3-10（b）是在住宅区露天停车场的地下埋设聚乙烯塑料管等做热泵的热

源。又如：据瑞士介绍，把涂石墨粉的塑料管松散的摆放在屋顶上作集热器，其价格很便宜。这种无玻璃盖的平板型集热器，又称为太阳能吸收器[29]。太阳能吸收器通常比平板型集热器价格低廉得多，但是在有太阳照射时，它的温度比环境温度高不了多少；在无太阳照射时，如果与热泵相连，它也可用于由外界空气吸取热量。这种吸收器不需要特殊的保护设施。

② 作为热泵热源的低温平板集热器效率较高。因为是从低温的给水温度开始加热，所以虽是简易的集热器，甚至在日照比较短的时候，也能高效的集热。因此，即使是单层玻璃，涂黑漆的普通集热器热效率也平均高达 50%～70%[6]。吸热面的温度越低，集热效率也越高，若借助于热泵降低吸收面的温度，则可将集热效率提高到 80%左右。图 3-11 给出平板型集热器吸热面温差和效率的关系[29]。

③ 热泵用的集热器成本低是它的最大优点。可是，在升温时需用动力（热泵的驱动），所以当太阳能热泵制热性能系数不太大时，就不能与太阳能直接供暖和利用空气热源等其他热源热泵形式相比拟。例如，太阳能热泵在日本东京以南的地区不容易与普通的空气源热泵供冷供暖系统相抗衡。

④ 可以将集热器与蒸发器组合在一起，集成太阳能热泵直膨式集热器。图 3-12 给出某供热量 12kW 的试验热泵的直膨式太阳能集热器，其表面面积为 $10m^2$，由 4 块蒸发平板组成，蒸发平板是金属压制的，内部有制冷剂流动的沟槽。集热器与水平呈 50°倾斜角。试验过程中，收集太阳能的平均值为：

整个试验期间平均值 0.6～1.8kWh/(m^2 · d)；

50%时间内的平均值 1.8～5kWh/(m^2 · d)；

38%的试验期间可得平均辐射能值 5～9kWh/(m^2 · d)。

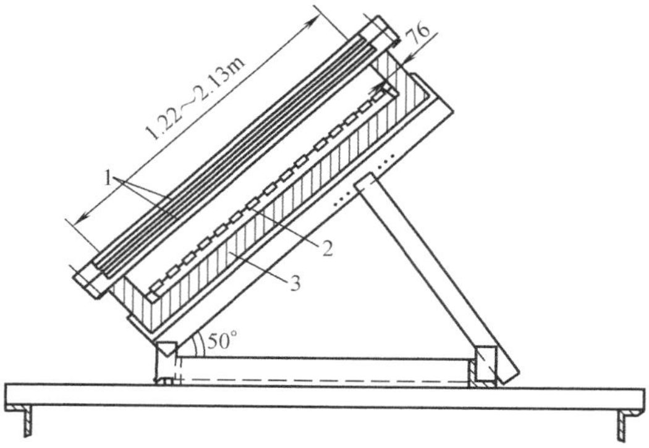

图 3-12 太阳能热泵热源侧的蓄热式集热器

1—双层玻璃；2—蒸发器平板；3—7.6cm 隔热层

试验表明，这种集热器不仅是太阳能集热器，而且亦吸取空气中的热。这种集热器可与墙制作成一体。同时，夏季还可作冷凝器用。

试验表明，当在平均气温 0℃的晴天里，热泵的制热性能系数可达 3.5。

近年来，上海交通大学也开始研究直膨式太阳能热泵[30]，开展了直接膨胀式太阳能热泵供暖、空调与热水供应综合性系统的实验研究。$12m^2$ 直膨式集热器布置在屋顶，配有 3HP 空调压缩机、200L 生活热水水箱和 1000L 蓄热/蓄冷水箱。全年的运行测试表明：热泵 *COP* 达到 5 以上。

目前，太阳能热泵虽然在经济性方面存在问题很大，但是从能源的现状和未来新能源开发的趋势看，太阳能将是未来主要能源之一，作为热泵的热源，其发展前景是乐观的。从另一个角度看，太阳能又将是北方清洁供暖的主要能源。但是，冬季太阳能辐射量很小，比如德国汉堡11、12和1月的太阳能辐射量只有六月份的10%～15%。为此我们应提倡和研究“夏季太阳能冬用”问题，可称之为“太阳能夏储冬用”技术。在夏季通过地埋管将太阳能储存在土壤中，冬季时再通过地埋管地源热泵系统将其取出，供建筑物供暖用。

3.6 驱动能源和驱动装置

3.6.1 热泵的驱动能源和能源利用系数

众所周知，原则上可用各种发动机来作热泵的驱动装置。例如，用电动机作为热泵的驱动装置；用燃料发动机（柴油机、汽油机或燃气轮机等）作为热泵的驱动装置；也可用外燃机（斯特林发动机、锅炉）作为热泵的驱动装置。但是，目前小型热泵和大部分大型热泵的驱动装置仍然都以电动机为主。因此，热泵的驱动能源主要是电能，其次是液体燃料（汽油、柴油等）、燃气等。

电能、液体燃料、气体燃料虽然都是能源，但其价值不一样，电能通常是由其他初级能源转变而来的，在转换中必有损失。因此，对于有同样制热性能系数（大于1）的热泵，若所采用的驱动能源不同，则其节能意义及经济性均不同。为此提出用能源利用系数来评价热泵的节能效果。能源利用系数E定义为，供热量与消耗的初级能源之比。

对于以电能驱动的热泵，如热泵制热性能系数为ε_h，发电效率为η_1，输配电效率为η_2，则这种热泵的能源利用系数$E=\eta_1\eta_2\varepsilon_h$。目前凝汽式火力发电站的发电效率$\eta_1=0.25\sim0.35$，输配电效率$\eta_2=0.9$。假如我们取$\eta_1\eta_2=0.30$，$\varepsilon_h=3$，则以电能驱动热泵的能源利用系数$E=0.90$。其能流图如图3-13（$a$）所示。

对于用内燃机驱动的热泵，若内燃机的热机效率为0.37，热泵的制热性能系数为3，则内燃机驱动热泵的能源利用系数E为

$$E=0.37\times3=1.11$$

由此可见，内燃机驱动热泵的能源利用系数比电能驱动的热泵高。内燃机驱动热泵还可以利用内燃机的排气废热和冷却水套的热量，这样就有更高的能源利用系数。如果利用内燃机废热和气缸冷却水套热量的46%，则能源利用系数E为

$$E=1.11+0.46=1.57$$

这种带热回收的内燃机驱动热泵的能流图如图3-13（b）所示。

显然，带热回收的内燃机驱动热泵比电能驱动热泵有更高的能源利用系数。从能量利用观点看，内燃机热泵优于电能驱动热泵。但是，上述比较前提是电站的燃料与内燃机的燃料是相同的，这种互换的情况实际上是少有的。此外，每1kJ柴油或汽油与煤的价格也不同，这两种热泵所采用的设备也不一样。因此，从经济观点看，内燃机驱动热泵不一定优于电能驱动的热泵。

这两种热泵的能源利用系数比燃煤锅炉房供热要高得多。一般小型燃煤锅炉房的供热系统，其能源利用系数为0.6，中型燃煤锅炉房供热系统的能源利用系数约为0.65～0.70。然而，上述电动热泵若与燃气（油）锅炉相比，是否能节省初级能源，这要取决于燃气（油）锅炉的能源利用系数的高低。目前，燃气锅炉能源利用系数为0.95的话，则上述电动热泵相对于燃气（油）锅炉是不节省初级能源的。在这种情况下，只有提高电动热泵制热的性能系数（如ε_h由3提高到3.2以上）或火力发电效率由$\eta_1\eta_2=0.30$提高到

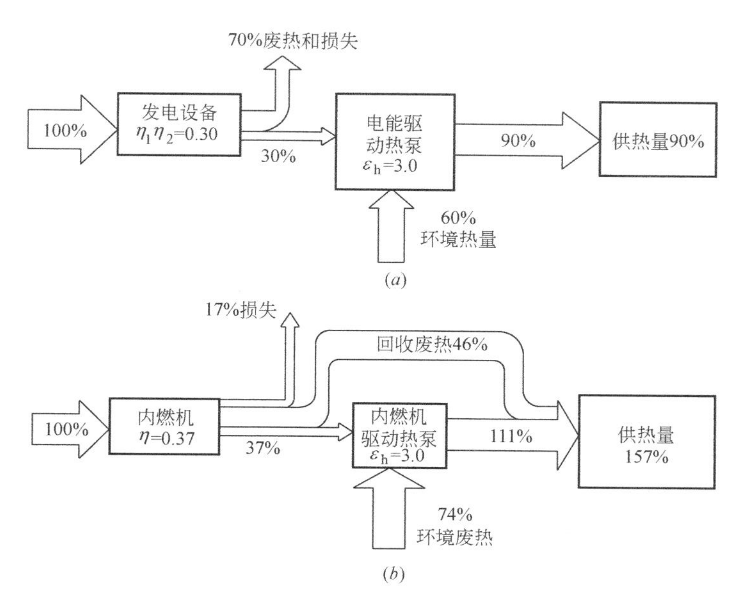

图 3-13　电能驱动热泵和带热回收的内燃机驱动热泵的能流图
(*a*) 电能驱动的热泵；(*b*) 带热回收的内燃机驱动热泵

0.32 以上，才可能使上述电动热泵比燃气锅炉节能。

3.6.2　电动机驱动

单相或三相交流电动机是热泵中用的最普遍的驱动装置，从最小的旋转式压缩机到最大的离心式压缩机都采用电动机驱动。只要电动机选配恰当，它就能平稳、可靠和高效率地运转。因此，在可预见的一段时间内电能将继续是各类热泵的主要动力。

目前，常用的电能驱动装置主要有：

(1) 单相交流电动机

单相交流电动机是压缩机中常用的一种电动机。在单相电动机中，除主绕组外，启动时还要加入辅助的启动绕组。用某种方法错开相位，以获得旋转磁场。这样，就能使转子转动。通常，用于热泵的单项电动机的启动方式有借助电容器来完成相移，也有靠电感器来完成的。其启动扭矩和效率不及三相交流电动机的高。因此，对于启动频繁的热泵，不适宜采用这种电动机。

(2) 三相交流异步电动机

三相交流异步电动机结构可靠，保养简单，热泵压缩机一般都用这种电动机驱动。但是它的缺点主要是调速比较困难。三相电动机的启动通常有：直接启动、抽头启动和星形—三角形（Y—△）启动三种。

(3) 直流电动机

直流电动机使用直流电源。它与交流电动机相比，能无级调速、启动转矩大和适宜于频繁启动。但是，在运转时，若换向片与电刷换向不良，将在电刷与换向器接触间发生火花，火花超过一定限度时，就会损坏电刷和换向片。

直流电动机按励磁方法分为他励磁式和自励磁式两种。他励磁式的励磁绕组不与电枢绕组连接。励磁电流由独立的电源供给，其大小与电枢两端的电压无关。自励磁式电机的励磁绕组与电枢绕组连接，励磁电流的大小与电枢两端的电压有关。

另外，直流电动机直接启动时，将产生很大的启动电流（比额定电流大10～20倍），易损坏电刷，对传动不利。因此，直流电动机一般不允许直接启动。

（4）变频电动机

热泵中使用的变频电动机，有交流三相电动机和无刷直流电动机两类。前者使用较广泛，后者目前只有一些公司的产品（如SET—FREE热泵型多联式机组）中使用。

交流变频电动机和普通的三相交流感应电动机相同，其容量和转速需适应变频器最高频率下的功率和转速。变频器首先将公用电网电压的单相或三相交流电整流成直流电，然后通过变频器转换成不同频率下的三相交流电输送给变频压缩机。

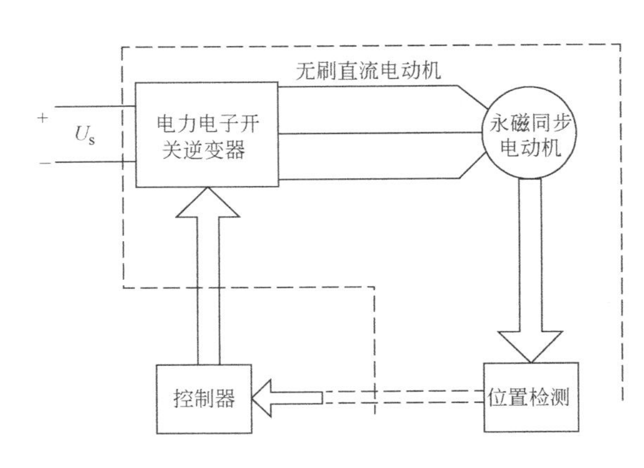

图3-14 无刷直流电动机变频调速原理

无刷直流电动机的变频控制：无刷直流电动机变频调速系统主要由逆变器、无刷直流电动机和磁极位置检测电路三者组成，其组成原理如图3-14所示。无刷直流电动机的设计思想完全来自普通的直流电动机，不同的是把直流电动机的定子和转子互相调换了位置，普通直流电动机的机械式电刷和换向器被磁极位置检测电路和电力电子开关逆变器所取代，在控制器中经过逻辑处理产生相应的开关状态，以一定的顺序触发逆变器中的功率开关，将电源功率以一定逻辑关系分配给电动机定子各相绕组，使电动机产生持续不断的转矩。

3.6.3 燃料发动机驱动

燃料发动机按热机工作原理不同有内燃机和燃气轮机两种。从机器结构形式上分有往复式和透平式的。内燃机可以用液体燃料或气体燃料，根据采用的燃料不同，有柴油机、汽油机、燃气机等。燃料发动机在汽车、火车、飞机上得到广泛的应用。这些工业的发展促进了燃料发动机的发展，其效率和可靠性已发展到了一定的水平，一般的效率都在30%以上（参见图3-15）。虽然这种驱动装置有稍高的效率，但是由于设备的价格高，可靠性差，维修量大，并有噪声及污染等问题，对于诸如风机、水泵、空压机等机械设备的驱动尚无法与电力驱动相匹敌。只有在远离电网或无法采用电力驱动的地方才考虑采用。至于燃料发动机用于热泵的驱动还是有吸引力的，正如3.6.1中指出的，如果充分利用燃料发动机的排气、气缸冷却水套等的废热，就可得到比较高的能源利用系数，燃料发动机驱动的热泵具有明显的节能效果。

典型的具有热回收的燃料发动机驱动的热泵原理如图3-16所示。系统分两部分，一部分是常规的热泵系统，另一部分是燃料发动机的热回收系统。供热系统的回水经冷凝器加热后，再用冷却水套的热量和排气热量继续加热，由于排气温度较高，因此可以把供热系统的给水加热到较高的温度，一般都可超过70℃。这种系统的供热温度比电动机驱动的热泵要高得多。冷凝器和冷却水套、排气的热回收器可以不串联在一个供热系统环路内，即分设冷凝器的供热系统和发动机热回收供热系统，从而可以得到两种温度的供热系统，各种发动机从冷却水套和排气中回收热量的百分比见表3-12[6]。在额定功率下一般均可回收30%～69%的热量。

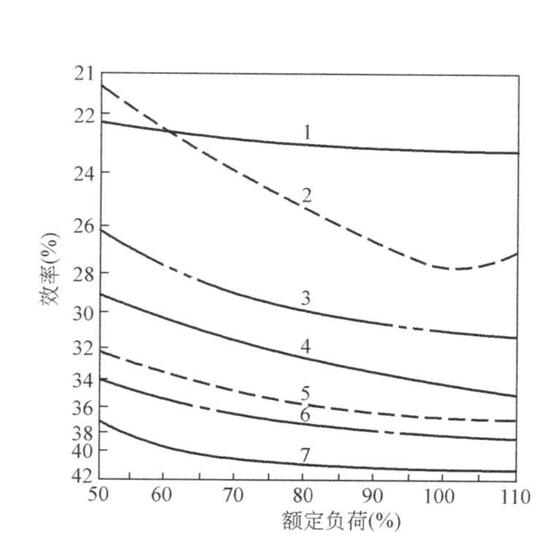

图3-15 发动机的正常效率

1—蒸汽轮机；2—燃气轮机；3—不带涡轮增压的四冲程往复式内燃机；4—不带涡轮增压的二冲程往复式内燃机；5—带涡轮增压的二冲程往复式内燃机；6—带涡轮增压的四冲程-恒压压缩；7—带涡轮增压的四冲程-可变压缩

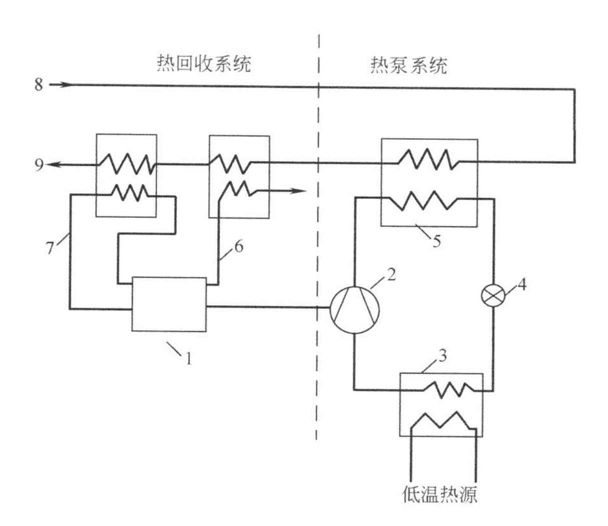

图3-16 具有热回收的燃料发动机的热泵

1—燃料发动机；2—压缩机；3—蒸发器；4—膨胀阀；5—冷凝器；6—排气；7—发动机冷却水；8—供热系统回水；9—供热系统给水

各种发动机的热回收率 **表3-12**

发动机的类型	在额定负荷和制动均压下回收的热量(%)		
	冷却水套部分		排气装置
	被加热空气时	被加热水时	
双冲程			
机械增压式燃气机	21	27	15
自然吸气燃气机	27	82	12
鼓风增压燃气机	20	24	13
四冲程			
自然吸气燃气机	22	27	14
自然吸气柴油机	22	27	14
涡轮增压式柴油机	15	18	16
涡轮增压双燃料发动机	15	17	15
燃气轮机			
单程循环			69
再生回热式循环			57

驱动热泵用的燃料发动机主要有：

① 柴油机 柴油机和燃气机不同，其活塞仅吸入空气，燃油泵则在压缩行程的终点，经喷孔喷入燃油。为了达到自燃，应将空气压缩的温度超过燃料的自燃温度。柴油机有四

冲程和二冲程两种形式。

② 汽油机　汽油机最主要的特征是用外界火源（火花塞），引燃已被压缩的燃料空气混合气。汽油在汽化器中粉碎和挥发，汽油和空气在进入气缸之前进行均匀混合。在活塞接近上死点时进行点火。混合气在实际等容的条件下燃烧。

汽油机同柴油机一样，其有效效率随压缩比增大而提高。根据使用燃料的品种，压缩比可在 1∶6 到 1∶12.5 之间变化。

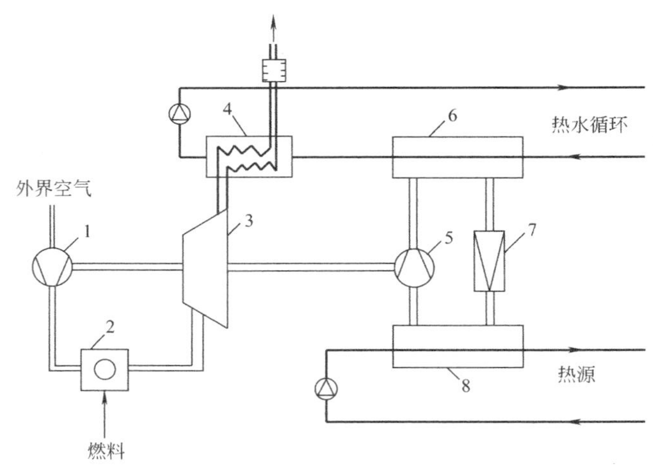

图 3-17　燃气轮机热泵的原理系统图

1—燃烧空气压缩机；2—燃烧室；3—燃气轮机；4—废气热交换器；5—离心压缩机；6—冷凝器；7—节流阀；8—蒸发器

③ 燃气机　燃气机不用汽化器，而用燃气空气混合器。燃气机的燃烧压力比较低，大约只有柴油机的 60%。因此，结构零件所承受的载荷减小，而其寿命可显著延长。

④ 燃气轮机　现代的内燃机的有效效率已经达到 30%～40%。燃气轮机的有效效率约为 15%～28%[31]，为此，燃气轮机要装回热设备（如余热锅炉等）以提高燃气利用热效率。另外，燃气轮机具有的优点有：燃气轮机的维修简单、保养周期长、占地面积小等。

燃气轮机热泵的供热量范围很大，一般为 500～55000kW，图 3-17 给出燃气轮机热泵系统图。图 3-18 给出燃气轮机热泵的热流图。

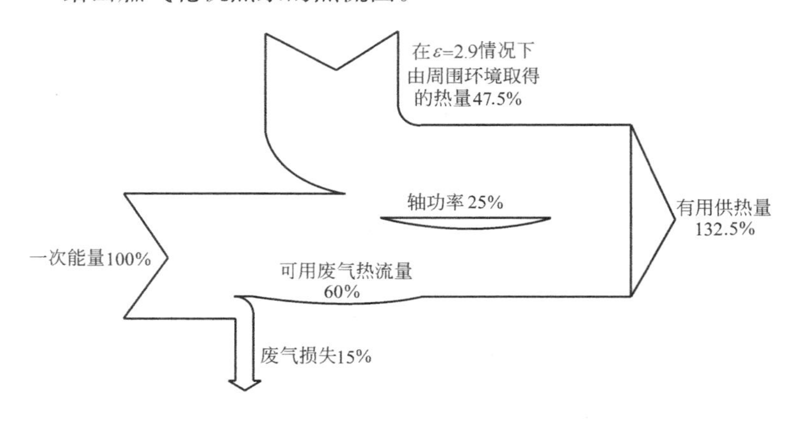

图 3-18　燃气轮机热泵的热平衡

3.6.4　蒸汽透平（蒸汽轮机）驱动

图 3-19 给出汽轮机驱动热泵的一般方案[6]。此系统用河水作为低温热源。热泵由汽轮机驱动，从河水中吸收部分热量。用户供暖系统的回水先进入热泵装置，进行第一次加热，然后再进入汽轮机的凝汽器中，用蒸汽加热，提高其给水温度，最后通过热网送至热用户。

图 3-20 给出了汽轮机驱动热泵与热力站的能流图[6]。由图 3-19 和图 3-20 可知，供给锅炉一次能源为 100%（216.1GJ/h）时，经过锅炉损失了 10%（21.6GJ/h），而在凝汽器中被有效利用了 65%（140.7GJ/h），汽轮机驱动热泵用的机械能占初级能源的 25%（53.8GJ/h）；若热泵的制热性能系数为 2.53，那么，热泵又可从河水中吸取了相当于初级能源 38%的能源。因此，该系统可利用的热量为初级能源的 128%（276.6GJ/h）。显然这种供热系统是经济的。

若用一般的加热站来获得与图 3-19 相同的 276.6GJ/h 的热能，应需要多少初级能源呢？假定加热设备热损失为 14%时，则热损失为 216.1×0.14＝30.3GJ/h。因此，应需要的初级能源为 276.6＋30.3＝306.9GJ/h。这样比用汽轮机驱动热泵多消耗的初级能源为 306.9－216.1＝90.8GJ/h，即多消耗 90.8/216.1＝42%。

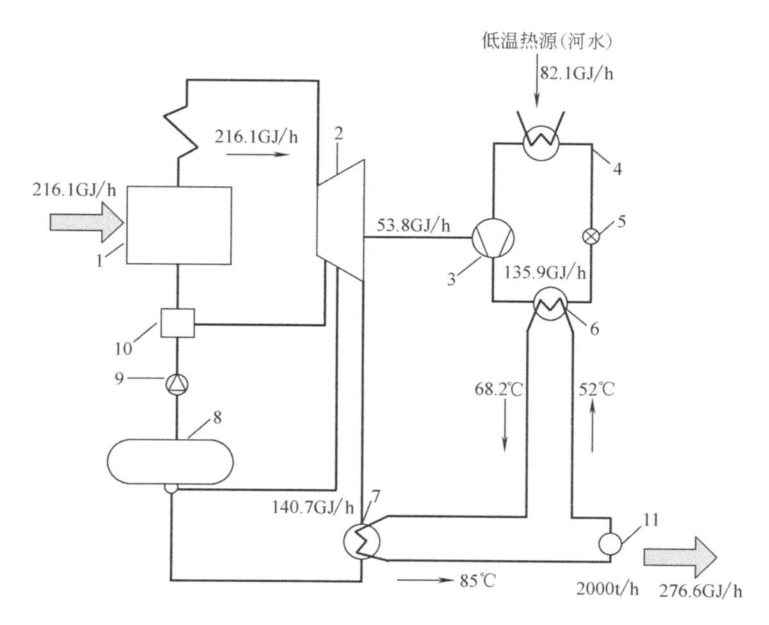

图 3-19 汽轮机驱动热泵方案

1—锅炉；2—汽轮机；3—压缩机；4—蒸发器；5—节流阀；6—冷凝器；7—凝汽器；8—凝结水箱；9—水泵；10—预热器；11—热用户

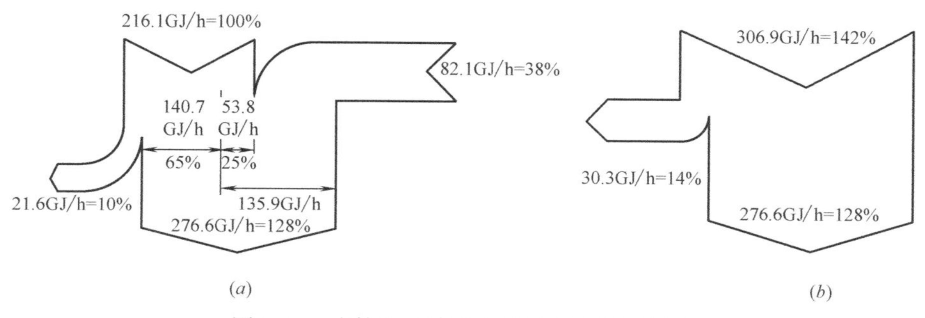

图 3-20 汽轮机驱动热泵与热力站的能流图

(*a*) 汽轮机驱动热泵；(*b*) 热力站

由此可明显地看出：用这种汽轮机驱动热泵的供热系统可节约大量的初级燃料。该方案燃料耗量仅是普通热力站燃料消耗的70%。

3.6.5　举例

本节简要介绍了热泵机组的常见驱动方式，各有其特点。现以热电厂冷却水为低位热源的热泵站用能分析[32]为例，以说明不同的驱动方式对大容量热泵站的用能影响。

（1）电动热泵站用能分析

图3-21给出了回收热电厂凝汽器循环水废热的电动热泵站原理图。众所周知，火力发电过程中相当一部分一次能损失是凝汽器循环水带走的热量，其循环水温度比较低，一般情况下，只比环境温度高10℃左右。为此本图通过电动热泵站回收凝汽器循环水的热量，供给热用户供暖或热水供应。现通过图3-22电动热泵站的能流图分析其用能情况。

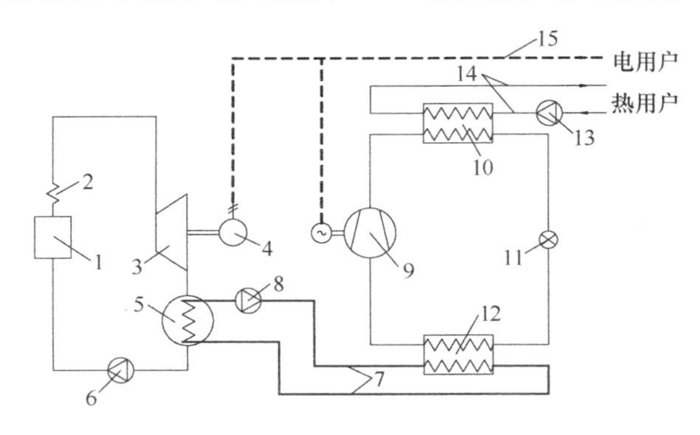

图3-21　电动热泵站原理图

1—锅炉；2—过热器；3—汽轮机；4—发电机；5—凝汽器；6—给水泵；7—凝汽器冷却水；8—冷却水循环泵；9—电动压缩机；10—热泵机组冷凝器；11—截流阀；12—热泵机组蒸发器；13—热网循环泵；14—热网；15—供电网

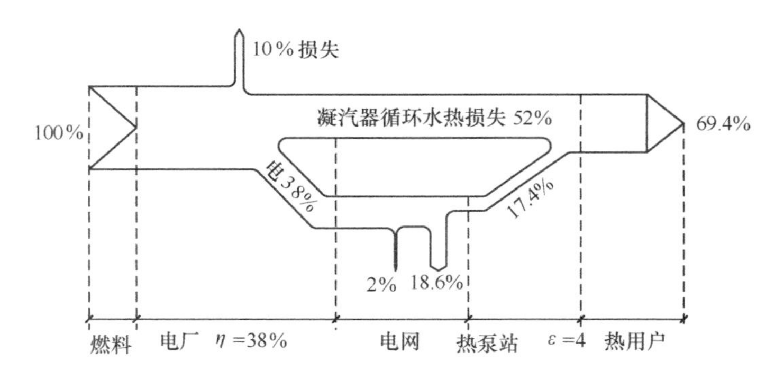

图3-22　电动热泵站能流图

由图3-22可知，电站发电效率为38%，电站锅炉等损失为10%，电网损失为2%，凝汽器循环水热损失为52%，热泵机组的制热性能系数为4.0，若忽略热水输送过程中的热损失，不计循环泵等设备的耗功，则有电动热泵站回收凝汽器循环水废热损失要消耗总发电量的17.4%，相当于电站发电量中的45.79%，电网保留电量为18.6%，仅占电站发电量的48.95%；系统的总效率为（69.4＋18.6）/100＝88%。

显然电动热泵站消耗电力的多少主要取决于热泵站机组制热性能系数的大小，电网保留电量的多少主要取决于发电效率和热泵站耗电的多少。为了说明发电效率和热泵机组制热性能系数大小对用能的影响，作简单计算，其结果列入表 3-13 中。

发电效率和制热性能系数的影响 **表 3-13**

发电效率（%）	热泵 COP	锅炉电网损失（%）	冷却水热损失（%）	热泵耗电（%）	供热量（%）	保留电量（%）
0.32	2.5	12	58	38.7	96.7	−8.7
	3.0	12	58	29.0	87.0	1.0
	4.0	12	58	19.3	77.3	10.7
0.38	2.5	12	52	34.7	86.7	3.3
	3.0	12	52	26.0	78.0	10.0
	4.0	12	52	17.4	69.4	18.6

注：1. 未说明的百分比，均以火电厂燃料为 100%。
2. 电网保留量为负值时，表明本电站发电量已少于热泵耗电量，栏内值应由其他电站供电。

由表 3-13 可以看出：

① 电网保留电量随着热泵机组制热性能系数和发电效率的降低而降低。

② 发电效率 η 为 32%，热泵机组性能系数 ε 为 3 时，电网保留电量已很少，接近于 0；而当热泵机组性能系数为 2.5 时，已开始需要引入外部电源。

（2）汽轮机驱动热泵站的用能分析

图 3-23 给出了回收电站废热的汽轮机驱动热泵站的原理图。它由相对独立的发电系统和汽轮机驱动的热泵供热系统组成，相对于图 3-21，现增加的锅炉设备 16（锅炉效率为 90%）、汽轮机Ⅱ（对外做功为 25%）、凝汽器 20 等。只要汽轮机Ⅱ排热的温度足够高，就可以全部为供暖所用，即充分利用了汽轮机做功后的排热，以提高能源利用效率。其系统的能流图如图 3-24 所示。

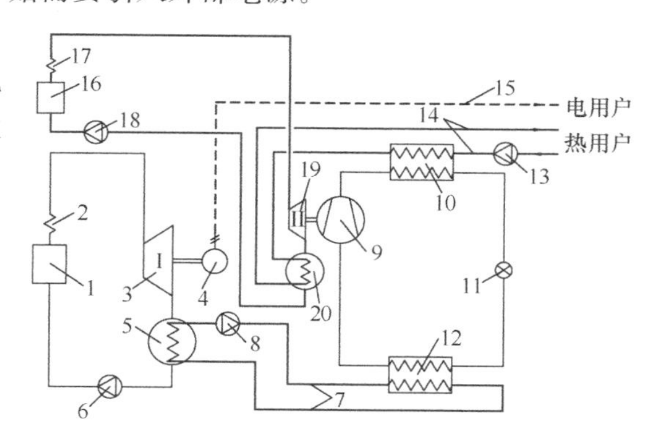

图 3-23 汽轮机驱动热泵站原理图

1～8、10～15—同图 3-22；9—汽轮机驱动的压缩机；16—供热泵汽轮机用的锅炉；17—过热器；18—锅炉给水泵；19—驱动热泵机组用的汽轮机（简称汽轮机Ⅱ）；20—凝汽器

由图 3-24 电站能流部分可见，电站发电效率为 38%，电站锅炉等损失为 10%，电网损失为 2%，凝汽器循环水热损失为 52%。由图 3-25 供热系统能流部分可见，若热泵机组的制热性能系数为 4.0，回收电站凝汽器排热（52%）需要汽轮机Ⅱ对外做功为 17.33%，由此推得，新增锅炉 16 耗能为 77.02%，锅炉损失为 7.7%，二级加热回收凝汽器 20 排热为 51.99%，供热用户 121.52%的热量。基于上述，可得知：

① 图 3-23 给出的汽轮机驱动热泵站供能系统则在保留原发电站的正常供电量的条件下，合理使用一次能（如煤）完成回收电站废热，向用户供 121.32%的热量，其用能的

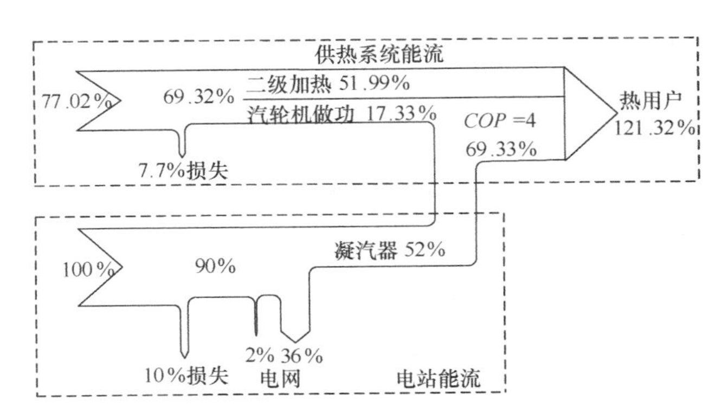

图 3-24　汽轮机驱动热泵站能流图

合理性十分明显。这也说明从电站外直接引入一次能作为热泵驱动能的合理性。

② 汽轮机驱动热泵站供热系统一次能源利用系数为 $E_1=121.32/77.02=1.57$。

(3) 燃气轮机驱动热泵站用能分析

图 3-25 给出了燃气轮机驱动热泵站图示。它由相对独立的发电系统和燃气热泵供热系统组成供电和供热的综合供能系统，相对于电动热泵站，其系统增加了燃气轮机和热回收设备。燃气轮机的供热量范围大，一般为 500～5500kW，适合大型热泵站用；燃气轮机的有效效率为 15%～28%，本系统燃气轮机轴功率取 25%，废气损失取 15%，可用废气热流量为 60%。同时，燃气轮机具有维修简单、保养周期长、占地面积小等优点。其系统的能流图如图 3-26 所示。

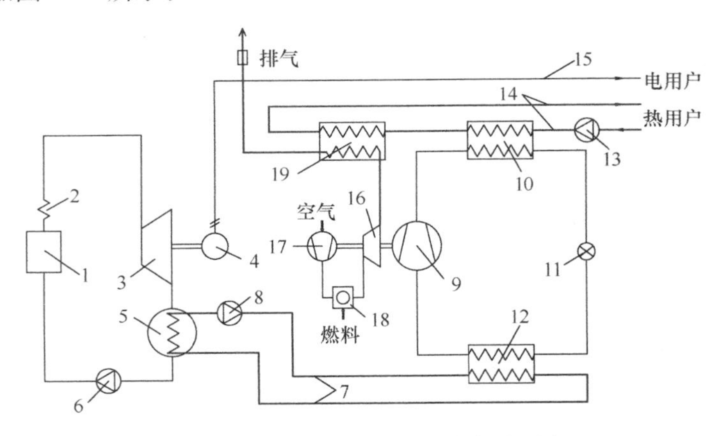

图 3-25　燃气轮机驱动热泵站原理图

1～8，10～15—同图 3-22；9—燃气轮机驱动的压缩机；16—燃气轮机；17—燃烧空气压缩机；18—燃烧室；19—废气热交换器

由图 3-26 可见，电站能流部分与图 3-24 相同。供热系统能流为，热泵机组的制热性能系数为 4.0，回收电站凝汽器排热 52%时，燃气轮机Ⅱ对外做功为 17.33%。基于燃气轮机基本参数，可得燃气轮机消耗 69.32%的一次能量，废热损失为 41.59%。因此，向热用户供热量为 110.92%。

基于上述，可得知：

① 燃气轮机驱动热泵站同汽轮机驱动热泵站一样，保留原发电站正常供电条件下，

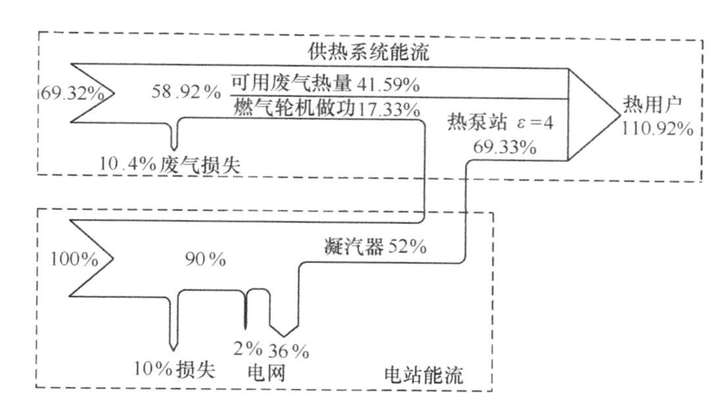

图 3-26 燃气轮机驱动热泵站能流图

合理使用燃气（先做功再回收利用废气热量）完成回收电站凝汽器排热，向用户供热量 110.92%。

② 燃气轮机驱动热泵站供热系统一次能源利用系数可达 110.92/69.32 =1.60。

在此例中，我们可以看出，

(1) 电站凝汽器冷却水余热是热泵优良的低位热源，但采用不同的驱动能源的热泵系统回收电站冷却水余热得到的效果完全不一样，甚至会改变电厂的初衷。比如，当电站发电效率和热泵机组制热性能系数均较小时，供电—供热综合系统变成单一的供热系统，这显然失掉回收电站废热的意义。此系统变为生产低位热能的系统，却还需要生产高位能的电站，电站的高投资使得该系统本末倒置。

(2) 从能量利用观点看，燃气轮机驱动的热泵站和汽轮机驱动的热泵站要优于电能驱动的热泵站。

(3) 这对我国电站废热回收系统的选择具有指导意义。同时也为大型热泵站（如海水源热泵站、污水源热泵站）的驱动能源和装置的选择提供借鉴，避免今后我国热泵快速发展与城市化应用过程中出现用能不合理性问题。

3.7 热泵系统中的蓄能

3.7.1 蓄能的意义

有些低温热源的温度或能量是变化的。如空气热源的温度不仅每天在变化，而且在一天中的每时每刻都在变化，白天与夜间温度相差达 10℃以上。又如太阳能辐射强度，早晨与中午、晴天和阴天都相差很大。多变的低温热源必然造成热泵制热量在不断的变化。为解决此问题，可在热泵的低温热源侧设置蓄能装置。如 3.5 节中，太阳能热泵通常在太阳能侧设置低温蓄能装置，以解决太阳能稳定性差与可靠性低的问题。又如土壤源热泵利用土壤季节蓄能来改善冬季热泵运行特性等。而需热量也是不均衡的。如建筑物的热损失随着室外温度的降低而增加；家用热水供应每日的需求量虽然变化不大，但在一天内的需求量极不平衡。因此供需之间永远存在着不一致的矛盾。当然可以对热泵的能量进行调节来解决供需矛盾。但这样必然要求热泵按最大负荷来选取。有时这种做法使得所选用设备的容量大得无法接受。例如，为房间供暖的空气源热泵，应按最低温度时的最大热损失来选择热泵容量，而在这情况下热泵的制热能力最低，这必然造成所选的热泵容量过于庞大。有人作了热泵投资比较，平衡点温度每下降5℃，设备投资大约增加60%。可能温度越低时，增加的还得多。按最大负荷选取的热泵绝大部分时间在低效率的部分负荷下工作；如果是多台机组，则有些设备的利用率极低。此外室外温度低时，热泵的制热性能系数很低，还可能很不经济。因此，一般选用一适当大小的热泵机组，不足热量用其他办法补充。其中的一个办法是增设辅助加热器，但这要消耗高位能源。比较节能的办法是在系统内设置蓄热器，当热泵的制热量供过于求时，将多余热量储存起来，在热量供不应求时使用。因此，蓄热器在热泵的供热和用户用热之间起着调节平衡的作用。热泵系统中采用蓄热器的优点有：

(1) 蓄热器贮存低峰负荷时的热能，并提供给高峰负荷时使用。热泵系统中蓄热能使热泵装置经常在高效下运行，既提高了热泵装置的利用率，又可减少设备的能量消耗。

(2) 由于设备容量减小，故减小了设备费和基建投资。

(3) 电动热泵中蓄热还有调节电力负荷作用。如夜间蓄、白天释，能平衡电量高峰及低峰负荷。

(4) 热泵装置采用蓄热器可弥补低位热源（如太阳能等）的不可靠性和间断性。

3.7.2 蓄热材料

蓄热器一般由蓄热材料和容器组成。蓄热材料有两大类——单相蓄热材料和相变蓄热材料。单相蓄热材料利用材料的温度变化储存显热，属于这类材料的有水、岩石、土壤等。相变蓄热材料利用材料的相变储存潜热，属于这类材料的有冰、石蜡等。

对单相蓄热材料的要求有：比热容大、密度大、价格低廉，有良好的热稳定性，对容器无腐蚀作用，无毒无爆炸燃烧危险，容易得到。水是一种优良的单相蓄热材料，能满足上述一系列的要求，是目前常用的蓄热材料。表3-14中给出了一些单相蓄热材料的蓄热性能，供选用时参考。其中土壤的蓄热性能差别很大，这是由于土壤的成分、物理性质、含水量不同造成的，在使用时应格外慎重。

单相蓄热材料 **表3-14**

材料	蓄热温度区间(℃)	蓄热量	
		kJ/kg	MJ/m^3
水	90～40	209	209
土壤：			
重质、潮湿	12～2	30	63
轻质、干燥	12～2	10	12
混凝土	25～20	4	8
铸铁合金	750～150	353	2428
耐火砖	750～150	629	1309
高密度蓄热砖	750～150	553	2212

材料相变的潜热比温度变化的显热（蓄热器中温度变化区间并不大）要大得多。因此，在储存同样热量时，需要相变蓄热材料的质量和容积比单相蓄热材料要小得多。相变

蓄热材料特别适宜储存温度变化范围小的热量，而这时如果用单相蓄热材料，则需要的质量和容积就大得多了。

相变只在一定温度条件下发生，因此所采用的相变蓄热材料应当在所蓄热量温度范围内有相变。可以利用相变的潜热有熔解热（固体⇌液体）、气化热（液体⇌气体）和迁移热（固体⇌固体）。一般是利用熔解热来蓄热。由于气液相容积变化很大，在热泵中一般很少用气化热来蓄热。对相变蓄热材料的要求有：

① 合适的熔点温度；

② 较大的熔解潜热值；

③ 在固相和液相中都有较大的热导率、热扩散率和热容量；

④ 只有微小的或没有过冷现象；

⑤ 高度的化学稳定性，与容器壁之间不发生化学反应；

⑥ 相变时体积变化很小，无论是固体或液相，都能与容器壁之间接触良好；

⑦ 较低的蒸气压力；

⑧ 能快速结晶；

⑨ 不易燃和无毒；

⑩ 价格低廉。

表 3-15 给出几种较适合的相变蓄热材料。在各种无机类组成的相变材料中，以含水盐类的价格比较低廉，来源丰富，温度范围适当，最适宜做蓄热材料。热泵的热源也可利用硫酸钠来蓄热。

部分相变蓄热材料特性 **表 3-15**

相变蓄热材料	化学式	熔解温度(℃)	熔解热(kJ/kg)	密度(kg/m³)
冰		0	334	1000
有机盐		13～49	139～251	
石蜡		−5～40	155～262	
氯化钙 $6H_2O$	$CaCl_2 \cdot 6H_2O$	28.9～38	175.8	1622
碳酸钠 $10H_2O$	$Na_2CO_3 \cdot 10H_2O$	32.2～36	248.7	1449
磷酸钠 $12H_2O$	$Na_2HPO_3 \cdot 12H_2O$	36	267.1	1530
硫酸钠 $10H_2O$	$Na_2SO_4 \cdot 10H_2O$	31.1～32.2	252.9	1562

3.7.3 蓄热器

热泵系统中的蓄热器可以用于储存低温热源的能量。例如，太阳能热泵的系统中，由于太阳能是一个强度多变的低位热源，一般都设太阳能蓄热器，将由集热器获得的低位热量储存起来。常用的有蓄热水槽、岩石蓄热器等。图 3-27 是岩石蓄热器的示意图。由集热器来的空气通过岩石蓄热器，将岩石加热。所蓄的热量可以直接利用或作热泵的低位热源。蓄热水槽是太阳能热泵系统中常用的蓄热器。但蓄热水槽也可以用于储存由热泵生产的较高品位的热能。在空调系统中还可以蓄冷量。最简单的蓄热水槽是一个一般的水池。但这种水槽储入的热水很快会与槽内的冷水相混合。为了阻止冷热水混合，提高蓄热槽的使用效率，目前有各种结构的蓄热水槽。图3-28所示的是迷宫式蓄热水槽。这种蓄热水槽1950年为柳町博士第一次所采用。在一个单通路的水路上设置了36个高、低孔。通路的一端水温较高，另一端水温较低。热水的储入或取出都在同一端（热端）进出，这时需要加热的或使用后的凉水也都在同一端（冷端）出入。这种迷宫式阻止冷热水混合的效果很好。当已用完85%容积的水时，才可能在出口处出现冷热水混合现象。

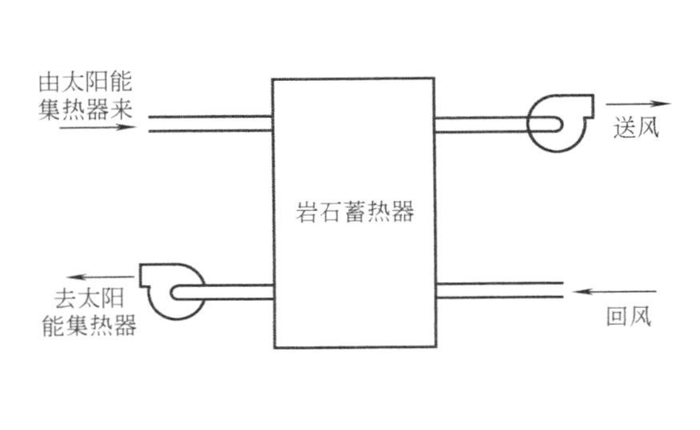

图3-27　岩石蓄热器

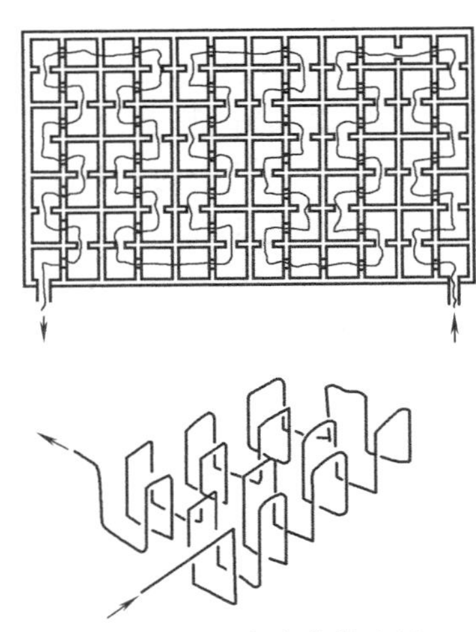

图3-28　迷宫式蓄热水槽

图3-29是可浮动隔膜的蓄热水槽。在水槽高度中部固定一带有涂层的纤维隔膜，隔膜将水分成上下两部分，上部分温度高（例如40℃），下部分温度低（例如30℃）。隔膜根据冷、热水的比例变化而上下浮动。在隔膜附近形成一层很薄的35℃水层，阻止热量传递。为了防止隔膜被吸入出入口，在出入口附近要设置格栅。这种蓄热水槽可有效地防止温度混合，而且节省投资。

3.7.4　热泵蓄热系统

这里介绍三个例子。

首先介绍储存冷凝热量而作低温热源使用的热泵系统（图3-30），这种系统可增大蓄热的温度区间。设热泵系统使用空气源热泵为房屋供暖。热泵的容量按某一平衡点温度确定。

当室外温度高于平衡点温度时，冷凝器有多余的热量。这时高压蒸气经冷凝器放出部分冷凝热量（用于供暖）后，经三通阀进入蓄热器中继续冷凝、过冷。高压流体经节流阀后到蒸发器中吸取低位热源的热量，蒸气最后返回压缩机压缩。在这种情况下，热泵向蓄热器“充热”，蓄热器中最高温度可达到冷凝温度。

当室外温度低于平衡点温度时，热泵的供热量将小于房屋的热损失。这时冷凝器出来的制冷剂液体经三通阀的旁通管到膨胀阀，节流后进入蓄热器中蒸发。这时蓄热器成为蒸发器，由于蒸发温度提高了，因此热泵的制热量增加了。极限情况蓄热器的温度可以降到蒸发温度。显然蓄热器蓄热温度区间（冷凝温度—蒸发温度）比一般热泵系统中的蓄热器的温度区间增大了。这个系统在空气温度低于平衡点温度时的运行方式是并联运行，即一部分制冷剂在蓄热器中蒸发；另一部分制冷剂仍在蒸发器中蒸发吸取室外空气的热量。蓄热器只补充一部分热量。这时运行的蒸发温度比前一种运行温度要低一点，但比只用室外空气源的热泵的蒸发温度要高。

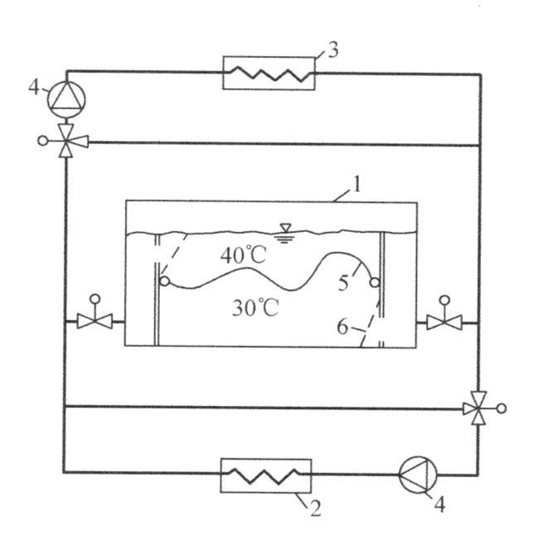

图 3-29 可浮动隔膜的蓄热水槽

1—蓄热水槽；2—冷凝器；3—用热设备；4—泵；5—纤维隔膜；6—格栅

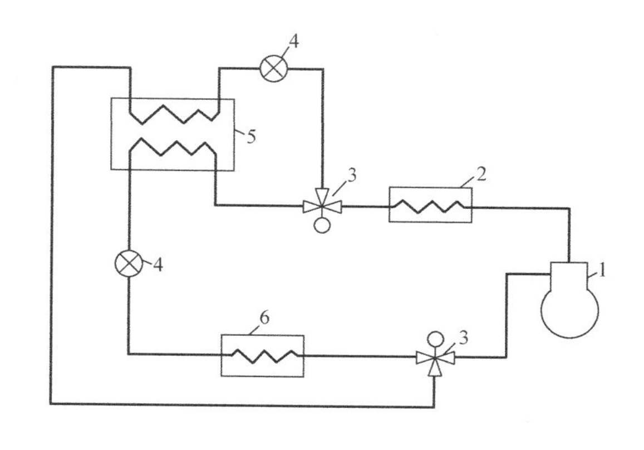

图 3-30 热泵蓄热系统

1—压缩机；2—冷凝器；3—三通阀；4—节流阀；5—蓄热器；6—蒸发器

第二个例子为别墅热泵空调水蓄能系统（图 3-31）。别墅面积为 $300m^2$，采用地板辐射供热方式，地源热泵双温热水机组作为热源，其容量为 7.5kW，地下埋管为两根深 150m 的 U 形埋管，一用一备。设 200L 蓄 60℃热水的蓄水箱和 150L 蓄 45℃热水的蓄水箱，分别用做热水供应和地板辐射供暖用，工质为 R290。

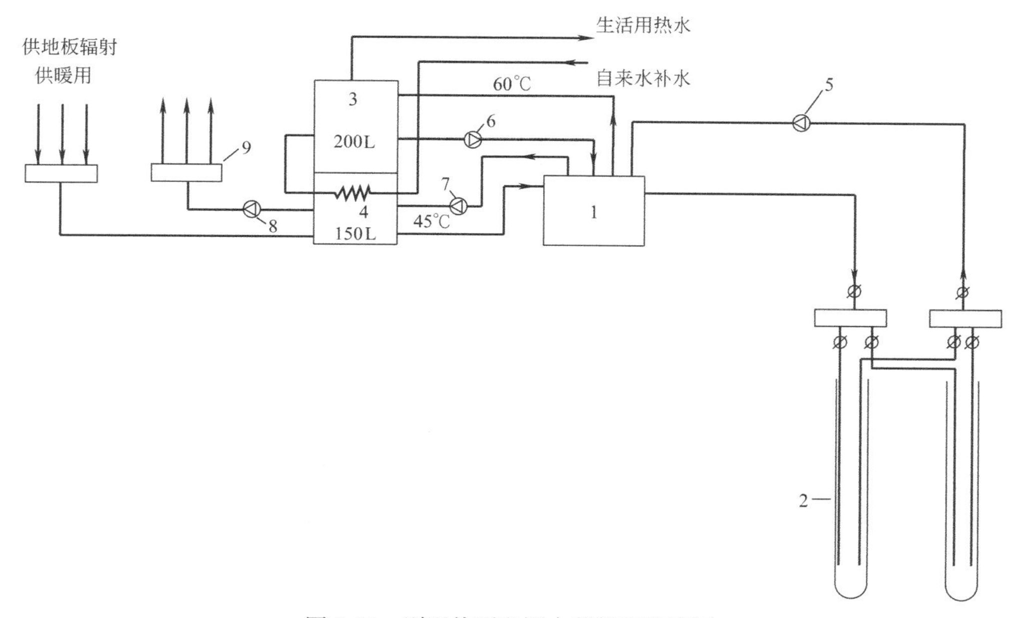

图 3-31 别墅热泵空调水蓄能系统简图

1—地源热泵机组；2—U 形埋管；3—60℃蓄热水箱；4—45℃蓄热水箱；5—低温热源循环泵；6—60℃热水循环泵；7—45℃热水循环泵；8—地板辐射供暖循环泵；9—地板辐射供暖集分水缸

第三个例子为低温热源侧土壤蓄热的联合热泵系统，如图3-32所示[33]。其系统由两台并联运行的热泵和源端蓄热装置组成，其中，空气/水热泵Ⅰ是按平衡点温度（T_b）时建筑物热负荷（基本负荷）选型的。而水/水热泵Ⅱ是按峰值负荷（建筑物的热损失同基本负荷热泵Ⅰ供给热量之差）选型的。源端土壤蓄热地埋管可按水/水热泵Ⅱ的需求设计，其负荷为：由水/水热泵Ⅱ供给的热量中，减去压缩机功率，再减去空气/水热泵Ⅰ的过冷器负荷。

在室外空气温度高于或等于平衡点温度（$T_a \geqslant T_b$，设蓄热器的热泵，T_b为$-5 \sim 0$℃之间）时，空气/水热泵Ⅰ投入运行，单独从室外空气中吸取热量满足建筑物供暖和热水供应要求。为了减少节流损失，提高循环效率，空气/水热泵Ⅰ循环采用节流前过冷，其系统中设有过冷器。空气/水热泵Ⅰ运转时，其过冷的热量约占总供热量的20%[34]。该热量通过环路Ⅲ传递给蓄热器（土壤蓄热）予以贮存。

在室外空气温度低于平衡点温度时，峰值负荷水/水热泵Ⅱ投入运行，补充空气/水热泵Ⅰ供热量的不足部分，从而满足建筑物的供暖和热水供应要求。水/水热泵Ⅱ所吸取的附加热量，来源于土壤中蓄存的空气/水热泵Ⅰ在$T_a \geqslant T_b$时运转中过冷的热量和多余的冷凝热量以及空气/水热泵Ⅰ在$T_a < T_b$时正在运转中过冷的热量。

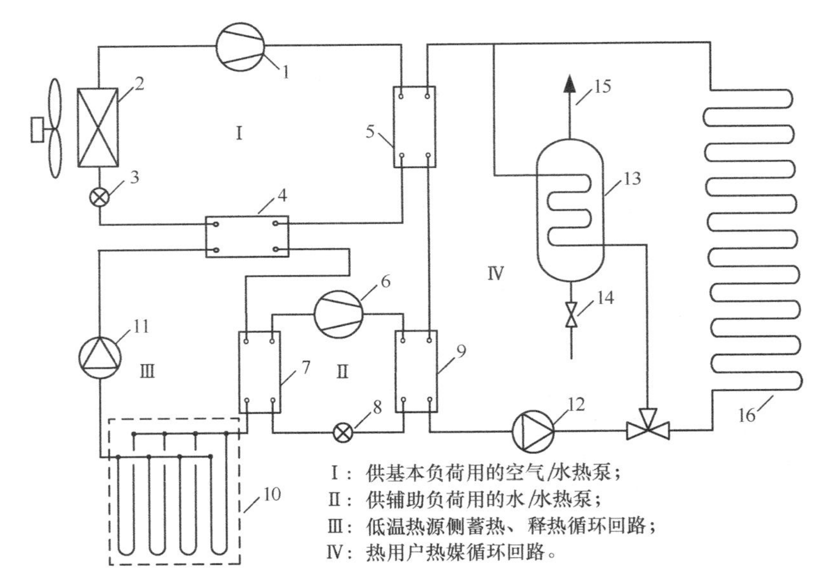

图3-32　带土壤蓄热的联合热泵系统

1—空气/水热泵压缩机；2—空气/水热泵Ⅰ蒸发器；3—空气/水热泵Ⅰ节流阀；4—空气/水热泵Ⅰ过冷却器；5—空气/水热泵Ⅰ冷凝器；6—水/水热泵Ⅱ压缩机；7—水/水热泵Ⅱ蒸发器；8—水/水热泵Ⅱ节流阀；9—水/水热泵Ⅱ冷凝器；10—土壤蓄热换热器（U型埋管或水平埋管）；11—蓄热器回路Ⅲ循环泵；12—用户热媒回路循环泵；13—日用热水罐；14—自来水；15—热水供应；16—辐射供暖

由两台热泵组成的联合热泵系统具有如下特点：

(1) 空气/水热泵Ⅰ承担基本负荷，水/水热泵Ⅱ承担峰值负荷。若此系统在德国卡尔斯鲁地区使用，该地区全年温度变化如图3-33所示[34]，最低的供暖计算温度为-12℃，(在五年中，这种温度只出现一天)。为房间供暖的空气源热泵，应按-12℃选型，其供热量为100%。但本方案选其平衡点温度为 $T_b=0℃$，按平衡点温度时的建筑热损失选空气/水热泵Ⅰ，其供热量仅为−12℃时建筑热损失的55%～60%左右，因此，空气/水热泵Ⅰ的容量减小，而全年承担的基本负荷又占很大比例，如图3-33中的ABFECA面积。当室外温度低于平衡点温度时，峰值负荷水/水热泵Ⅱ投入运行，它全年所承担的附加热量很小，如图3-33中的BDFB面积。

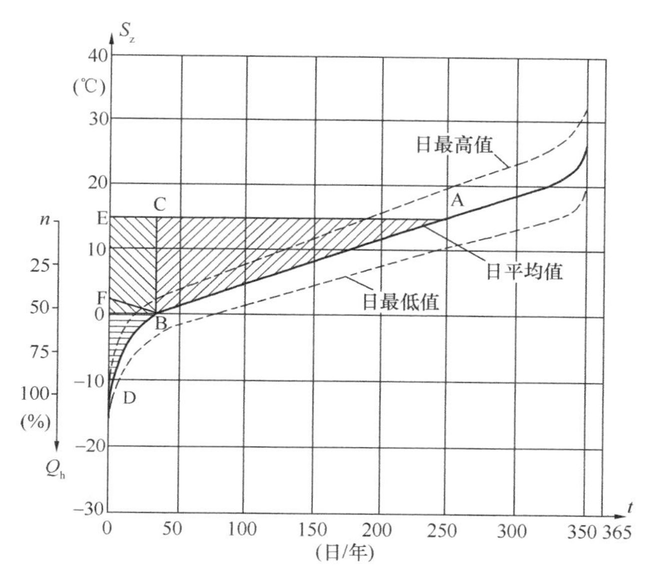

图3-33 卡尔斯鲁地区全年温度变化曲线
(平衡点温度取0℃)

(2) 空气/水热泵Ⅰ源端设有土壤蓄热系统。当 $T_a \geq T_b$ 时，空气/水热泵Ⅰ的过冷热，经过冷器4传给回路Ⅲ中不冻液体，升温后的不冻液流经蒸发器7（此时不运行），通过地埋管10将过冷热贮存在土壤中。当 $T_a < T_b$ 时，水/水热泵Ⅱ投入运行，则不冻液在蒸发器7中得到冷却，同时吸取土壤蓄热器的热量。

(3) 空气/水热泵Ⅰ的冷凝器5和水/水热泵Ⅱ的冷凝器9串联，因此，在 $T_a < T_b$ 时，用户侧热媒回水先经冷凝器5预加热，然后再经冷凝器9将热媒水加热到所需要的供水温度。因此也可视为：冷凝器5为用户供暖系统的基本负荷加热器，冷凝器9为其调峰加热器。

3.8 热泵的经济性评价

在暖通空调工程中采用热泵节能的经济性评价问题十分复杂，影响因素很多，其中主要有负荷特性、系统特性、地区气候特性、低温热源特性、设备价格、设备使用寿命、燃料价格和电力价格等。但总的原则是围绕“节能效果”和“经济效益”两个问题。

通过前面对热泵的制热性能系数 ε_h' 和能源利用系数 E 的分析可知，一般来说热泵比燃煤供热锅炉节能，但同时增加了设备投资费用。因此，必须对热泵经济效益作出综合评价，以判断热泵在暖通空调中的应用是否“省钱”，帮助人们在不同的方案比较中作出正确的选择。为此，下面从额外投资回收年限和能耗费用两方面进行分析。

3.8.1 额外投资回收年限法

常用的技术经济比较方法是额外投资回收年限法。

采用热泵系统时，设额外投资将增加 ΔK，而每年带来的节约燃料等运行费用为 ΔS，假设投资回收期 τ 不超过允许的投资回收期 τ_0，即

$$\tau=\frac{\Delta K}{\Delta S}\leqslant\tau_0 \tag{3-6}$$

$$\Delta K=K_{rb}-K,\Delta S=S-S_{rb}$$

式中 K_{rb}、K——热泵系统与锅炉供热系统的投资（元）；

S_{rb}、S——热泵系统与相比较的锅炉供热系统的运行费（能源费及设备维修费）（元）。

如果暂不考虑维修费的差别，则运行费的差别主要是能源费的差别。如果热泵所需的电能由火电站提供，其火电站所消耗的燃料与锅炉供热所消耗的燃料相同，则能源费的差别可按节约的燃料费用来计算，即

$$\Delta S=a\cdot\Delta B \tag{3-7}$$

式中 ΔB——热泵系统每年节约的标准燃料量（kg/a）；

a——标准燃料单价（元）。

现设供热系统（热泵和锅炉）每年需向热用户提供热量 Q_1（kJ/a）。

当由锅炉供热时，每年的标准煤耗量 B 为

$$B=\frac{Q_1}{7000\times4.1868\eta_1'\times\eta_2'}\quad(\text{kg/a}) \tag{3-8}$$

式中 η_1'——供热锅炉效率；

η_2'——热网效率。

压缩式热泵系统的标准煤耗量 $B_{rb,y}$ 可按下式计算：

每年消耗的机械功为：

$$W=\frac{Q_1}{\varepsilon_h'}\quad(\text{kJ/a}) \tag{3-9}$$

相应于凝汽式电站发出该电力的标准煤耗为

$$B_{rb,y}=\frac{W}{7000\times4.1868\eta_1\eta_2}=\frac{Q_1}{7000\times4.1868\eta_1\eta_2}\cdot\frac{1}{\varepsilon_h'}\quad(\text{kg/a}) \tag{3-10}$$

每年节约的标准煤量为

$$\Delta B=\mathrm{B}-B_{rb,y}=\frac{Q_1}{7000\times4.1868}\left(\frac{1}{\eta_1'\eta_2'}-\frac{1}{\eta_1\eta_2\varepsilon_h'}\right)\quad(\text{kg/a}) \tag{3-11}$$

式中 η_1——凝汽式电站的发电效率，取 $\eta_1=0.25\sim0.35$；

η_2——输配电效率，可取 $\eta_2=0.9$。

3.8.2 能耗费用

所谓的能耗费用是指热泵或其他锅炉等加热同一热量时所需的燃料费用，又称动力费用或加热费用。下面把用热泵、煤、燃气、油等多种方式供暖时，在一小时里加热同一热量 $Q=36000$ kJ 时所需的费用作一比较计算。

（1）采用电动热泵，所需功率 $W=Q/(3600\times\varepsilon_h')$。

设 $\varepsilon_h'=3.5$，则 $W=36000/(3600\times3.5)=2.86$kWh。若工业与民用的电费单价分别为 1.0 元/kWh 及 0.5 元/kWh，则上述电费为

工业：2.86×1.0=2.86 元

民用：2.86×0.5=1.43 元

(2) 采用煤，原煤的低位发热量为 21000kJ/kg，燃烧效率为 70%，所需燃料量为

$B=[36000/(21000\times0.7)]=2.45$kg。若原煤价为 550 元/t (0.55 元/kg)，则费用为 2.45×0.55 元=1.35 元。

(3) 采用燃气，燃气的低位发热量为 35000 kJ/Nm^3，燃烧效率为 88%，所需燃气燃料量为

$B=[36000/(35000\times0.88)]=1.17$Nm^3。若天然气单价为 3.5 元/Nm^3，则费用为 1.17×3.5 元=4.09 元。

(4) 采用轻油，轻油的低位发热量为 41000 kJ/kg，燃烧效率为 80%，所需油量为

$B=[36000/(41000\times0.8)]=1.10$kg。若油价为 5.0 元/kg，则费用为 1.10×5.0=5.50 元。

由以上预算可知，上述各种供暖方式的能源费用，由高至低的顺序依次为

轻油费>燃气费>热泵电费>煤费。

那么，如何才能使热泵耗电费用不高于锅炉耗煤费用呢？从上述的计算过程，可以明显地看出：一是提高热泵的制热性能系数和发电的总效率；二是能源价格，世界各国的能源价格不同，即使在我国能源价格也是不断变化的。为了说明此问题，可作下述简单计算。设在其他条件不变的情况下，当燃煤价格为 Y (元/kg) 时，热泵能源费用等于燃煤费用，即 $2.45\times Y=2.86$ 元，则 $Y=1.167$ 元/kg。此时，煤 (元/t)、电 (元/kWh) 价格比 (元/t÷元/kWh) 为 1167/1.0=1167。

若 $2.45\times Y=1.43$，则 $Y=0.584$ 元/kg，此时，584/0.5=1167。

由上述简单计算说明，在本技术条件 (如 $\varepsilon_h'=3.5$、$\eta_g=0.7$) 下，煤电价格比应大于 1167，热泵供暖才能比燃煤锅炉“省钱”。但是我国目前该价格比约为 550 左右，而美国则高达 4000，苏联为 2000[11]，即他们这些国家应用热泵在节省能源耗费方面更为显著。当然，热泵供暖会比燃气 (燃油) 锅炉“省钱”。

为方便计算和比较，图 3-34 给出了以不同热泵 ε_h'、煤价、燃气价、电价、燃烧效率等按以上计算所作出的动力费用线算图，以推断各种供热方式的经济性[11]。

早在多年前，瑞典学者劳伦曾 (Lorentzen) 教授就指出，某一地区适宜采用热泵、电热供暖或是供热锅炉方式，不仅取决于电价 X 与燃料价 Y 之比，还和供暖期的长短有关。图 3-35 表示了它们之间的关系 (北欧地区)[35]。

图 3-35 中，纵坐标是电价与燃料价之比 $m=\dfrac{X}{Y}$；横坐标是供暖日数占全年天数的比例 τ；该图是热泵制热系数 ε_h'为定值时作出的。图中 E 区表示电供暖范围，当电价低 (m 值小) 和 τ 值小时可采用。B 区适宜于锅炉供暖，主要适用于电价比燃料价高和供暖时间长的地方。热泵 (HP) 区则对于 m 值中等，供暖季节长的地方总是合适的。

对不同地点和不同类型的热泵，其图中 O 点位置以及曲线形态各不相同 (可见参考文献 [36])。

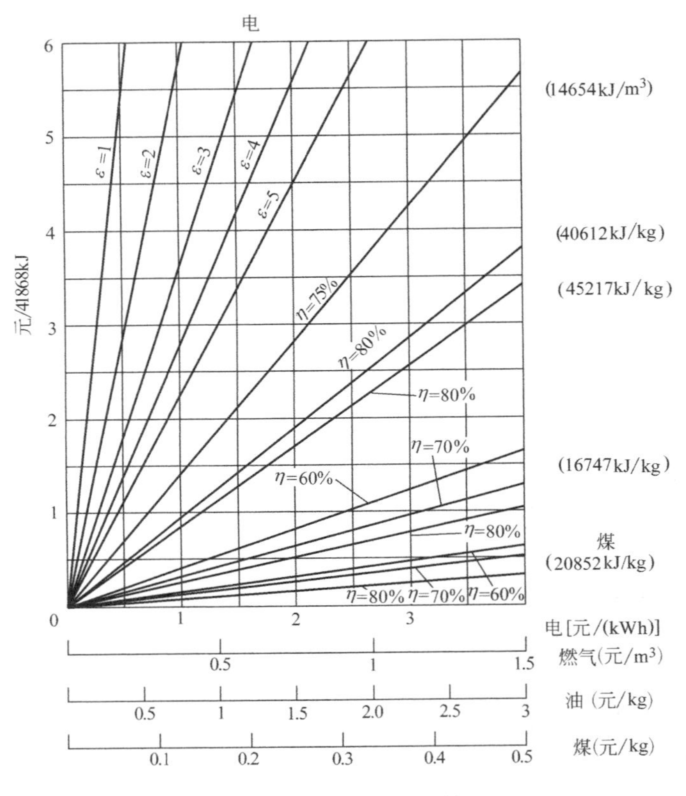

图 3-34　热泵动力费用线算图

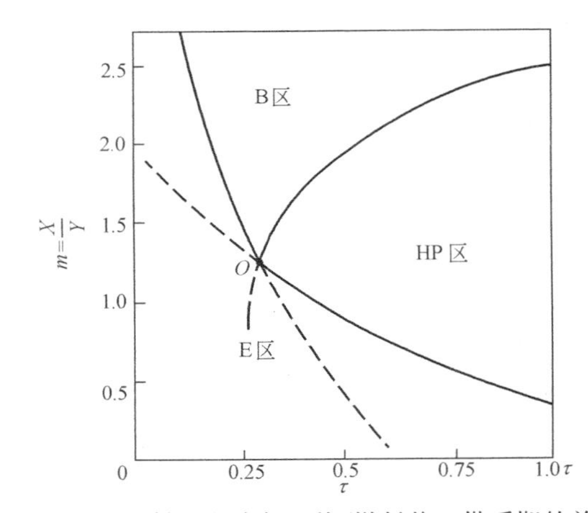

图 3-35　三种供暖方式与电价/燃料价、供暖期的关系

参　考　文　献

[1]　H. L. Von 库伯，F·斯泰姆莱著. 王子介译. 热泵的理论与实践. 北京：中国建筑工业出版社，1986.

[2]　中华人民共和国建设部. 建筑气候区划标准 GB 50178—93. 北京：中国计划出版社，1994.

[3]　王洋，江辉民，喻银平等. 空气/水和水/空气双级耦合热泵系统在“三北”地区应用中存在的问

题及改进措施. 建筑热能通风空调，2003，22（5）：28-29.
[4] 李广贺主编. 水资源利用与保护. 北京：中国建筑工业出版社，2006.
[5] 郑祖义. 热泵空调的设计与创新. 武汉：华中理工大学出版社，1994.
[6] 徐邦裕，陆亚俊，马最良. 热泵. 北京：中国建筑工业出版社，1988.
[7] 地下建筑暖通空调设计手册编写组. 地下建筑暖通空调设计手册. 北京：中国建筑工业出版社，1983.
[8] 中华人民共和国建设部. GB 50019—2003. 采暖通风与空气调节设计规范. 北京：中国计划出版社，2004.
[9] 中华人民共和国建设部. GB 50366—2005. 地源热泵系统工程技术规范. 北京：中国建筑工业出版社，2005.
[10] 马最良，姚杨，姜益强等. 地下水源热泵若不能100%回灌地下水将是子孙后代的灾难. 制冷技术，2007，(4)：5～8.
[11] 郁永章. 热泵原理与应用. 北京：机械工业出版社，1993.
[12] 陈中北译. 世界范围内的热泵. 热泵译文集（一）. 山西省科学技术情报研究所，1979.
[13] 刘满平主编. 水资源利用与水环境保护工程. 北京：中国建材工业出版社，2005.
[14] 蒋能照主编. 空调用热泵技术与应用. 北京：机械工业出版社，1997.
[15] 马最良，吕悦主编. 地源热泵系统设计技术与应用（第二版）. 北京：机械工业出版社，2014.
[16] 蒋爱华，梅炽. 水库温差能在制冷空调中的应用研究. 暖通空调. 2004，34（3）：84-86.
[17] 陈东，谢继红，李满峰. 以海水为冷热源的城市集中供暖工程分析. 天津轻工业学院学报. 2003，18（2）：53-56.
[18] 马最良，姚杨，赵丽莹. 污水源热泵系统在我国的发展前景. 中国给水排水. 2003，19（7）：41-43.
[19] 徐伟主编. 中国地源热泵发展研究报告（2013）. 北京：中国建筑工业出版社，2013.
[20] HKs , etal. Sme Experience of Heat Pump in District Heating Networks. The 16th International Congress of Refrigeration，1983.
[21] Leong W H，Tarnawski V R，Aittomaki A. Effect of Soil Type and Moisture Content on Ground Heat Pump Performance. International J. of Refrigeration，1998，21（8）：595-606.
[22] 王勇. 地源热泵研究——地下换热器性能研究. 重庆大学硕士学位论文，1997.
[23] 李新国. 埋地换热器内热源理论与地源热泵运行特性研究. 天津大学博士学位论文，2004.
[24] 周亚素. 土壤热源热泵动态特性与能耗分析研究. 同济大学博士学位论文，2001.
[25] 杨惠林. 采用探针法测定湿土的导热系数—探针法的原理和测定技术. 同济大学研究报告，1985.
[26] 罗运俊，何梓年，王长贵编著. 太阳能利用技术. 北京：化学工业出版社，2005.
[27] 史蒂文，V·索克莱著，陈成本，顾馥保译. 太阳能与建筑. 北京：中国建筑工业出版社，1980.
[28] 田中俊六著，林毅，王荣光，程慧中译. 太阳能供冷与供暖. 北京：中国建筑工业出版社，1982.
[29] H·基恩，A·哈登费尔特，耿惠彬译. 热泵第一卷 导论与基础. 北京：机械工业出版社，1986.
[30] 王如竹主编. 制冷学科进展研究与发展报告. 北京：科学出版社，2007.
[31] 赫贝特. 尤特曼著. 耿惠彬译. 热泵第三卷 燃气机和柴油机热泵在建筑业中的应用. 北京：机械工业出版社，1989.
[32] 倪龙，姚杨，姜益强，马最良. 利用凝汽器循环水废热的热泵站用能分析. 哈尔滨工业大学学报，2011，43（10）：67-70.

[33] 王伟，倪龙，马最良. 空气源热泵技术与应用. 中国建筑工业出版社，2017.
[34] H. 基思，A. 哈登费尔特著耿惠斌译. 热泵，第二卷. 电动热泵的应用. 北京：机械工业出版社，1987.
[35] 周邦宁主编. 燃气空调. 北京：中国建筑工业出版社，2005.
[36] 马最良译. 蒸气压缩式热泵站的经济效益. 暖通空调，1985，(6)：41-43.

第 4 章 空气源热泵空调系统

4.1 空气源热泵机组

以室外空气为热源（或热汇）的热泵机组，称为空气源热泵机组，空气源热泵技术早在 20 世纪 20 年代就已在国外出现。目前，其机组形式如图 4-1 所示[1]，空气源热泵机组包括空气/空气热泵机组和空气/水热泵机组。

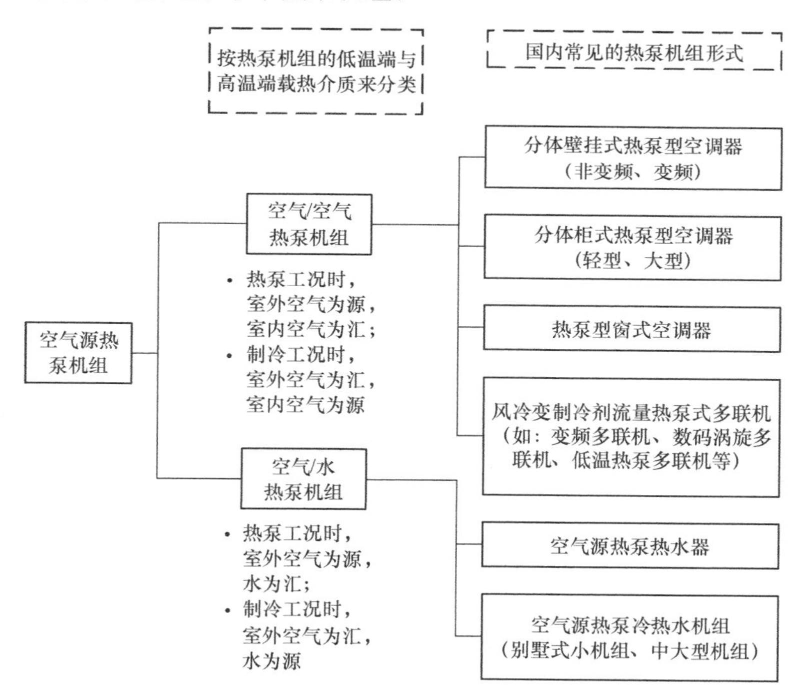

图 4-1 空气源热泵形式框图

4.1.1 空气/空气热泵机组

空气/空气热泵机组又称热泵型房间空调器，按其结构形式主要分为窗式、挂壁式、柜式风冷变制冷剂流量热泵式多联机等。下面主要介绍常用的挂壁式和柜式空气/空气热泵机组。

（1）挂壁式热泵型空调器

家用热泵型空调器大多采用分体式结构。它由独立分开的室内机组和室外机组两部分组成。室内机设有操作开关、室内换热器、风机、电器控制箱等。室外机则设有压缩机、室外换热器、轴流风机、换向阀、节流机构等。其中换向阀是空气源热泵制冷工况与制热

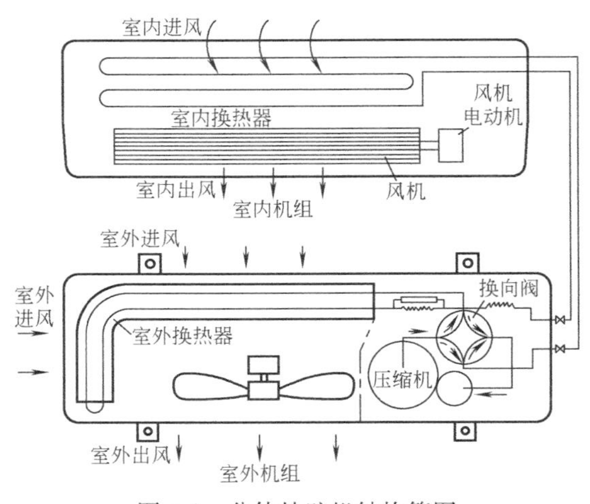

图4-2　分体挂壁机结构简图

工况换向用的特有部件，它的构造与工作原理可见第8章。挂壁式热泵型空调器的制冷量或制热量范围一般为2500～7000W左右。图4-2为分体挂壁机结构简图，图4-3为其工作原理图。其工作原理是[2]：

① 制冷循环。如图4-3中实线箭头所示，从压缩机出来的高温高压制冷剂气体进入到室外换热器中散热，制冷剂冷却凝结成液体后经过过滤器、毛细管、止回阀和消声器、截止阀后，通过连接管进入室内换热器，制冷剂在室内换热器内汽化吸热后经连接管到室外机组，被压缩机吸入。

② 制热循环。经四通阀换向后，如图4-3虚线箭头所示，从压缩机出来的高温高压制冷剂气体通过截止阀、连接管进入到室内机组，在室内换热器中放热后制冷剂冷凝成液体经连接管进入室外机组。经截止阀、消声器、过滤器、副毛细管、主毛细管、过滤器进入室外换热器进行吸热，制冷剂汽化吸热后，经换向阀被压缩机吸入。

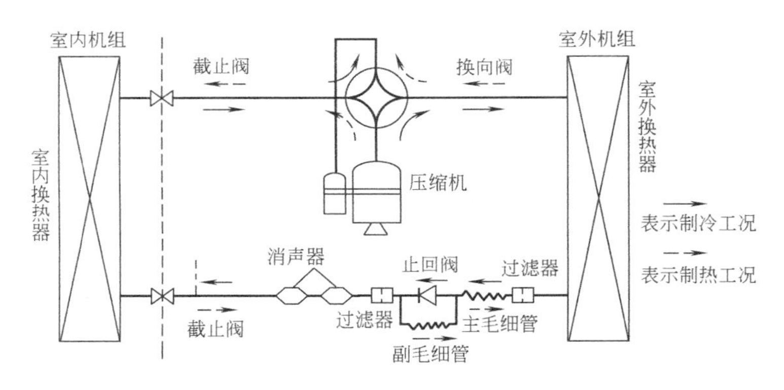

图4-3　热泵型分体式空调器原理图

由于热泵型房间空调器在制冷工况和制热工况制冷剂的质量流量不同，二工况的运行参数也不一样。因此采用一根毛细管不能实现制冷与制热运行时有不同的最佳制冷剂流量和不同的蒸发温度、冷凝温度。为解决这一问题，很多厂家都采用双回路系统，如图4-3所示，系统中增加了一根副毛细管和止回阀等附件，系统在制冷时，制冷剂只走主毛细管，使系统的制冷量达到最佳状态。在制热时，由于蒸发温度较低，流量较小，制冷剂先经过副毛细管后再经过主毛细管节流，使其达到设定的最佳流量。

热泵型空调器除具有制冷和制热的功能外，还有一些常用功能。

① 除湿功能。在独立除湿运行状态下，微电脑控制室外机运行，同时令室内机的风机处于间歇运行状态，从而使得在有效除去室内空气中水分的同时对室内气温影响较小。

② 定时功能。定时控制可以使空调器在设定的时间自动投入运行或停机。

③ 静电过滤。静电过滤器能有效地去除烟雾、尘埃等，保持室内空气洁净。

④ 自动送风。导风板位置可利用遥控器设定，使得送风状态有利于充分发挥空调器的性能，并且进一步改善室内环境舒适性。

⑤ 睡眠运行。当空调器处于睡眠运行状态时，控制器就按照人体睡眠过程的生理特点，自动调整运行设定值，确保运行舒适，同时可以减少运行能耗。

⑥ 热风启动。在冬季制热运行状态时，在启动开始的数分钟时间内，室内机不送风或只送微风，待空调器进入正常制热状态，才正常送风，这样可避免在启动阶段向室内送冷风而使人感到不舒适。

(2) 柜式空气/空气热泵机组

柜式空气/空气热泵机组是目前我国用得最多的一种商用热泵机组，其制冷量或制热量范围一般为 7～100kW。制冷量或制热量为 5～15kW 的为轻型或称薄型柜式热泵空调机，一般风机的压头较小，适合于直接安装在房间里使用。制冷量或制热量为 20～100kW 的为大型柜式热泵空调机，其风机的压头较大，有些制冷量、制热量较大的柜式热泵空调机采用将机组放在一个独立的房间内，用风管将风送入到各个需要制冷或制热的空调房间。

图 4-4 为柜式热泵空调机的外形，图 4-5 为柜式热泵空调机组流程图。

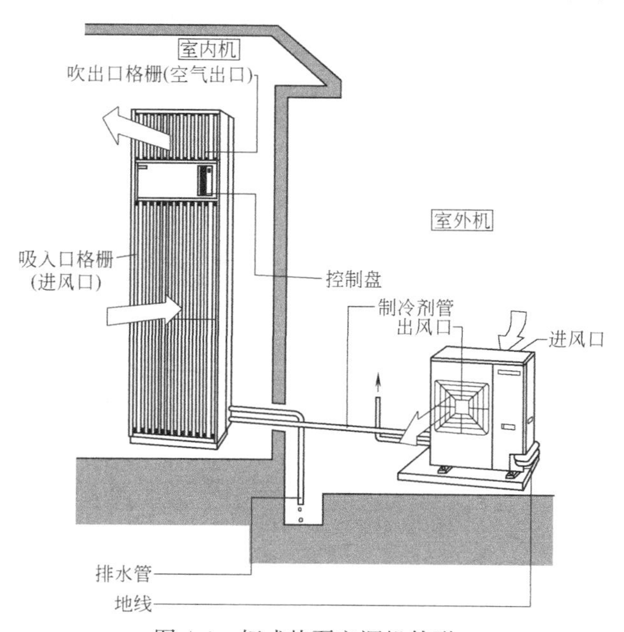

图 4-4 柜式热泵空调机外形

制冷循环时，压缩机排出的高温高压制冷剂蒸气经换向阀从室内机组排到室外换热器中冷凝成液体，再经分液器与止回阀进入过冷器过冷后流回到室内机组，然后经干燥过滤器、止回阀、热力膨胀阀、分液器进入室内换热器吸收热量，进行制冷，如图 4-5 中实线所示。然后经换向阀通过气液分离器最后进入压缩机进行下一个循环。

制热时，借助于四通换向阀完成室内外换热器的换向。压缩机排出的高温高压制冷剂蒸气经换向阀至室内换热器冷凝成液体，经止回阀到室外机组后再经过干燥过滤器、单向阀、膨胀阀至分液器，然后进入室外换热器汽化吸热，后经液体分离器再进入压缩机，至此进入下一个循环，如图4-5中虚线所示。

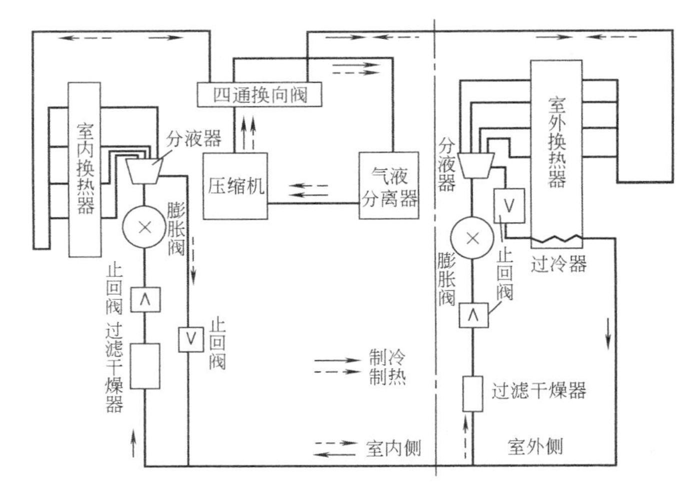

图4-5 柜式热泵空调机组流程图

上述的空气/空气热泵机组是一台室外机对应一台室内机的，常称为一拖一系统。目前，多联机系统（也称一机多室或一拖多）在我国开始得到发展，多联系统分体式空调机是一种只用一台室外机组带动多台室内机组的系统，其室内机与一拖一的完全一样，但室外机一般较一拖一的要大一些，其工作原理与一拖一的类似。图4-6是单台压缩机拖动两台室内机。图4-7是两台压缩机分别拖动各台室内机组。图4-8是一台室外机内装有两台压缩机，一台压缩机拖动一台室内机，另一台压缩机拖动另外两台室内机组。

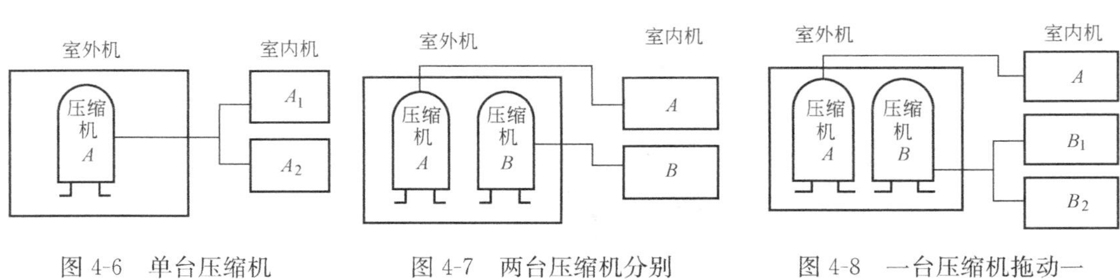

图4-6 单台压缩机拖动两台室内机

图4-7 两台压缩机分别拖动各台室内机组

图4-8 一台压缩机拖动一台室内机，另一台压缩机拖动另外两台室内机组

4.1.2 空气/水热泵机组

空气/水热泵机组产品目前有空气源热泵冷热水机组和空气源热泵热水器。

（1）空气源热泵冷热水机组

空气源热泵冷热水机组主要由压缩机、空气侧换热器、水侧换热器、节流机构等设备组成。其外形如图4-9所示。

空气源热泵冷热水机组的种类很多，如从压缩机的形式来看，有全封闭、半封闭往复式压缩机、涡旋式压缩机、半封闭螺杆式压缩机等；按机组容量大小分，有别墅式小型机组（制冷量10.6～52.8kW），中大型机组（制冷量70.3～1406.8kW），其中一台或几台

图 4-9 空气源热泵冷热水机组外形

压缩机共用一台水侧换热器的机组称为整体式机组（制冷量 140.7～1406.8kW），由几个独立模块组成的机组称为模块化机组，一个基本模块的制冷量一般为 70.3kW。从机组的功能看，有一般机组、带热回收的机组及蓄冷热机组[3]。

空气源热泵冷热水机组作为空调冷热源，其优势在于：1）冬夏共用，设备利用率高；2）省去了一套冷却水系统；3）不需另设锅炉房；4）机组可布置在室外，节省机房的建筑面积；5）安装使用方便；6）不污染空气，有利于环保。因此该机组在气候适宜地区（国外按采暖度日数*不超过 3000 的地区）的中小型建筑中得到了广泛地应用。

① 采用全封闭往复式压缩机的空气源热泵冷热水机组

该机组的系统图见图 4-10[2]。夏季制冷工况时，制冷剂的流程为（图中实线所示）：

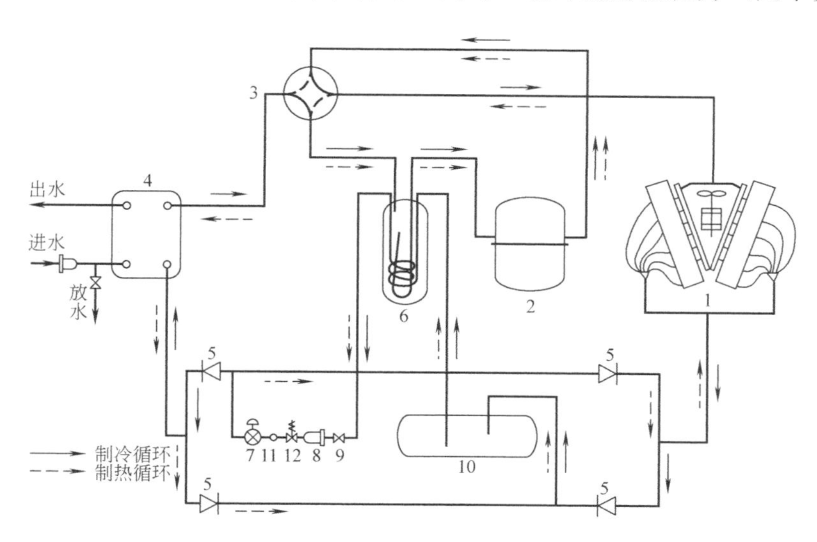

图 4-10 采用全封闭往复式压缩机的空气源热泵冷热水机组

1—空气侧换热器；2—压缩机；3—四通换向阀；4—板式换热器；5—止回阀；6—气液分离器；7—单向膨胀阀；8—干燥过滤器；9—截止阀；10—贮液器；11—视液镜；12—电磁阀

* 采暖度日数是采暖期室温与室外空气日平均温度之差的累计值。

压缩机 2→四通换向阀 3→空气侧换热器 1→止回阀 5→贮液器 10→气液分离器 6→截止阀 9→干燥过滤器 8→电磁阀 12→视液镜 11→热力膨胀阀 7→止回阀 5→板式换热器 4→四通换向阀 3→气液分离器 6→压缩机 2。如此连续循环不断地制取冷水。

冬季制热工况时，制冷剂的流程为（图中虚线所示）：四通换向阀换向。压缩机 2→四通换向阀 3→板式换热器 4→止回阀 5→贮液器 10→气液分离器 6→截止阀 9→干燥过滤器 8→电磁阀 12→视液镜 11→热力膨胀阀 7→止回阀 5→空气侧换热器 1→四通换向阀 3→气液分离器 6→压缩机 2。如此连续循环，即可向空调系统不断地供应热水。

机组的特点：

A. 采用全封闭压缩机，机组容量小。

B. 节流阀是一个单向节流阀，通过单向阀组换向，使制冷与制热工况时制冷剂均可单向地通过节流阀。

C. 采用板式换热器，机组结构紧凑，水侧装有过滤器。

②采用螺杆式压缩机的空气源热泵冷热水机组

对于采用螺杆式压缩机的机组，其制冷剂的流程见图 4-11。

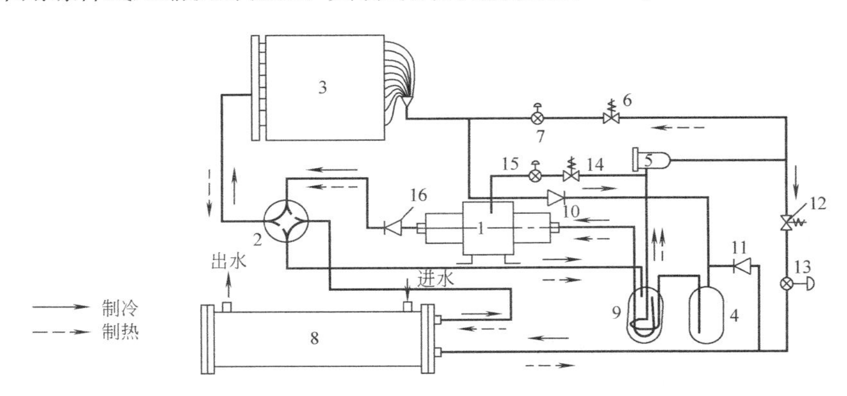

图 4-11 空气源热泵冷热水机组制冷剂流程图

1—螺杆式压缩机；2—四通换向；3—空气侧换热器；4—贮液器；5—干燥过滤器；6—电磁阀；7—制热膨胀阀；8—水侧换热器；9—液体分离器；10、11—止回阀；12—电磁阀；13—制冷膨胀阀；14—电磁阀；15—喷液膨胀阀；16—止回阀

机组夏季制冷运行时，其制冷剂流程为（图中实线所示）：螺杆式压缩机 1→止回阀 16→四通换向阀2→空气侧换热器 3→止回阀 10→贮液器 4→液体分离器 9 中的换热盘管→干燥过滤器 5→电磁阀 12→制冷膨胀阀 13→水侧换热器 8→四通换向阀 2→液体分离器 9→螺杆式压缩机 1。在夏季额定工况下，在水侧换热器 8 中将冷水从 12℃冷却到 7℃，供空调系统使用。

机组冬季制热运行时，其制冷剂流程为（图中虚线所示）：螺杆式压缩机 1→止回阀 16→四通换向阀2→水侧换热器 8→止回阀 11→贮液器 4→液体分离器 9 中的换热盘管→干燥过滤器 5→电磁阀 6→制热膨胀阀 7→空气侧换热器 3→四通换向阀 2→液体分离器 9→螺杆式压缩机 1。在冬季额定工况下，在水侧换热器 8 中将热水从 40℃加热到 45℃，供供暖系统使用。

（2）空气源热泵热水器

空气源热泵热水器为一种利用空气作为低温热源来制取生活及采暖热水的热泵热水器，主要由封闭的热泵循环系统和水箱两部分组成。图 4-12 为空气源热泵热水器的外形图，一般均采用分体式结构，该热水器由类似空调器室外机的热泵主机和大容量承压保温水箱组成，水箱有卧式和立式之分。图 4-13 为其工作原理图。空气源热泵热水器的工作原理与空气源热泵冷热水机组制热工况一样。

图 4-12 空气源热泵热水器的外形图
(*a*) 分体卧式水箱热水器；(*b*) 分体立式水箱热水器

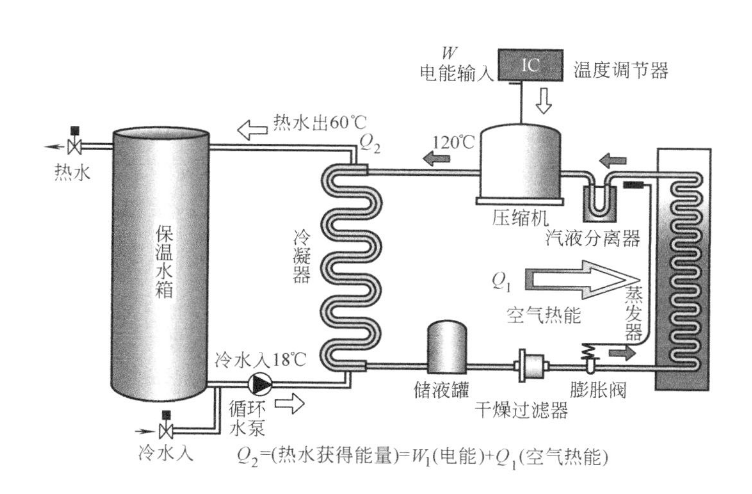

图 4-13 空气源热泵热水器的工作原理

空气源热泵热水器有以下几个特点：

① 高效节能：其输出能量与输入电能之比即能效比（*COP*）一般在 3～5 之间，其能源利用系数 E=0.9～1.5，平均 *COP* 可达到 3 以上（能源利用系数 $E>0.9$）。而普通电热水锅炉的能效比（*COP*）不大于 0.90，其能源利用系数 E 值为 0.3；燃气、燃油锅炉的能源利用系数 E 值一般只有 0.6～0.8；燃煤锅炉的 E 值更低，一般只有 0.3～0.7。

② 环保无污染：该设备是通过吸收环境中的热量来制取热水，所以与传统型的煤、油、气等燃烧加热制取热水方式相比，应用场所无任何燃烧外排物，是一种低能耗的环保设备。

③ 运行安全可靠：整个系统的运行无传统热水器（电、燃油、燃气、燃煤）中可能存在的易燃、易爆、中毒、腐蚀、短路、触电等危险，热水通过高温制冷剂与水进行热交换得到，电与水在物理上分离，是一种完全可靠的热水系统。

④ 使用寿命长，维护费用低：设备可实现无人操作。

⑤ 适用范围广：可用于酒店、宾馆、工矿、学校、医院、桑拿浴室、美容院、游泳池、温室、养殖场、洗衣店、家庭等，可单独使用，亦可集中使用，不同的供热要求可选择不同的产品系列和安装设计。

⑥ 应考虑冬季运行时室外温度过低及结霜对机组性能的影响。

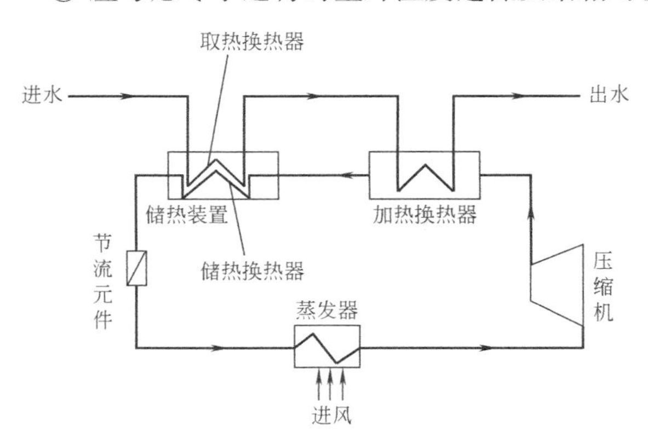

图 4-14　相变储热预热式空气源热泵热水器系统原理图

为减少空气源热泵热水器的安装空间，提高空气源热泵热水器的节能潜力，并结合考虑利用夜间低谷电力以实现宏观节能目的，浙江大学制冷与低温研究所提出了一种新型相变储热预热式热泵热水器[4,5]。图 4-14 为该热水器系统原理图，它由压缩机、蒸发器、节流元件、储热装置和加热换热器构成，储热装置又由相变储热材料、储热换热器和取热换热器构成，储热换热器管路与取热换热器管路交错布置，周围被相变材料所包围。

储热阶段：控制进水、出水的阀门都被关闭，利用压缩机排出的高温高压制冷剂与相变储热材料通过储热换热器进行热量交换，热泵产生的热量以相变潜热和显热形式储存在相变材料中。

放热阶段：相变材料先通过取热换热器将自来水预热到一定温度，预热后的自来水再流经加热换热器与制冷剂进行换热，通过逆流换热的方式将自来水加热到需要的温度。

该热泵热水器具有以下特点：

① 将固液相变储热节能技术与高效供热的热泵技术有机地结合在一起。

② 可以较大程度地减小压缩机的功率与尺寸，从而可大幅降低热泵热水器的成本，减小电力容量。

③ 用质量轻、体积小、可灵活布置的相变储热箱替代了常规热泵热水器体积庞大的储水箱，甚至可以在房屋装修时将相变储热箱置于墙体内，非常适合在国内单元房浴室安装。

④ 可利用低谷电储热，且储热温度低，与环境温差小，最大幅度减少了散热损失。

⑤ 采用了分段加热与逆流高效换热技术，有效降低了加热过程中的传热温差，使得平均冷凝压力低于常规热泵系统，提高了系统的能效比。

4.2　空气源热泵机组的运行特性

空气源热泵的特性由空气源热泵的制热能力、制冷能力、功率、制热性能系数等特性参数来描述。本节主要研究空气源热泵的制热量、制冷量、功率等随着运行工况的变化规律。

目前，各生产厂家多以图或表的形式给出空气源热泵的特性。图 4-15 给出 LSQFR-130 机组制冷量、功耗与进风温度和供水温度的关系。图 4-16 给出 LSQFR-130 机组制热量、功耗与进风温度和供水温度的关系。表 4-1 给出某厂小型空气源热泵冷热水机组制冷性能。表 4-2 给出该机组制热性能。由图与表可以明确看出，空气源热泵的特性为：

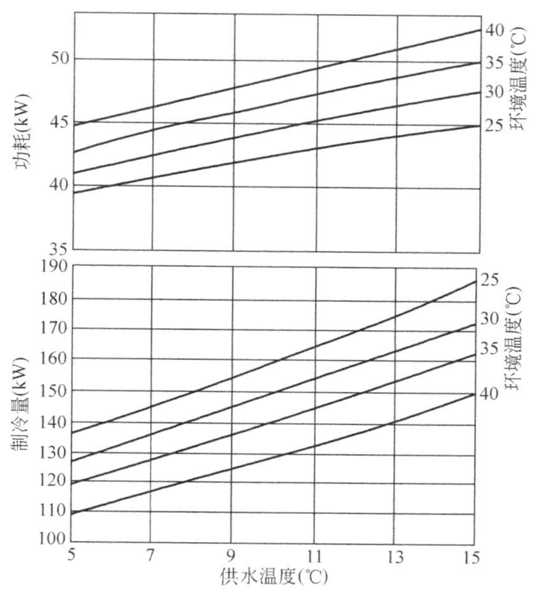

图 4-15 LSQFR-130 机组制冷量、功耗与进风温度和供水温度的关系

(1) 当供水温度一定时，空气源热泵的制热量随着环境温度的升高而增加；其制冷量随着环境温度的升高而减小。但其功率在通常情况下，都是随着环境温度的升高而增大。

(2) 当环境温度一定时，空气源热泵的制热量随着供水温度的升高而减少，其制冷量随着供水温度的升高而增加，但其功率均随着供水温度的升高而增大。

但应注意：空气源热泵在制热工况下，由于机组可能有结露或融霜问题，这将会使机组的制热性能更为复杂。

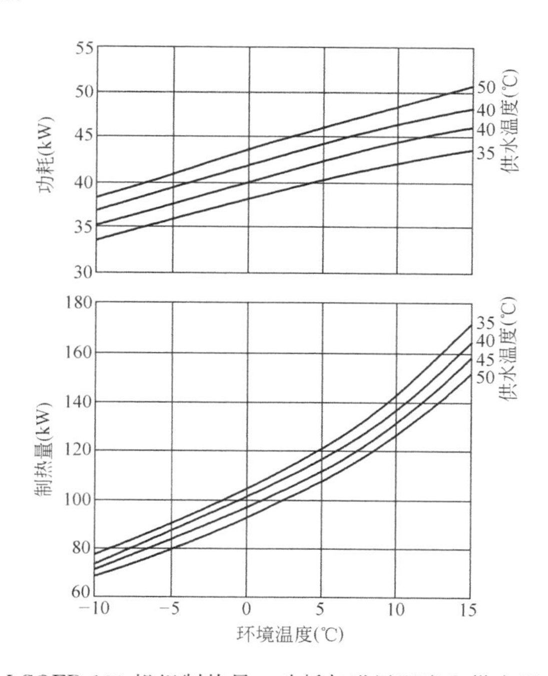

图 4-16 LSQFR-130 机组制热量、功耗与进风温度和供水温度的关系

M（4）AC×××CR 制冷性能表 **表 4-1**

型号	供水温度(℃)	环境温度(℃)														
		28			32			35			40			42		
		制冷量(W)	输入功率(W)	输入功率(W)	制冷量(W)	输入功率(W)	输入功率(W)	制冷量(W)	输入功率(W)	输入功率(W)	制冷量(W)	输入功率(W)	输入功率(W)	制冷量(W)	输入功率(W)	输入功率(W)
		R22/R407C	R22	R407C	R22/R407C	R22	R407C	R22/R407C	R22	R407C	R22/R407C	R22	R407C	R22/R407C	R22	R407C
M(4)AC030CR	5	7313	1953	2020	6915	2261	2338	6773	2632	2722	6353	2690	2782	6113	2831	2928
	6	7553	2101	2173	7260	2389	2471	7200	2968	3070	6930	3026	3130	6758	3336	3451
	7	7793	2171	2246	7605	2469	2554	7500	3202	3312	7245	3340	3454	7088	3653	3779
	8	8298	2498	2583	7898	2686	2779	7763	3369	3484	7403	3481	3600	7260	3874	4008
	9	8348	2770	2865	8168	3026	3130	8040	3509	3630	7628	3650	3776	7485	4191	4335
	10	8648	2957	3077	8505	3180	3289	8288	3653	3779	7770	3794	3925	7628	4502	4657
M(4)AC035CR	5	8775	2325	2356	8298	2691	2727	8127	3133	3175	7623	3202	3244	7335	3370	3414
	6	9063	2501	2533	8712	2844	2881	8640	3534	3580	8316	3602	3650	8109	3972	4024
	7	9351	2585	2618	9126	2939	2978	9000	3812	3862	8694	3976	4028	8505	4349	4407
	8	9958	2973	3012	9477	3198	3240	9315	4010	4063	8883	4144	4198	8712	4613	4673
	9	10017	3297	3341	9801	3602	3650	9648	4178	4233	9153	4346	4403	8982	4990	5055
	10	10377	3541	3588	10206	3785	3835	9945	4349	4407	9324	4517	4576	9153	5360	5430
M(4)AC040CR	5	11213	2739	2861	10603	3170	3311	10385	3691	3855	9741	3772	3940	9373	3969	4146
	6	11581	2945	3077	11132	3350	3499	11040	4162	4348	10626	4243	4432	10362	4679	4887
	7	11949	3044	3180	11661	3462	3616	11500	4490	4690	11109	4683	4892	10868	5123	5351
	8	12724	3502	3658	12110	3767	3935	11903	4723	4934	11351	4881	5098	11132	5433	5675
	9	12800	3884	4057	12524	4243	4432	12328	4921	5140	11696	5119	5347	11477	5877	6139
	10	13260	4171	4357	13041	4459	4657	12708	5123	5351	11914	5321	5558	11696	6313	6594

表 4-2

M（4）AC×××CR 制热性能表

型号	供水温度(℃)	环境温度(℃)																	
		−5			0			4			7			10			15		
		制热量(W)	输入功率(W)	输入功率(W)	制热量(W)	输入功率(W)	输入功率(W)	制热量(W)	输入功率(W)	输入功率(W)	制热量(W)	输入功率(W)	输入功率(W)	制热量(W)	输入功率(W)	输入功率(W)	制热量(W)	输入功率(W)	输入功率(W)
		R22/R407C	R22	R407C	R22/R407C	R22	R407C	R22/R407C	R22	R407C	R22/R407C	R22	R407C	R22/R407C	R22	R407C	R22/R407C	R22	R407C
M(4)AC 030CR	35	6552	2350	2431	7144	2459	2544	7712	2690	2782	8448	2859	2958	8656	2943	3044	8840	3023	3127
	40	6200	2478	2563	6816	2651	2742	7408	2815	2911	8176	3048	3153	8360	3074	3180	8560	3228	3338
	45	5824	2645	2736	6496	2779	2875	7160	2930	3030	8000	3202	3312	8136	3269	3408	8144	3394	3454
	50	5712	2693	2785	6288	2805	2901	6864	3071	3176	7736	3269	3382	7960	3295	3550	7840	3487	3511
	55	5488	2738	2832	6032	2872	2971	6592	3196	3305	7512	3394	3511	7680	3433	3549	10498	3599	3607
M(4)AC 030CR	35	7781	2798	2835	8484	2928	2966	9158	3202	3244	10032	3404	3449	10279	3503	3708	10165	3842	3646
	40	7363	2950	2989	8094	3156	3198	8797	3351	3395	9709	3629	3677	9928	3660	3942	9909	3976	3893
	45	6916	3149	3190	7714	3309	3352	8503	3488	3534	9500	3812	3862	9662	3891	3974	9671	4041	4028
	50	6783	3206	3248	7467	3339	3383	8151	3656	3704	9187	3892	3943	9453	3923	4140	13813	4151	4094
	55	6517	3259	3302	7163	3419	3464	7828	3804	3854	8921	4041	4094	9120	4086	4310	13375	4239	4206
M(4)AC 030CR	35	10238	3296	3442	11163	3448	3602	12050	3772	3940	13200	4010	4188	13525	4126	4502	13038	4526	4427
	40	6988	3475	3630	10650	3718	3883	11575	3947	4123	12775	4274	4465	13063	4310	4788	12725	4683	4728
	45	9100	3709	3874	10150	3897	4071	11188	4108	4291	12500	4490	4690	12713	4583	4826	12250	4759	4892
	50	8925	3776	3944	9825	3933	4108	10725	4306	4498	12088	4584	4788	12438	4620	5028	16023	4890	4971
	55	8575	3839	4010	9425	4028	4207	10300	4481	4681	11738	4759	4971	12000	4813	5183	15515	5041	5107
M(4)AC 030CR	35	11876	3920	4140	12949	4101	4332	13978	4486	4738	15312	4769	5037	15689	4907	5414	15124	5383	5324
	40	11238	4133	4365	12354	4422	4670	13427	4694	4958	14819	5084	5369	15153	5126	5757	14761	5570	5685
	45	10556	4411	4659	11774	4635	4896	12978	4886	5161	14500	5340	5640	14747	5451	5804	14210	5660	5883
	50	10353	4491	4743	11397	4678	4941	12441	5121	5409	14022	5452	5758	14428	5495	6046	19890	5815	5978
	55	9947	4566	4822	10933	4790	5059	11948	5329	5629	13616	5660	5978	13920	5724	6410	19260	6273	6142

4.3 空气源热泵的结霜与融霜

4.3.1 结霜的原因与危害

空气源热泵机组冬季运行时，当室外侧换热器表面温度低于周围空气的露点温度且低于0℃时，换热器表面就会结霜。霜的形成使得换热器传热效果恶化，且增加了空气流动阻力，使得机组的供热能力降低，严重时机组会停止运行。有人曾对一台空气/空气热泵进行了结霜工况的实验研究，结果表明，当室外侧换热器的空气流量由无霜时的4440m³/h降到结霜后的1200m³/h（即下降了75%）时，室外侧的换热量下降了20%。因此冬季室外侧换热器结霜是影响其应用和发展的主要问题。

霜层是由冰的结晶和结晶之间的空气组成，这就决定了霜层的一大特点，即霜是由冰晶构成的多孔性松散物质。

结霜过程是很复杂的，特别是对复杂几何形状的翅片管式换热器。但霜的形成大致可分为三个时期，即结晶生长期、霜层生长期和霜层充分生长期。

（1）结晶生长期

当空气接触到低于其露点温度的冷壁面时，空气中的水分就会凝结成彼此相隔一定距离的结晶胚胎。水蒸气进一步凝结后，会形成沿壁面均匀分布的针状或柱状的霜的晶体。这个时期霜层高度的增长最大，而霜的密度有减小的趋势。

（2）霜层生长期

当柱状晶体的顶部开始分枝时，就进入霜层生长期。由于枝状结晶的相互作用，逐渐形成网状的霜层，霜层表面趋向平坦。这个时期霜层高度增长缓慢，而密度增加较快。

（3）霜层充分生长期

当霜层表面几乎成为平面时，进入霜层充分生长期。在这以后，霜层的形状基本不变。

4.3.2 结霜区域

文献［1］深入研究了空气源热泵结霜区域问题，提出分域结霜图谱的“三区”、“五域”概念，并绘制空气源热泵分区结霜图谱，如图4-17所示。图4-17上临界结露线1（室外盘管温度T_w等于露点温度T_{dew}的线）和凝结结霜线2（室外盘管温度T_w等于0℃的线）将图谱分成三个区域：非结霜区、结露区和结霜区。各区域的意义如下：

（1）非结霜区——位于临界结露线之下（$T_w>T_{dew}$）。当空气源热泵机组在此区域内运行时，其室外换热器表面将保持干燥，不会发生结露及结霜现象；

（2）结露区——位于临界结露线之上，且在临界结霜线的右方（$T_w<T_{dew}$且$T_w>$0℃）。当空气源热泵机组在此区域内运行时，其室外换热器表面将发生结露现象；

（3）结霜区——位于临界结露线之上，且在临界结霜线的左方（$T_w<T_{dew}$且$T_w<$0℃）。当空气源热泵机组在此区域内运行时，其室外换热器表面将发生结霜现象。

由此可见，结霜图谱的非结霜区、结露区和结霜区的划分，只要知道对应的空气温度和湿度就能够粗略的判断出机组是否会结霜。

需要指出的是，临界结露线和临界结霜线并不是一条固定的线。临界结露线盘管温度

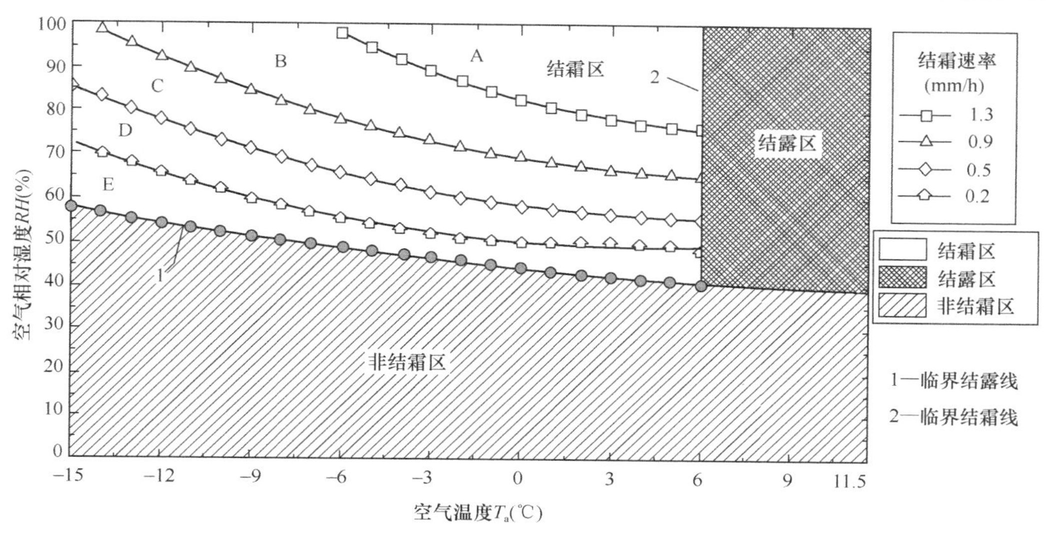

图 4-17 结霜区域的划分

T_w受传热温差的影响，临界结霜线的确定需要根据当地的实际情况，针对不同的机组做实际测量确定。

结霜图谱“三区”的划分能够帮助我们大致判断出机组在什么区域内会发生结霜，但是并无法判断结霜的程度，因此，需要对结霜区进行细化。基于结霜速率曲线将结霜区从上往下分为 A、B、C、D、E 五个结霜区域。当空气源热泵机组分别在每一个结霜区域内运行时，其室外换热器的结霜速率是相似的，并且从上往下的 A、B、C、D、E 五个结霜区域的结霜速率逐渐降低。根据结霜的程度，将 A 区称为重霜区，B 区和 C 区称为一般结霜区，D 区和 E 区称为轻霜区。显然，机组在结霜区域 A 中运行时，其室外换热器表面的结霜速率是最快的，相反，在结霜区域 E 中运行时，结霜速率最慢。

4.3.3 结霜的规律

由于霜的多孔性和分子扩散作用，在表面温度低于 0℃的换热器上沉降为霜的水分一部分用以提高霜层的厚度，一部分用以增加霜的密度，因此建立结霜模型时，应同时考虑霜层厚度和密度的变化。

我们采用分布参数法建立了空气源热泵室外侧换热器结霜工况下的数学模型[6,7]。室外侧换热器结霜模型包括换热器传热模型和结霜模型两部分，传热模型又包括管内制冷剂侧、管壁及管外空气侧三部分。

为了说明空气源热泵的结霜规律，现以某台机组的模拟实例加以阐述。

模拟计算的换热器的单元结构参数见表 4-3，室外侧换热器由 16 个这种换热器单元组成。计算工况见表 4-4[8]。

换热器单元的结构参数 **表 4-3**

管　材	铜	管径	φ10×0.5mm	风向管排数	4
迎风管排数	20	管间距 S_1	25.4mm	管排距 S_2	22mm
翅片材料	铝	片型	波纹片	片厚	0.2mm
片间距	2.0mm	翅化系数	17.8	单根管长	16m
分液路数	10				

计算工况 **表4-4**

工况编号		空气温度(℃)	相对湿度(%)	风量(m^3/h)	蒸发温度(℃)	过热温度(℃)	冷凝温度(℃)	过冷温度(℃)	制冷剂流量(kg/s)
1	A	0	65	1062	−13	−8	50	45	0.0096
	B	0	75	1062	−13	−8	50	45	0.0096
	C	0	85	1062	−13	−8	50	45	0.0096
2	D	−4	65	1062	−17	−12	50	45	0.00816
	E	−4	75	1062	−17	−12	50	45	0.00816

(1) 结霜厚度、密度变化规律

图4-18和图4-19为不同工况下霜厚度随时间的变化[9]。图4-18为空气温度一定(0℃)时，不同相对湿度(65%、75%、85%)下霜厚度的变化。由图可见，随着时间的增加，霜的厚度迅速增加，而且相对湿度越大，霜厚度增加越快。

图4-18为相对湿度一定(75%)时，不同空气温度(0℃、−4℃)下霜厚度的变化。由图可见，0℃、75%工况(工况B)下，运行60min左右就需要融霜，而−4℃、75%工况(工况E)下，则运行115min时才需融霜。

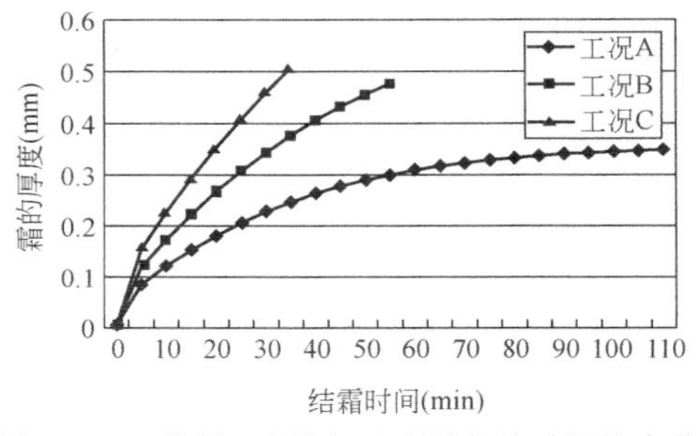

图4-18 不同相对湿度下霜厚度随时间的变化

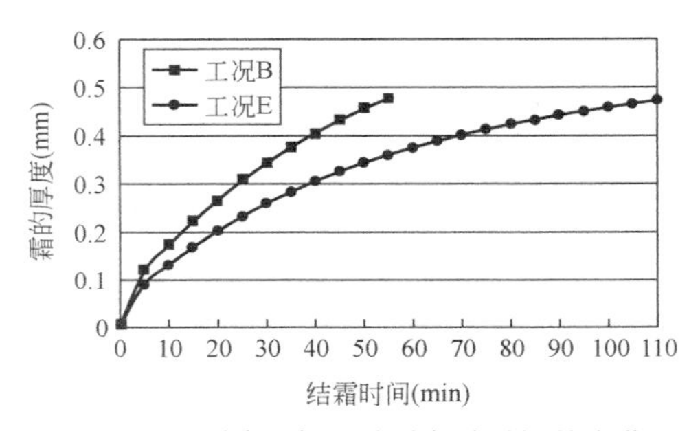

图4-19 不同温度下霜厚度随时间的变化

显然，除霜控制方法常用的时间控制法和时间-温度控制法是不符合霜厚度随时间的变化规律的。如当机组设定的固定除霜时间按工况C确定时，那么工况B和工况A将会出现不必要的除霜，从而影响了机组的效率。同样，许多生产厂家虽采用时间-温度控制法，但还是采用统一固定的除霜启动值和除霜时间值，因此由于空气温度、相对湿度的不同，结霜的厚度不同，除霜效果也就不一样。结霜规律的正确预测，才是保证除霜效果良好的前提。

图4-20和图4-21为霜密度随时间的变化[7]。图4-20为空气温度一定(0℃)时，不

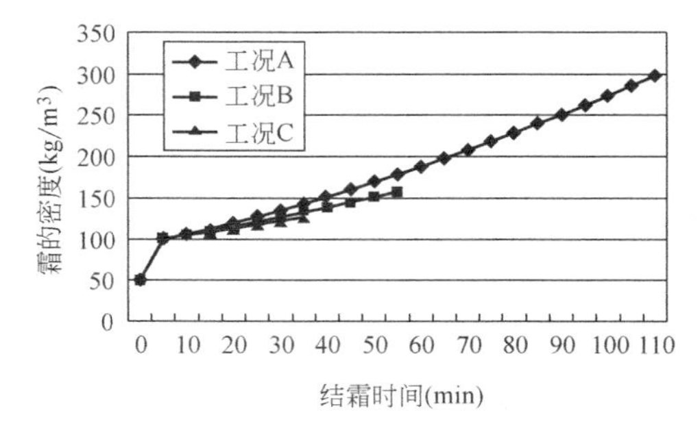

图4-20 不同相对湿度下霜密度随时间的变化

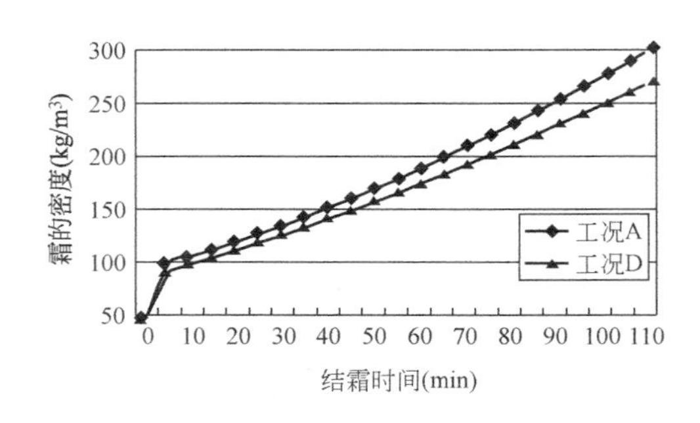

图4-21 不同温度下霜密度随时间的变化

同相对湿度（65%、75%、85%）下霜密度的变化。由图可见，随着时间的增加，霜密度不断增加，在工况 A 的条件下，结霜 2h 后，霜密度可从 50 kg/m^3 增加到 300 kg/m^3。

图 4-21 为相对湿度一定（65%）时，不同空气温度（0℃、−4℃）下霜密度的变化。由图可见，0℃时（工况 A）霜密度的变化略大于−4℃时（工况 D）霜密度的变化。

霜的密度对于空气侧换热器的传热与空气动力计算是一个十分重要的参数。因为对于已知的结霜量而言，霜层的厚度是其密度的函数，霜的密度又是随时间而变化的。因此，在结霜量计算中，如不同时考虑结霜的密度和厚度随时间的变化，将会为室外侧换热器结霜工况的传热与空气动力计算结果带来较大的误差，也会为融霜提供错误的信息。

（2）不同管排处结霜规律

图 4-22 为不同工况下霜在不同管排间的积累量，该换热器在空气流动方向上的管排数为 4 排。由图可以看出，越靠前的管子，结霜越多，这和许多实验结果和观察结果相符。比较工况 A 和工况 D 可以看出，在空气相对湿度一定时，温度越低，结霜量越少；而比较工况 D 和工况 E 可以看出，在空气温度一定时，相对湿度越大，结霜量越多。

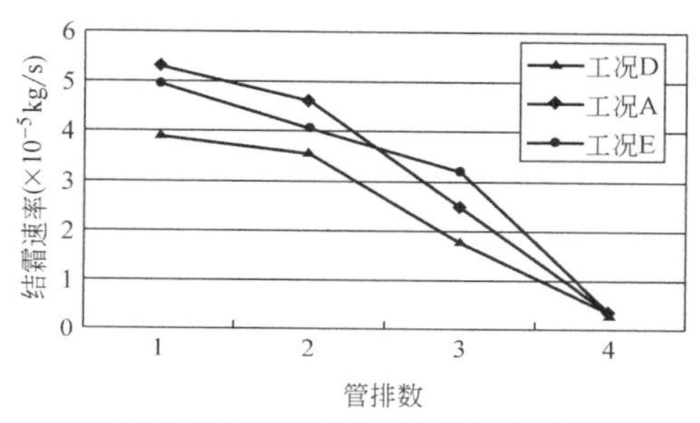

图 4-22 不同管排处结霜量的变化

为了更进一步分析各排管结霜量的情况，将图 4-22 的模拟结果归结于表 4-8 中[6]。从表 4-5 可以明显看出，无论何种工况，换热器在单位时间的总结霜量主要集中在前面的第一、二排管子上，尤其是第一排管上的结霜量最多。如工况 A 中第一、二排管单位时间内的结霜量占换热器单位时间内总结霜量的 77.78%，第一排管占 41.67%；工况 D 中第一、二排管单位时间内的结霜量占换热器单位时间内总结霜量的 77.78%，第一排管占 40.74%；工况 E 中第一、二排管单位时间内的结霜量占换热器单位时间内总结霜量的 71.82%，第一排管占 39.47%。而后两排管（第三和第四排管）的结霜量很少，约占总结霜量的 1/4（22.22%～28.18%）。第四排管几乎不结霜，其结霜量仅占总结霜量的 2.78%～3.70%。由此可见，空气源热泵机组冬季运行时，室外侧换热器前面管子的结霜比后面的管子严重得多。因此，目前设计的室外侧换热器等片距结构形式与其结霜规律不符，会造成除霜频率过大，除霜次数增多。为解决此问题，建议采用变片距室外侧换热器为宜。

每排管单位时间内的结霜量占总结霜量的百分比 **表 4-5**

排数 工况	第一排	第二排	第三排	第四排
工况 A	41.67%	36.11%	19.44%	2.78%
工况 D	40.74%	37.04%	18.52%	3.70%
工况 E	39.47%	32.35%	25.36%	2.82%

（3）迎面风速对结霜的影响

目前，关于迎面风速对室外侧换热器结霜的影响，学术界有两种截然不同的观点。一种观点认为随着迎面风速的增加，结霜量减少，这是因为换热器表面的温度随着迎面风速

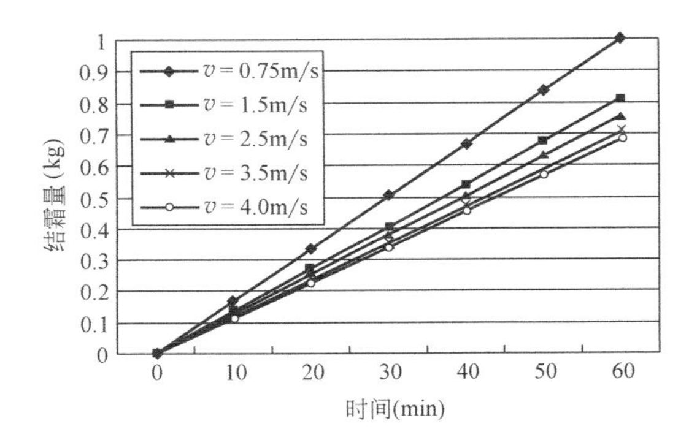

图4-23　不同迎面风速下结霜量随时间的变化

的增加而增加。而另一种观点则认为随着迎面风速的增加，换热器的热质传递会增加，结霜量也增加。

对于所选择的室外侧换热器单元，我们计算了在不同迎面风速下结霜量的变化。图4-23为空气温度、相对湿度一定（0℃、85%）时，不同迎面风速（0.75～4.0m/s）下结霜量随时间的变化[6]。由图可以看出，随着迎面风速的增加，结霜量明显减少。如同样经历60min后，迎面风速0.75m/s时，结霜量为1kg；迎面风速1.5m/s时，结霜量为0.81kg；迎面风速2.5m/s时，结霜量为0.756kg；迎面风速3.5m/s时，结霜量为0.702kg；迎面风速4.0m/s时，结霜量为0.68kg。但是随着迎面风速的增加，结霜量减小的速度却越来越小，如迎面风速由0.75m/s增加到1.5m/s时，结霜量减少0.19kg；迎面风速由1.5m/s增加到2.5m/s时，结霜量减少0.054kg；迎面风速由2.5m/s增加到3.5m/s时，结霜量减少0.054kg；迎面风速由3.5m/s增加到4.0m/s时，结霜量减少0.0216kg。此时迎面风速的增加对于减少结霜量的作用已不大，但却使阻力增加很大。因此，对于冬季运行的空气源热泵机组，可考虑采用适当增加室外侧换热器风量的方法以延缓结霜。但应注意选择最佳迎面风速，方能收到既可延缓结霜的效果，又不会过大地增加空气流动阻力。

（4）风量、换热量的变化规律

图4-24为室外侧换热器中风量随时间的变化[6]。由图可见：

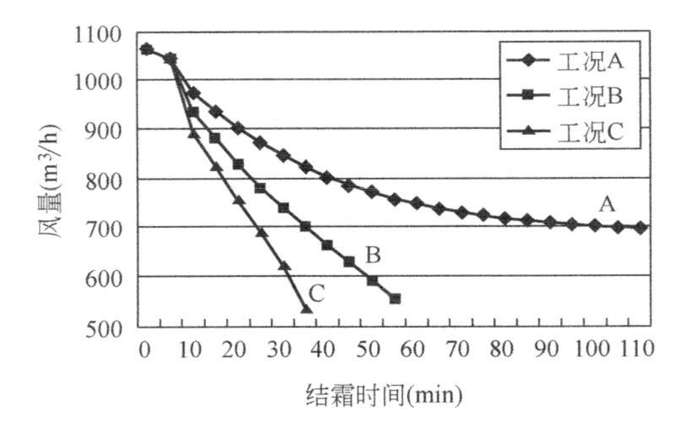

图4-24　风量随时间的变化

① 随着结霜量的增加，风量迅速减小。由于室外空气参数的不同，其结霜情况也不同，使得在每种情况下，随着结霜量的增加，风量迅速减小的变化规律各不相同。

② 相对湿度越大，风量减小得越快。例如，机组运行30min后，工况C的风量由1062m³/h减少到620.58m³/h，减少了441.42m³/h，即减少了41.57%；工况B的风量减少了322.7m³/h，即减少了30.39%；而工况A的风量减少了216.21m³/h，即减少了20.36%。这主要是由于不同工况的结霜厚度不同而造成的，这点可从下面的一组数据明显看出。若以30min工况C的结霜厚度（0.45882mm）和减少的风量（441.42m³/h）作为基准，则工况B较工况C少结霜25.21%，风量少减少28.86%；工况A较工况C少结霜50.35%，风量少减少51.02%。

③ 在结霜的后期，由于风量减少很多，使得换热器的换热效果急剧恶化，进而使换热器的性能迅速下降。因此，当风量减小到一定程度（初始风量的60%左右）时，就需要开始融霜。由图可见，当空气温度为0℃，相对湿度为85%时，机组运行35min左右就要进入融霜工况，而相对湿度为75%时，机组运行55min时才需要融霜。这说明同一台机组在不同地区应用时，由于室外气象条件的不同，融霜的时间间隔也应不同，而目前经

常采用的固定时间除霜控制方式显然不能满足机组在不同地区应用的要求。

图 4-25 为空气温度一定（0℃），不同相对湿度（65%、75%、85%）下机组中室外侧换热器换热量随时间的变化。由图可见，随着结霜量的增加，室外侧换热器的换热量将有所减少，而且相对湿度越大，换热量减少的程度越大。这是因为相对湿度越大，结霜量越多，使得换热器的传热系数越小，传热热阻越大，换热量减少得越多。

（5）室外侧压降的变化规律[10]

图 4-26 为空气温度一定（0℃）时，不同相对湿度（65%、75%、85%）下室外侧压降随时间的变化[10]。由图可见：

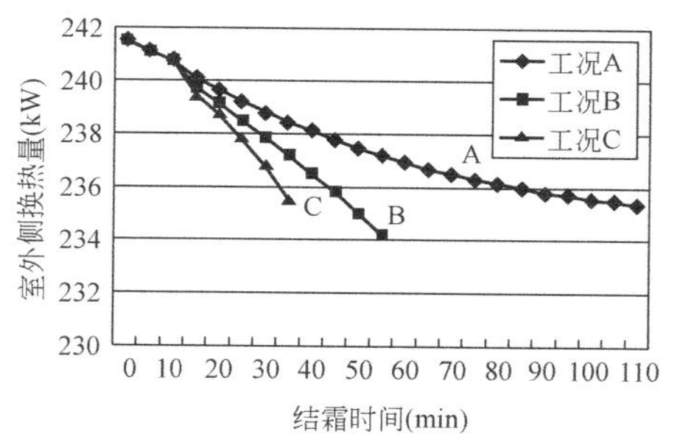

图 4-25 室外侧换热器换热量随时间的变化

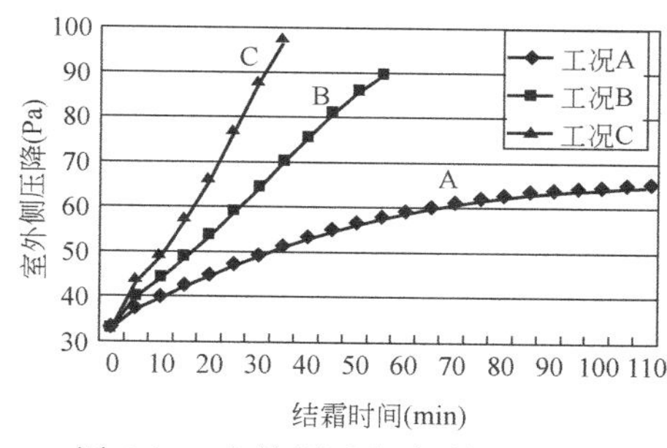

图 4-26 室外侧压降随时间的变化

① 随着结霜量的增加，室外侧的压降迅速增加。显然，室外侧压降的增加是由于结霜厚度的增加，使得翅片间距减小，空气的净流通面积变小，造成进风速度增加而使空气流经换热器的阻力增大。

② 相对湿度越大，室外侧的压降增加越快。这是因为当空气温度不变时，相对湿度越大，说明空气中所含水蒸气量越多，霜的厚度增长得越快。例如，在 30min 时，工况 C 霜的厚度为 0.45882mm，工况 B 为 0.34316mm，工况 A 为 0.22779mm，这势必造成室外侧压降的不同。机组运行 30min 后，工况 C 的室外侧压降增加了 54.371Pa，工况 B 增加了 30.719Pa，而工况 A 仅增加了 15.842Pa。由此可以明显看出，相对湿度越大时，其压降增加得越快。

③ 不管是何种工况，只要结霜的厚度相同，其压降也基本一样。例如，霜的厚度达到 0.3mm 时，工况 C 需要 15min，工况 B 需要 24min，工况 A 需要 56min。由图 4-26 可以看出，工况 C 在 15min 时，室外侧压降为 56.6Pa，工况 B 在 24min 时，室外侧压降为 57.5Pa，工况 A 在 56min 时，室外侧压降为 57.5Pa。这充分说明影响室外侧压降的主要因素是霜的厚度。

4.3.4 延缓结霜的技术

由上述分析可知，由于室外侧换热器的结霜会对机组冬季的运行产生很大的影响，因此应采取一些措施解决空气源热泵的结霜问题。解决的途径有两种，一是设法防止室外侧换热器结霜，二是选择良好的除霜方法。抑制结霜主要有以下方法[11]：

（1）系统中增加一个辅助的室外换热器。在空调工况运行中，这个辅助换热器起过冷器的作用；而在供热工况运行时，这个辅助换热器起除霜的作用，这时，通过辅助换热器的高温液体，可使换热器本身维持在 20～45℃的温度范围，来自辅助换热器的热量能有效地融化主换热器的冰霜。

(2) 在系统的室内换热器中设置一个电加热器。当接通电加热器时，使系统工质的压力、温度比普通系统高，使室外换热器表面温度比一般热泵系统高1～2℃，因此在同一室外温度下，该系统不易结霜。

(3) 改进系统，提出新流程，如文献［1］中给出太阳能空气复合热源热泵系统，利用太阳能加热空气，以提高室外侧换热器入口空气温度，在室外空气含湿量不变的情况下，可延缓结霜。又如文献［11］中给出新型空气/空气热泵系统，冬季利用缩短的毛细管，减小节流降压，提高蒸发温度，以延缓结霜。同时为了防止压缩机发生湿压缩，将储液桶与气液分离器结合在一起，并用高压液体加热低压液体。

(4) 对室外换热器表面处理进行特殊处理。如在换热器表面喷镀高疏水性镀层，降低其与水蒸气之间表面能，增大接触角，对抑制结霜是有效的。

(5) 适当增大室外换热器通过空气的流量。可考虑室外换热器的风机采用变频调速，冬季采用高速运行，这样可减少空气的温降，即可减少结霜的危险。

(6) 增大室外换热器（热泵工况为蒸发器）面积，提高冷表面温度，有利于延缓结霜。文献［12］通过实验证明，当室外换热器面积增加一倍后，空气/水热泵的蒸发温度平均提高了约2.5℃，在空气/水热泵运行季节内，机组在不同地区结霜时间减少了5.21%～82.96%。

4.3.5 除霜的方法与控制方式

虽然可以采取一些措施抑制结霜，但不可能完全避免结霜。空气源热泵结霜后必须采取有效的融霜方法，并采取可靠的控制方式。

空气源热泵的融霜方式通常有：热气融霜法、电热融霜法、空气融霜法、热水融霜法等。

除霜控制的最优目标是按需除霜，实现机理是利用各种检测元件和方法直接或间接检测换热器表面的结霜状况，判断是否启动除霜循环，在除霜达到预期效果时，及时终止除霜。目前除霜控制方法主要有以下几种[13]：

(1) 定时控制法：早期采用的方法，在设定时间时往往考虑了最恶劣的环境条件，因此，必然产生不必要的除霜动作，将其称为误除霜[14]。

(2) 时间-温度法：这是目前普遍采用的一种方法。当除霜检测元件感受到换热器翅片管表面温度及热泵制热时间均达到设定值时，开始除霜。这种方法由于盘管温度设定为定值，不能兼顾环境温度高低和湿度的变化。在环境温度不低而相对湿度较大时或环境温度低而相对湿度较小时不能准确地把握除霜切入点，容易产生误操作。而且这种方法对温度传感器的安装位置较敏感。常见的中部位置安装，易造成结霜结束的判断不准确，除霜不净，同时，还会导致无霜亦除霜的故障[1]。

(3) 空气压差除霜控制法：由于换热器表面结霜，两侧空气压差增大，通过检测换热器两侧的空气压差，确定是否需要除霜。这种方法可实现根据需要除霜，但在换热器表面有异物或严重积灰时，会出现误操作。

(4) 最大平均供热量法：引入了平均供暖能力的概念，认为对于一定的大气温度，有一机组蒸发温度相对应，此时机组的平均供暖能力最大。以热泵机组能产生的最大供热效果为目标来进行除霜控制。这种除霜方法具有理论意义，但怎样得到不同机组在不同气候条件下的最佳蒸发温度，实施有一定的困难。

（5）室内、室外双传感器除霜法：室外双传感器除霜法——通过检测室外环境温度和蒸发器盘管温度及两者之差作为除霜判断依据。这种方案在 20 世纪 90 年代初期日本松下、东芝、三洋等公司的分体空调器中广泛采用，但这种方法未考虑湿度的影响。室内双传感器除霜法——通过检测室内环境温度和冷凝器盘管温度及两者之差作为除霜判断依据。这种方法避开对室外参数的检测，不受室外环境湿度的影响，避免室外恶劣环境对电控装置的影响，提高可靠性，且可直接利用室内机温度传感器，降低成本。目前在这种除霜控制方法被很多厂家采用。

（6）自修正除霜控制法：引入 4 个除霜控制参数：最小热泵工作时间 TR，最大除霜运行时间 TC，盘管温度与室外温度的最大差值 Δt，结束除霜盘管温度 t_0。除霜判定：热泵连续运行时间大于 TR 且盘管温度与室外温度差等于 Δt 时，开始除霜；除霜运行时间等于 TC 或盘管温度大于 t_0 时结束除霜。自修正是指根据制冷系数、结构参数和运行环境等，结合除霜效果对 Δt 修正。这种除霜方法涉及因素多，检测自控复杂，Δt 修正实际操作困难。

（7）霜层传感器法：换热器的结霜情况可由光电或电容探测器直接检测，这种方法原理简单，但涉及高增益信号放大器及昂贵的传感器，作为实验方法可行，实际应用经济性差。

（8）模糊智能控制除霜法：将模糊控制技术引入空气源热泵机组的除霜控制中。整个除霜控制系统由数据采集与 A/D 转换、输入量模化、模糊推理、除霜控制、除霜监控及控制规则调整 5 个功能模块组成。通过对除霜过程的相应分析，对除霜监控及控制规则进行修正，以使除霜控制自动适应机组工作环境的变化，达到智能除霜的要求。这种控制方法的关键在于怎样得到合适的模糊控制规则和采用什么样的标准对控制规则进行修改，根据一般经验得到的控制规则有局限性和片面性。若根据实验制定控制规则又存在工作量太大的问题。

目前改进除霜的技术措施及除霜控制方法虽然很多，但在实际运行中仍很难做到按需除霜，除霜过程的稳定性与可靠性也远没有解决。这是因为：目前空气/空气热泵除霜的能量基本上来自制冷压缩机的耗功，供除霜用的热量不足的根本性问题未解决。由此引发除霜过程中吸气压力过低，甚至出现低压保护停机；除霜时间过长而导致除霜能耗损失过大；除霜效果差，蒸发器表面残留融霜水，导致供热运行开始时，又再次结为薄冰，为下次除霜带来更大的困难，久而久之，出现蒸发器结冰而无法运行；除霜结束后恢复供暖效果差，向室内吹冷风等。因此，我们要建立新的理念，并寻求新的思路。要充分研究和掌握空气源热泵除霜机理与规律，在此基础上，构建空气源热泵全新的除霜技术，以提高空气源热泵运行的稳定性和可靠性。按这种指导思想，我们提出了如图 4-27 所示的空气源热泵蓄能除霜实验

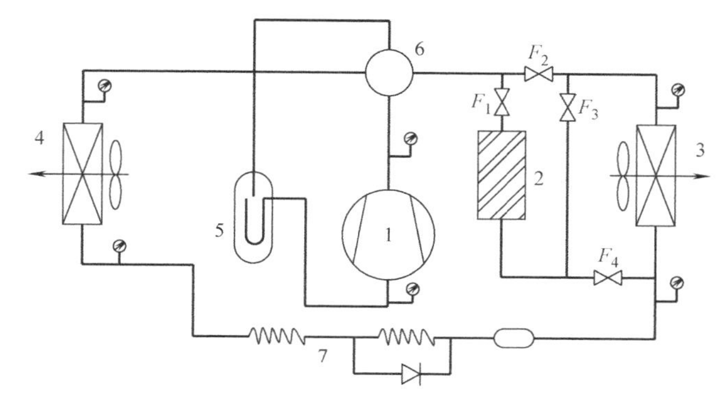

图 4-27 空气源热泵蓄能除霜实验样机系统

1—压缩机；2—蓄能换热器；3—室内侧换热器；4—室外侧换热器；5—气液分离器；6—四通换向阀；7—毛细管；F_1～F_4—电磁阀

样机的新系统[14~16]。

该系统主要由压缩机、蓄能换热器、室内侧换热器、室外侧换热器、毛细管、气液分离器、四通换向阀和电磁阀等设备组成，可实现系统制热、制热兼蓄热、余热蓄能、释能除霜、快速恢复制热等多工况之间的转化。在实验中，通过电磁阀的开闭可实现蓄能换热器2与室内侧换热器3之间的并联、串联和并、串联混合的联接方式，以便供实验中组合成不同的系统形式。

针对热气除霜特性要求，新系统采用相变材料作为蓄能换热器的蓄热材料。经过筛选，采用结晶水合盐类相变材料作为新系统的蓄热材料。这类相变材料的特点是：相变潜热大；相变温度适合；相变温度可以在一定范围内调节；相变稳定；同有机相变材料比其导热系数高。这类相变材料一般密度较大，是蓄能换热器小型化设计的有利条件。同时要考虑相变材料与蓄能容器及连接管路的相容性，避免发生反应，相互腐蚀。

新系统在制热、蓄热、除霜、恢复供热等多工况运行时可实现多种制冷剂流程的选择。

（1）制热兼蓄热

可实现室内换热器和蓄热器的串联或并联两种模式：

串联蓄热：F_1、F_3 开，F_2、F_4 关。

并联蓄热：F_1、F_2、F_4 开，F_3 关。

（2）余热蓄热

此时室内机关闭，对于室内侧部分制冷剂只流经蓄热器。F_1、F_4 开，F_2、F_3 关。

（3）释热除霜

除霜流程可选择蓄热器除霜，室内机与蓄热器串联除霜，室内机与蓄热器并联除霜三种模式。

蓄热器除霜：F_1、F_4 开，F_2、F_3 关。

串联除霜：F_1、F_3 开，F_2、F_4 关。

并联除霜：F_1、F_2、F_4 开，F_3 关。

为了判断新系统的可行性、可靠性，探索蓄能除霜系统的运行机理与规律，我们设计和建造了空气源热泵蓄能除霜实验装置，其流程如图4-28所示。

实验装置主要由三大部分构成：1）人工气候小室及小室空气处理系统，小室空气处理系统由空气冷却系统、空气加热系统和空气加湿系统组成；2）空气源热泵蓄能除霜系统；3）实验参数检测记录系统。

我们对传统热气除霜系统和蓄能除霜系统的除霜特性进行了对比实验，其实验结果列入表4-6中。

两种除霜方式实验结果对比 **表4-6**

除霜方式	传统热气除霜	蓄能除霜
除霜时间(min)	8(轻霜时5~6min)	3~5(缩短除霜时间3min)
除霜时吸气压力平均值(kPa)	200	400
除霜时排气压力平均值(kPa)	1100，最高时约为1400	1600
除霜时室内侧换热器出风温度	迅速下降到−2~2℃，直到除霜后1~2min才回升	略有下降，但仍比室温高3~5℃，一般维持在17~22℃

续表

除 霜 方 式	传统热气除霜	蓄能除霜
除霜结束时室外侧换热器翅片表面温度(℃)	21～29	26～36
除霜后室内机恢复正常供热时间(min)	3.5	2.5

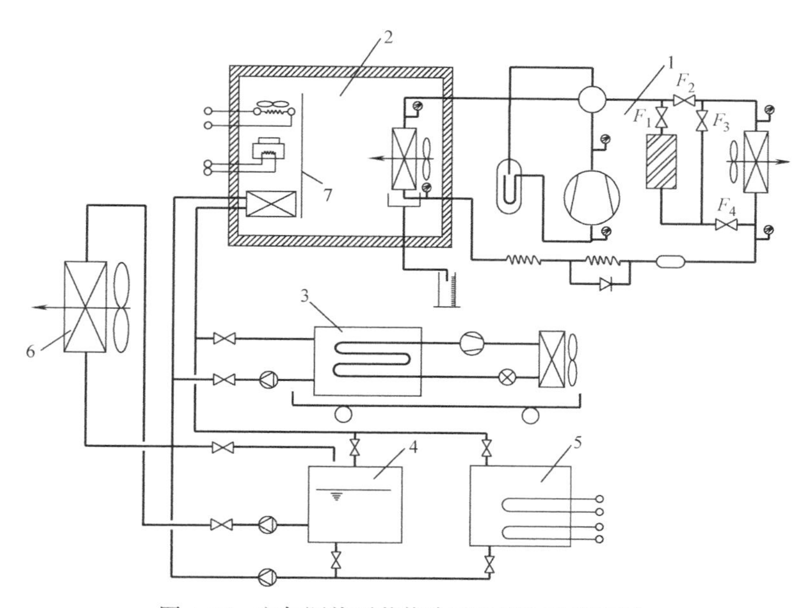

图 4-28 空气源热泵蓄能除霜系统实验流程图

1—空气源热泵蓄能除霜系统样机；2—人工气候小室；3—冷水机组（7℃冷冻水）；4—低于 0℃的乙二醇水溶液水箱；5—热源；6—自然冷源；7—空气处理设备

由表 4-6 可明显看出，蓄能除霜效果优于传统热气除霜。其优越性可归结为：

① 蓄能除霜时间可缩短 3min，这样便可减少除霜过程中的能耗损失；

② 蓄能除霜时，压缩机吸气压力比传统方式提高 1 倍，这样就可避免传统除霜方式因吸气压力过低而出现低压保护停机问题。而排气压力的提高，又使冷凝温度提高，加大融霜过程的传热温差；

③ 传统除霜系统除霜时，室内侧换热器送风温度在－2～＋2℃，蓄能除霜系统在 17～22℃，显然新系统可避免除霜时机组吹冷风问题；

④ 除霜结束时，室外侧换热器翅片表面温度比传统除霜系统高 5～7℃，这对融霜水蒸发阶段和自然对流换热阶段的传热传质过程非常有利，解决了传统除霜系统室外侧换热器残留融霜水的问题。

空气源热泵常用的除霜控制方法频繁引起误除霜事故。所谓空气源热泵误除霜事故是指两种情况：一是室外侧换热器表面已结霜，到了该除霜时刻而不除霜，或是未除完霜的时刻除霜控制已提前结束除霜动作；二是室外侧换热器表面仅有少量（未达到除霜量要求）或根本没有结霜，机组的除霜控制却发出除霜指令，使热泵停止供热，按室外侧换热器结满霜时的逆循环热气除霜工况运行，即未到除霜时刻提前开始除霜。空气源热泵的误除霜事故对其机组的安全、可靠、稳定、经济运行都十分有害。目前，由于传统除霜控制系统不完善，在实际运行中误除霜事故比较严重。文献［1］指出，空气源热泵冷热水机组大约有27%的除霜是误除霜。

空气源热泵除霜控制系统不完善主要表现在，其控制系统不能判断空气状态点是否在结霜区（图4-17）内，然后再判断结霜量是否达到除霜要求，达到要求时才开始除霜，而不是误解为低温工况下运行就得除霜。文献［17］在2015～2016年供暖季针对北京地区某办公楼（空调面积175 m²）空气源热泵系统进行180天的现场测试。为直接获得测试期间机组不同运行工况下的结霜和结露情况，给出图4-29结霜工况分布图。由图4-29可知，运行期内，机组运行工况在结霜区、结露区和无霜区均有分布，经统计，有49.3%的“干冷”工况处于无霜区，3.2%的工况处于结露区，47.6%的工况处于结霜区，其中，轻霜区占11.7%，一般结霜区占28.4%，重霜区占7.5%。由以上结果可知，北京地区有近50%的“干冷”工况处于无霜区内，机组极易出现“无霜除霜”的误除霜事故，而重霜区的工况则容易出现“有霜不除”的误除霜事故[18]。

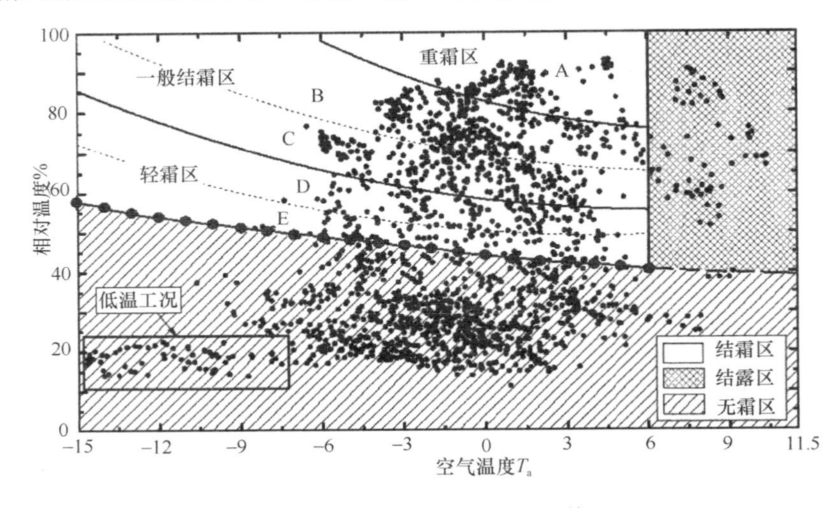

图4-29 测试期内的结霜图谱

为了杜绝空气源热泵系统出现上述“误除霜”事故，部分研究者开发了直接测霜技术和准确的软件测量技术，如光-电除霜控制和环境温度-湿度-时间（THT）等除霜新技术[1]，以解决空气源热泵系统运行中误除霜事故频发问题。

① 新型光-电除霜控制方法

光-电除霜控制方法是直接测量技术中的一种，其原理如图4-30所示。一个完整的光电测点主要由发射端（红外发光二极管）与接收端（硅光敏晶体管）两部分构成，外部通道电流输入后在发射端完成电-光转换，发射光束。若此时发射端与接收端间的传输通道没有被阻塞，则输出光束可顺利传至接收端并在该端完成光-电逆转换，输出低值电压信号；若通道已被阻塞，则接收端仅能获取少量甚至零光量信号，光-电逆转换后输出高值电压信号。全过程以光为媒介，实现电-光-电的转换与传输。

光束在传输过程中对于“异物遮挡”的感知极为灵敏，通道内稍有阻塞便可从接收端

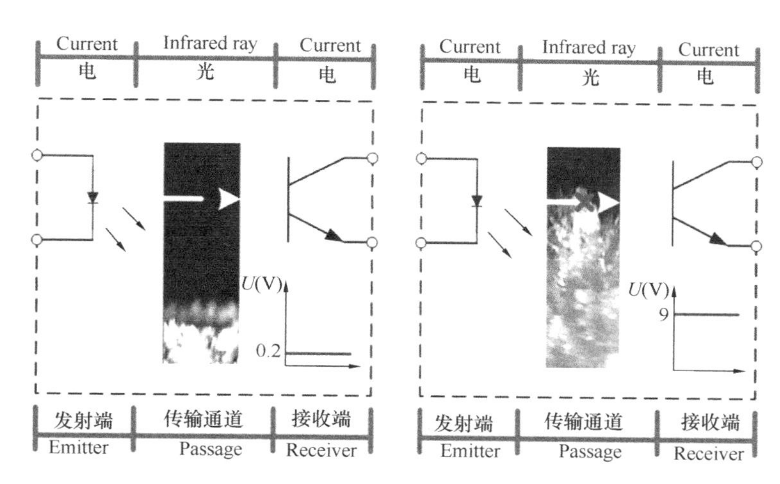

图 4-30 光电转换原理

输出电压的突增现象中获知，且电压增长幅度与遮挡程度大致呈正比关系。这种对通道内空间变化的细微感知与霜层测量的精密需求恰为吻合，将此原理运用于监测空气源热泵的霜的生长时：若能以生长状态下的霜作为“动态阻塞物”，则不断加厚的表面霜层将使传输通道内的遮挡情况由轻趋重。基于电压增长与遮挡程度间的正比关系，此时输出电压信号由低至高的变化情况恰为对霜厚变化的实时反馈，从而实现对霜层生长的动态监控。

监控原理如图 4-31 所示，左侧图形表述光电测点处的霜层生长状态，右侧图形为左侧结霜情况下光信号传输率（上部曲线）与光电测点输出电压（下部曲线）的变化情况。初始状态下翅片表面尚未结霜，此时发射端与接收端间光量传输通畅少有阻挡，来自发射端的 90%以上的光能可被接收端有效接收转化为低值电压信号（约 0.2V）；随后，翅片表面霜层进入生长期，霜厚不断增加，光传输通道受到影响，且遮挡程度随霜厚变化逐时提升，接收端所能接收的光量逐渐减小，输出电压逐渐上升；最终，长至监测区间上限值的霜层将光路传输通道全部阻塞，接收端光量接受率降至最低，与此同时测点输出电压达到最高值，电压与霜厚间一一对应。

基于此原因，对实际机组进行除霜控制，称为新型光-电除霜控制法。此方法经 2012～2013 年和 2013～2014 年两个供暖期在北京某办公楼空气源热泵系统的测试，其结果表明，新型光-电除霜控制法可以有效地避免误除霜事故的发生，保证机组高效运行。

② 新型 THT 除霜控制方法

传统的除霜方法容易导致“误除霜”事故的发生，造成机组性能下降和能源的浪费。究其原因，是由于除霜判断得不够准确。新型 THT（温度-湿度-时间）除霜控制方法是在传统的 TT（温度-时间）除霜控制方法的基础上，引入湿度这一变量，从而使除霜的判断更加准确合理。也即是说，只有机组在结霜区（图 4-17）内运行时，机组才能执行 THT 除霜控制逻辑。同时，当机组运行在不同的结霜区时，前后两次除霜的时间间隔是不一样的。据结霜图谱，经过大量的实验验证，得出除霜的间隔时间推荐如表 4-7 所示。当机组在重霜区 A 内运行时，建议除霜的间隔时间小于 30min；当机组位于一般结霜区 B 和一般结霜区 C 中时，建议除霜的间隔时间分别为 45min 左右和 60～75min；当机组处于轻霜区 D 和轻霜区 E 时，建议除霜的间隔时间分别为 90～150min 和 180～240min。

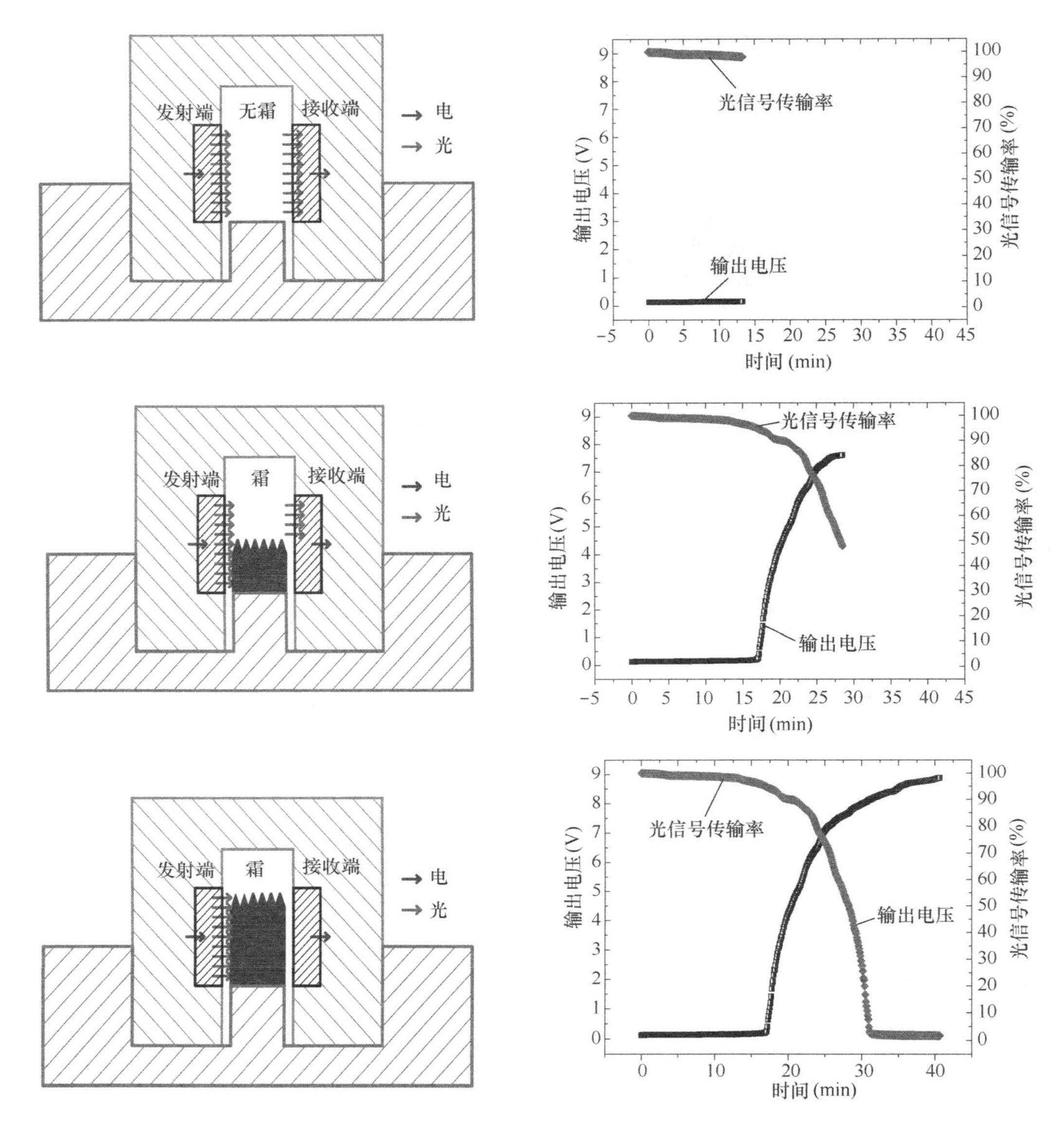

图 4-31 光电测霜技术监控原理

各分区推荐除霜间隔时间 **表 4-7**

结霜区域		推荐除霜间隔时间 T_{dc} (min)
重霜区	A	$T_{dc} \leqslant 30$
一般结霜区	B	$30 \leqslant T_{dc} \leqslant 45$
	C	$45 \leqslant T_{dc} \leqslant 90$
轻霜区	D	$90 \leqslant T_{dc} \leqslant 150$
	E	$150 \leqslant T_{dc} \leqslant 240$

4.3.6 结霜与除霜损失系数

以上分析可知，结霜使得空气源热泵的供热量减少，除霜时不但不能提供热量，反而从建筑物内部吸取热量，使得空气或水温度有所下降，严重时有吹冷风的感觉，影响了室内的供热效果。如何描述结霜除霜对热泵稳态性能影响的大小呢？为此我们提出了结霜除霜损失系数的概念[19]，定义：

$$D_{\mathrm{f}}=\frac{COP_{\mathrm{f}}}{COP_{\mathrm{s}}} \tag{4-1}$$

式中 D_{f}——结霜除霜损失系数；

COP_{f}——结霜时的性能系数，COP_{f}＝上次除霜末到下次除霜始热泵供给的总热量/上次除霜末到下次除霜始输入热泵的总功；

COP_{s}——室外换热器为干盘管时的热泵稳态性能系数。

结霜除霜损失系数是随室外温度的变化而变化的。这就增加了人们在选用空气源热泵机组时考虑结霜除霜系数的复杂性。为了便于计算，我们考虑了各个温度区间出现的权重，提出了结霜温度区间平均结霜除霜损失系数：

$$D_{\mathrm{fm}}=\frac{\sum_{i=1}^{m} D_{\mathrm{f}i}\cdot N_{i}}{\sum_{i=1}^{m} N_{i}} \tag{4-2}$$

式中 D_{fm}——平均结霜除霜损失系数；

$D_{\mathrm{f}i}$——室外温度为 $t_{\mathrm{o}i}$ 时的结霜除霜损失系数；

N_{i}——室外温度为 $t_{\mathrm{o}i}$ 时，以 1℃ 为区间所出现的结霜除霜小时数（h）。

根据式（4-2），结合北京地区的一班制和三班制以 1℃ 为区间的 BIN 参数，可分别计算出北京地区的一班制和三班制建筑物的平均结霜除霜损失系数：$D_{\mathrm{fm1}}=0.98$，$D_{\mathrm{fm3}}=0.965$。

由以上可知，平均结霜除霜损失系数和当地的气候条件有着密切的关系。我国幅员辽阔，气候类型多种多样。这就决定了由实验测试求出各地平均结霜除霜损失系数的复杂性和艰巨性。文献［19］研究了空气源热泵结霜除霜损失系数，给出了结霜量指标（D_{fe}）的定义。D_{fe} 大的地区，说明机组结霜严重，结霜除霜损失大；反之，D_{fe} 小的地区，机组结霜程度轻；$D_{\mathrm{fe}}=0$ 的地区，机组不结霜。因此说 D_{fe} 恰好反映了结霜的严重程度，使我国各空气源热泵适用地区的结霜特性有一定的可比性。通过已知的北京地区的平均结霜除霜损失系数和相对结霜量，求得各主要城市相应结霜区间的平均结霜除霜损失系数，见表 4-8、表 4-9。

各城市相对结霜量

（三班制 0：00～24：00 和一班制 8：00～18：00） **表 4-8**

城市	统计日期	频数		平均速率［mg/(m²·s)］		结霜量指标 D_{fe}		相对结霜量	
		一班制	三班制	一班制	三班制	一班制	三班制	一班制	三班制
北京	11-09～03-17	0.174	0.238	0.168	0.183	0.032	0.49	1	1
济南	11-16～03-17	0.184	0.248	0.188	0.2	0.034	0.057	1.183	1.14
郑州	11-24～03-05	0.195	0.256	0.201	0.221	0.039	0.056	1.34	1.3

续表

城市	统计日期	频　数		平均速率 [mg/(m² · s)]		结霜量指标 D_{fe}		相对结霜量	
		一班制	三班制	一班制	三班制	一班制	三班制	一班制	三班制
西安	11-21～03-01	0.233	0.263	0.186	0.212	0.043	0.055	1.48	1.27
兰州	11-01～03-15	0.067	0.08	0.038	0.1	0.003	0.008	0.087	0.16
南京	12-08～03-28	0.183	0.482	0.448	0241	0.082	0.116	2.8	2.67
上海	12-24～02-23	0.187	0.289	0.335	0.472	0.063	0.136	2.14	3.13
杭州	12-25～02-23	0.214	0.218	0.408	0.5	0.087	0.109	2.98	3.19
武汉	12-16～02-20	0.248	0.341	0.51	0.685	0.126	0.233	4.32	5.36
宜昌	12-26～02-06	0.188	0.237	0.471	0.559	0.09	0.132	3.02	3.04
南昌	12-30～02-02	0.175	0.227	0.318	0.478	0.056	0.108	1.93	2.49
长沙	12-25～02～08	0.336	0.481	0.531	0.767	0.178	0.37	6.13	8.47
成都	12-28～02-25	0.12	0.162	0.14	0.19	0.0108	0.030	0.57	0.7
重庆	12-27～01-27	0.08	0.09	0.106	0.11	0.008	0.009	0.3	0.23
桂林	12-29～02-06	0.021	0.023	0.07	0.078	0.002	0.002	0.05	0.04

各城市平均结霜除霜损失系数　　**表 4-9**

城市	一班制	三班制	城市	一班制	三班制
北京	0.98	0.965	武汉	0.913	0.812
济南	0.976	0.96	宜昌	0.94	0.894
郑州	0.973	0.954	南昌	0.96	0.912
西安	0.97	0.955	长沙	0.878	0.703
兰州	0.998	0.994	成都	0.988	0.973
南京	0.944	0.907	重庆	0.994	0.99
上海	0.957	0.89	桂林	0.999	0.998
杭州	0.94	0.888			

表 4-9 是在空气源热泵室外盘管常用迎面风速 v_y 为 1.5～3.5 m/s 的条件下计算得出的，据此，我们可以根据平均结霜损失系数，将我国空气源热泵机组适用地区分成四类：

① 低温结霜区：济南、北京、郑州、西安、兰州等。这些地区属于寒冷地区，气温比较低，相对湿度也比较小，所以结霜现象不太严重，一般平均结霜除霜损失系数在 0.950 以上。

② 轻霜区：成都、重庆、桂林等。其平均结霜除霜损失系数都在 0.97 以上。这表明，在这些地区使用热泵时，结霜不明显或不会对供热造成大的影响，热泵机组特别适合这类地区应用。

③ 重霜区：如长沙，其平均结霜除霜损失系数为 0.703。主要是因为该地区相对湿度过大，而且室外空气状态点恰好处于结霜速率较大区间的缘故。在使用空气源热泵供热时，应充分考虑结霜除霜损失对热泵性能的影响。

④ 一般结霜区：杭州、武汉、上海、南京、南昌、宜昌等。其平均结霜除霜损失系数在 0.80～0.90 左右。在使用空气源热泵供热时，要考虑结霜除霜损失对热泵性能的影响。

4.4 空气源热泵机组的最佳平衡点

4.4.1 平衡点与平衡点温度

众所周知，当空气源热泵供热运行时，其性能受气候特性影响非常大。随着室外温度的降低，机组的供热量逐渐减少。同时，当室外温度较低而相对湿度又过大时，室外换热器会发生结霜现象，使室外换热器换热恶化，供热量骤减，甚至发生停机现象，严重影响供热效果。另一方面，随着室外温度的降低，建筑物的热负荷逐渐增大，与机组的供热特性恰好相反。在设计中，若按冬季空调室外计算温度选择热泵机组时，势必导致热泵机组过多或过大，使系统初投资过高。同时，在运行中，热泵机组又无法在满负荷下运行，导致热泵机组的能效比下降，使系统运行费用提高。为了避免发生这样的问题，在设计时，通常选择一个优化的室外温度，并按此温度选择热泵机组，如图 4-32 所示。图中机组所提供的实际供热量曲线 $Q_f = f_3(T)$ 与建筑物热负荷曲线 $Q_l = f_1(T)$ 的交点 O 称为空气源热泵的平衡点，此时，机组所提供的热量与建筑物所需热负荷恰好相等，该点所对应的室外温度称为平衡点温度（图 4-32 中的温度 T_b）。

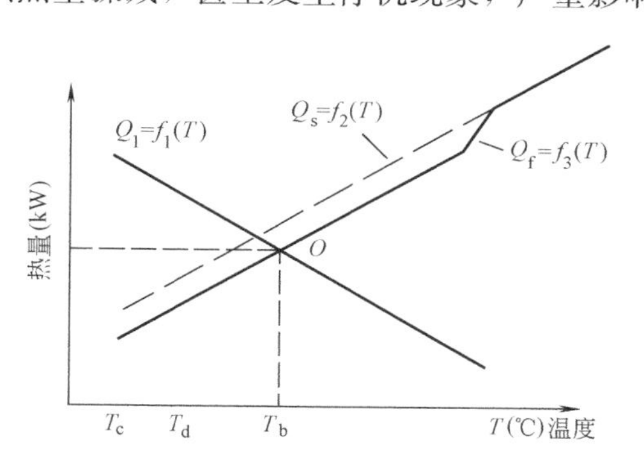

图 4-32 空气源热泵的稳态供热量 Q_s、实际供热量 Q_f、建筑物热负荷 Q_l 随温度的变化示意图

设计中，应在平衡点温度工况下，选择热泵机组的大小。由图 4-32 可见，当室外温度高于平衡点温度时，热泵机组供热有余，需要对机组进行容量调节，使机组所提供的热量尽可能接近建筑物的热负荷，有利于节能。当室外温度低于平衡点时，热泵供热量又不足，不足部分由辅助热源提供。辅助热源可为电锅炉、燃油锅炉、燃气锅炉等。平衡点选择过低，则选用的辅助热源较小，这样热泵机组相对要大，会导致系统投资大幅度提高，且安装费、电力增容费和运行费较高；而且机组长期在部分负荷下运行，使用效率不高，既不经济，又不节能。平衡点选择过高，则所需辅助热源过大，不能充分发挥热泵的节能效益，亦不利于节能。因此，合理确定平衡点对于选择热泵机组容量的大小、其运行的经济效益、节能效果都有很大的影响。而平衡点不但与热泵机组本身的机械特性、热工特性有关，而且也与建筑物的围护结构特性、负荷特性有关，同时，还与当地的气候条件等有关。因此，在实际设计中，合理选择机组的平衡点是极其困难的事情。由于空气源热泵机组在供热时有上述特点，因此，评价空气源热泵用于某一地区在整个供暖季节运行的热力经济性时，常采用供热季节性能系数（*HSPF*）作为评价指标。

4.4.2 空气源热泵机组供热最佳平衡点的确定

由上述分析可知，选择不同的平衡点温度，就会有不同的辅助加热量和不同的热泵容量。空气源热泵平衡点温度的选择是一个技术经济比较问题。早在 20 世纪 80 年代，原哈尔滨建筑工程学院（现哈尔滨工业大学）徐邦裕教授就对空气/空气热泵在我国应用的平衡点温度开展了理论与实践研究。根据气候条件，将我国划分为七个不同供热季节性能系数的供暖区域，并首次给出了七个区域的不同平衡点温度。但应注意，当时空气/空气热泵的性能不如现在的设备，使其供热季节性能系数偏小[11]。20 世纪 90 年代末，笔者对空气源热泵冷热水机组在我国应用的供热最佳平衡点进行了研究与分析，现将平衡点温度的确定原则与方法介绍如下。

（1）最佳能量平衡点[20,21]

通常情况下，为了热泵系统控制简便，空气源热泵系统的辅助热源通常选用电锅炉。在此情况下，所谓最佳能量平衡点，即在该平衡点温度下所选取的空气源热泵机组的供热季节性能系数最大。供热季节性能系数的定义如下：

$$HSPF = \frac{\text{供热季的总供热量}}{\text{供热季的总耗功量}}$$

$$= \frac{\text{供暖房间总热负荷}}{\text{热泵总耗功量}+\text{辅助加热总耗能}+\text{曲轴箱加热总耗能}} \tag{4-3}$$

供暖系统的功耗除式（4-3）所列三项外，还有自控部分的功耗，如今的空气源热泵机组大部分为微电脑控制，自控部分耗能较少，也不连续。因此本节对此项未做考虑。于是：

$$HSPF = \frac{SQ_l}{SW + SQ_a + SQ_e}$$

$$= \frac{\sum_{j=1}^{m} Q_l(T_j) \cdot n_j}{\sum_{j=1}^{m} K(T_j) \cdot W(T_j) \cdot n_j + \sum_{j=1}^{m} Q_a(T_j) \cdot n_j + \sum_{j=1}^{m} K(T_j) Q_e(T_j) \cdot n_j} \tag{4-4}$$

式中 SQ_a——整个供暖季节的辅助加热耗电量（kWh）；

SQ_e——整个供暖季节加热总耗电（kWh）；

SW——整个供暖季节的总耗功量（kWh）；

SQ_l——供暖房间季节热负荷（kWh）；

$Q_a(T_j)$——第 j 个温度区间的辅助加热量（kW）；

$W(T_j)$——第 j 个温度区间空气源热泵消耗的功（kW）；

$Q_l(T_j)$——第 j 个温度区间的房间热负荷（kW）；

j——第 j 个温度区间，$j=1$，2，3，…，m；

n_j——第 j 个温度区间的小时数；

m——以 1℃ 为区间，划分供暖季温度区间数。

由以上分析可以看出，针对某一地区，当 BIN 参数、房间围护结构特性、室内设计参数、室外空调设计温度、结霜除霜损失系数、热泵机组的特性等确定后，空气源热泵机组的耗功量、辅助加热量、曲轴箱加热量等只与平衡点有关。因此我们可以说，供热季节性能系数是平衡点温度的函数，记作：

$$HSPF = f(T_b) \tag{4-5}$$

对式（4-5）求最大值，$HSPF$ 取最大值时所对应的 T_b，即为最佳能量平衡点。

（2）最小能耗平衡点[21]

如果空气源热泵机组的辅助热源为燃煤锅炉、燃气锅炉或燃油锅炉，上面所定义的最佳能量平衡点就不太合适了。为此，我们从一次能源利用角度来考虑，看整个系统如何运行，才能达到最高的一次能源利用率。为此，我们提出了最小能耗平衡点，即寻求在整个运行季节的一次能源利用率最高的温度，作为热泵机组和辅助热源的开停转换点。因此，我们可以提出新的运行模式：室外温度高于该温度，运行热泵机组，低于该温度，关闭热泵机组，辅助热源（电锅炉除外）全部投入运行。最小能耗平衡点温度可用下列条件来约束，即能够使热泵运行时间内的供热能源利用系数和辅助锅炉中最高的能源利用系数（效率）相等：

$$E_{热泵}=E_{锅炉} \tag{4-6}$$

其中：

$$E_{热泵}=COP_{yj}\cdot\eta_1\cdot\eta_2 \tag{4-7}$$

$$COP_{yj}=\frac{\sum Q(T_j)\cdot n_j}{\sum W(T_j)\cdot n_j} \tag{4-8}$$

式中　$E_{热泵}$——热泵的一次能源利用系数；

$E_{锅炉}$——锅炉的一次能源利用系数；

COP_{yj}——热泵运行时所对应的季节性能系数；

η_1——火力发电厂效率；

η_2——输配电效率。

这样，就可以保证热泵在较高的效率下运行，使整个供热季节获得较高的一次能源利用率，从而减少了一次能源的消耗。

（3）最佳经济平衡点[21]

最佳能量平衡点和最小能耗平衡点是从能量的角度来分析的。通过前面的分析可以看出，热泵空调系统平衡点的选取直接影响着系统的初投资和运行费用。良好的平衡点不但意味着整个系统可以减少初投资，降低运用费用，而且可以使整个系统保持良好的运行状态，提供更为舒适的空间环境。另一方面，在市场经济的今天，许多业主所关心的并不是是否节能，而是能否省钱，即让初投资和运行费用较低。为此，这里又提出最佳经济平衡点的概念，即如果按此平衡点来选择机组和辅助热源，能够使整个供热系统（热泵＋辅助热源）的初投资和运行费最少。

研究表明：影响最佳经济平衡点的因素是很多的，如气候特性、负荷特性、能源价格结构、主机设备价格等。其中，气候特性、能源价格是影响最佳经济平衡点的重要因素，在确定最佳经济平衡点时应给予足够的重视。

上面给出的空气源热泵供暖系统设计中平衡点温度的确定原则与方法，在实际工程设计中应按平衡点温度确定空气源热泵机组的容量。但为了简化设计过程，空气/水热泵平衡点温度常取在－3～3℃之间，在此平衡点温度时，建筑物热负荷约为建筑供暖计算热损失的1/2[1]。因此，热泵按照建筑物热负荷50％～60％进行设计，由于低温天气的出现概率并不大，空气源热泵可以满足2/3供暖热量的需求。在室外气温低于平衡点温度时，则由辅助加热装置或蓄热装置承担供暖需求。

4.4.3 辅助加热与能量调节

(1) 辅助加热

辅助加热的方式有：电加热；用燃料燃烧来加热的加热器；用非峰值电力来储存的热量。

辅助加热可以是单级的，也可以是双级的（图 4-33）。图 4-33（*a*）为只有单级辅助加热的情况。当室外温度高于平衡点温度 4℃时，只采用热泵供热；低于 4℃时，热泵与辅助加热同时供热。在室外温度比较低的地区，采用两级辅助加热，如图 4-33（*b*）所示。当室外温度高于平衡点温度 3.5℃时，只采用热泵供热；当室外温度为－10.5～3.5℃时，采用热泵及一级辅助加热（7kW）供热；当室外温度为－12～－10℃时，采用热泵及两级辅助加热（2×7kW）供热；当室外温度低于－12℃时，关闭热泵，只采用两级辅助加热（2×7kW）供热。

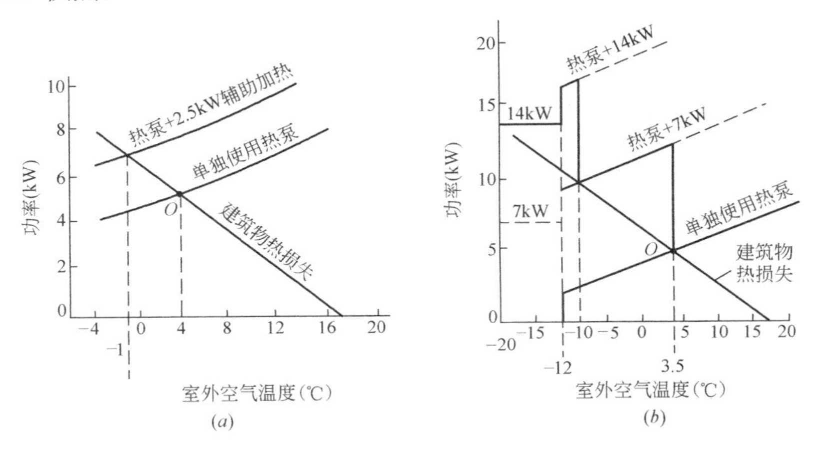

图 4-33 具有辅助加热的热泵运行负荷

（*a*）具有单级辅助加热的热泵；（*b*）具有双级辅助加热的热泵

(2) 空气源热泵的能量调节

由图 4-32 可知，当室外温度高于平衡点温度 T_b时，热泵的实际供热量大于建筑物的热负荷。为了使热泵高效、节能运行，必须对热泵的供热量进行调节，以改善热泵的工作状态，提高其性能系数，使其更好地接近房间的热负荷。空气源热泵机组的调节方案，随压缩机的类型不同而有所不同。如螺杆式压缩机常采用滑阀调节，供热量能在20%～100%之间无级调节；多缸往复式压缩机的缸数调节方案；往复式压缩机的转速调节方案，如配用可变极数电机，通常是双速电机；小型空气源热泵的变频容量调节方案；大型空气源热泵的控制压缩机运行台数的能量调节方案，如图 4-34 所示。

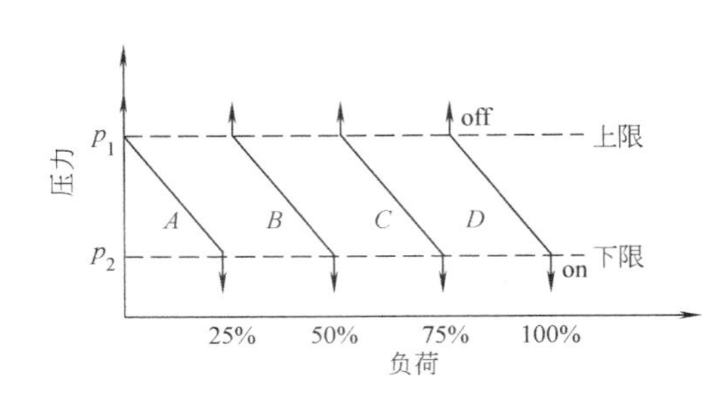

图 4-34 压缩机排气压力与负荷的关系

现以控制压缩机运行台数的能量调节为例，作如下简要介绍。当多台压缩机系统中的每台压缩机都各自与对应的蒸发器、冷凝器等设备组成独立系统，而所有冷凝器都为同一个被供热对象服务时，可根据供水温度对冷凝器进行阶梯式分级控制或延时控制的同时，对其相应的压缩机进行控制。运行的压缩机台数可以根据系统的排气压力进行控制。因为排气压力（实质上是冷凝压力）的变化指示了负荷的变化，当冷凝器的负荷减少时，排气压力就上升，这时可以减少压缩机的台数，以使排气压力下降；反之，当排气压力下降时，就增加压缩机的台数，如图4-35所示。

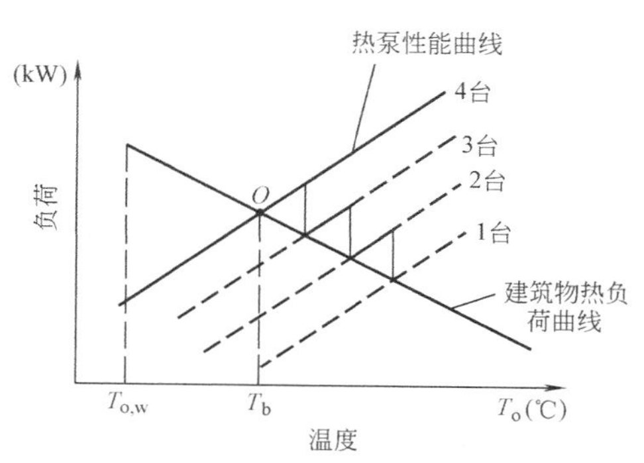

图 4-35 机组台数调节示意图

多台压缩机的热泵系统也可以采用阶梯式能量调节，即每台压缩机按各自的上、下限调定值开、停，此种调节比较简单，但控制精度差。

4.5 空气源热泵的低温适应性

4.5.1 空气源热泵在寒冷地区应用存在的问题

我国寒冷地区冬季气温较低，而气候干燥。供采暖室外计算温度基本在−5～−15℃，最冷月平均室外相对湿度基本在45%～65%之间。在这些地区选用空气源热泵，其结霜现象不太严重。因此说，结霜问题不是这些地区冬季使用空气源热泵的最大障碍，但却存在下列一些制约空气源热泵在寒冷地区应用的问题[22,23]。

（1）当需要的热量比较大的时候，空气源热泵的制热量不足。

建筑物的热负荷随着室外气温的降低而增加，而空气源热泵的制热量却随着室外气温的降低而减少。这是因为空气源热泵当冷凝温度不变时（如供50℃热水不变），室外气温的降低，使其蒸发温度也降低，引起吸气比容变大；同时，由于压缩比的变大，使压缩机的容积效率降低，因此，空气源热泵在低温工况下运行比在中温工况下运行时的制冷剂质量流量要小。此外，空气源热泵在低温工况下的单位质量制热量也变小。基于上述原因，空气源热泵在寒冷地区应用时，机组的制热量将会急剧下降。

（2）空气源热泵在寒冷地区应用的可靠性差。

空气源热泵在寒冷地区应用时可靠性差主要体现在以下几方面：

① 空气源热泵在保证供一定温度热水时，由于室外温度低，必然会引起压缩机压缩比变大，使空气源热泵机组无法正常运行。

② 由于室外气温低，会出现压缩机排气温度过高，而使机组无法正常运行。

③ 会出现失油问题。引起失油问题的具体原因，一是吸气管回油困难；二是在低温工况下，使得大量的润滑油积存在气液分离器内而造成压缩机的缺油；三是润滑油在低温下黏度增加，引起启动时失油，可能会降低润滑效果。

④ 润滑油在低温下，其黏度变大，会在毛细管等节流装置里形成“蜡”状膜或油“弹”，引起毛细管不畅，而影响空气源热泵的正常运行。

⑤ 由于蒸发温度越来越低，制冷剂质量流量也会越来越小，这样半封闭压缩机或全封闭压缩机的电机冷却不足而出现电机过热，甚至烧毁电机。

（3）在低温环境下，空气源热泵的能效比（*EER*）会急速下降。

4.5.2　改善空气源热泵低温运行特性的技术措施

上述一些问题是制约空气源热泵机组在寒冷地区应用与发展的瓶颈问题。要使空气源热泵机组在寒冷地区具有较好的运行特性和可靠性，在机组设计时，必须考虑寒冷地区的气候特点，在压缩机与部件的选择、热泵系统的配置、热泵循环方式上采取技术措施，以改善空气源热泵性能，提高空气源热泵机组在寒冷地区运行的可靠性、低温适应性。

目前，常采取的主要技术措施有[24]：

（1）在低温工况下，加大压缩机的容量

热泵机组在低温工况下运行时，通过加大压缩机的容量来提高机组的制热能力是一种十分有效的方法。这是因为在蒸发温度和冷凝温度一定时，系统内工质的质量流量会随着压缩机容量的增加而增大。因此，机组的制热能力也会随着工质质量流量的增加而增大。改善压缩机容量的方法通常有：

① 多机并联　多机并联是指采用多台压缩机并联运行。在低温工况下，用增加压缩机运行台数的方法，提高机组的供热能力。

② 变频技术　热泵使用的电动机为感应式异步交流电动机时，其旋转速度取决于电动机的极数和频率。因此，所谓的交流变频热泵机组是指通过变频器的频率控制改变电机的转速。压缩机的输气量与电动机的转速成正比，若在低温工况下，提高交流电频率，则转速相应加快，从而使压缩机的输气量加大，弥补了空气源热泵在低温工况下制热量的衰减。

③ 变速电机　热泵驱动装置常用二速电机、三速电机，在低温工况下，通过用高速挡，提高压缩机转速来加大机组的容量，从而提高机组在低温工况下的制热能力。

（2）喷液旁通技术

喷液旁通的作用有二，一是热泵在低温工况下运行时，由于最低的蒸发温度、最高的冷凝温度和最大的过热度而引起的排气温度过高，旁通部分液体来冷却吸气温度，从而达到降低排气温度的目的；二是热泵低压较低时，采用旁通部分液体来补偿低压，以保证热泵的正常运行。喷液旁通技术使用于螺杆压缩机和涡旋压缩机上。可将部分液体在压缩机吸入口处喷入，冷却吸气，以使压缩机排气温度降低，也可在螺杆压缩机吸气结束和压缩开始的临界点的位置喷入，以使压缩机的排气温度和油温都降低。喷液旁通技术扩大了空气源热泵在低温环境下运行范围，提高了大约15%的制热量，与单级压缩循环相比，性能几乎不受影响。

（3）加大室外换热器的面积和风量

众所周知，加大室外换热器的面积和风量，可以提高空气源热泵的蒸发温度。在冷凝温度不变的情况下，蒸发温度升高，压缩机的吸气比容变小，热泵工质的质量流量变大，单位质量的制冷量也变大。因此，热泵的制热能力也会提高。

文献［12］的实验表明：当室外蒸发器面积增大一倍后，其机组的蒸发温度平均提高了约2.5℃。文献［25］介绍了室外换热器采用变速风机，在环境温度较低时，风机高速运转，以提高系统制热量。

（4）适用于寒冷气候的热泵循环

① 两次节流准二级螺杆压缩机热泵循环。20世纪90年代，郑祖义等提出一种二次节

流准二级压缩带中冷器的热泵循环，如图 4-36 所示。热泵循环中增设一个中冷器，在螺杆热泵压缩机的工作过程中，由于引入中冷器（节能器）之后，增加一个补气-压缩过程。图 4-37 为该热泵循环过程在压焓图上的表示。该循环经过一次节流 4—4′之后，进入中冷器形成一中压区，工质处于两相状态（4′），其中气相工质 2″进入压缩机中压吸气腔，液相工质（状态 5）再经二次节流（5—6）进入蒸发器，吸收室外空气中的热量而汽化（6—1 过程）。状态 1 的气体进入压缩机，在压缩机进行准低压级压缩（1—2′），2′—2 和 2″—2 为中间补气-压缩过程，2—3 为准高压级压缩。压缩机排气进入冷凝器进行冷凝放热（3—4 过程），完成供热目的。

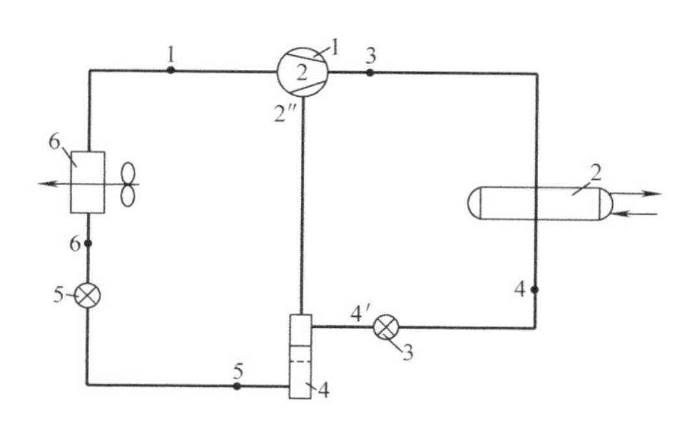

图 4-36　两次节流准二级螺杆压缩机热泵系统

1—带辅助补气口的螺杆压缩机；2—冷凝器；3—一次节流；4—中冷器；5—二次节流；6—蒸发器

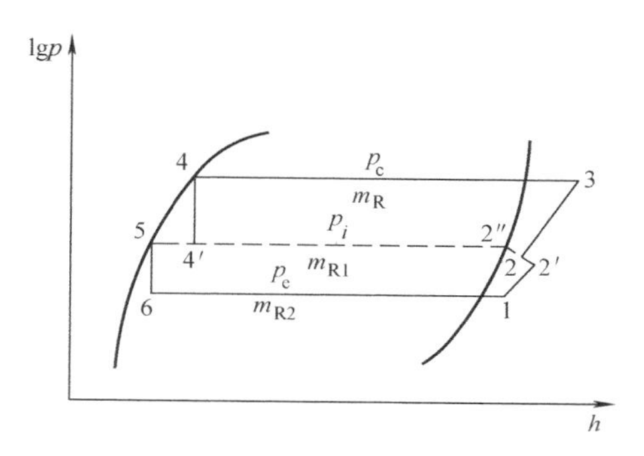

图 4-37　两次节流准二级压缩热泵循环在 lg$p$-h 图上的表示

1～6 各状态点同图 4-36 管路上标注点对应

② 一次节流准二级涡旋压缩机热泵循环。21 世纪，清华大学经研究，成功利用带辅助进气口的涡旋压缩机实现带经济器的一次节流准二级压缩空气源热泵系统，来提高空气源热泵在低温工况下的制热能力，其系统如图 4-38 所示。一次节流准二级压缩热泵循环表示在图 4-39 上。

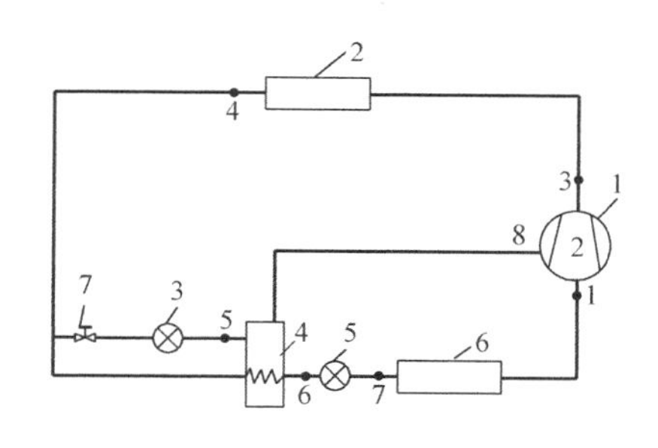

图 4-38　一次节流准二级涡旋压缩机热泵系统

1—带辅助进气口的涡旋压缩机；2—冷凝器；3—节流阀 A；4—经济器（中间冷却器）；5—节流阀 B；6—蒸发器；7—电磁阀

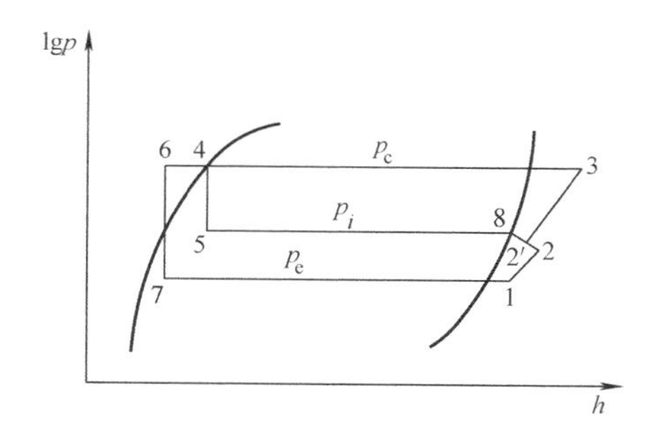

图 4-39　一次节流准二级压缩热泵循环在 lg$p$-h 图上的表示

1～8 各状态点同图 4-38 管路上标注点

这个循环与图 4-36、图 4-37 相比，不同点是采用盘管式中冷器（经济器）替代闪发式中冷器。由冷凝器去蒸发器的工质液体（主流）先在中冷器中过冷后，再经一次节流到蒸发压力（在 lg$p$-h 图上过程 4—6—7）。冷凝器出来的小部分液体节流后进入中冷器中汽化吸热（过程 4—5—8），用于主流液体的过冷却和补气前压缩终止的气体过热。

③ 带中间冷却的两级压缩。带中间冷却器的两级热泵系统是由低压级压缩机、高压级压缩机、冷凝器、中间冷却器、节流阀、蒸发器和回热器等组成，如图 4-40 所示。

与准二级压缩相比，它的不同点是采用两台单级压缩机，一台为低压级压缩机，一台为高压级压缩机。在室外气温较高时，通过单向阀回路，每台压缩机可独立单级运行，以改变热泵的容量和降低能耗。在室外气温较低时，系统按两级压缩运行。其循环过程在图 4-41上用实线表示，虚线为图 4-40 不带回热器时的循环过程。

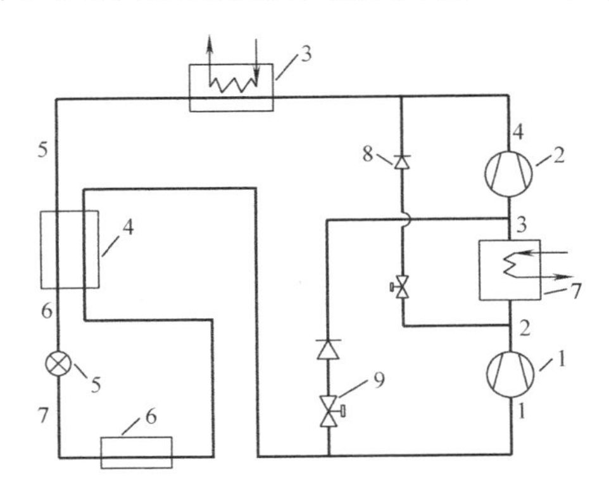

图 4-40　带中间冷却的两级热泵系统

1—低压级压缩机；2—高压级压缩机；3—冷凝器；4—回热器；5—节流阀；6—蒸发器；7—中间冷却器；8—单向阀；9—电磁阀

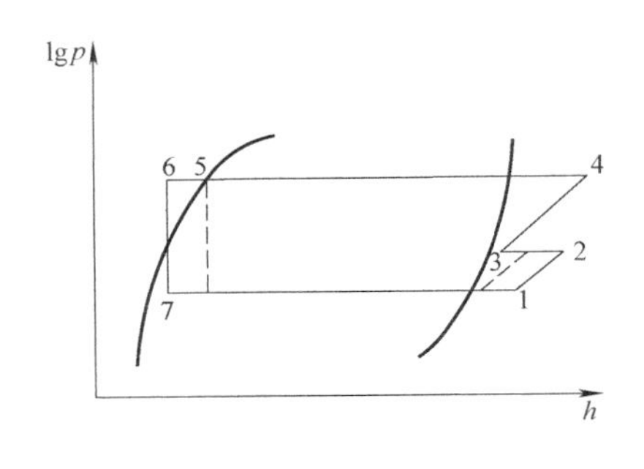

图 4-41　带中间冷却的两级热泵循环在 lg$p$-h 图上的表示

1～7 各状态点同图 4-40 管路上标注点

④ 带有经济器的两级热泵循环。图 4-42 给出带有经济器的两级热泵系统图示。与带有中间冷却的两级热泵循环相比，它采用封闭的经济器代替中间冷却器，部分经节流后的制冷剂流经经济器与低压级压缩排气混合，进入高压级压缩机，其循环过程见图 4-43。

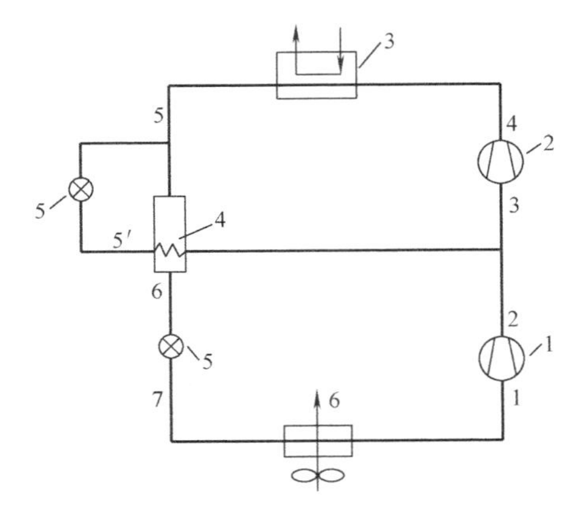

图 4-42　带有经济器的两级热泵系统

1—低压级压缩机；2—高压级压缩机；3—冷凝器；4—经济器；5—节流阀；6—蒸发器

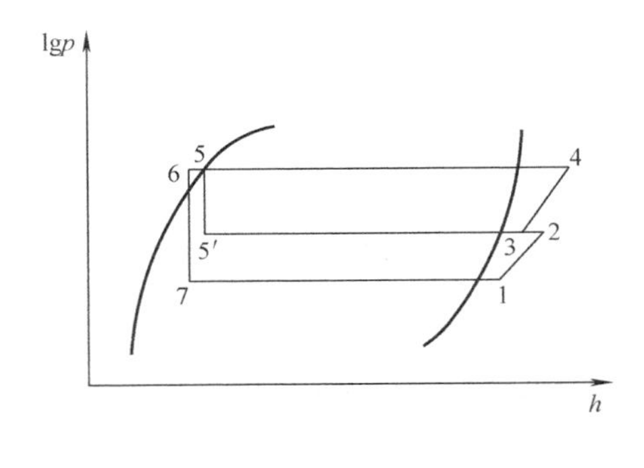

图 4-43　带有经济器的两级热泵循环在 lg$p$-h 图上的表示

1～7 各状态点同图 4-42 管路上标注点

其优点在于能更好地控制中间压力，可使系统在最佳中间压力下运行，保证压缩机排气温度在允许范围内。另外，冷凝器出来的液态制冷剂主流部分在经济器中得以过冷，节流前再冷却有利于提高系统的性能系数 *COP* 值。

图 4-42 同样可设有单向阀回路，使系统在高温工况下单级运行，在低温工况下双级运行。

⑤ 单、双级耦合热泵循环。哈尔滨工业大学热泵空调技术研究所在深入研究双级耦合热泵的基础上，提出单、双级耦合热泵系统[24,26]，如图 4-44 所示。

所谓双级耦合热泵供暖系统是指，用水循环管路将两套单级热泵系统耦合起来，组成一套适合于寒冷地区应用的双级热泵供暖系统。考虑到空气源热泵的优越性，第一级常选用空气/水热泵，那么第二级应为水/空气热泵或水/水热泵。在寒冷地区，利用空气/水热泵制备 10～20℃温水作为水源热泵（水/空气或水/水热泵）的低温热源，第二级水/空气热泵再从水中吸取热量加热室内空气，或第二级水/水热泵再制备成 45～55℃热水，由风机盘管或辐射供暖系统加热室内空气。双级耦合热泵循环过程表示在图 4-45 上。由图 4-45可明显看出循环过程与复叠式制冷循环类似，不同之处在于复叠式循环使用两种工质，高温级使用中温工质，低温级使用低温工质，通过冷凝蒸发器将两个单级压缩系统衔接起来，形成复叠工作的循环。而双级耦合热泵系统通过中间水环路将两个同工质（或不同工质）的单级热泵联接起来，形成双级热泵系统。这样双级耦合热泵既可冬季供热又可以夏季供冷，避免了复叠式热泵难反向运行的问题。同时，在双级耦合热泵系统上增加几个电磁阀（或截止阀）和单向阀管路（图 4-44）既可简单地变为单、双级耦合热泵系统。当室外温度不低于切换温度时，系统按空气/水热泵单级运行，直接向用户提供 45～50℃热水。当室外环境温度低于切换温度时，系统按空气/水＋水/水热泵的双级耦合热泵方式运行。其切换温度是指空气/水热泵单级运行的能效比（*EER*）与空气/水＋水/水热泵的双级耦合热泵运行的能效比相等时，所对应的室外空气温度。通过实验研究得出，可取－3℃作为单、双级耦合系统的切换温度[27]。而复叠式系统不能单独运行一台压缩机，为解决此问题，需要在高温级加一个附加的室外换热器，重新再组成一个单级系统既可。

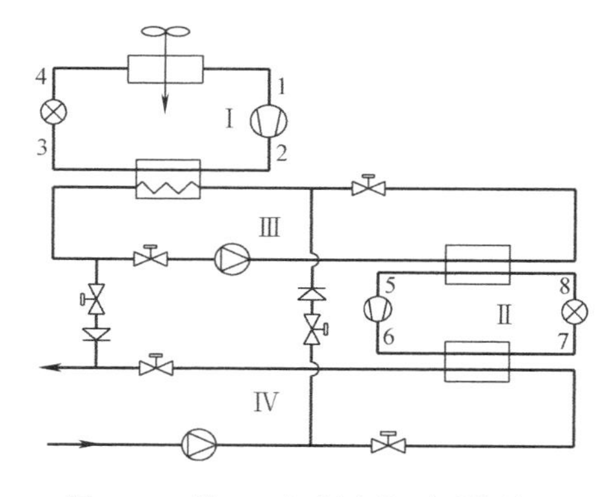

图 4-44 单、双级耦合热泵系统简图

Ⅰ—空气/水热泵；Ⅱ—水/水热泵；

Ⅲ—中间水回路；Ⅳ—热媒循环回路

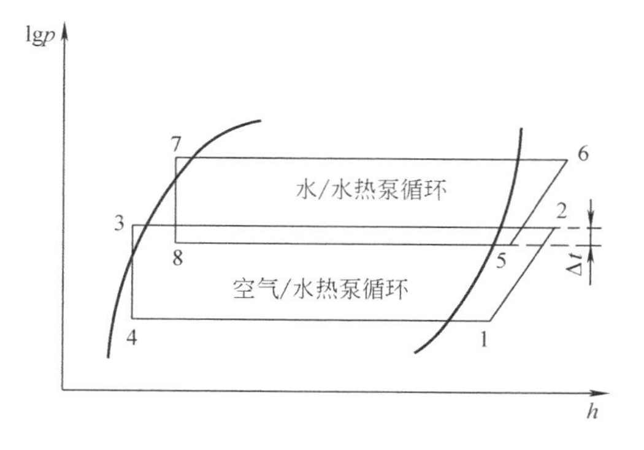

图 4-45 双级耦合热泵循环在 lg*p*-*h* 图上的表示

1～8 各状态点同图 4-39 管路上标注点

4.6 空气源热泵在暖通空调系统中的应用情景

为了改善环境问题，我国北方一些大城市（如北京、天津等）开展了用燃气锅炉供暖方式替代燃煤锅炉供暖方式的改造工作。因此，目前燃气锅炉供暖方式已成为北方大城市中的基本供暖方式之一。由于煤改气后，其供暖方式对大气环境的改善起到了积极的推动作用，但是燃气锅炉供暖系统用能极为不合理，具体表现在：一是存在用能的单向性问题。所谓的供暖系统用能的单向性是指燃气锅炉消耗天然气产生低温水→低温水向建筑物供暖→向环境排放废物（废热、废气等）的运行模式。而空气源热泵供暖的部分热量循环应用模式才是建筑供暖系统的科学用能方式。二是天然气是一种优质的高品位能，直接燃烧供暖是一种巨大的能量浪费。早在1988年出版的《热泵》一书中已明确指出："有燃料直接提供给采暖等所需的低温热量，即使在不损失热量的条件下，室内所得到的热量最多为燃料发热量的100%，也应该认为是一种巨大的浪费。因此在这种情况下，贮藏在燃料中的化学能所具有的做功能并未加以合理利用而被贬值了"。因此，不能称燃气锅炉供暖方式为绿色化，只有通过用可再生能源代替燃气（天然气），才能使现有的建筑供暖系统绿色化。

基于此，用空气源并具有热回收的燃气热泵供暖系统替代现有的燃气锅炉供暖系统势在必行。空气源并具有热回收的燃气热泵供暖系统的应用前景十分广阔，应引起业内人员的关注，并加大研究与开发力度，力争早日商品化。

图4-46给出空气源燃气发动机热泵原理图，其系统由燃气机（或燃气轮机）驱动热泵，并充分利用燃气机气缸冷却水套、排气（或称排烟）等废热。供暖系统回水先经热泵机组的冷凝器加热之后，再用冷却水的热量和排烟热量继续加热。

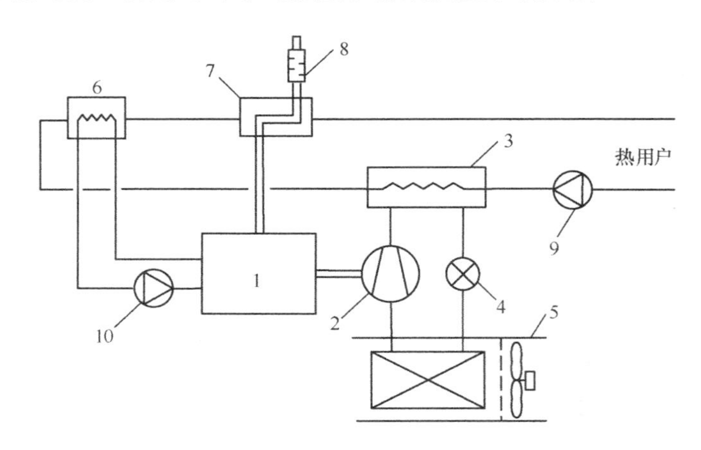

图4-46 空气源燃气发动机热泵原理图

1—燃气发动机；2—压缩机；3—冷凝器；4—膨胀阀；5—带消声器的蒸发器；6—发动机水冷却器；7—废气热回收器；8—废气消声器；9—热媒循环泵；10—冷却水循环泵

由于排气温度较高，因此可以把供暖系统的供水温度加热到较高的温度，一般可达70℃以上。这点对既有建筑供暖系统的节能改造很有利，可充分利用原有系统的末端系统与设备。

燃气驱动热泵的供暖方式与燃气锅炉供暖方式相比，在供热量相同的情况下，它所需的燃气量只有燃气锅炉供暖方式的一半[28]。燃气驱动空气源热泵供暖系统的热流图如图4-47所示。当空气源热泵性能系数 COP 为 3.33 时，其系统的能源利用系数可达 1.6。若将排气温度由 150℃再冷却到 60℃的话，其排气废热回收可由 20%增至 26%，其能源利用系数可达 1.66。

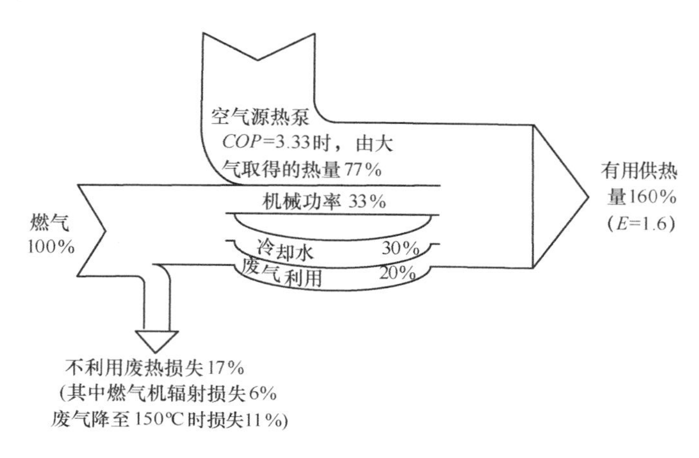

图 4-47 空气源燃气发动机热泵的热流图

下面介绍一个燃气机驱动空气源热泵加热系统的案例：多特蒙德市惠灵霍芬地区室外游泳池[28]。德国夏季通常比较凉爽、湿润，因此在整个游泳季节，许多室外游泳池不能得到充分利用。一些新建的游泳池都设有水加热装置。现有的室外游泳池也在增加水加热装置，以吸引更多的游泳者。

多特蒙德市惠灵霍芬地区室外游泳池，于 1977 年 4 月 1 日设置了联邦德国第一台燃气机热泵。游泳池分设 50m×20m 的普通游泳池和 35m×15m 的短池，池水温度保持在24℃左右。

燃气发动机驱动活塞式压缩机，轴功率为 83kW，转速 1500r/min。以城市燃气（含氢量 45%的炼焦煤气，输送压力为 3.2kPa）为燃料，发动机的单位耗热量为 13.3MJ/(kWh)。以室外空气作为热泵的低温热源，图 4-48 给出该装置的系统图。通过气缸冷却水废热回收器 6 和排气废热回收器 7 回收的热量可用于日用热水供应（设有两只容量各为 1500L 的储存器），也可通过换热器 13 加热池水。

此工程案例有两点值得关注：

① 该系统燃气机所选用的城市煤气含氢量高（45%）。为了在排气废热回收期中也能回收蒸汽的冷凝热，则将排气由 600℃降至 70℃，低于烟气露点温度。排气热回收器材料为 V4A 特殊钢。

② 由于热泵是在温暖的季节运行，室外气温较高，故选用空气作为低温热源，同时热泵供给池水的温度也不高。这样，燃气驱动空气源热泵的性能系数 COP 值可高达 5 以上，能源利用系数 E 也可高达 1.8 左右。

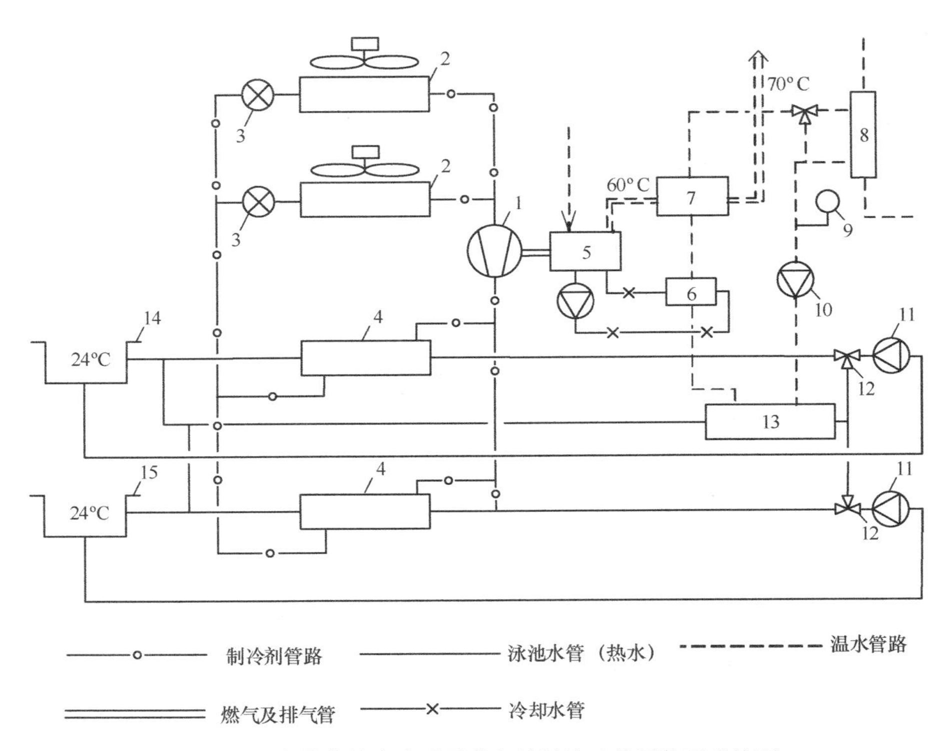

图4-48 多特蒙德市惠灵霍芬室外游泳池热泵装置系统图

1—压缩机；2—蒸发器；3—膨胀阀；4—冷凝器；5—燃气发动机；6—冷却水废热回收器；7—排气热回收器；8—温水贮存器；9—定压装置；10—温水循环泵；11—池水加热系统循环泵；12—混合阀；13—换热器；14，15—游泳池

参 考 文 献

[1] 王伟，倪龙，马最良. 空气源热泵技术与应用. 中国建筑工业出版社，2017.

[2] 蒋能照主编. 空调用热泵技术及应用. 北京：机械工业出版社，1997.

[3] 黄虎，束鹏程，李志浩. 风冷热泵冷热水机组的配置与结构分析. 全国暖通空调制冷1998年学术年会论文集，424-427.

[4] 张海峰，王勤，陈光明等. 相变储热型热泵热水器的设计及实验研究. 制冷学报，2005. 26（3）：22-25.

[5] 陈光明，王勤，陈琪等. 相变储热预热式热泵热水器. 中国专利，专利号：ZL 03 1 29369. 7.

[6] Yang Yao，Yiqiang Jiang，Shiming Deng and Zuiliang Ma. A Study on the Performance of the Airside Heat Exchanger under Frosting in an Air Source Heat Pump Water Heater /Chiller Unit. International Journal of Heat and Mass Transfer，2004，47(17-18)：3745-3756.

[7] 姚杨，马最良. 空气源热泵冷热水机组空气侧换热器结霜模型. 哈尔滨工业大学学报，2003，35（7）：781-783.

[8] 姚杨. 空气源热泵冷热水机组冬季结霜工况的模拟分析. 哈尔滨工业大学博士学位论文，2002.

[9] 姚杨，姜益强，马最良. 翅片管换热器结霜时霜密度和厚度的变化. 工程热物理学报，2003，24（6）：1040-1042.

[10] 姚杨，姜益强，马最良等. 空气侧换热器结霜时传热与阻力特性分析. 热能动力工程，2003，18（3）：297-300.

[11] 徐邦裕，陆亚俊，马最良编．热泵．北京：中国建筑工业出版社，1988.

[12] 王洋，江辉民，马最良等．增大蒸发器面积对延缓空气源热泵冷热水机组结霜的实验与分析．暖通空调，2006，36(7)：83-87.

[13] 黄虎，虞维平，李志浩．风冷热泵冷热水机组自调整模糊除霜控制研究．暖通空调，2001，31(3)：67-69.

[14] 韩志涛，姚杨，马最良等．空气源热泵误除霜特性的实验研究．暖通空调，2006，36(2)：15-19.

[15] 韩志涛．空气源热泵常规除霜与蓄能除霜特性的实验研究．哈尔滨工业大学博士学位论文，2007.

[16] 姚杨，姜益强，马最良等．蓄能式空气源热泵除霜系统：中国，ZL200510009975.1[P].

[17] 白晓夏，孙育英，王伟等．北京地区空气源热泵低温工况下运行性能的实测研究．建筑科学，2017，33(10)：53－59＋164.

[18] 王伟，李林涛，盖轶静等．空气源热泵“误除霜”事故简析．制冷与空调：北京，2015，15(3)：64-71.

[19] 姜益强，姚杨，马最良．空气源热泵结霜除霜损失系数的计算．暖通空调，2000，30(5)：24-26.

[20] 姜益强，姚杨，马最良．空气源热泵冷热水机组供热最佳能量平衡点的研究．哈尔滨建筑大学学报，2001，34(3)：83-87.

[21] 姜益强．空气源热泵冷热水机组供热最佳平衡点的研究．哈尔滨建筑大学硕士学位论文，1999.

[22] 马最良，杨自强，姚杨等．空气源热泵冷热水机组在寒冷地区应用的分析．暖通空调，2001，31(3)：28-31.

[23] 石文星，田长青，王森．寒冷地区用空气源热泵的技术进展．流体机械，2003，31(增刊)：43-48.

[24] 马最良．替代寒冷地区传统供暖的新型热泵供暖方式的探讨．暖通空调新技术，2001，(3)：31-34.

[25] 汪厚泰．低温环境下热泵技术问题探讨．暖通空调，1998，28(6)：34-37.

[26] 马最良，姚 杨，姜益强．双级耦合热泵供暖的理论与实践．流体机械，2005，33(9)：30-34.

[27] 王洋，江辉民，马最良，姚杨．单、双级混合式热泵系统切换条件的实验研究．暖通空调，2005，35(2)：1-3.

[28] 赫贝特·尤特曼著，耿惠彬 译．热泵(第三卷)燃气机和柴油机热泵在建筑业中的应用[M]．机械工业出版社，1989.

第 5 章　水源热泵空调系统

5.1　水源热泵机组与运行特性

水源热泵机组，又称水源热泵。它是指以水为热源（或热汇）的、可以进行制冷/制热的一种整体式热泵机组，通常有水/空气和水/水两种水源热泵机组。它在制热时以水为热源，而在制冷时以水为热汇。

5.1.1　水/空气热泵机组

图 5-1 给出小型的水/空气热泵机组的工作原理图。机组供冷时（图 5-1*a*），制冷剂/空气热交换器 2 为蒸发器，制冷剂/水热交换器 3 为冷凝器。其制冷剂流程为：

全封闭压缩机 1→四通换向阀 4→制冷剂/水热交换器 3→毛细管 5→制冷剂/空气热交换器 2→四通换向阀 4→全封闭压缩机 1。

机组供热时（图 5-1*b*），制冷剂/空气热交换器 2 为冷凝器，制冷剂/水热交换器 3 为蒸发器。其制冷剂流程为：

全封闭压缩机 1→四通换向阀 4→制冷剂/空气热交换器 2→毛细管 5→制冷剂/水热交换器 3→四通换向阀 4→全封闭压缩机 1。

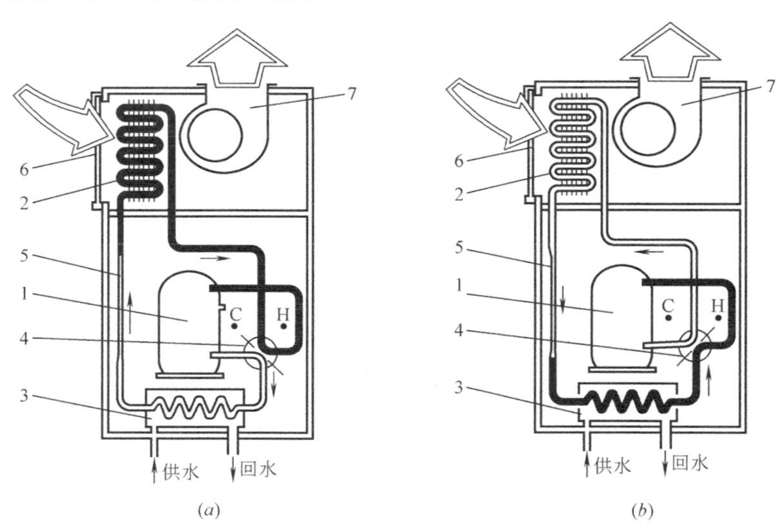

图 5-1　水源热泵工作原理图

(*a*) 制冷方式运行；(*b*) 供热方式运行

1—全封闭压缩机；2—制冷剂/空气热交换器；3—制冷剂/水热交换器；

4—四通换向阀；5—毛细管；6—过滤器；7—风机

小型水/空气热泵机组主要用在水环热泵空调系统中，详见第 7 章。目前小型水/空气热泵机组有以下几种类型[1]：

（1）按安装的方式可分为暗装机组和明装机组两种。暗装机组一般吊装在顶棚中或设置在专门的小型机房内。采用暗装方式，便于与室内装饰协调一致，一般需要接风管，因此，它的噪声相对要低些。目前暗装机组主要有水平式吊顶机组和垂直式座地机组；室内明装机组不接风管的通常是直接置于室内窗下或墙角处，机组外观十分大方。由于明装，因此安装、维修相对更方便些。目前明装机组主要有立式明装机组、立柱式机组等，见图 5-2。设置在屋顶上，常作为处理新风用的水平屋顶机组，也属于明装机组。

（2）按机组结构形式可分为整体式机组和分体式机组。图 5-2 给出的机组结构形式均为整体式机组，它与单元式空调机组机构形式类似。分体式机组是将空气/制冷剂换热器与风机组成独立的室内机，而将水/制冷剂换热器与压缩机组成独立的另一部分，置于箱体内，可安装在走廊或其他地方（如卫生间）。与整体式机组相比，分体式有如下特点：

① 压缩机噪声对室内的影响小，故室内噪声相对很小；

② 结构复杂，安装时要注意制冷剂管道的安装；

③ 室内机组有多种形式可供选择，使空调系统更具有个性化特点。

（3）按电源供应方式可分为单相电源供电和三相电源供电两种。当单台压缩机的输入功率在 2.25kW（3HP）以下时，通常采用单相电源供电，在 2.25kW（3HP）以上时，则采用三相电源供电。

小型水/空气热泵机组的容量范围相当广泛，如某品牌 WP * D 水/空气热泵机组的制冷量为 1.66～69.80kW，制热量为 2.34～92.30kW，风量为 354～14100m³/h。某品牌 GE * A 系列热泵机组的制冷量为 2.2～16.4kW，制热量为 2.8～18.8kW，风量为 411～3228m³/h。又如某品牌的整体式 MW * 系列的热泵机组制冷量为 4.20～21.00kW，制热量为 4.50～24.00kW，风量为 750～3300m³/h。

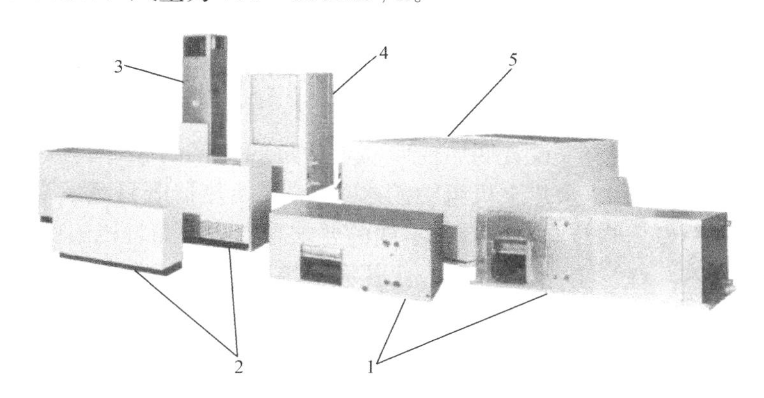

图 5-2 部分水源热泵机组

1—水平、吊顶暗装；2—落地明装；3—立柱式明装；4—垂直座地暗装；5—水平屋顶式

5.1.2 水/水热泵机组

早在 20 世纪 30 年代，水/水热泵就已问世，是世界上最早使用的热泵机组之一，也是我国早期使用的热泵机组。其组成与结构同我们常用的冷水机组基本相似（图 5-3），它由压缩机、冷凝器（水/制冷剂换热器）、蒸发器（水/制冷剂换热器）、贮液器、节流机

图5-3　水/水热泵机组的外形图

构、油分离器、电控装置等组成。目前所用制冷剂主要有R22、R134a、R407c、R410a、R404a等。所不同之处主要有：

(1) 水/水热泵的功能为供热与供冷（一机两用），或供冷、供热和热水供应（一机三用）。

(2) 水/水热泵的制热工况与制冷工况相差较大。因此，由于水/水热泵的运行特点，对压缩机有一些特殊要求。如：

① 压缩机的曲轴箱中常装有电加热器；

② 热泵压缩机所使用的润滑油的黏度随温度的变化希望较平缓；

③ 热泵机组中的压缩机，工作条件比冷水机组中的压缩机要差得多。一般要求有较高冷凝压力，排气压力和温度也高，导致压缩比大，压差大。因此，水/水热泵要选用供热泵应用的压缩机。

④ 水/水热泵中的压缩机冬夏都用，运行时间长，因此要求压缩机在第一次大修前至少有5年的寿命，即能无故障运行25000h。

⑤ 水/水热泵中的半封闭或全封闭压缩机向环境的散热损失应尽可能小，这点与冷水机组压缩机不同。因为这些损失会减少热泵的供热量。

(3) 小型水/水热泵机组中设置四通换向阀，通过四通换向阀，实现制热工况与制冷工况的转换。因此，要求水/水热泵机组中的水/制冷剂换热器既是蒸发器，又是冷凝器。而众所周知，对于蒸发器和冷凝器，各有不同的要求和特点。而且机组中蒸发器与冷凝器各自的负荷大小也不一样。为此，小型水/水热泵机组中水/制冷剂换热器应同时满足冬夏的工作条件。大型水/水热泵机组无四通换向阀，其制冷、制热工况的转换是通过水系统上阀门的开启来实现，因此，避免了水/制冷剂热交换器既作冷凝器又作蒸发器所带来的问题。

5.1.3　水源热泵机组的运行特性

众所周知，对于同一台水源热泵机组，采用同一种制冷剂，其制热量、制冷量、轴功率是随着工况的改变而改变。因此，设计选用水源热泵机组时，一定要注意应用工况与额定工况的不同。常常要从应用工况下的制热量转换到额定工况下的制热量，或从额定工况下的制热量转换到应用工况下的制热量。为了便于选用水源热泵机组，生产厂家一般都在机组样本上给出额定工况下的性能参数和机组的运行特性曲线。

图 5-4 给出某台半封闭螺杆压缩机水源热泵机组的典型变工况特性曲线[2]。从图中可知，在制冷工况下，当冷冻水的出水温度一定时，随着冷凝器侧进水（地下水）温度的提高，机组的制冷量逐渐减少，耗功逐渐增加。在冷凝器侧进水温度一定时，机组的制冷量随着蒸发器出水温度的降低逐渐减少，而耗功却逐渐增加；同样，在制热工况下，当供水温度不变时，随着蒸发器侧进水（地下水）温度的提高，机组的制热量逐渐增加，耗功逐渐增加。在蒸发器侧进水温度一定时，机组的制热量随着冷凝器出水温度的增加而减少，而耗功却逐渐增加。因此，在选择机组时，要根据机组运行的实际工况按样本给出的特性曲线来选用。

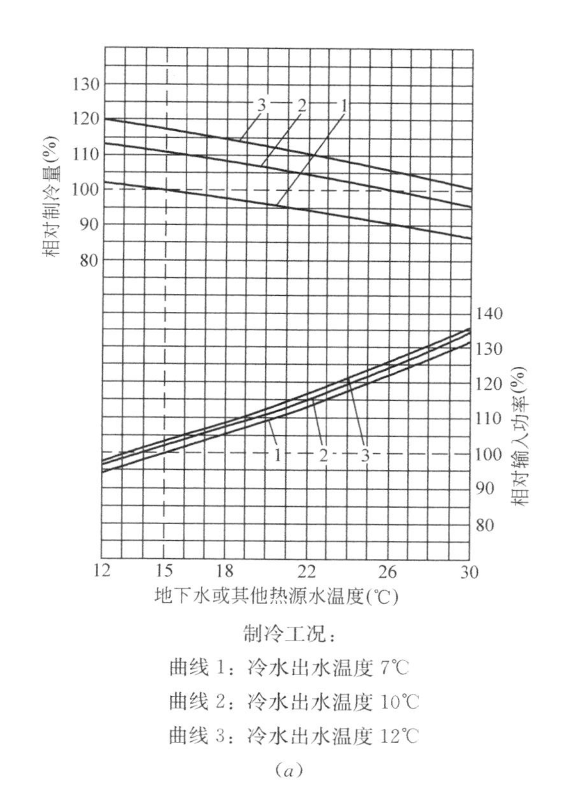

制冷工况：

曲线 1：冷水出水温度 7℃

曲线 2：冷水出水温度 10℃

曲线 3：冷水出水温度 12℃

(*a*)

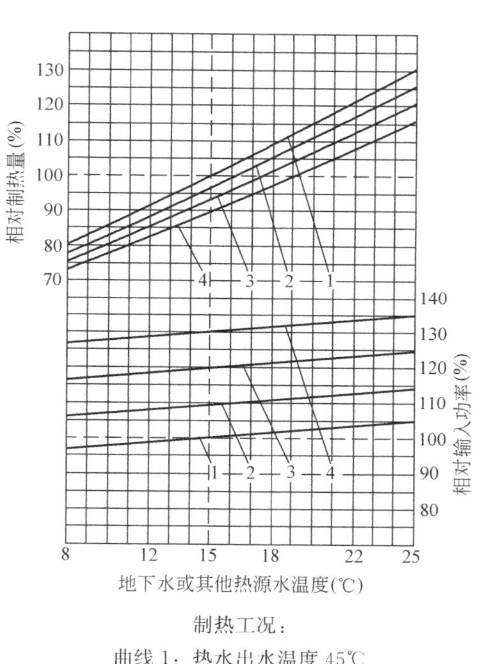

制热工况：

曲线 1：热水出水温度 45℃

曲线 2：热水出水温度 50℃

曲线 3：热水出水温度 55℃

曲线 4：热水出水温度 60℃

(*b*)

图 5-4 水源热泵机组的典型变工况性能曲线

（地下水和冷/热水进出温度差均为 5℃）

(*a*) 制冷工况；(*b*) 制热工况

5.2 地下水源热泵空调系统

地下水源热泵空调系统是我国应用较为普遍的一种地源热泵空调系统，也是国内较早的地源热泵之一。早在 1985 年广州能源所首先在广东东莞游泳池开始应用地下水源热泵，用 25～40m 深井中的 24℃的地下水作为热源。但国内地下水源热泵的发展一直很缓慢。直到 20 世纪 90 年代后期，井水源热泵才开始迅速发展，出现了大规模的地下水源热泵空调工程项目。

5.2.1　地下水源热泵空调系统的组成与工作原理

图 5-5 给出典型地下水源热泵系统图示，用以说明地源热泵系统的组成与工作原理。由图可以看出：

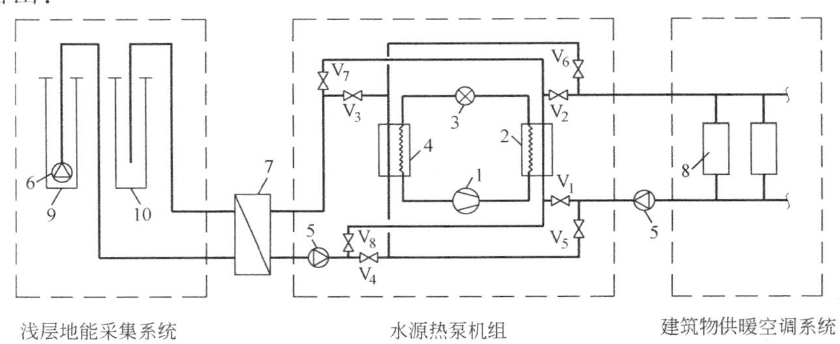

图 5-5　典型地下水源热泵系统图示

1—压缩机；2—冷凝器；3—节流机构；4—蒸发器；5—循环水泵；6—深井泵；7—板式换热器；8—热用户；9—抽水井；10—回灌井；$V_1 \sim V_8$—阀门

① 地源热泵系统主要由四部分组成：浅层地能采集系统、水源热泵机组（水/水热泵或水/空气热泵）、室内供暖空调系统和控制系统。所谓浅层地能采集系统是指通过水或防冻剂的水溶液将岩土体或地下水、地表水中的热量采集出来并输送给水源热泵的系统。通常有地埋管换热系统、地下水换热系统和地表水换热系统。水源热泵主要有水/水热泵和水/空气热泵两种，室内供暖空调系统主要有风机盘管系统、地板辐射供暖系统、水环热泵空调系统等。

② 通过水循环或添加防冻液的水溶液循环来完成浅层地能采集系统与水源热泵机组之间的耦合，而热泵机组与建筑物供暖空调之间耦合是通过水或空气的循环来实现的。

③ 冬季，水源热泵机组中阀门 V_1、V_2、V_3、V_4 开启，V_5、V_6、V_7、V_8 关闭。通过中间介质（水或防冻剂水溶液）的循环，与地下水进行换热，从而从地下水中吸取低品位热量，并输送到水源热泵机组的蒸发器 4 中，通过热泵将其低品位热能提高其品位，对建筑物供暖，同时起到蓄存冷量的作用，以备夏用；夏季，水源热泵机组中阀门 V_5、V_6、V_7、V_8 开启，V_1、V_2、V_3、V_4 关闭。蒸发器 4 出来的冷冻水直接送入用户 8，对建筑物降温除湿，而中间介质（水）在冷凝器 2 中吸取冷凝热，被加热的中间介质（水）在板式换热器 7 中加热井水，被加热的井水由回灌井 10 返回地下同一含水层内。同时，也起到蓄热作用，以备冬季供暖用。

5.2.2　地下水源热泵空调系统的设计要点

地下水源热泵空调系统的设计包括建筑物内的空调系统的设计和水井系统（地下水换热系统）的设计两大部分。前者，可参考常规空调系统设计规范、设计标准和设计手册等资料进行，而后者将是本小节重点阐述的问题。

（1）工程场区调查与地下水水文地质勘察

在选择和设计地下水源热泵空调系统之前，首先要在工程场区内做好调查与勘察工作。一般情况，调查范围应比拟定换热区边界大 100～200m。通过现场调查和野外实际观察，查明和了解工程场区地貌、场区内已有井的情况、地下水的污染、水资源开采规划等。在此基础上，打勘测井（又称试验井）。一般情况，当地下水系统供给的建筑物面积小于 3000m^2 时，可设一个勘测井。对于更大的建筑物则至少应设两个勘测井。设置勘测井时，应考虑到它能够做地下水源热泵空调系统的热源井使用。通过勘测井开展抽水试验、回灌试验、水质分析、地质和水文地质的勘察工作等。通过勘测井可以充分了解和掌握：

① 地层岩性、层位。

② 含水层的性质、埋藏深度、厚度和分布情况。

③ 含水层富水性和渗透性。

④ 地下水水温及其分布。

⑤ 地下水水质。

⑥ 地下水补给、径流、排泄特性等。

最后，要编写出水文地质勘察报告，以作为选用地下水源热泵空调系统科学决策的依据和设计的原始资料。

(2) 地下水供水系统形式的选择

地下水供水系统形式分为间接供水系统和直接供水系统两种。地下水间接供水系统是指使用板式换热器把地下水与水源热泵循环水系统分开，地下水不直接进入水源热泵机组中。而在直接供水系统中地下水直接进入水源热泵机组中。采用间接供水系统，可以保证水源热泵机组不受地下水质的影响，防止机组出现结垢、腐蚀、泥渣堵塞等现象，从而减少维修费用和延长使用寿命，尤其是采用分散式地下水源热泵空调系统时，必须采用间接供水系统。当采用集中式地下水源热泵空调系统时，可视地下水水质的优劣确定选用何种地下水系统。如果水质符合标准，不需要采取处理措施时，可采用直接供水系统。其水质，可参考下列要求：

① 含砂量应小于 1/200000。

② pH 值为 6.5～8.5。

③ CaO 含量应小于 200mg/L。

④ 矿化度小于 3g/L。

⑤ Cl^-＜100mg/L，SO_4^{2+}＜200mg/L，Fe^{+2}＜1mg/L，H_2S＜0.5mg/L。

(3) 工程项目所需的地下水总水量的确定[2]

工程项目冬季和夏季所需的地下水总量是由系统的供水方式（直接供水、间接供水）、水源热泵机组的性能、地下水（井水）水温及建筑物空调的冷、热负荷等因素决定的。

现以图 5-6 为例说明工程项目所需的地下水总水量的计算方法。

在夏季，热泵机组按制冷工况运行时，地下水总水量为：

$$m_{gw}=\frac{Q_e}{c_p(t_{gw2}-t_{gw1})}\times\frac{EER+1}{EER} \tag{5-1}$$

式中 m_{gw}——热泵机组按制冷工况运行时所需的地下水总水量（kg/s）；

t_{gw1}——井水水温，即进入热交换器的地下水温（℃）；

t_{gw2}——回灌水水温，即离开热交换器的地下水温（℃）；

c_p——水的定压比热，通常取 $c_p = 4.19\text{kJ/(kg·℃)}$；

Q_e——建筑物空调冷负荷（kW）；

EER——热泵机组的制冷能效比，所谓的 EER 是指热泵机组的制冷量与电机输入功率之比；

$Q_e\left(1+\dfrac{1}{EER}\right)$——热泵机组按制冷工况运行时，由地下水带走的最大冷凝热量。

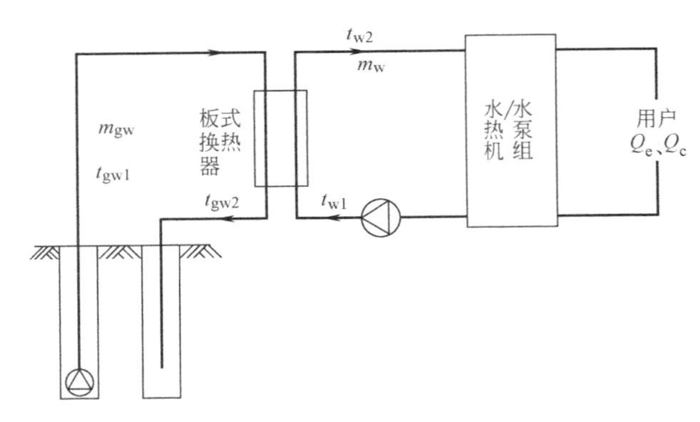

图 5-6　地下水换热系统简图

在冬季，热泵机组按制热工况运行时，地下水总水量为：

$$m_{gw} = \frac{Q_c}{c_p(t_{gw1} - t_{gw2})} \times \frac{COP-1}{COP} \tag{5-2}$$

式中　m_{gw}——热泵机组按制热工况运行时所需的地下水总水量（kg/s）；

t_{gw1}——井水水温，即进入热交换器的地下水温（℃）；

t_{gw2}——回灌水水温，即离开热交换器的地下水温（℃）；

c_p——水的定压比热，通常取 $c_p = 4.19\text{kJ/(kg·℃)}$；

Q_c——建筑物供暖热负荷，kW；

COP——热泵机组的制热性能系数，所谓的 COP 是指热泵机组的制热量与电机输出功率之比；

$Q_c\left(1-\dfrac{1}{COP}\right)$——热泵机组按制热工况运行时从地下水中吸取的最大热量。

公式（5-1）和式（5-2）中，已知量有：

① 对于选定的水源热泵机组，当运行工况确定后，其 COP 值与 EER 值为定值。

② 建筑物空调冷负荷 Q_e 和热负荷 Q_c。

③ 井水水温（t_{gw1}）可以通过地下水水文地质勘察获得。在方案设计时，也可参考表 3-4 所列出的国内部分城市的地下水温度的概略值[3]。

根据公式（5-1）和式（5-2）计算出的两个地下水总水量，取大值作为工程项目所需的地下水总水量，即作为板式换热器一次水侧循环水流量。

再根据试验井的出水量和当地水文地质单位的意见，定出每口井的小时出水量。最后，由项目所需的总水量和每口井的出水量，确定井的数量，并布置井群的位置。

（4）热源井

热源井是地下水热泵空调系统的抽水井和回灌井的总称，它是地下水换热系统的重要组成部分。它的功能是从地下水源中取出合格的地下水，并送至板式换热器，或直接送至水源热泵，以供热交换用。然后再通过回灌井返回含水层。

热源井的主要形式有管井、大口井、辐射井等。

管井一般指用凿井机械开凿至含水层中，用井壁管保护井壁，垂直地面的直井，又称机井。大口井是指井径大于1.5m的井，大口井可以作为开采浅层地下水的热源井。辐射井是由集水井与若干呈辐射状铺设的水平集水管（辐射管）组合而成。

管井、大口井和辐射井的基本尺寸及适用范围列入表5-1中[4]。

地下水取水构筑物的形式及适用范围 **表5-1**

形式	尺寸	深度	适用范围				出水量
			地下水类型	地下水埋深	含水层厚度	水文地质特征	
管井	井径50～1000mm，150～600mm	井深20～1000m，常用300m以内	潜水，承压水，裂隙水，溶洞水	200m以内，常用在70m以内	大于5m或有多层含水层	适用于任何砂、卵石、砾石地层及构造裂缝隙、岩溶裂隙地带	单井出水量500～6000m³/d，最大可达2万～3万m³/d
大口井	井径1.5～10m，常用3～6m	井深20m以内，常用6～15m	潜水，承压水	一般在10m以内	一般为5～15m	砂、卵石、砾石地层，渗透系数最好在20m/d以上	单井出水量500～1万m³/d，最大为2万～3万m³/d
辐射井	集水井直径4～6m，辐射管直径50～300mm，常用75～150mm	集水井井深3～12m	潜水，承压水	埋深12m以内，辐射管距降水层应大于1m	一般大于2m	补给良好的中粗砂、砾石层，但不可含有飘砾	单井出水量5000～5万m³/d，最大为10万m³/d

管井是目前地下水源热泵空调系统中最常用的。其设计与施工应由水文地质工作者完成，并要严格遵守《管井技术规范》GB 50296—2014[5]。还要注意的是，热源井在长期运转以后，由于管井的缠丝过滤器砂堵、腐蚀、胶结、岩化以及地面环境对补水量的影响等，管井的出水量可能会下降。这种随着管井井龄的增长出现出水量下降现象，称为管井老化，这是管井的一个缺点。例如：文献[6]对哈尔滨市具有代表性的6眼管井，经近二十余年的观察（表5-2）得出：具有常年良好植被覆盖的管井地下水位年均下降速度为0.57m；具有季节性植被覆盖的地下水位年均下降速度为0.64m；无植被覆盖的地下水位年均下降速度为1.01m，下降速度高出第一种情况近一倍。为了防止与缓解热源井的老化，在运行中，应加强热源井的运行管理与维护，并要做好管井地面的植被覆盖。

观察管井的地下水位的变化 **表5-2**

序号	管井地理位置	成井年份	水位(m)	当前水位(m)	水位降深(m)	植被覆盖情况
1	市区植物园内	1983	−17	−29	12.0	长久、良好
2	市区植物园内	1983	−25	−37	12.0	长久、良好
3	距城镇1km	1983	−39.6	−53.16	13.56	季节性植被
4	距城镇1km	1983	−36.5	−50.00	13.5	季节性植被
5	距市区植物园1km	1983	−35	−56.70	21.7	无植被
6	距市区植物园1km	1983	−39	−59.80	20.8	无植被

注：以上管井均为单井周围0.5km半径内无其他取水工程，且以地表面为±0.00m。

5.2.3　地下水回灌技术

评价一个运行的地下水源热泵系统的优劣，应该首先看它是否能100%的回灌地下水，必须符合《地源热泵系统工程技术规范》（2009版）GB 50366—2005中5.1.1的规定；要有完善的回灌系统，在整个运行寿命期内，保证100%回灌地下水。然后才能看它的运行经济性、可靠性和安全性等。

（1）地下水源热泵回灌的目的

① 保护地下水资源，避免出现地质灾害。基于地下水资源严重短缺和长期超采的现状，如果地下水源热泵的回灌技术有问题，不能将100%的井水回灌到含水层内，那将会使现在已不乐观的地下水资源状况雪上加霜。在全国大力推广地下水源热泵的同时，会带来加速由于地下水超采引发的更大的地质灾害，地下水位下降、含水层疏干、地面下沉、河道断流、海水入侵等。

② 改善和提高浅层地能（热）的利用效率。浅层地能（热）一部分储存在含水层的地下水中，而大部分储存在含水层岩石骨架、顶层与底层岩土中，通过地下水源热泵系统的回灌井把温度较低的水注入含水层中，重新与含水层、顶层和底层岩土进行换热，以此来提高浅层地能（热）的利用率。

③ 回灌保持含水层内的压力，维护浅层地能（热）的开采条件。

地下水源热泵若不能100%回灌地下水，其用水的实质变为地下水的一种人工排泄。当大量的地下水源热泵被采用和长期运行，势必会使含水层的地下水补给、径流、排泄的小循环遭到破坏。众所周知，地下水的补给、径流和排泄是紧密联系在一起的，是形成地下水运动的一个完整的、不可分割的过程。为此，地下水源热泵必须采取可靠的回灌措施，确保置换冷量或热量后的地下水全部回灌到同一含水层，以保持含水层的压力与稳定的出水量。

（2）地下水回灌方法与地下水灌抽比

目前，地下水源热泵空调系统常用的压力回灌方法主要是重力回灌方法和加压回灌方法。

① 重力回灌。重力回灌又称无压自流回灌。它是依靠自然重力进行回灌，即依靠井中回灌水位和静水位之差。此法的优点是系统简单。它也适用于低水位和渗透性良好的含水层。现在国内大多数系统都采用这种无压自流回灌方式。

② 压力回灌。通过提高回灌水压的方法将热泵系统用后的地下水灌回含水层内，压力回灌适用于高水位和低渗透性的含水层和承压含水层。它的优点是有利于避免回灌的堵塞、也能维持稳定的回灌速率、维持系统一定压力，可以避免外界空气侵入而引起地下水氧化。但它的缺点是回灌时，对井的过滤层和含砂层的冲击力强。荷兰地下水源热泵的地下水回路技术领先于其他西方国家，在技术上成功地解决了地下水回灌过程中井的堵塞问题，荷兰采用的回灌方式就是压力回灌。

地下水灌抽比（同一井的回灌水量与其抽水量之比）在理论上可以达到100%，但是，由于水文地质条件的不同，常常影响到回灌量。特别在细砂含水层中，回灌的速度大大低于抽水速度。对于砂粒较粗的含水层，由于孔隙较大，相对而言，回灌比较容易。表5-3列出了国内针对于不同地下含水层情况，典型的灌抽比、井的布置和单井出水量情况[7]。

不同地质条件下的地下水系统设计参数 **表 5-3**

含水层类型	灌抽比(%)	井的布置	井的流量(t/h)
砾石	>80	一抽一灌	200
中粗砂	50～70	一抽二灌	100
细砂	30～50	一抽三灌	50

(3) 地下水源热泵回灌的问题与对策

地下水源热泵回灌技术是其关键技术，已引起空调制冷业内人员的关注[7-9]。同时，人工地下水回灌技术也是水资源管理的新战略[10]。人工地下水回灌技术是指将多余的地表水、暴雨径流或再生污水通过地面渗流或回灌井注水等方法将水从地面上输送到地下含水层中，随后同地下水一起作为新的水源开发利用。在地热资源开发与利用领域也采用地热水回灌技术来保护地热资源[11,12]。可见，地下水回灌技术现已成为诸领域中的热门研究课题。

地下水源热泵应用于工程实际已有六十多年的历史，在这六十多年中时常暴露出回灌井失效问题。回灌井堵塞造成单井水量越灌越少，甚至灌而不下。这已是制约地下水源热泵应用的一个瓶颈。

回灌能力下降的原因是井孔、岩石表面和地层结构内发生堵塞。引起堵塞的因素有：

① 悬浮物堵塞。由于水中含有的悬浮物颗粒在回灌压力作用下，附着于回灌井的井壁或进入含水层的孔隙而影响回灌能力。当细小颗粒被吸附于井壁上时，会形成块状物，此时，可通过回扬和酸洗手段来消解；而当运动的细小颗粒在地层中的某一位置由于压力和流速不能维持颗粒的正常运动，而使颗粒被驻留，形成阻挡的环状区域，当发生这种堵塞时，尽管采用回扬措施，通常也是不可消除的。

防止悬浮物的具体措施是加装过滤器，除去水中的悬浮物之后再回灌。因此，控制回灌水中悬浮固体物的含量是防止回灌井堵塞的首要因素。

② 气泡堵塞。由于回灌水中可能携带大量气泡、水中溶解性气体可能因温度与压力的变化而释放出来、也可能因生化反应而生成气体物质，气体在含水层孔隙和通道中驻留、堆积，可能发生气体堵塞。

防止回灌水夹带气泡的具体措施是在回灌井口水系统的最高点设置集气罐，集气罐上设置自动排气阀。

③ 化学沉淀堵塞。由于物理化学状态的改变或回灌水与地下水之间的化学反应而产生沉淀，从而降低井的回灌能力。其中，水中的离子和含水层中黏土颗粒上的阳离子发生交换，导致黏粒的膨胀和扩散，这是发生最多的因化学反应产生的堵塞。

防止黏粒膨胀和扩散的具体措施是可通过注入 $CaCl_2$ 等盐来解决。

④ 微生物的生长。回灌水中的微生物在适宜的条件下，在回灌井周围迅速繁殖，形成生物膜，堵塞过滤器孔隙或含水层孔隙，降低含水层的导水能力。

防止生物膜形成的具体措施是：

A. 去除水中的有机物；

B. 进行预消毒，杀死微生物，如常用氯消毒。

⑤ 含水层细颗粒介质重组。当回灌井为双用途井，又兼作抽水井用，反复的抽水与

回灌可能引起井壁周围细颗粒介质的重组，这种堵塞一旦形成，很难处理。

因此，在运行中，为了掌握回灌效果，及时发现回灌中出现的问题，应做好以下几点工作：

① 回灌效果的监测。要对回灌井的回灌水量、水温、水质及井口压力等进行监测，并记录以备查阅。

② 回扬。回扬清洗方法是预防和处理回灌井堵塞的有效方法之一。目前在国内，常采用回扬清洗方法来维持地下水源热泵系统的地下水回灌。

③ 回灌井的维护与管理。每年至少要检修一次井，将井管抽出，清洗过滤网及井管。

④ 采用化学的方法（加酸、消毒及氯化剂等）对回灌井进行周期性的再生与处理，以保护井的回灌能力。

但还应指出一点，已建成的地下水源热泵系统有相当一部分未采用完善的回灌措施，或者回灌失败。运行实践也表明，在目前的技术条件下，回灌井堵塞问题是常见的现象，它已成为制约地下水源热泵系统应用的瓶颈。为解决此问题，应从以下诸方面着手研究：

① 学习水资源管理、地热资源开发与利用、地下含水层储能等各领域地下水回灌技术与经验，采取防止回灌井堵塞的技术措施。

② 积极寻求易于回灌的地下水源热泵系统形式，从源头上解决回灌堵塞问题[13]。

③ 一旦出现回灌堵塞，可采取的技术措施有：

A. 对于以泥沙等机械杂质为主的堵塞，主要采取清刷和洗井。常用的洗井方法有活塞洗井、压缩空气洗井、干冰（固体 CO_2）洗井和液态 CO_2洗井等。

B. 对于化学沉淀物为主的堵塞，主要以酸洗法清洗。

C. 对于因细菌繁殖形成的堵塞，应采取氯化法同酸洗法的联合清洗。

D. 井完全失效后（如含水层细颗粒介质重组），应该重新打回灌井，或用空气/水热泵制备 15～20℃的温水替代热源井。

④ 加强与完善地源井的管理，实现运行管理节能和预防堵塞。这主要有两个方面，一是政府有关部门宏观调控，对地下水源热泵回灌问题，应进行长期有效的管理与监督；二是业主的科学运行管理。

⑤ 加强对地下水源热泵系统回灌技术的基础性研究，才能不断地发展回灌技术，支撑地下水源热泵系统的进步。

5.3　地表水源热泵空调系统

地表水源热泵空调系统是早期热泵之一。早在 1938～1939 年间，河水源热泵已在瑞士苏黎世市政大厅投入运行，这是欧洲第一台较大的地表水源热泵系统。20 世纪 40～50 年代，瑞士、英国早期使用的热泵系统大部分也是地表水源热泵系统。我国地表水源热泵起步较晚，但是，我国南方地表水资源十分丰富，发展地表水源热泵空调系统的前景光明。为此，本节主要介绍地表水换热系统的形式、地表水源热泵的特点与设计要点等问题。

5.3.1　地表水换热系统的形式

地表水换热系统的形式可分为开式地表水换热系统和闭式地表水换热系统。开式地表水换热系统就是通过取水口，并经简单污物过滤装置处理，然后在循环泵的驱动下，将处理后的地表水直接送入热泵机组或通过中间换热器进行换热的系统，如图 5-7 所示。闭式地表水换热系统就是将封闭的换热盘管按照特定的排列方式放入具有一定深度的地表水体中，传热介质通过换热盘管管壁与地表水进行热交换的系统，如图 5-8 所示。目前，在闭式地表水换热系统中常采用的换热盘管，通常有两种形式，一是松散捆卷盘管，即从紧密运输捆卷盘管，重新组成松散卷，并加重物；二是伸展开盘管或“slinky”盘管，如图 5-9所示。

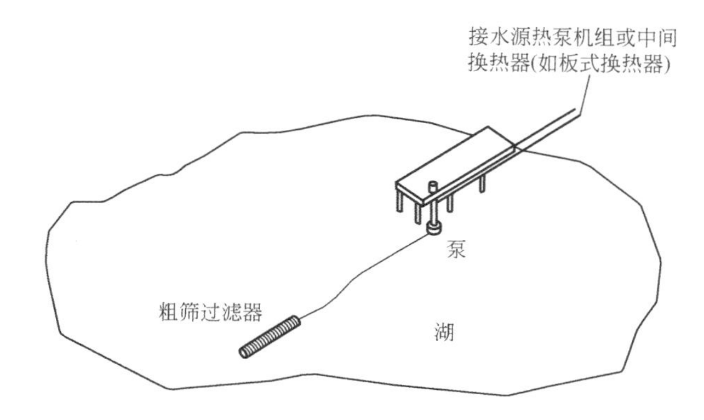

图 5-7 开式地表水换热系统

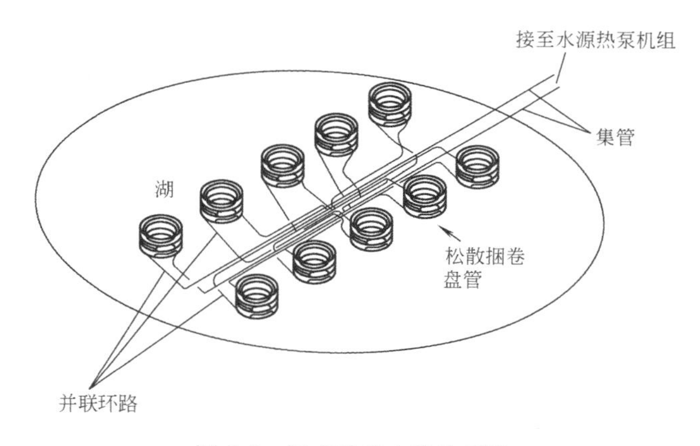

图 5-8 闭式地表水换热系统

采用开式地表水换热系统形式的热泵空调系统，称为开式地表水源热泵空调系统。同样，采用闭式地表水换热系统形式的热泵空调系统称为闭式地表水源热泵空调系统。与前者相比，后者具有如下特点：

① 闭式环路中的循环介质（水或添加防冻剂的水溶液）清洁，避免了系统内的堵塞现象。但是封闭的盘管外表面可能会结有污泥（垢）等污物，尤其在盘管底部产生污泥现象时有发生。

② 闭式环路系统中的循环水泵的扬程只须克服系统中流动阻力。因此，相对于开式地表水源热泵空调系统中的泵

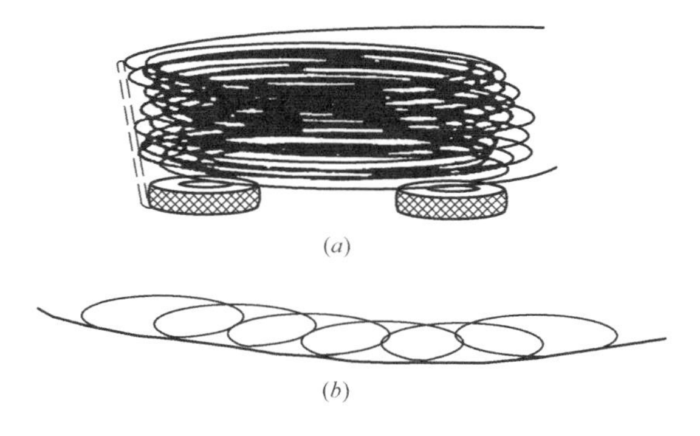

图 5-9 常用封闭式盘管形式
(a) 松散捆卷盘管；(b) 伸展开盘管或“slinky”盘管

功率要小。

③ 由于闭式环路中的循环介质与地表水之间换热的要求，循环介质的温度一般要比地表水水温低 2～7℃，由此将会引起水源热泵机组的特性降低，即机组的 *EER* 或 *COP* 值相对于开式系统略有下降。

5.3.2　地表水的特点对热泵空调系统的影响

（1）地表水表层（0～12m）的水温随着全年各个季度的不同而变化。因此，地表水源热泵的一些特点与空气源热泵相似。例如，冬季要求供热负荷最大时，对应的蒸发温度最低；而夏季要求供冷负荷最大时，对应的冷凝温度最高。又如，在严冬时，河水温度可能低到接近 0℃，盘管换热器有结冰的可能。

为此，地表水源热泵空调系统选用的地表水必须保持足够高的温度，以避免盘管换热器中出现大量的结冰。同时也应该设置辅助热源（燃气锅炉、燃油锅炉等）。德国埃斯林根市薛尔兹托住宅群河水源热泵空调系统，以燃油锅炉作辅助加热装置，该系统设计成83%的供暖日用热泵供暖，全年有 63%的供暖用热量来自热泵[14]。

另外，在冬季，由于地表水水温可能较低，导致水源热泵出口水温接近 0℃，甚至低于 0℃。此时，如果用水作换热盘管的传热介质就会产生冻结，因此，常选用防冻剂水溶液作为换热盘管的换热介质。常用的防冻剂有氯化钙水溶液、丙烯乙二醇水溶液、甲醛、酒精等。

（2）地表水同地下水和岩土相比，是一种很容易采用的低位能源。因此，对于同一栋建筑物，选用开式地表水源热泵空调系统的费用是地源热泵空调系统中最低的。而选用闭式地表水源热泵空调系统也比土壤耦合热泵空调系统费用低。但是，应注意选用湖水与河水时，其表面面积和深度要与热负荷相适应。文献［15］给出，浅水池或湖泊（4.6～6.1m）的热负荷不应超过 13W/m^2 水面。对于温度分层明显的深水湖（>9.2m），其热负荷的最大值应不超过 69.5W/m^2 水面。

（3）目前，多数河水、湖水等水质（如地表水的浊度、硬度、pH 值、藻类和微生物含量等）难以达到地表水源热泵对水质的要求。因此，要根据地表水水质的不同采用合理的水处理方式。对于浊度和藻类含量都较低的湖水、水库水可采用砂过滤、Y 形过滤器等方式处理。对于藻类和微生物含量较高的地表水需要经过杀藻消毒，并采用混凝过滤等处理方式。对于浊度较高的江河水需要经过除砂、沉淀、过滤等处理。

（4）江河的径流特征值（水位、流量、流速等）是确定地表水源热泵取水位置、取水构筑物形式与结构的主要依据。径流特征值主要有：

① 河流近 20 年的最小流量和最低水位；

② 河流近 20 年的最大流量和最高水位；

③ 河流近 20 年月平均流量、月平均水位以及年平均流量和年平均水位；

④ 河流的最大、最小和平均水流速及其在河流中的分布等。

全面综合地考虑径流特征值，对地表水源热泵空调系统的设计、施工和运行，都具有重要意义。因此，在确定取水构筑物形式时，应根据所在地区的河流径流特征值，选用不同特点的取水形式。如：我国西南地区（如四川）很多河流水位变幅都在 30m 以上（如长江在重庆段枯水位为 158.9m，洪水位为 193.5m），在这样的河道上取水，当洪水量不太大时，可采取浮船式取水构筑物。在重庆也常用土建费用省、施工方便的湿式深井泵房。又如：《地源热泵系统工程技术规范》（2009版）GB 50366—2005（以下简称《规范》）中明确规定，地表水的最低水位与换热盘管距离不应小于1.5m。

在此还应注意一点，出于生物学方面的原因，常要求地表面水源热泵的排水温度不低于2℃。但湖沼生物学家们认为，水温对河流的生态影响比光线和含氧量的影响要小。不管如何，热泵长期不停地从河水或湖水中采热，对河流或湖泊中的生命形式的潜在生态影响，仍是值得我们进一步在运行中注意与研究的问题。

5.3.3 地表水换热系统勘察

由5.3.2可知，了解和掌握工程场地地表水的特点，对于地表水换热系统的设计与施工具有重要的意义，也是能否应用地表水源热泵空调系统的基础。因此，在地表水源热泵空调系统方案设计之前，必须进行地表水水源水文状况的勘察，并作出可靠性综合评价。《规范》中也明确规定勘察内容为：

(1) 地表水水源性质、水面用途、深度、面积及其分布；

(2) 不同深度的地表水水温、水位动态变化；

(3) 地表水流速和流量动态变化；

(4) 地表水水质及其动态变化；

(5) 地表水利用现状；

(6) 地表水取水和回水的适宜地点及路线。

最后，要编写出地表水源水文勘察报告。它是地表水源的水文勘察工作全部成果的集中体现，是综合性的技术文件。也是地表水源热泵空调系统设计的依据和最基本的原始资料。

5.3.4 松散捆卷盘管的设计要点

松散捆卷盘管是闭式地表水源热泵系统中最常用的形式。现以此为例，介绍地表水热交换器的设计要点。

(1) 设计负荷

从理论上讲，地表水换热系统的设计总负荷应为：供冷工况时水环路的最大散热量或者供热工况时水环路的最大吸收量。供冷工况时水环路的最大散热量包括每个分区的总冷负荷、热泵机组耗功产生的热量和集中泵站释放的热量的总和。供热工况时水环路的最大吸热量为各分区热负荷加上水环路的热损失，减去热泵机组耗功产生的热量，再减去集中泵站加到水环路中的热量。设计时，分别计算出二者的热量，取其大者作为设计负荷。

(2) 确定盘管的总长度[16,17]

由图5-8可知，闭式地表水源热泵空调系统的地表水换热系统由多组松散捆卷盘管并联在集管上组成，其盘管的总长度确定如下：

① 根据松散捆卷盘管的接近温度，即盘管的出口温度与地表水水体温度之差，由图5-10和图5-11先确定出单位热负荷所需的盘管长度，单位是m/kW(或m/Rt)。但使用图5-10和图5-11时，应用条件为：盘管为高密度聚乙烯管（HDPE）；管内流量为0.054L/(s·kW)［0.19L/(s·Rt)］；流态为非层流（Re>3000）。

② 根据地表水换热系统的设计总负荷，确定出地表水换热系统的盘管总长度。

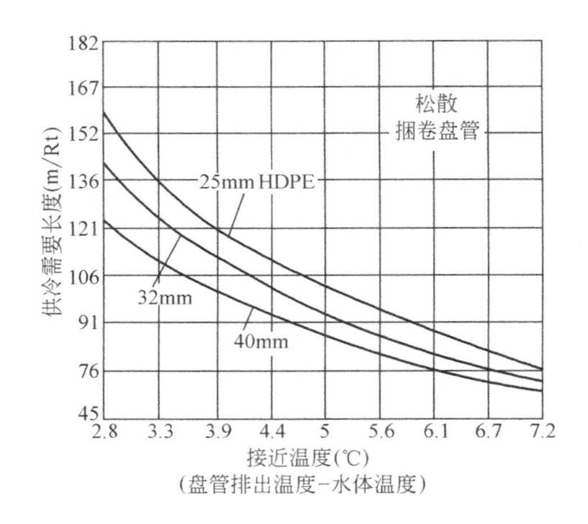

图 5-10　供冷工况的松散捆卷盘管需要长度

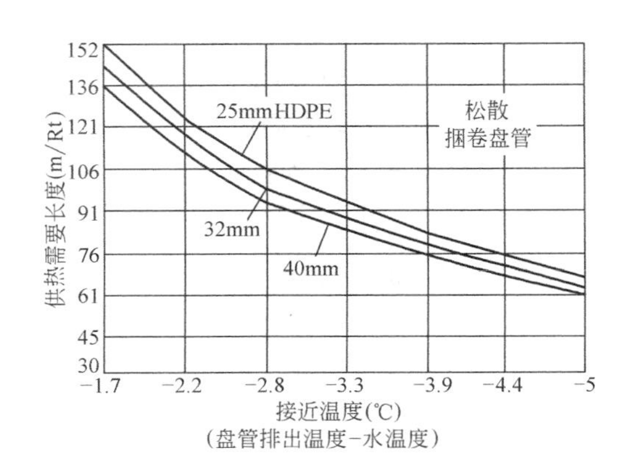

图 5-11　供热工况的松散捆卷盘管需要长度

(3) 确定松散捆卷盘管数量（环路数量）

① 环路数量设计原则如下：

A. 每一组盘管作为一个独立环路，为保证各个环路之间流动阻力的平衡，每组松散捆卷盘管的长度应相同，且供、回水管采用同程布置。

B. 环路的流量要保证使其内的换热介质处于非层流流动（$Re>3000$），表 5-4 给出不同换热介质在非层流状态下所需的最小流量值。

非层流状态下所需的最小流量（L/s）　　**表 5-4**

换热介质（按质量百分比，%）	换热介质温度(℃)							
	$t=-1$℃				$t=10$℃			
	管径(mm)							
	20	25	32	40	20	25	32	40
20%酒精	0.24	0.3	0.38	0.44	0.16	0.2	0.28	0.29
20%乙烯乙二醇	0.16	0.2	0.25	0.28	0.11	0.14	0.18	0.2
20%甲醛	0.18	0.23	0.28	0.33	0.13	0.16	0.2	0.22
20%丙烯乙二醇	0.21	0.27	0.34	0.38	0.15	0.177	0.23	0.26
水	—	—	—	—	0.07	0.09	0.11	0.13

C. 在地表水换热系统的总长确定后，若使并联环路少，则每组松散捆卷盘管的管长要增长，其流动阻力也会增加，导致循环泵耗功大。因此，在设计时，一般要使盘管的压力损失不超过 61kPa。

② 环路数量

通常，根据盘管制造厂按标准每捆卷的盘管长度来确定环路数。但要注意两点：

A. 若每捆卷盘管的阻力损失超过 61kPa，则要根据要求修改盘管的长度。

B. 最好不要超过并联循环最大的环路数 N_{max}，以避免管内换热介质的流动出现层流。N_{max}可按下式计算：$N_{max}=\dfrac{总流量}{最小流量}$

(4) 系统的水力计算及循环泵的选择

与空调水环路计算相似。

5.4 海水源热泵空调系统

海水源热泵空调系统是地表水源热泵空调系统的一种。到目前为止，世界范围内利用海水作热源与热汇的热泵供热、供冷已有一些工程实例在运行。经几十年的研究，北欧诸国在利用海水作热源、热汇方面具有丰富的实践经验。我国虽然有很多不冻的良港、岛屿和半岛，但是海水源热泵仍处在起步阶段。

5.4.1 大型海水源热泵站

20 世纪 80 年代以来瑞典已建成一些大型海水源热泵，其他国家也建了一些大型海水源热泵站，如：加拿大哈利法克斯省 Pardy's Wharf 项目、新斯科舍 Nova-Scotia Power 项目，美国夏威夷、纽约、佛罗里达地区的几个海水源热泵系统。一般来说，大型海水源热泵站供热、供冷系统是由海水取水构筑物、海水泵站、热泵站、供热与供冷管网、用户末端供热、供冷系统组成。海水取水构筑物为系统安全可靠地从海中取海水；海水泵站的功能是将取得的海水输送到热泵站内相关的设备（板式换热器或热泵机组）；热泵站的功能是利用海水作热源或热汇，制备供供暖与空调用的热媒或冷媒（冷冻水）；供热与供冷管网将热媒与冷媒输送到各个热用户，再由用户末端系统向建筑物内各房间或各个区分配冷量与热量，从而创造出健康而舒适的工作与居住环境。

瑞典的海水源热泵站中安装的大型热泵机组单机容量有 10MW、11MW、15MW、25MW。瑞典 Värtan Ropsten 热泵站安装 6 台瑞士 AXIMA 制冷公司生产的整机离心热泵制冷机组（R22），2003 年，用 R134a 制冷剂更换一台机组，单机供热能力为 30MW[18]。

作为例子，现介绍一台制热能力 13MW 的整机热泵机组[13]，其机组的原理如图 5-12 所示。它主要由离心式压缩机、电动机、冷凝器、过冷器、闪发器、蒸发器和节流阀等设

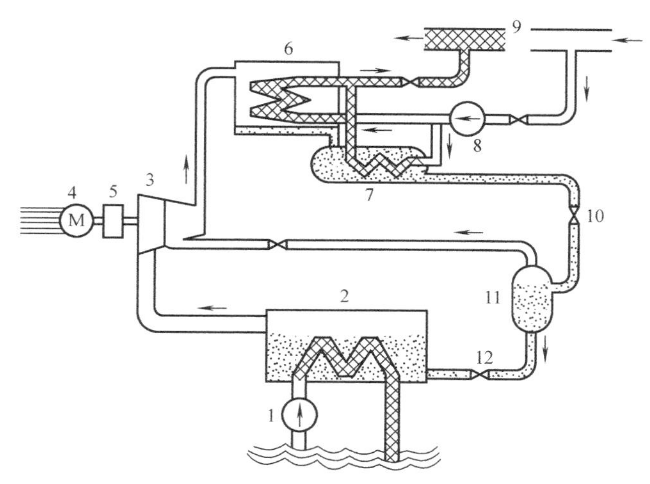

图 5-12 供热能力 13MW 热泵机组的原理图

1—取水泵；2—蒸发器；3—离心式压缩机；4—电动机；5—变速装置；6—冷凝器；7—过冷器；8—管网循环泵；9—管网；10—高压节流阀；11—闪发器；12—低压节流阀

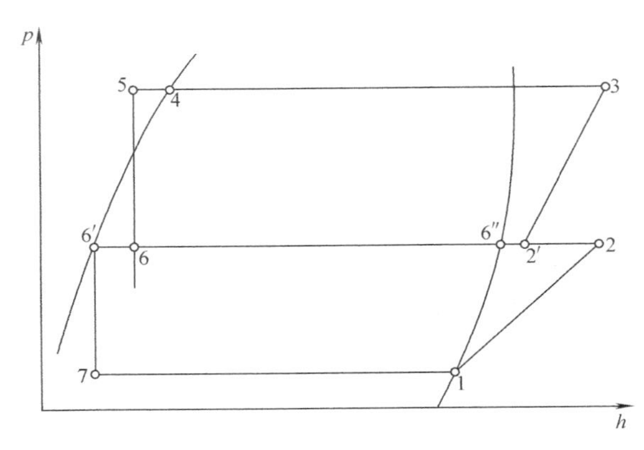

图 5-13　机组制热循环在 lg$p$-h 图上的表示

备组成。

图 5-13 给出机组制热循环在 lg$p$-h 图上的表示。蒸发器出来的制冷剂蒸气经离心式压缩机压缩到中间压力（过程 1—2），而后与闪发器来的饱和气体制冷剂混合到 2′点（6″与 2 混合），再次经离心式压缩机压缩到冷凝压力（过程 2′—3），而后送入冷凝器 6 中冷凝到饱和液体（过程 3—4）。经过冷器 7 过冷（过程 4—5），在冷凝器 6 和过冷器 7 中实现了供热的目的。状态 5 的制冷剂经高压节流阀节流（过程 5—6），在闪发器中分离出的饱和液体制冷剂（状态 6′）经低压节流阀节流（过程 6′—7），进入蒸发器吸热汽化，实现了提取海水热量的目的。

5.4.2　海水源热泵空调系统的特殊技术措施

海水与河水、湖水等相比，具有一些特殊性，因此，海水源热泵空调系统设计和运行中应充分注意防止海水的腐蚀、防治和清除海生生物、冬季海水温度过低（<3℃），采取一些特殊的技术措施。

（1）防止海水腐蚀的主要措施

① 采用耐腐蚀的材料及设备：如采用铝黄铜、镍铜、铸铁、钛合金以及非金属材料制作的管道、管件、阀件等；专门设计的耐海水腐蚀的循环泵等。

② 表面涂敷防护：如管内壁涂防腐涂料，采用有内衬防腐材料的管件、阀件等；涂料有环氧树脂漆、环氧沥青涂料、硅酸锌漆等。

③ 采用阴极保护，通常的做法有牺牲阳极保护法和外加电流的阴极保护法。

④ 宜采用强度等级较高的抗硫酸盐水泥及制品，或采用混凝土表面涂敷防腐技术。

（2）防治和清除海生生物的主要方法

① 设置过滤装置。如拦污栅、格栅、筛网等粗过滤和精过滤。

② 投放药物。如氧化型杀生剂（氯气、二氧化氯、臭氧）和非氧化型杀生剂（十六烷基化吡啶、异氰尿酸酯等）。

③ 电解海水法。电解产生的次氯酸钠可杀死海洋生物幼虫或虫卵。

④ 含毒涂料防护法等。

⑤ 在系统上安装换热器和管道的自动清洗装置。

（3）冬季海水温度过低可采取的技术措施

① 海水源热泵机组可按单、双级压缩循环运行。当海水温度过低时，可按双级运行。

② 当海水温度过低时，可以增加海水流量，使海水的供、回水温差变小。

5.5　污水源热泵空调系统

污水源热泵是水源热泵的一种。众所周知，水源热泵的优点是水的比热容大，设备传热性能好，所以换热设备较紧凑；水温的变化较室外空气温度的变化要小，因而污水源热泵的运行工况比空气源热泵的运行工况要稳定。城市处理后的污水是一种优良的引人注目的低温余热源，是水/水热泵或水/空气热泵的理想低温热源。

污水源热泵在北欧诸国、日本发展较早。我国城市污水源热泵技术推广应用于20世纪末起步，但发展很快。北京市排水集团在高碑店污水处理厂开发了一套污水源热泵试验工程（900m^2 建筑供热），然后在北小河污水处理厂安装一套供6000m^2 建筑供暖与供冷的污水源热泵，目前在秦皇岛、哈尔滨、石家庄、沈阳等地均有污水源热泵系统在运行。

经多年的运行实践，也充分表明：由于污水相对于清水而言，它具有特殊性，这对污水源热泵空调系统的设计与运行带来一些新的影响，使污水源热泵空调系统具有许多独特的特点。

5.5.1 污水的特殊性及对污水源热泵的影响

城市污水是由生活污水和工业废水组成，它的成分极其复杂。生活污水是城市居民日常生活中产生的污水，常含有较高的有机物（如淀粉、蛋白质、油质等）、大量柔性纤维杂物与发丝、柔性漂浮物和微尺度悬浮物等。一般来说，生活污水的水质很差，污水中的大小尺度的悬浮物和溶解化合物等污物的含量达到1%以上[19]。工业废水是各工厂企业生产工艺过程产生的废水，由于生产企业（如：药厂、化工厂、印刷厂、啤酒厂等）的不同，其生产过程产生的废水水质也各不相同，一般来说，工业废水中含有金属及无机化合物、油类、有机污染物等成分，同时工业废水的pH值偏离7，具有一定的酸碱度。正因为污水的这些特殊问题常使污水源热泵出现下列问题：

（1）污水流经管道和设备（换热设备、水泵等）时，在换热表面上易发生积垢、微生物贴附生长形成生物膜、污水中的油贴附在换热面上形成油膜，漂浮物和悬浮固形物等堵塞管道和设备的入口。其最终的结果是出现污水的流动阻塞和由于热阻的增加而恶化传热过程。

（2）污水常引起管道和设备的腐蚀问题，尤其是污水中的硫化氢易使管道和设备腐蚀生锈。

（3）由于污水流动阻塞使换热设备流动阻力不断增大，引起污水量的不断减少，同时传热热阻的不断增大，又引起传热系数的不断减小。基于此，污水源热泵运行稳定性相对于其他水源热泵差。其供热量随运行时间的延长而衰减。

（4）由于污水的流动阻塞和换热量的衰减，使污水源热泵的运行管理和维修工作量大。例如，为了改善污水源热泵运行特性，换热面需要每日3～6次水力冲洗[19]，文献[20]指出：污水流动过程中，流量呈周期性变化，周期为一个月，周期末应对污水换热器进行高压反冲洗。

（5）由于设备结垢导致机组耗功增加。众所周知，冷凝温度升高1℃，耗电量增加3.2%。当冷凝器结水垢1.5mm时，冷凝温度升高2.8℃，耗电量增加9.7%。

5.5.2 污水源热泵站

污水水质的优劣是污水源热泵供暖系统成功与否的关键。因此，要了解和掌握污水水质，应对污水作水质分析，以判断污水是否可作为低温热源。处理后污水中的悬浮物、油脂类、硫化氢等为原生污水的十分之一乃至几十分之一。因此，国外一些污水源热泵常选用城市污水处理厂处理后的污水或城市中水设备制备的中水为热源与热汇。而城市污水处理厂通常远离城市市区，这意味着热源与热汇远离热用户。因此，为了提高系统的经济性，常在远离城市市区的污水处理厂附近建立大型污水源热泵站。所谓的热泵站是指将大型热泵站机组（单机容量在几兆瓦到30MW）集中布置同一机房内，制备热水通过城市管网向用户供热的热力站。

20世纪80年代初在瑞典、挪威等北欧国家建造的一些以污水为低温热源的大型热泵站相继投入运行。现将瑞典早期的以城市污水和工业废水为低温热源的大型热泵站列入表5-5[21]。

目前，瑞典斯德哥尔摩有40%的建筑物采用热泵技术供热，其中10%是利用污水处理厂的出水。

5.5.3 城市原生污水源热泵设计中应注意的问题

城市污水干渠（污水干管）通常是通过整个市区，如果直接利用城市污水干渠中的原

瑞典以城市污水和工业废水为低温热源的早期大型热泵站 表5-5

地 点	容量(MW)	制 造 厂	投入工作时间	低温热源
伊索喔	1×80	Asea-Atal	1986	城市污水
哥德堡	27+29 2×42	Gotaverken Gotaverken	1983/1984 1986	城市污水 城市污水
索尔那	4×30	Asea-Atal	1986	城市污水
斯德哥尔摩	2×20+2×30	Asea-Atal	1986	城市污水
厄勒布鲁	2×20	Asea-Atal	1985	城市污水
乌穆奥	2×17	Asea-Atal	1984	城市污水
耶夫勒	14	Stal-Laval	1984	城市污水
奥斯特桑德	10	Sulzer	1984	城市污水
恩歇尔茨维克	14	Stal-Laval	1984	工业废水
博尔隆格	12	Asea-Atal	1985	工业废水
塞德维肯	12	Stal-Laval	1986	工业废水
阿拉乌	10.5	Frigor/York	1982	工业废水
卡尔斯塔德	2×14	Elajo/Sulzer	1984	工业废水

生污水作为污水源热泵的低温热源，这样虽然靠近热用户，节省输送热量的能耗，从而提高其系统的经济性，但是应注意以下几个问题：

（1）污水取水设施如图5-14所示。取水设施中应设置适当的水处理装置。

（2）应注意利用城市原生污水余热对后续水处理工艺的影响。若原生污水水温降低过大，将会影响市政曝气站的正常运行。这一点早在1979年英国R·D·希普编写的《热泵》一书中已明确指出[22]：在牛津努菲尔德学院的一个小型热泵上，已对污水热量加以利用。由于污水处理要依靠污水具有一定的热量，若普遍利用这一热源，意味着污水处理工程中要外加热量，这是我们所不希望的。

（3）文献［19］指出，由初步的工程实测数据表明，与清水同样的流速、管径条件下，污水流动阻力为清水的2～4倍。因此，在设计中对这点应当充分认识，要适当加大污水泵的扬程，或采取技术措施适当减少污水流动阻力损失。

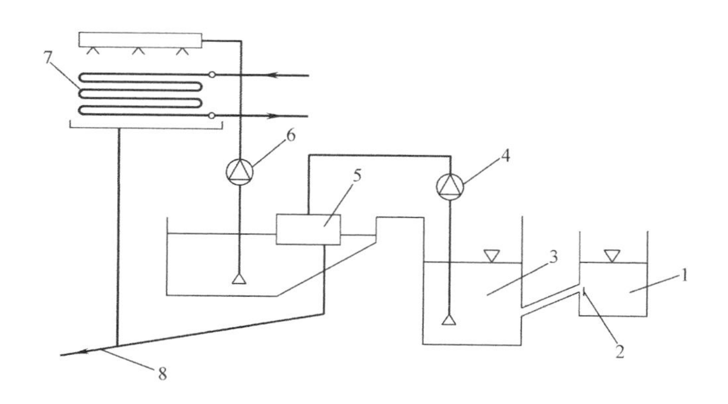

图 5-14 污水干渠取水设施

1—污水干渠（污水干管）；2—过滤网；3—蓄水池；4—污水泵；5—旋转式筛分器；
6—已过滤污水水泵；7—污水/制冷剂换热器；8—回水和排水管

（4）文献［20］以哈尔滨某实际工程为对象，经 3 个月（2003 年 12 月～2004 年 2 月）的现场测试，基于实测数据，得到污水/水换热器总传热系数列入表 5-6 中。而水/水换热器当管内水流速为 1.2～2.5m/s，管外水流速为 1.0～2.5m/s 时，其传热系数为 1740～3490W/(m² · ℃)。污水/水换热器换热系数约为清水的 25%～50%。因此，在设计中所选用的换热器面积比清水时大得多，或采取技术措施强化其换热过程。

污水/水壳管式换热器总传热系数 **表 5-6**

工　况	1	2	3	4	5	6	7
污水供回水水温(℃)	10/6.8	14.2/10	14.8/7.2	14/8.5	11.5/8.5	14.2/8.1	14.0/8.9
清水供回水水温(℃)	6/3.2	9/6.4	6.8/4.5	7.6/4.7	8.0/5.0	8.3/6.1	9.0/7.4
管内污水流速(m/s)	2.78	2.4	1.72	1.47	1.14	1.0	0.89
总传热系数 K[W/(m² · ℃)]	654	562	456	442	439	425	410

又如文献［23］作者在 2012 年 1 月 15 日至 2 月 14 日对大连某原生污水源热泵系统进行了一个月的实测。实测结果表明，其系统在仅仅的 30d 运行中，随着污水换热器表面不断积垢，其传热系数呈线性下降，末期与初期相比降低了 50.80%。

5.5.4 污水源热泵形式

污水源热泵形式繁多。根据热泵是否直接从污水中取热量，可分为直接式和间接式两种。

所谓的间接式污水源热泵是指热泵低位热源环路与污水抽取环路之间设有中间换热器或热泵低位热源环路通过水/污水浸没式换热器在污水池中直接吸取污水中的热量。而直接式污水源热泵是污水直接通过热泵或热泵的蒸发器直接设置在污水池中，通过制冷剂汽化吸取污水中的热量。二者相比，具有以下特点：

（1）间接式污水源热泵相对于直接式运行条件要好，热泵一般来说没有堵塞、腐蚀、微生物繁殖的可能性，但是中间水/污水换热器应具有防堵塞、防腐蚀、防微生物繁殖等功能。

（2）间接式污水源热泵相对于直接式，系统复杂，设备（换热器、水泵等）多，因此，在供热能力相同的情况下，间接式系统的造价要高于直接式。

(3) 在同样的污水温度条件下，直接式污水源热泵的蒸发温度要比间接式高 2～3℃，因此，在供热能力相同的情况下，直接式污水源热泵要比间接式节能 7%左右[24]。

另外，也要针对污水水质的特点，设计和优化污水源热泵的污水/制冷剂换热器的构造，其换热器应具有防堵塞、防腐蚀、防微生物繁殖等功能，通常采用水平管（或板式）淋水式、浸没式换热器或污水干管组合式换热器。由于换热设备的不同，可组合成多种污水源热泵形式，如图 5-15 所示。

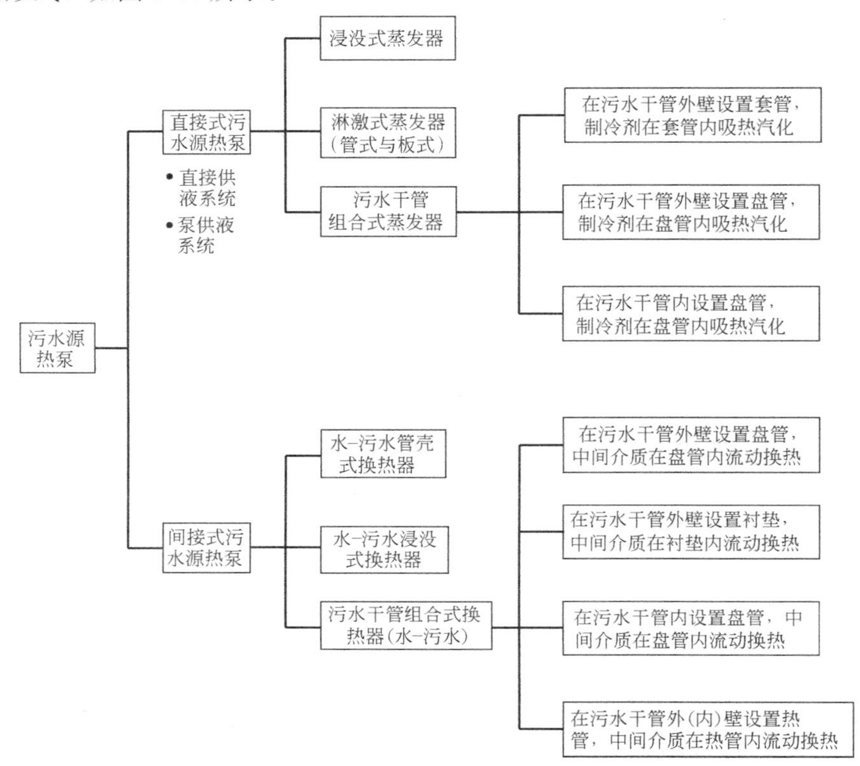

图 5-15 污水源热泵形式框图

5.5.5 防堵塞与防腐蚀的技术措施

众所周知，防堵塞与防腐蚀问题是污水源热泵空调系统设计、安装和运行中的关键问题。其问题解决的好与坏，是污水源热泵空调系统成功与否的关键。通常采用的技术措施归纳为：

(1) 由于二级出水和中水水质较好，在可能的条件下，宜选用二级出水或中水作污水源热泵的热源和热汇。这样其系统类似于一般的水源热泵系统；例如，瑞典中部距斯德哥尔摩西 100km 的城镇塞勒（Sala），于 1981 年投入运行净化后的污水源热泵站。运行表明[25]：净化后的污水似乎不会引起由电镀碳钢制成的蒸发器腐蚀问题，因污水而使蒸发器积垢问题也不大。

(2) 在设计中，宜选用便于清污物的淋激式蒸发器和浸没式蒸发器。污水/水换热器宜采用浸没式换热器。经验表明[25]：淋激式蒸发器的布水器的出口容易被污水较大的微粒堵塞，故对布水器要精心设计。

(3) 在原生污水源热泵系统中要采取防堵塞的技术措施。通常采用:

① 在污水进入换热器之前，系统中应设有能自动工作的筛滤器，去除污水中的浮游性物质，如污水中的毛发、纸片等纤维质。目前常用自动筛滤器、转动滚筒式筛滤器等。

② 在系统中的换热管中设置自动清洗装置。去除因溶解于污水中的各种污染物而沉积在管道内壁的污垢。目前常用胶球型自动清洗装置、钢刷型自动清洗装置等。

③ 设有加热清洁系统。用外部热源制备热水来加热换热管，去除换热管内壁污物，其效果十分有效[26]。

(4) 在污水热泵空调系统中，易造成腐蚀的设备主要是换热设备。目前污水源热泵空调系统中的换热管有：铜质材质传热管、钛质传热管、镀铝管材传热管和铝塑管传热管等。日本曾对铜、铜镍合金和钛等三种材质分别作污水浸泡试验[24]，试验表明：以保留原有管壁厚度 1/3 作为使用寿命时，铜镍合金可使用 3 年，铜则只能使用 1 年半，而钛则无任何腐蚀。因此，原生污水源热泵，宜选用钛质传热管和铝塑传热管。但应注意到：

① 钛质传热管与其他材质相比较，其价格昂贵。

② 铜管对污水中的酸、碱、氨、汞等的抗腐蚀能力相对较弱。

③ 钢制、铝制换热管的表面、电镀铜合金表面不适用于污水源热泵系统。

④ 采用金属表面喷涂、刷防腐涂料的防腐方法，在工艺上很难做到将涂料均匀地覆盖在换热器内壁上。

(5) 加强日常运行的维护保修工作是不可忽视的防堵塞、防腐蚀的措施。如每日清水冲洗管内，文献 [24] 介绍一般每日冲洗 4～6 次。也要进行定期的水力冲洗，文献 [20] 介绍每月末对污水换热器进行 1 次高压反冲洗，否则，污水堵塞使污水量急剧减少。

参考文献

[1] 姚杨，姜益强，马最良等. 水环热泵空调系统设计(第二版). 北京：化学工业出版社，2011.

[2] 马最良，吕悦主编. 地源热泵系统设计与应用. 北京：机械工业出版社，2007.

[3] 地下建筑暖通空调设计手册编写组. 地下建筑暖通空调设计手册. 北京：中国建筑工业出版社，1983.

[4] 于卫平. 水源热泵相关的水源问题. 现代空调. 2001，(3)：112-117.

[5] GB 50296—2014. 管井技术规范. 北京：中国计划出版社，1999.

[6] 李伟东. 管井出水量下降原因及应对措施. 应用能源科技，2007(增刊)：83-84.

[7] 邬小波. 地下含水层储能和地下水源热泵系统中地下水回路与回灌技术现状. 暖通空调，2004，34(1)：19-22.

[8] 倪龙，马最良. 地下水地源热泵回灌分析. 暖通空调，2006，36(6)：84-90.

[9] 武晓峰，唐杰. 地下水人工回灌与再利用. 工程勘察，1998，(4)：37-39.

[10] 云桂春，成徐州. 人工地下水回灌. 北京：中国建筑工业出版社，2004.

[11] 刘久荣. 地热回灌的发展现状. 水文地质工程地质，2003，(3)：100-104.

[12] 刘时彬. 地热资源及其开发利用和保护. 北京：化学工业出版社，2005.

[13] 马最良，吕悦. 地源热泵系统设计与应用. 第 2 版. 北京：机械工业出版社，2014.

[14] H·基恩，A·哈登费尔特著. 耿惠彬译. 热泵(第二卷)电动热泵的应用. 北京：机械工业出版社，1987.

[15] 徐伟等译. 地源热泵工程技术指南. 北京：中国建筑工业出版社，2001.

[16] 谢汝镰. 地源热泵系统的设计. 现代空调，2001(3)：33-74.

[17] 蒋能照，刘道平主编. 水源地源水环热泵空调技术及应用. 北京：机械工业出版社，2007.

[18] 蒋爽，李震，端木琳. 海水热泵系统在斯德哥尔摩应用及其在中国的发展前景. 2005年全国空调与热泵节能技术交流会论文集：89-95.

[19] 吴荣华，张承虎，孙德兴. 城市污水冷热源应用技术发展状态研究. 暖通空调，2005，35(6)：31-37.

[20] 吴荣华，孙德兴，张承虎. 热泵冷热源城市原生污水的流动阻塞与换热特性. 暖通空调，2005，35(2)：86-88.

[21] 马最良，姚杨，赵丽莹. 污水源热泵系统在我国的发展前景. 中国给水排水，2003，19(7)：41-43.

[22] R D. 希普. 张在明译. 热泵. 北京：化学工业出版社，1984.

[23] 贾欣，端木琳，舒海文. 污水源热泵运行性能实测与节能潜力分析. 制冷学报. 2017，38(6)：66-72.

[24] 尹军，陈雷，王鹤立编著. 城市污水的资源再生及热能回收利用. 北京：化学工业出版社，2003.

[25] H. O. Lindstrom. 利用污水作热源，功率3.3MW热泵的使用经验. 中国科学院广州能源研究所，国外热泵发展和应用译文集(之三)：35-40.

[26] 周文忠，李建兴，涂光备. 污水源热泵系统和污水冷热能利用前景分析. 暖通空调，2004，34(28)：25-29.

第6章　土壤耦合热泵空调系统

土壤耦合热泵空调系统是地源热泵系统的一种形式，又称地埋管地源热泵系统、土壤源热泵空调系统等。20世纪80年代末期，土壤耦合热泵空调系统在我国刚刚起步，20世纪90年代成为我国热泵研究的热门课题。进入21世纪后，土壤耦合热泵空调系统的研究工作和工程实践发展十分迅速。近年来，工程的规模越来越大，全国不同地区的工程数量也越来越多。在这种新的形势下，将会有一些新的问题值得关注与研究。本章主要介绍土壤耦合热泵空调系统的一些基本概念，基本知识和应关注的一些问题。

6.1　土壤耦合热泵空调系统简介

6.1.1　土壤耦合热泵空调系统的组成

土壤耦合热泵空调系统通过中间传热介质(水或以水为主要成分的防冻液)在封闭的地下埋管中流动，实现系统与大地之间的传热。土壤耦合热泵空调系统一般由三个环路组成(图6-1)。

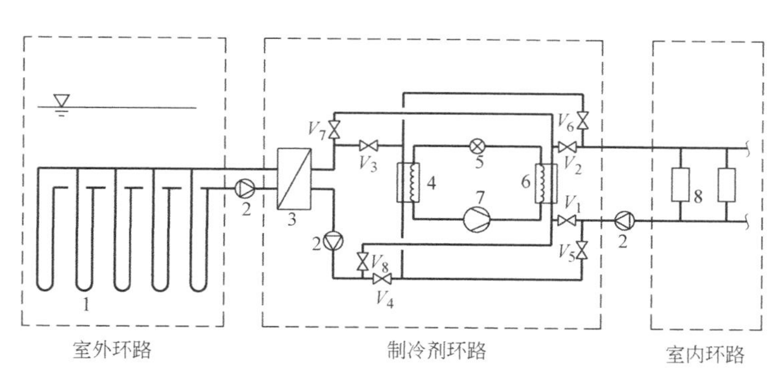

图6-1　土壤耦合热泵流程示意图

1—地下埋管；2—循环水泵；3—板式换热器；4—蒸发器；5—节流机构；6—冷凝器；7—压缩机；8—热用户；$V_1 \sim V_8$—阀门

(1)室外环路。在地下，由高强度塑料管组成的封闭环路，其中间传热介质为水或防冻液。冬季它从周围土壤(地层)吸收热量，夏季向土壤(地层)释放热量。室外环路中的中间传热介质与热泵机组之间通过换热器交换热量。其循环由一台或数台循环泵来实现。

(2)制冷剂环路。即热泵机组内部的制冷循环环路，与空气源热泵相比，只是将空气/制冷剂换热器换成水/制冷剂换热器，其他结构基本相同。

(3)室内环路。室内环路是将热泵机组的制热(冷)量输送到建筑物，并分配给每个房间或区域，传递热量的介质有空气、水或制冷剂等，而相应的热泵机组分别为水/空气热泵机组、水/水热泵机组或热泵式水冷多联机。

有的土壤耦合热泵系统还设有加热生活热水的环路。将水从生活热水箱送到冷凝器进行循环的封闭加热环路，是一个可供选择的生活热水的环路。对于夏季工况，该循环可充分利用冷凝器排放的热量，基本不消耗额外的能量而得到热水供应；在冬季，其耗能也大大低于电热水器[1]。

显然，室外环路是土壤耦合热泵空调系统中特有的部分，《地源热泵系统工程技术规范》(2009 版)GB 50366—2005(以下简称为《规范》)中称地埋管换热系统。地埋管换热系统是以下要介绍的主要内容。

6.1.2　土壤耦合热泵空调系统的分类

土壤耦合热泵空调系统的分类可以概括为图 6-2[2]。

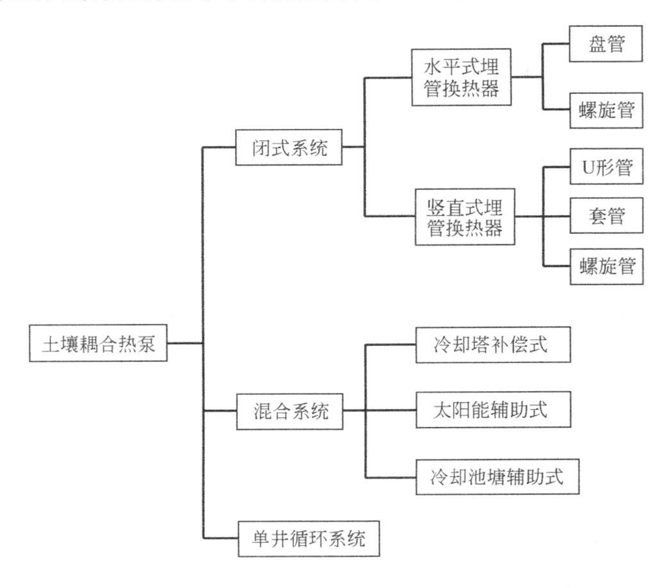

图 6-2　土壤耦合热泵空调系统分类

除此之外，土壤耦合热泵还有其他一些分类方法，如根据是否存在中间传热介质(通常是水或添加防冻剂的水溶液)，可以分为直接膨胀式(Direct Expansion Ground-coupled Heat Pump，简称 DX-GCHP)和间接膨胀式(又称第二环路土壤耦合热泵系统，Secondary Loop Ground-coupled Heat Pump，简称 SL-GCHP)两种类型。所谓的直接膨胀式土壤耦合热泵是将低温低压的液态制冷剂(或高温高压的气态制冷剂)直接送入地下埋管内，制冷剂蒸发(或冷凝)，直接与土壤进行换热，如图 6-3 所示。这种方式可以有效地降低成本，但是同时也存在着地下铜管腐蚀、制冷剂泄漏、充注量相应多等一些缺点和问题有待解决。对于间接膨胀式的热泵系统，土壤先与地埋管换热器内循环水泵驱动的中间传热介质进行热量交换，中间传热介质从土壤中吸热或向土壤放热，然后中间传热介质将冷(热)量通过热泵机组实现供热和制冷循环，如图 6-4 所示。它与直接膨胀型相比可以减少制冷剂的充灌量，增加了热泵系统的灵活性，同时减免了制冷管路的安装，使现场工程量减至最低。其缺点在于引入带有热交换器的额外流体环路，增加了初投资，还带来额外的温降。为此应尽可能地优化设计水回路，改善载冷剂的流体性质。

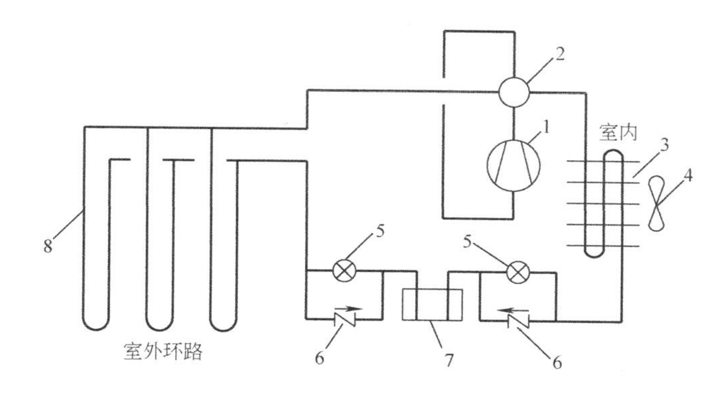

图 6-3 直接膨胀式热泵系统

1—压缩机；2—四通换向阀；3—室内空气/制冷剂换热器；4—风机；
5—节流机构；6—单向阀；7—贮液器；8—地埋管换热系统

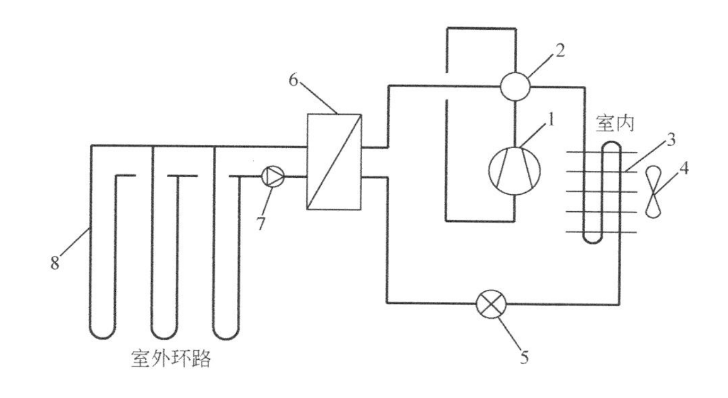

图 6-4 间接膨胀式热泵系统

1—压缩机；2—四通换向阀；3—室内空气/制冷剂换热器；4—风机；5—节流机构；
6—中间传热介质/制冷剂换热器；7—中间传热介质循环泵；8—地埋管换热系统

6.2 现场调查与工程勘察

地埋管换热器的传热计算即地埋管的设计计算过程，包括是否采用土壤耦合热泵系统形式的方案决策与选择阶段、设计计算材料的搜集和准备阶段以及具体的设计计算阶段。以下介绍的设计计算前的准备工作是通过现场勘察、水文地质调查、设置测试孔和监测孔以及热响应试验等，为方案选择与决策提供依据，同时也为设计计算提供设计材料和基础依据。之后进行的是地埋管换热器的传热分析，分析决定具体采用哪一种设计计算方法。最后就是具体的设计计算过程。本书介绍目前普遍采用的三种计算方法，这三种方法各有其适用范围，也各有其优势及缺点，设计时应根据实际情况的不同来选用适当的计算方法。

6.2.1 现场勘察

现场勘察是设计环节的第一步，在决定使用土壤耦合热泵空调系统之前，应对现场情况、地质资料进行准确翔实的勘察与调研，这些资料是系统设计的基础。

现场地质状况是现场勘察的主要内容之一。地质状况将决定使用何种钻孔、挖掘设备或安装成本的高低。一般应基于测试孔的勘测情况或当地地质状况对施工现场的适应性作出评估，包括松散土层在自然状态和在负载后的密度、含水土层在负载后的状况、岩石层岩床的结构以及其他特点等，如地下水质量和有无天然气及相关碳氢化合物等。同时应对影响施工的因素和施工周边的条件进行调研与勘察。主要内容包括：

(1)土地面积大小和形状；

(2)已有的和计划建的建筑或构筑物；

(3)是否有树木和高架设施，如高压电线等；

(4)自然或人造地表水源的等级和范围；

(5)交通道路及其周边附属建筑及地下服务设施；

(6)现场已敷设的地下管线布置和废弃系统状况；

(7)钻孔挖掘所需的电源、水源情况；

(8)其他可能安装系统的设置位置等。

如果建设单位能够提供施工现场的水文地质报告，这对确定采用哪种形式的土壤耦合热泵空调系统非常有利。运用实际测量数据比使用估定的数据可以提高设计效率，缩减调查研究的时间与费用。同时设计、施工单位也需要上述资料，以便选择较为合适的钻孔和挖掘设备，进而缩短施工周期，降低工程费用。对当地地质情况进行的这些调研，也能够避免设计和施工期间遇到一些潜在的问题。

6.2.2 水文地质调查

对于准备安装土壤耦合热泵现场的水文地质调查，主要应注意以下几方面的问题：

(1)应了解在施工现场进行钻孔、挖掘时应遵守的规章条例、允许的水流量和用电量以及附属建筑物等其他约束因素；

(2)查阅曾经发表的地质以及水文报告和可以利用的地图；

(3)检查所有的勘测井测试记录和其他已有的施工现场周围水文地质记录，对总的地下条件进行评估，包括地下状况、地下水位、可能遇到的含水层和相邻井之间潜在的干扰等；

(4)地下状况的调查方法应与采用的系统形式相匹配。对于竖直U形埋管地热换热器系统，需要钻测试孔。如果需要勘测后再确定采用哪种系统，那么选择勘测井的方法较为合适。因为它可以满足任何一种系统形式的需要。即使这些勘测井最终对于热泵系统本身没有用，但它可以用作钻孔以及施工期间的水源。

6.2.3 设置测试孔与监测孔

(1)测试孔。测试孔能够提供设计和安装竖直式地热换热器系统所需要的岩土层热物性及其构造的基础数据：因为无需用泵抽水，所以可以使用小直径的钻杆。一般采用与待埋设U形管钻孔相同的直径。测试孔可用作后期施工中的U形埋管钻孔，也可作为竣工后的监测孔使用。当测试孔到达地下水的深度时，它所采集的地下水样不但能够反映最初的地下水质量，而且能够长时间的测量地层温度、地下水位及水的质量。

对于建筑面积小于3000m^{2}的竖直埋管地热换热器系统，可使用一个测试孔。对于大型建筑，则应采用两个或两个以上的测试孔。测试孔的深度应比U形埋管深5m。

通过测试孔采集不同深度的土石样品，对其进行热物性测试与分析，为地埋管设计提供基础数据。钻探测试孔，探明施工现场岩土层的构造，为合理选用钻孔设备、估算钻孔费用和钻孔时间提供第一手资料。同时可根据测试孔的钻探结果，对地埋管深度和单、双U形埋管的选择提出建议。对于不再使用的测试孔，应及时从底部到顶部进行灌浆封孔，以免污染地下水质。

在地埋管安装前，施工现场常常不具备钻孔条件，如缺水少电等，尤其是无现成的钻孔设备。因此工程上常常根据已掌握的地质资料，对地埋管换热系统进行初步设计。然后在首批地埋管安装完毕后，对其中一个或几个U形埋管进行实际测试，根据钻孔现状和测试结果对地埋管方案及初步设计进行必要的修正。

(2)监测孔。监测孔通常用来搜集地下数据，包括岩土层温度、地下水深度以及地下水水质等。长期监测这些数据，便于观察土壤耦合热泵空调系统长期运行对地层温度、地下水质等的影响，有利于评价地埋管换热器的设计与安装效果，及时总结经验与教训。有时也可选择部分有代表性的U形埋管，安装传感测头，兼作监测孔[2]。

6.2.4 土壤热响应实验

地下埋管热工性能在很大程度上依赖于地下岩土的热物性。土壤热响应实验能准确地测量地下热参数。利用热响应现场测量土壤热物性的概念最早由Mogensen在1983年提出。Mogensen建议采用循环水泵、恒定功率的冷却器、水箱等设备组成系统，并持续记录地埋管的进出口温度。通过热响应测得的数据(例如输入地埋管的功率、地埋管进出口的温度等)能够较为准确地计算出土壤的导热系数和地埋管换热器的热阻[3]。与传统的实验室测试数据相比，热响应实验是将传感器直接安装在地下换热器上，从而大大减少了测量误差。同时土壤热响应实验综合考虑了在井深方向上其他因素的影响(如回填料和地下水的影响)。

(1)理论基础

地下岩土的有效导热系数通常通过现场测试温度、热流量等数据来进行反推，其中数据处理的方法主要有解析法和数值模拟方法，而解析法又分为线源理论分析法和圆柱源理论分析法。由于圆柱源数值分析法模型复杂，计算工作量大，而且线源精度可满足要求，因此热响应实验的理论基础是开尔文(Kelvin)的线源理论。公式(6-1)描述了线源理论，热响应实验就是在此公式基础上进行土壤热参数计算的：

$$\Delta T_{(r_b,t)}=\frac{q}{4\pi\lambda H}\int_{p}^{\infty}\frac{e^{-\beta^2}}{\beta}\mathrm{d}\beta \quad q=\frac{r_b}{2\sqrt{\alpha t}} \tag{6-1}$$

式中，α为导温系数；λ为热导率；H为管子长度；β为积分常量；t为实验开始时间；q为热量；ΔT为温差；r_b为钻孔半径。

然而，该理论只是考虑了单纯的导热，而没有考虑其他形式的传热方式。虽然此过程中也有其他的传热方式(如对流换热)，但是，热响应实验测试结果中整个换热器长度上的“有效热导率”(λ_{eff})考虑了对流换热及其他地下情况的影响。

测试原理如图6-5所示。

(2)热响应测试设备及土壤热导率计算

在Mogensen提出的理论基础上，世界各国已建成各种不同的测试装置。1995年，瑞典和美国就开发出这种测试装置。近年来，基于瑞典和美国的经验，挪威、瑞士、土耳其、英国、法国等发展了不同形式的测试装置。国内也开始了这方面的工作。《规范》中新

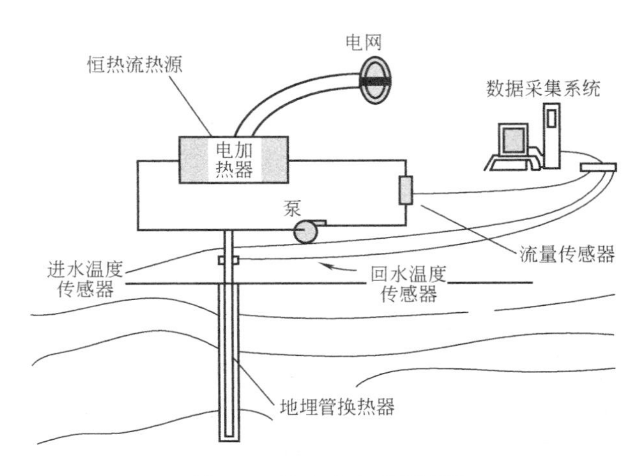

图 6-5　热响应实验原理图

增了岩土热响应试验的有关附录 C，明确规定其试验内容、测试仪表及精度、试验方法等。国内试验台上配备了 3 个软件——控制软件、数据采集软件、分析评估软件。控制软件可以实现换热器在设定的工况下稳定运行。实验台上的数据采集器与装有数据分析软件的计算机连接，对采集的数据进行分析，得出地下的温度分布情况、地下土壤的热工参数，从而了解地下土壤的换热性能，为地下换热器的设计提供依据。

(3)热响应测试系统实施的条件是确保现场具备必要的临时用电、临时用水。热响应试验用电负荷约为 35kW。在热响应试验期间应确保供电的稳定性，一旦电源中断，此次试验由于实验数据不连续即宣告失败，必须换另一口实验井重新开始实验，这样会加长热响应试验的时间。

(4)热响应试验的试验时间

岩土热响应试验是一个对岩土缓慢加热直至达到近似传热平衡的测试过程，因此需要有足够的时间来保证这一过程的充分进行。《规范》规定：试验应连续不间断，持续时间不宜小于 48h；《规范》中认为：50h 的试验时间是推荐值，大于 50h 的测试时间可保证有效导热系数的测试偏差在±10%以内。但试验时间仍是有争议的问题。

(5)岩土热响应试验报告

岩土热响应试验报告是地源热泵系统设计的指导性文件，报告内容应明晰、准确、规范。《规范》中明确规定其报告的内容应有：项目概况、测试方案、参考标准、测试过程中参数的完整记录(循环水流量、加热功率、地埋管换热器的进出口水温)、项目所在地岩土柱状图、岩土热物性参数、测试工况下钻孔单位延米的换热量等。

(6)岩土热响应试验应注意的问题

① 虽然热响应测试装置的概念看似简单，仅需对钻孔中 U 形管施加热流，但由于装置需要长时间在现场连续运行，所以装置应有更高的抗干扰性。同时也应注意装置输入电压受外界影响而引起的波动，其电压波动的偏差不应超过±5%；连接水管防止泄漏；测试现场应为测试仪器提供有效的防雨、防雷电等安全防护措施。

② 测试孔的深度相比实际的用孔过大或过小都不足以反映真实的岩土热物性参数。因此应注意按照实际用孔的要求，制作测试孔；或将制成的实际用孔作为测试孔进行

测试。

③ 土壤初始温度总被随意确定(由第一次循环过程流体的温度值来确定)，但不确定性分析表明，准确测量土壤初始温度是很重要的[3]。因此应注意：待钻孔结束，钻孔内岩土温度恢复至岩土初始温度后，可采用在钻孔内不同深度(《规范》规定间隔不宜大于10m)分别埋设温度传感器(如铂电阻温度探头)或向测试孔内注满水的PE管中，插入温度传感器的方法获得岩土初始的温度分布。

④ 由于钻孔单位延米换热量是在特定测试工况下得到的数据，受工况条件影响很大，不能直接用于地埋管地源热泵系统的设计。因此其数据仅可用于设计参考或在方案设计和初步设计阶段作为估算指标用。

⑤ 地下的导热系数是不均匀的，它很可能随地下深度或方向的变化而变化。此外，地下的实际传热过程可能不是纯粹的热传导，它也可能受区域地下水流动或浮力驱动的对流换热的影响。因此应注意：测试结果只能代表项目所在地岩土热物性参数，只有在相同岩土条件下，才能类比作为参考值使用，而不能片面地认为测试所得结果即为该区域或该地区的岩土热物性参数。

6.3 地埋管换热器的管材与传热介质

6.3.1 地埋管管材

地埋管换热系统设计，遇到的第一个问题就是管材的选择。选择不同的管材对初装费、维护费用、水泵扬程和热泵的性能等都有影响。因此，在设计中应科学地、慎重地选择。

《规范》中规定地埋管及管件应符合设计要求，且应具有质量检验报告和生产厂的合格证。地埋管及管件应符合下列规定：

(1)地埋管应采用化学稳定性好、耐腐蚀、导热系数大、流动阻力小的塑料管材及管件，宜采用聚乙烯管(PE80或PE100)或聚丁烯管(PB)，不宜采用聚氯乙烯管(PVC)。管件与管材应用相同的材料。

(2)地埋管质量应符合国家现行标准中的各项规定。管材的公称压力及使用温度应满足设计要求，且管材的公称压力不应小于1.0MPa[4]。

6.3.2 管材规格和压力级别

我国国家标准给出了地埋管换热器管道外径尺寸标准和管道的压力级别[5,6]。地埋管外径及壁厚可按表6-1和表6-2的规定选用。相同管材的管径越大，其管壁越厚。

在美国，地埋管使用在美国材料试验标准D3035中规定的铁管尺寸方法来确定聚乙烯管道系统管径。通常用外径与壁厚之比作为一个标准的尺寸比率(*SDR*)来说明管道的壁厚或压力的级别，即：

$$SDR=外径/壁厚$$

因此，*SDR*越小表示管道越结实。

地埋管的压力级别可参照表6-1中公称压力，表中分1.0MPa、1.25MPa和1.6MPa三类。在设计中，应注意：

(1)确定地下埋管承压能力时，应考虑系统停止运行、启动瞬间和正常运行三种情况下的承压能力，以最大者选择管材和附件的承压级别；

(2)将循环泵布置在地下埋管的出水端，有利于降低地下埋管的承压；

(3)现场地下水的静压和灌浆竖井虽然能起到抵消地下埋管内的静压的作用，但为了安全，计算中一般忽略不计。

6.3.3 传热介质

《规范》中规定，传热介质应以水为首选，也可选用符合下列要求的其他介质：

(1)安全，腐蚀性弱，与地埋管管材无化学反应；

(2)较低的凝固点；

(3)良好的传热特性，较低的摩擦阻力；

(4)易于购买、运输和储藏。

聚乙烯(PE)管外径及公称壁厚(单位 mm)[5]　　　　**表 6-1**

公称外径 d_n	平均外径		公称壁厚/材料等级		
	最小	最大	公称压力		
			1.0MPa	1.25MPa	1.6MPa
20	20.0	20.3	—	—	—
25	25.0	25.3	—	$2.3^{+0.5}$/PE80	—
32	32.0	32.3	—	$3.0^{+0.5}$/PE80	$3.0^{+0.5}$/PE100
40	40.0	40.4	—	$3.7^{+0.6}$/PE80	$3.7^{+0.6}$/PE100
50	50.0	50.5	—	$4.6^{+0.7}$/PE80	$4.6^{+0.7}$/PE100
63	63.0	63.6	$4.7^{+0.8}$/PE80	$4.7^{+0.8}$/PE100	$5.8^{+0.9}$/PE100
75	75.0	75.7	$4.5^{+0.7}$/PE100	$5.6^{+0.9}$/PE100	$6.8^{+1.1}$/PE100
90	90.0	90.9	$5.4^{+0.9}$/PE100	$6.7^{+1.1}$/PE100	$8.2^{+1.3}$/PE100
110	110.0	111.0	$6.6^{+1.1}$/PE100	$8.1^{+1.3}$/PE100	$10.0^{+1.5}$/PE100
125	125.0	126.2	$7.4^{+1.2}$/PE100	$9.2^{+1.4}$/PE100	$11.4^{+1.8}$/PE100
140	140.0	141.3	$8.3^{+1.3}$/PE100	$10.3^{+1.6}$/PE100	$12.7^{+2.0}$/PE100
160	160.0	161.5	$9.5^{+1.5}$/PE100	$11.8^{+1.8}$/PE100	$14.6^{+2.2}$/PE100
180	180.0	181.7	$10.7^{+1.7}$/PE100	$13.3^{+2.0}$/PE100	$16.4^{+3.2}$/PE100
200	200.0	201.8	$11.9^{+1.8}$/PE100	$14.7^{+2.3}$/PE100	$18.2^{+3.6}$/PE100
225	225.0	227.1	$13.4^{+2.1}$/PE100	$16.6^{+3.3}$/PE100	$20.5^{+4.0}$/PE100
250	250.0	252.3	$14.8^{+2.3}$/PE100	$18.4^{+3.6}$/PE100	$22.7^{+4.5}$/PE100
280	280.0	282.6	$16.6^{+3.3}$/PE100	$20.6^{+4.1}$/PE100	$25.4^{+5.0}$/PE100
315	315.0	317.9	$18.7^{+3.7}$/PE100	$23.2^{+4.6}$/PE100	$28.6^{+5.7}$/PE100
355	355.0	358.2	$21.1^{+4.2}$/PE100	$26.1^{+5.2}$/PE100	$32.2^{+6.4}$/PE100
400	400.0	403.6	$23.7^{+4.7}$/PE100	$29.4^{+5.8}$/PE100	$36.3^{+7.2}$/PE100

聚丁烯管外径及公称壁厚（mm）[6] **表 6-2**

公称外径 d_n	平均外径		公称壁厚	公称外径 d_n	平均外径		公称壁厚
	最小	最大			最小	最大	
20	20.0	20.3	$1.9^{+0.3}_{0}$	75	75.0	75.7	$6.8^{+0.8}_{0}$
25	25.0	25.3	$2.3^{+0.4}_{0}$	90	90.0	90.9	$8.2^{+1.0}_{0}$
32	32.0	32.3	$2.9^{+0.4}_{0}$	110	110.0	111.0	$10.0^{+1.1}_{0}$
40	40.0	40.4	$3.7^{+0.5}_{0}$	125	125.0	126.2	$11.4^{+1.3}_{0}$
50	49.9	50.5	$4.6^{+0.6}_{0}$	140	140.0	141.3	$12.7^{+1.4}_{0}$
63	63.0	63.6	$5.8^{+0.7}_{0}$	160	160.0	161.5	$14.6^{+1.6}_{0}$

不同防冻液的比较 **表 6-3**

防冻液	传热能力(%)①	泵的功率(%)①	腐蚀性	有无毒性	对环境的影响
氯化钙	120	140	不能用于不锈钢、铝、低碳钢、锌或锌焊接管等	粉尘刺激皮肤、眼睛，若不慎泄露，地下水会由于污染而不能饮用	影响地下水质
乙醇	80	110	必须使用防蚀剂将其腐蚀性降低到最小程度	蒸汽会烧痛喉咙和眼睛。过多的摄取会引起疾病，长期的暴露会加剧对肝脏的损害	不详
乙烯基乙二醇	90	125	须采用防腐蚀剂。保护低碳钢、铸铁、铝和焊接材料	刺激皮肤、眼睛。少量摄入毒性不大。过多或长期的暴露则可能有危害	与 CO_2 和 H_2O 结合会引起分解。会产生不稳定的有机酸
甲醇	100	100	须采用杀虫剂来防止污染	若不慎吸入，皮肤接触，摄入，毒性很大。这种危害可以积累，长期暴露是有害的	可分解成 CO_2 和 H_2O 会产生不稳定的有机酸
醋酸钾	85	115	须采用防蚀剂来保护铝和碳钢。由于其表面张力较低，须防止泄露	对眼睛或皮肤可能有刺激作用，相对无毒	同甲醇
碳酸钾	110	130	对低碳钢、铜须采用防蚀剂，对锌、锡或青铜则不须保护	具有腐蚀性，在处理时可能产生一定危害。人员应避免长期接触	形成碳酸盐沉淀物，对环境无污染
丙烯基乙二醇	70	135	须采用防蚀剂来保护铸铁、焊料和铝	一般认为无毒	同乙烯基乙二醇
氯化钠	110	120	对低碳钢、铜和铝无须采用防蚀剂	粉尘刺激皮肤/眼睛，若不慎泄露，地下水可能会由于污染而不能饮用	由于溶解度较高，其扩散较快流动快。对地下水有不利的影响

① 以甲醇为对照物（甲醇为 100）。

传热介质的安全性包括毒性、易燃性及腐蚀性；良好的传热特性和较低的摩擦阻力是指传热介质具有较大的热导率和较低的黏度。可采用的其他传热介质包括氯化钠溶液、氯化钙溶液、乙二醇溶液、丙醇溶液、丙二醇溶液、甲醇溶液、乙醇溶液、醋酸钾溶液及碳酸钾溶液，见表 6-3。

在传热介质（水）有可能冻结的场合，应添加防冻液。应在充注阀处注明防冻液的类型、浓度及有效期。为了防止出现结冰现象，添加防冻液后的传热介质的凝固点宜比设计最低运行水温低 3～5℃。

地埋管换热系统的金属部件应与防冻液兼容。这些金属部件包括循环泵及其法兰、金属管道、传感部件等与防冻液接触的所有金属部件[4]。

选择防冻液时，应同时考虑防冻液对管道、管件的腐蚀性，防冻液的安全性、经济性及其对换热的影响。

影响防冻液选择的因素主要有：凝固点、周围环境的影响、费用和可用性、热传导、压降特性以及与土壤耦合热泵系统中所用材料的相容性。选择时可参考表 6-3 给出的不同防冻液特性的比较。

应当指出的是，由于防冻液的密度、黏度、比热和热导率等物性参数与纯水都有一定的差异，这将影响冷凝器（制冷工况）和蒸发器（制热工况）内的换热效果，从而影响整个热泵机组的性能。当选用氯化钠、氯化钙等盐类或者乙二醇作为防冻液时，其对流换热系数均随着防冻液浓度的增大而减小；并且随着防冻液浓度的增大，循环水泵耗功率以及防冻剂的费用都要相应提高。因此，在满足防冻温度要求的前提下，应尽量采用较低浓度的防冻液。

6.4　地埋管换热器的布置形式

6.4.1　埋管方式

根据布置形式的不同，地下埋管换热器可分为水平埋管与竖直埋管换热器两大类。水平埋管方式的优点是在软土地区造价较低，但它的缺点是传热条件受外界气候条件的影响、占地面积大，通常不太适合中国地少人多的国情。当可利用地表面积较大、地表层不是坚硬的岩石、建筑物规模小时宜采用水平地埋管换热器。否则，宜采用竖直地埋管换热器。水平埋管时根据一条沟中埋管的多少和方式又分为单管、双管、多管和螺旋管等多种形式。图 6-6 为常见的水平地埋管换热器形式，图 6-7 为新近开发的水平地埋管换热器形

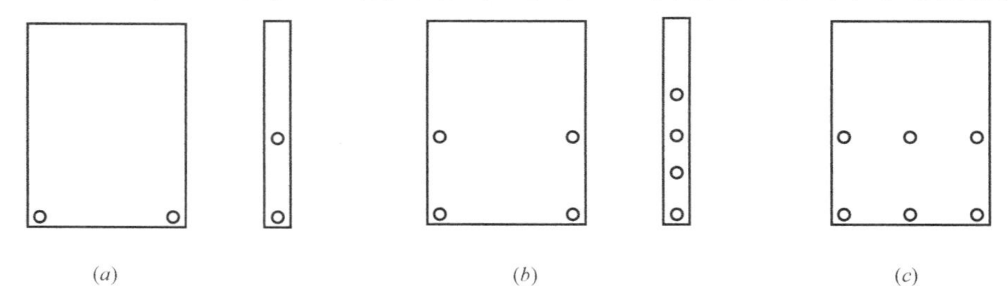

图 6-6　几种常见的水平地埋管换热器形式[4]

(a) 单或双环路；(b) 双或四环路；(c) 三或六环路

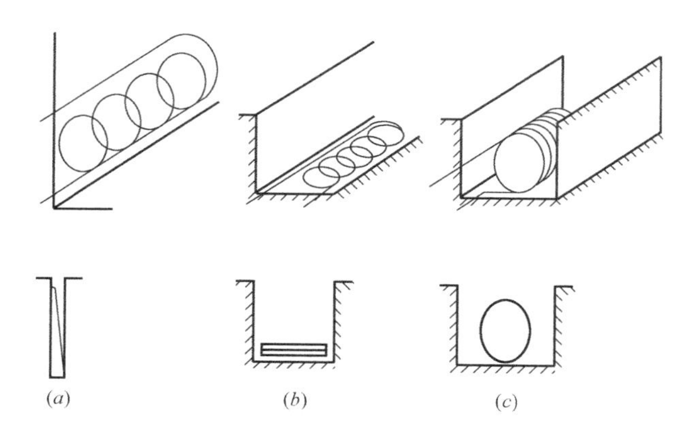

图 6-7 几种新近开发的水平地埋管换热器形式[4]
(a) 垂直排圈式；(b) 水平排圈式；(c) 水平螺旋式

式。竖直地埋管换热器的优点是占地少、工作性能稳定等。根据在竖直钻孔中布置的埋管形式的不同，竖直地埋管换热器又可分为U形地埋管换热器与套管式地埋管换热器，如图 6-8 所示。套管式地埋管换热器在造价和施工方面都有一些弱点，在实际工程中较少采用。

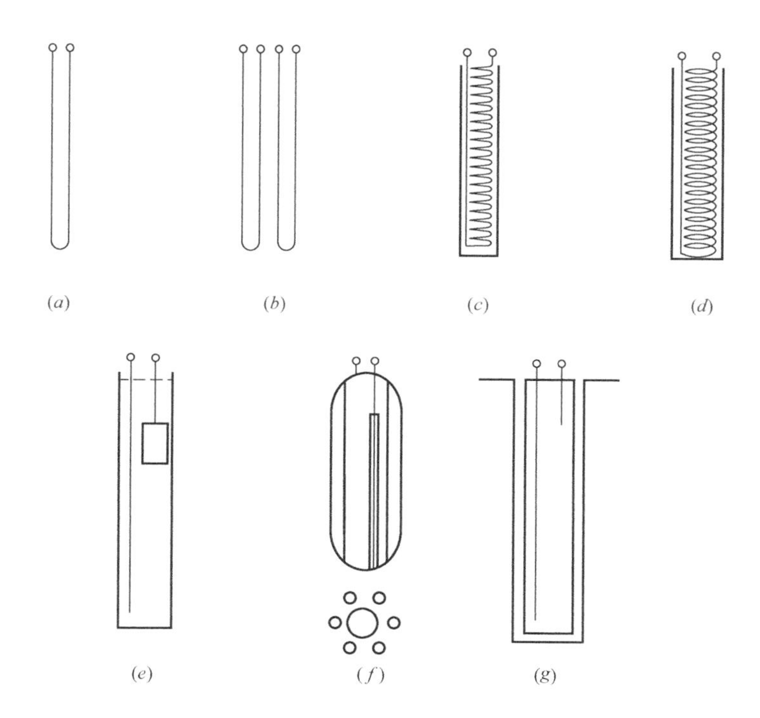

图 6-8 竖直地埋管换热器形式[4]
(a) 单U形管；(b) 双U形管；(c) 小直径螺旋盘管；(d) 大直径螺旋盘管；
(e) 立柱状；(f) 蜘蛛状；(g) 套管式

竖直U形埋管的换热器采用在钻孔中插入U形管的方法，一个钻孔中可设置一组或两组U形管。然后用封井材料把钻孔填实，以尽量减小钻孔中的热阻，并防止地面污水流入地下含水层，钻孔的深度一般为60～100m。对于一个独立的民居，可能一个钻孔就足够负担供热制冷负荷。但对于住宅楼和公共建筑，则需要有若干个钻孔组成的一群换热管道。钻孔之间的配置应考虑可利用的面积，两个钻孔之间的距离在4～6m之间，管间距离过小会影响换热器的效能。在没有合适的室外用地时，竖直地埋管换热器还可以利用建筑物的混凝土基桩埋设，即将U形管捆扎在基桩的钢筋网架上，然后浇灌混凝土，使U形管固定在基桩内。考虑到我国人多地少的实际情况，在大多数情况下竖直埋管方式是唯一的选择，它已成为工程应用中的主导形式。

选择水平埋管还是竖直埋管的另一个需要考虑的因素是建筑物高度。如果地下埋管和建筑物内管路间没有用热交换器隔开，竖直埋管换热器的埋深将受到地下埋管的最大额定承压能力的限制。工程上应进行相应计算，以验证系统最下端管道的静压是否在管路最大额定承压范围内。若其静压超过地埋管换热器的承压能力时，可设中间换热器将地埋管换热器与建筑物内系统分开。

采用竖直埋管换热器时，每个钻孔中可设置一组或两组U形管。尽管单U形埋管的钻孔内热阻比双U形埋管大30%以上，但实测与计算结果均表明：双U形埋管比单U形埋管仅可提高15%～20%的换热能力，这是因为钻孔内热阻仅是埋管传热总热阻的一部分。钻孔外的岩土层热阻，对双U形埋管和单U形埋管来说，几乎是一样的。双U形埋管管材用量大，安装较复杂，运行中水泵的功耗也相应增加。因此一般地质条件下，多采用单U形埋管。但对于较坚硬的岩石层，选用双U形埋管比较合适。此时每米钻孔费用比每米U形管（包括管件）费用高很多（约10倍以上），钻孔外岩石层的导热能力较强，埋设双U形管，有效地减少了钻孔内热阻，使单位长度U形埋管的热交换能力明显提高，从经济技术上分析都是合理可行的。另外采用双U形埋管，也是解决地下埋管空间不足的方法之一[2]。

6.4.2　连接方式

地热换热器各钻孔之间既可采用串联方式，也可采用并联方式，如图6-9所示。在串联系统中只有一个流体通道，而在并联系统中流体在管路中可有两个或更多的流道。现将两者的优缺点进行比较，见表6-4。

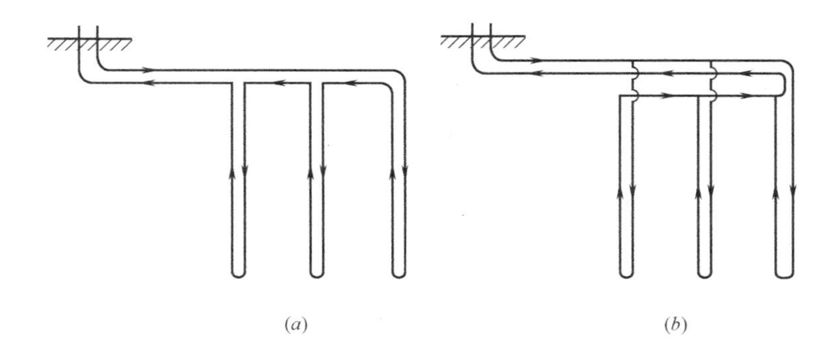

图6-9　地埋管循环管路连接方式

(a) 串联；(b) 并联

串联和并联系统的优缺点对比 表6-4

连接方式	优 点	缺 点
串联	①单一的流程和管径； ②由于系统需要较大直径的管道，管道长度较长，使出水温度较高； ③系统的空气和废渣易排除	①需要较大的管径、较大的流体体积和较多的防冻剂； ②管道费用较高； ③安装劳动力费用较高； ④由于长度压力降特性，限制了系统的能力
并联	① 管径较小，管道费用较低； ②需要防冻剂较少； ③安装劳动力费用较低	①一定要保证系统空气和废渣的排除； ②在保证等长度环路下，每个并联路线之间流量保证平衡

6.4.3 水平连接集管

分、集水器是防冻液从热泵到地热换热器各并联环路之间循环流动的调节控制装置，如图6-10所示。设计时应注意各并联环路间的水力平衡及有利于系统排除空气。与分、集水器相连接的各并联环路的多少，取决于竖直U形埋管与水平连接管路的连接方法、连接管件和系统的大小。

图6-10 地埋管换热系统的分、集水器

6.5 地埋管换热器的传热计算

6.5.1 地埋管换热器传热分析

地埋管换热器设计计算需要满足的最主要的条件，是要保证在地埋管换热器的整个寿命周期中循环介质的温度都在设计要求的范围之内。设计者根据这一目标选择地埋管换热器的布置形式并确定埋管的总长度。地埋管换热器传热分析的另一个目的，或称为系统运行测试模拟计算，是在给定地埋管换热器布置形式和长度以及负荷的情况下，计算循环液温度随时间的变化，并进而确定系统的性能系数和能耗，以便对系统进行能耗分析。

关于地埋管换热器的传热分析，迄今为止国际上还没有普遍公认的模型和规范。由于多孔介质中传热传质问题的复杂性，国际上现有的地埋管换热器传热模型大多采用纯导热模型，忽略了多孔介质中对流的影响。它们大体上可分为两大类：

第一类是以热阻概念为基础的半经验性设计计算公式，主要用来根据冷、热负荷估算地埋管换热器所需埋管的长度。这类方法中以国际地源热泵学会［International Ground Source Heat Pump Association（IGSHPA）］推荐的方法影响最大，《规范》中基本上参考了 IGSHPA 方法。

第二类方法是以离散化数值计算为基础的传热模型，可以考虑比较接近现实的情况，用有限元或有限差分法求解地下的温度响应并进行传热分析。在土壤耦合热泵传热分析的研究历史上，这一类方法的代表是美国的橡树岭国家实验室（Oak Ridge National Laboratory）在 20 世纪 80 年代所做的工作。随着计算机技术的进步，数值计算方法以其适应性强的特点已成为传热分析的基本手段，也已成为地埋管换热器理论研究的重要工具。但是由于地埋管换热器传热问题涉及的空间范围大、几何配置复杂，同时负荷随时间变化，时间跨度长达十年以上，因此若按三维非稳态导热问题进行数值计算，将耗费大量的计算机时间，直接求解工程问题有很大的困难；如果再考虑对流，则困难更大。在当前的计算条件下，用数值计算方法直接进行实际工程问题的设计计算还没有先例。但这些数值分析研究对定性地了解地埋管换热器的传热过程以及研究若干参数对地埋管换热器性能的影响起到了重要的作用。

与上述两种方法的思路不同，在 20 世纪 80～90 年代，瑞典的两位研究者 Eskilson 和 Hellstrom 提出了一种基于叠加原理的新思路，也称作 g 函数方法。他们利用解析法和数值法混合求解的手段较精确地描述单个钻孔在恒定热流加热条件下的温度响应，再利用叠加原理得到多个钻孔组成的地埋管换热器在变化负荷作用下的实际温度响应。这种方法中采用的简化假定最少，可以考虑地埋管换热器的复杂的几何配置和负荷随时间的变化，同时可以避免冗长的数值计算，有可能直接应用于实际的工程设计计算和建筑能耗分析。

有关地埋管换热器的传热分析可参阅文献［1］。另外应注意：现有的地下埋管换热器计算模型虽然很多，但主要基于线热源理论、圆柱热源理论、能量平衡理论等来建立控制方程，没有考虑到地下水渗流的影响。而地下埋管周围土壤传热过程其实是热传导和地下水渗流共同作用下的复杂的、非稳定的传热传质过程。地下竖直埋管在其穿透的地层中总是存在着地下水的渗流，尤其是在沿海（河、湖泊）地区或地下水丰富的地区，地下埋管的传热过程几乎大部均受到地下水渗流的影响。因此，研究地下埋管换热器的热传导和地下水渗流耦合作用下的换热机理是十分必要的，可从能量、动量及质量守恒的基本原理出发，建立地下埋管换热器与土壤之间热渗耦合换热过程的数学模型[7]。

6.5.2　竖直地埋管换热器的长度

竖直地埋管换热器布置方式和管材选定后，应通过计算确定其长度。计算时应考虑管材、岩土体及回填材料热物性、传热介质的物性及流动状态、热泵机组特性及建筑物的冷（热）负荷等因素。为了确保计算结果的准确性，建议采用专用软件进行。

对于实际工程计算，常采用半经验公式进行设计计算。现介绍三种方法，供参考。

（1）《规范》推荐的设计计算方法

① 竖直地埋管换热器的热阻计算

传热介质与 U 形管内壁的对流换热热阻可按下式计算：

$$R_f=\frac{1}{\pi d_i K} \tag{6-2}$$

式中 R_f——传热介质与U形管内壁的对流换热热阻（m·K/W）；

d_i——U形管的内径（m）；

K——传热介质与U形管内壁的对流换热系数［W/(m²·K)］。

U形管的管壁热阻可按下列公式计算：

$$R_{ep}=\frac{1}{2\pi\lambda_p}\ln\left[\frac{d_e}{d_e-(d_o-d_i)}\right] \tag{6-3}$$

式中 R_{ep}——U形管的管壁热阻（m·K/W）；

λ_p——U形管导热系数［W/(m·K)］；

d_o——U形管的外径（m）；

d_e——U形管的当量直径（m）。

钻孔灌浆回填材料的热阻可按下式计算：

$$R_b=\frac{1}{2\pi\lambda_b}\ln\left(\frac{d_b}{d_e}\right) \tag{6-4}$$

式中 R_b——钻孔灌浆回填材料的热阻（m·K/W）；

λ_b——灌浆材料导热系数［W/(m·K)］；

d_b——钻孔的直径（m）。

地层热阻，即从孔壁到无穷远处的热阻可按下式计算：

对于单个钻孔：

$$R_s=\frac{1}{2\pi\lambda_s}I\left(\frac{r_b}{2\sqrt{a\tau}}\right) \tag{6-5}$$

$$I(u)=\frac{1}{2}\int_u^{\infty}\frac{e^{-s}}{s}\mathrm{d}s \tag{6-6}$$

对于多个钻孔：

$$R_s=\frac{1}{2\pi\lambda_s}\left[I\left(\frac{r_b}{2\sqrt{a\tau}}\right)+\sum_{i=2}^{N}I\left(\frac{x_i}{2\sqrt{a\tau}}\right)\right] \tag{6-7}$$

式中 R_s——地层热阻（m·K/W）；

I——指数积分公式，可按公式（6-6）计算；

λ_s——岩土体的平均导热系数［W/(m·K)］；

a——岩土体的热扩散率（m²/s）；

r_b——钻孔的半径（m）；

τ——运行时间（s）；

x_i——第i个钻孔与所计算钻孔之间的距离（m）。

短期连续脉冲负荷引起的附加热阻可按下式计算：

$$R_{sp}=\frac{1}{2\pi\lambda_s}I\left(\frac{r_b}{2\sqrt{a\tau_p}}\right) \tag{6-8}$$

式中 R_{sp}——短期连续脉冲负荷引起的附加热阻（m·K/W）；

τ_p——短期脉冲负荷连续运行时间，例如8h。

② 竖直地埋管换热器钻孔的长度计算

制冷工况下，竖直地埋管换热器钻孔长度可按下列公式计算：

$$L_c=\frac{1000Q_e[R_f+R_{ep}+R_b+R_s\times F_c+R_{sp}\times(1-F_c)]}{(t_{max}-t_{\infty})}\left(\frac{EER+1}{EER}\right) \tag{6-9}$$

$$F_c=T_{c1}/T_{c2} \tag{6-10}$$

式中　L_c——制冷工况下，竖直地埋管换热器所需钻孔的总长度（m）；

Q_e——水源热泵机组的额定冷负荷（kW）；

EER——水源热泵机组的制冷能效比；

t_{max}——制冷工况下，地埋管换热器中传热介质的设计平均温度，通常取37℃；

t_{∞}——埋管区域岩土体的初始温度（℃）；

F_c——制冷运行份额；

T_{c1}——一个制冷季中水源热泵机组的运行小时数，当运行时间取一个月时，T_{c1}为最热月份水源热泵机组的运行小时数；

T_{c2}——一个制冷季中的小时数，当运行时间取一个月时，T_{c2}为最热月份的小时数。

供热工况下，竖直地埋管换热器钻孔的长度可按下列公式计算：

$$L_h=\frac{1000Q_c[R_f+R_{ep}+R_b+R_s\times F_c+R_{sp}\times(1-F_h)]}{(t_{\infty}-t_{min})}\left(\frac{COP-1}{COP}\right) \tag{6-11}$$

$$F_h=T_{h1}/T_{h2} \tag{6-12}$$

式中　L_h——供热工况下，竖直地埋管换热器所需钻孔的总长度（m）；

Q_c——水源热泵机组的额定热负荷（kW）；

COP——水源热泵机组的供热能效比；

t_{min}——供热工况下，地埋管换热器中传热介质的设计平均温度，通常取－2～5℃；

t_{∞}——埋管区域岩土体的初始温度（℃）；

F_h——供热运行份额；

T_{h1}——一个供热季中水源热泵机组的运行小时数，当运行时间取一个月时，T_{h1}为最冷月份水源热泵机组的运行小时数；

T_{h2}——一个供热季中的小时数，当运行时间取一个月时，T_{h2}为最冷月份的小时数。

（2）按现场测试获得的单位钻孔深度（或管长）的换热量确定其长度

即：

$$N=\frac{Q\times1000}{q\times H} \tag{6-13}$$

$$L=2NH \tag{6-14}$$

式中　N——所需钻孔数目（应进行圆整，个）；

Q——地埋管热负荷（kW）；

q——通过现场测试获得的单位钻孔深度的换热量（W/m）；

H——钻孔深度（m）；

L——钻孔中单U形埋管的总长度（m）。

但是应注意：该方法只是工程方案设计和扩初设计阶段，采用此法来估算地埋管的总长度，不能作为施工设计阶段地埋管总长度的设计依据。同时，还要注意设计工况与现场测试工况相同或基本一样。

上述问题虽在6.2.4节中说明过，但由于其问题在实际工程中常常被忽略，在实际工程中学用此法确定地埋管总长度，因此，再强调一次它的重要性。

（3）按线算图确定竖直地埋管换热管的孔深与管长

国际地源热泵协会副主席 L. Rybach 教授曾给出确定竖直地埋管换热管的孔深与管长的线算图，如图6-11所示。根据单个地埋孔所承担的负荷大小和年积累负荷大小、当地的海拔高度（地域）、热泵的供热性能系数、土壤的导热系数和埋管形式（单U和双U）的情况，就可以确定钻孔的深度。该图简单明了，但是我国目前尚无此类线算图。

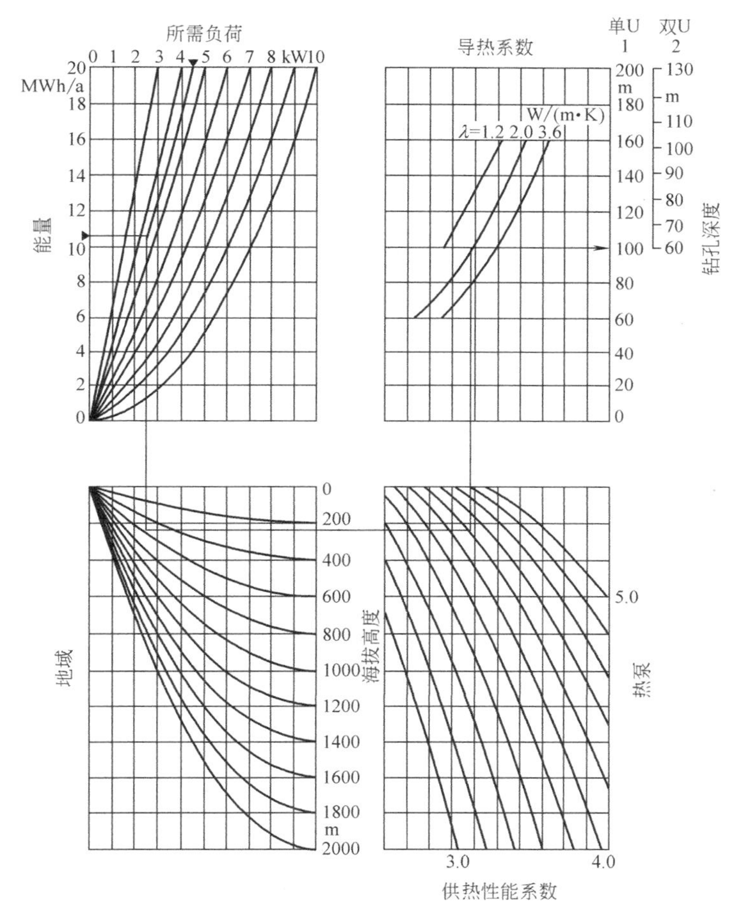

图6-11 竖直地埋管换热系统线算图

此外应注意，设计地埋管换热器时，环路集管不包括在地埋管换热器总长内；地埋管覆土埋深应在当地冻土层以下，并要避免受外界气温日变化的影响。

6.6 地埋管换热器系统的水力计算

6.6.1 压力损失计算

地埋管压力损失可参照以下步骤进行计算：

（1）确定管内流体的流量 G（m^3/h）和公称直径

（2）根据公称直径，确定地埋管的内径 d_j

（3）计算地埋管的断面面积 A

$$A=\frac{\pi d_j^2}{4} \tag{6-15}$$

式中　A——地埋管的断面面积（m^2）；

d_j——地埋管的内径（m）。

（4）计算管内流体的流速 V

$$V=\frac{G}{3600A} \tag{6-16}$$

式中　V——管内流体的流速（m/s）；

G——管内流体的流量（m^3/h）。

应注意，地埋管换热器内流体流动应为紊流，流速应大于 0.4m/s。

（5）雷诺数 Re 的计算（Re 应该大于 2300 以确保紊流）

$$Re=\frac{\rho V d_j}{\mu} \tag{6-17}$$

式中　Re——管内流体的雷诺数；

ρ——管内流体的密度（kg/m^3）；

μ——管内流体的动力黏度（Pa·s）。

（6）计算管段的沿程阻力损失 P_y

$$P_d=0.158\rho^{0.75}\mu^{0.25}d_j^{-1.25}V^{1.75} \tag{6-18}$$

$$P_y=P_d L \tag{6-19}$$

式中　P_y——计算管段的沿程阻力损失（Pa）；

P_d——管段单位管长的沿程阻力损失（Pa/m）；

L——计算管段的长度（m）。

（7）计算管段的局部阻力损失 P_j

$$P_j=P_d L_j \tag{6-20}$$

式中　P_j——计算管段的局部阻力（Pa）；

L_j——计算管段管件的当量长度（m），可按表 6-5 计算。

（8）计算管段的总阻力损失 P_z

$$P_z=P_y+P_j \tag{6-21}$$

式中　P_z——计算管段的总阻力损失（Pa）。

管件当量长度　　**表 6-5**

名义管径		弯头的当量长度(m)				T形三通的当量长度(m)			
in	mm	90° 标准型	90° 长半径型	45° 标准型	180° 标准型	旁流三通	直流三通	直流三通后缩小1/4	直流三通后缩小1/2
3/8	DN10	0.4	0.3	0.2	0.7	0.8	0.3	0.4	0.4
1/2	DN12	0.5	0.3	0.2	0.8	0.9	0.3	0.4	0.5

续表

名义管径		弯头的当量长度(m)				T形三通的当量长度(m)			
in	mm	90°标准型	90°长半径型	45°标准型	180°标准型	旁流三通	直流三通	直流三通后缩小1/4	直流三通后缩小1/2
3/4	DN20	0.6	0.4	0.3	1.0	1.2	0.4	0.6	0.6
1	DN25	0.8	0.5	0.4	1.3	1.5	0.5	0.7	0.8
5/4	DN32	1.0	0.7	0.5	1.7	2.1	0.7	0.9	1.0
3/2	DN40	1.2	0.8	0.6	1.9	2.4	0.8	1.1	1.2
2	DN50	1.5	1.0	0.8	2.5	3.1	1.0	1.4	1.5
5/2	DN63	1.8	1.3	1.0	3.1	3.7	1.3	1.7	1.8
3	DN75	2.3	1.5	1.2	3.7	4.6	1.5	2.1	2.3
7/2	DN90	2.7	1.8	1.4	4.6	5.5	1.8	2.4	2.7
4	DN110	3.1	2.0	1.6	5.2	6.4	2.0	2.7	3.1
5	DN125	4.0	2.5	2.0	6.4	7.6	2.5	3.7	4.0
6	DN160	4.9	3.1	2.4	7.6	9.2	3.1	4.3	4.9
8	DN200	6.1	4.0	3.1	10.1	12.2	4.0	5.5	6.1

6.6.2 循环泵的选择

在地埋管换热系统中，循环水泵使水或防冻水溶液在系统内周而复始循环，克服环路的阻力损失。在设计中，应根据设计工况运行时的水流量和管路的阻力损失，以及水泵的运行特性曲线来选择水泵。但为了减少造价和占地面积，一般台数不宜过多（不应超过4台）。

根据地埋管换热系统水力计算的设计流量M_{de}、环路总的阻力损失$\sum\Delta H$，再分别加10%～20%的安全系数后作为选择循环泵时所需要依据的流量和扬程（压头），即

$$M_p = 1.1M_{de} \tag{6-22}$$

$$H_p = (1.1 \sim 1.2)\sum\Delta H \tag{6-23}$$

根据公式（6-22）、公式（6-23）和水泵特性曲线或特性表，选择循环水泵。在选择中应注意：

① 如选两台泵，应选择其工作特性曲线平坦型的。

② 水泵长时间工作点应位于最高效率点附近的区间内。

6.7 地埋管换热器的安装

6.7.1 施工前的准备

施工前的准备工作内容，见图6-12。

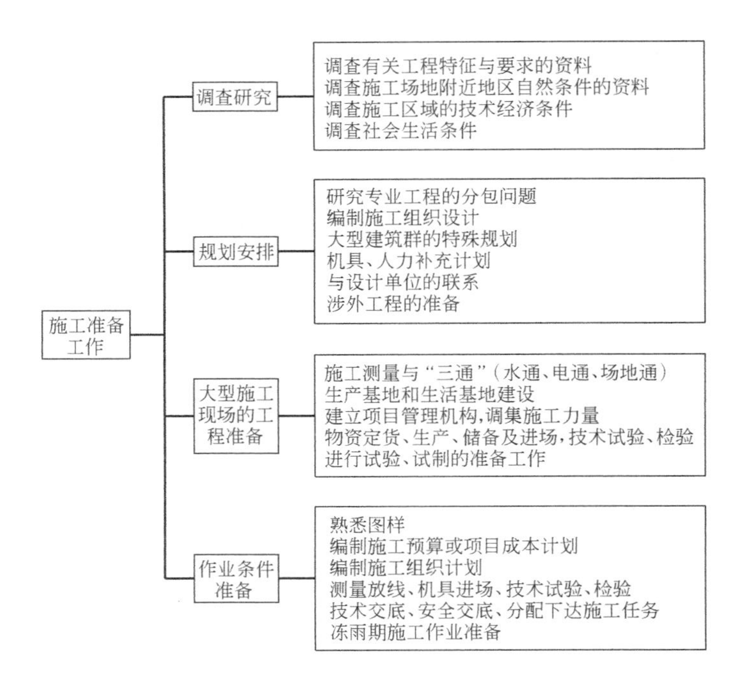

图 6-12 施工前的准备工作内容

6.7.2 水平地埋管换热器

(1) 水平地埋管换热器安装要点

① 按平面图开挖地沟;

② 按所提供的热交换器配置，在地沟中安装塑料管道;

③ 按工业标准和实际情况完成全部连接缝的熔焊;

④ 应将熔接的供回水管线连接到循环集管上，并一起安装在机房内;

⑤ 在回填之前进行循环管道和循环集水管的试压;

⑥ 在所有埋管地点的上方做出标志，标明管线的定位带。

(2) 管道安装步骤

管道安装可伴随着挖沟同步进行。挖沟可使用挖掘机或人工挖沟。如采用全面敷设水平埋管的方式设置换热器，也可使用推土机等施工机械挖掘埋管场地，见图 6-13。

图 6-13 水平地埋管换热器施工现场

管道安装的主要步骤：首先清理干净沟中的石块，然后在沟底铺设 100～150mm 厚的细土或砂子，用以支撑和覆盖保护管道。检查沟边的管道是否有切断、扭结等外伤；管道连接完成并试压后，再仔细地放入沟内。回填材料应采用网孔不大于 15mm×15mm 的筛进行过筛，保证回填材料不含有尖利的岩石块和其他碎石。为保证回填均匀且回填材料与管道紧密接触，回填应在管道两侧同步进行，同一沟槽中有双排或多排管道时，管道之间的回填压实应与管道和槽壁之间的回填压实对称进行。各压实面的高差不宜超过 30cm。管腋部采用人工回填，确保塞严、捣实。分层管道回填时，应重点做好每一管道层上方 15cm 范围内的回填，而管道两侧和管顶以上 50cm 范围内，应采用轻夯实，严禁压实机具直接作用在管道上，使管道受损。若土壤是黏土且气候非常干燥时，宜在管道周围填充细砂，以便管道与细砂的紧密接触，或者在管道上方埋设地下滴水管，以确保管道与周围土层的良好换热条件。

6.7.3 竖直 U 形埋管换热器

(1) 放线、钻孔

将地热换热器设计图上的钻孔排列、位置逐一落实到施工现场。钻孔孔径的大小以能够较容易地插入所设计的 U 形管及灌浆管为准。钻孔小需要的泥浆流量较小、钻头直径较小且便宜、泥浆池和泥浆泵较小、泥浆泵所受的磨损小，这会降低钻孔费用。最小钻孔孔径推荐值见表 6-6[8]。

不同管径的最小钻孔孔径及竖井深度 **表 6-6**

管径(mm)	20	25	32	40
最小钻孔孔径(mm)	75	90	100	120
竖井深度(m)	30～60	45～90	75～150	90～180

U 形埋管外径为 25～40mm，目前工程上大多采用外径 32mm 的 U 形管。灌浆用管采用相同材料和规格。为确保 U 形管顺利、安全地插入孔底，孔径要适当。目前，工程上常用孔径在 150～200mm 范围，垂直钻孔的不垂直度应小于 2.5%。不同地层硬度下可采用不同的钻孔方法，见表 6-7[9]。

表 6-7 所列情况中，中、软地层中回转钻孔速度可达 10m/h，硬度和高硬岩层中用潜孔锤或钉锤钻孔，钻速也可能够达到 10m/h。潜孔锤钻孔更适用于硬岩：在相同的岩层中，采用轻型钻机钻一个 50m 深的孔，用凿岩球齿钻头，回转钻孔需 5d，而采用潜孔锤的只需几小时。

钻孔方法 **表 6-7**

地层类型	钻孔方法	备注
第四纪土层或沙砾层	螺旋钻孔	有时需临时套管
	回转钻孔	需临时套管和泥浆添加剂
第四纪土层、泥土或黏土层	螺旋钻孔	多数情况下可采用方法
	回转钻孔	需临时套管和泥浆添加剂
岩石或中硬地层	回转钻孔	牙轮钻头，有时需加入泥浆添加剂
	潜孔锤钻孔	需用大的压缩机
岩石，硬地层到高硬地层	回转钻孔	用凿岩钻头或硬合金球齿钻头，钻速较低
	潜孔锤钻孔	需用大的压缩机
	钉锤钻孔	深度约为 70m，需要专门的配套工具
超负荷岩层	ODEX 钻孔	配潜孔锤

在钻孔过程中，根据地下地质情况、地下管线敷设情况及现场土层热物性的测试结

果，适当调整钻孔的深度、个数及位置，以满足设计要求，同时降低钻孔、下管及封井的难度，减少对已有地下工程的影响。在竖直埋管系统中安装一定长度的U形埋管是首要目的，而不是非要钻一定深度的孔，即总钻孔深度一定，可根据现场的地质条件决定钻孔的个数和经济合理的钻孔深度。如果局部遇到坚硬的岩石层，更换位置重新钻孔可能会更经济。一般情况下，钻浅孔比钻深孔更经济。由于靠近地表的土壤受气温影响温度波动较大，因此，对竖直埋管来说，钻孔深度不宜太浅，一般应超过30m。随着深度的增加，土壤湿度和温度稳定性增加。钻孔数量少意味着水平埋管的连接少，减少所需要的地表面积。

用于埋设U形管的钻孔与用来取水的钻井是两种完全不同的任务。钻孔安装埋管要简单得多，钻孔无须下护壁套管。但如果孔壁周围土壤不牢固或者有洞穴，造成下管困难或回填材料大量流失时，则需下套管或对孔壁进行固化。钻孔只是为了能够插放U形管。通过正确的控制和使用泥浆，大多数问题可以得到解决。

（2）U形管现场组装、试压与清洗

随着土壤耦合热泵空调系统的产业化，U形埋管的组装已逐步在塑料管生产厂内完成，即塑料管生产厂按照订货单长度的要求，生产组装U形管。但由于种种原因，实际钻孔深度常常与其设计深度有差别，因此U形管在现场组装、切割为宜，以满足有可能出现的设计变更，尤其是钻孔深度变化的需要。竖直地埋管换热器的U形弯管接头，宜选用定型的U形弯头成品件，不宜采用直管道煨制弯头。PE管连接规定采用热熔的方法连接。PE管熔接技术要求，如插入深度、加热时间和保持时间，见表6-8。

PE管插入深度、加热时间和保持时间的要求　　　**表6-8**

管子外径(mm)	32	40	50	63	75	90
插入深度(mm)	20	22	25	28	31	35
加热时间(s)	8	12	18	24	30	40
保持时间(s)	20	20	30	30	40	40

下管前应对U形管进行试压、冲洗。然后将U形管两个端口密封，以防杂物进入。冬期施工时，应将试压后U形管内的水及时放掉，以免冻裂管道。

（3）下管与二次试压

下管前，应将U形管的两个支管固定分开，以免下管后两个支管贴靠在一起，导致热量回流。一种方法是利用专用的地热弹簧将两支管分开，同时使其与灌浆管牵连在一起：当灌浆管自下而上抽出时，地热弹簧将两个支管弹离分开（参见图6-14）。另一种方法是用塑料管卡或塑料短管等支撑物将两支管撑开，然后将支撑物绑缚在支管上。两支撑物间距一般2～4m。U形管端部应设防护装置，以防止在下管过程中的损伤；U形管内充满水，增加自重，抵消一部分下管过程中的浮力，因为钻孔内一般情况下充满泥浆，浮力较大。

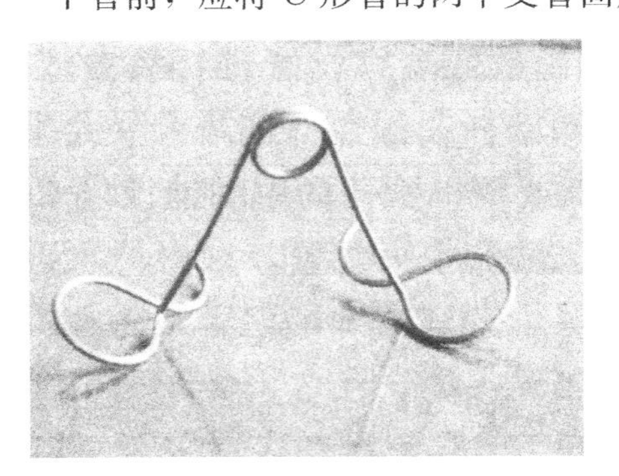

图6-14　地热弹簧

钻孔完成后，应立即下管。因为钻好的孔搁置时间过长，有可能出现钻孔局部堵塞或塌陷，这将导致下管的困难。下管是将三根塑料管一起插入孔中，直至孔底。下管方法有人工下管和机械下管两种。当钻孔较浅或泥浆密度较小时，宜采用人工下管。反之，可采用机械下管。常用的机械下管方法是将U形管捆绑在钻头上，然后利用钻孔机的钻杆，将U形管送入钻孔深处。此时U形管端部的保护尤为重要。这种方法下管常常会导致U形管贴靠在钻孔内一侧，偏离钻孔中心，同时灌浆管也较难插入钻孔内，除非增大钻孔孔径。

U形管的长度应比孔深略长些，以使其能够露出地面。下管完成后，做第二次水压实验。确认U形管无渗漏后，方可封井。

(4) 回填封孔与土壤热物性测定

回填封孔是将回填材料自下而上灌入钻孔中。合适的回填材料能够加强岩土层和埋管之间的热交换能力，防止各含水层之间水的掺混和污染物从地面向下渗漏。主要的回填方法是利用泥浆泵通过灌浆管将回填材料灌入孔中（参见图6-15）。回灌时，根据灌浆的快慢将灌浆管逐渐抽出，使回填材料自下而上注入封孔，确保钻孔回灌密实、无空腔。根据钻孔现场的地质情况和选用的回填材料特性，在确保能够回填密实无空腔的条件下，有时也可采用人工的方法回填封孔。除了机械回填封孔的方法外，其他方法应慎用。

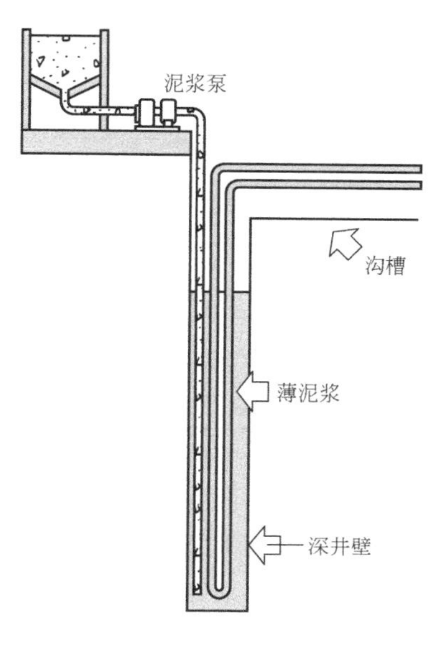

图6-15 下管与回填封孔示意图

封孔结束一段时间后，可利用土壤热物性测试仪进行现场U形地埋管传热性能测定，并根据测定结果对原有设计进行必要的修正。

对回填材料的选择取决于地埋管现场的地质条件。回填材料的热导率应不小于埋管处的岩土层热导率。宜选用专用的回填材料。为了便于工程计算，几种典型土壤、岩石及回填材料的热物性可参考表6-9确定。

几种典型土壤、岩石及回填料的热物性　　表6-9

		λ_s 导热系数 [W/(m·K)]	a 扩散率 ($10^{-6}m^2/s$)	ρ 密度 (kg/m^3)
土壤	致密黏土(含水量15%)	1.4～1.9	0.49～0.71	1925
	致密黏土(含水量5%)	1.0～1.4	0.54～0.71	1925
	轻质黏土(含水量15%)	0.7～1.0	0.54～0.64	1285
	轻质黏土(含水量5%)	0.5～0.9	0.65	1285
	致密砂土(含水量15%)	2.8～3.8	0.97～1.27	1925
	致密砂土(含水量5%)	2.1～2.3	1.10～1.62	1925
	轻质砂土(含水量15%)	1.0～2.1	0.54～1.08	1285
	轻质砂土(含水量5%)	0.9～1.9	0.64～1.39	1285

续表

		λ_s 导热系数 [W/(m·K)]	a 扩散率 ($10^{-6}m^2/s$)	ρ 密度 (kg/m^3)
岩石	花岗岩	2.3～3.7	0.97～1.51	2650
	石灰石	2.4～3.8	0.97～1.51	2400～2800
	砂岩	2.1～3.5	0.75～1.27	2570～2730
	湿页岩	1.4～2.4	0.75～0.97	—
	干页岩	1.0～2.1	0.64～0.86	—
回填材料	膨润土(含有20%～30%的固体)	0.73～0.75	—	—
	含有20%膨润土、85% SiO_2 砂子的混合物	1.47～1.64	—	—
	含有15%膨润土、85% SiO_2 砂子的混合物	1.00～1.10	—	—
	含有10%膨润土、90% SiO_2 砂子的混合物	2.08～2.42	—	—
	含有30%膨润土、70% SiO_2 砂子的混合物	2.08～2.42	—	—

注：引自《2003 ASHRAE HANDBOOK HVAC Applications》中 Geothermal Energy 一章。

(5) 环路集管连接

将地下U形埋管与水平管的连接称为环路集管连接，图6-16为集管连接施工现场。

为防止未来其他管线敷设对集管连接管的影响或破坏，水平管埋设深度一般可控制在1.5～2.0 m之间。管道沟挖好后，沟底应夯实，填一层细砂或细土，并留有0.003～0.005的坡度。在管道弯头附近要人工回填以避免管道出现波浪弯。集管连接管在地上连接成若干个管段，再置于地沟与U形管相接，构成完整的闭式环路（图6-17）。在分、集水器的最高端或最低端宜设置排气装置或除污排水装置，并设检查井。管道沟回填时，应分层用木夯夯实。

图6-16　水平集管连接现场

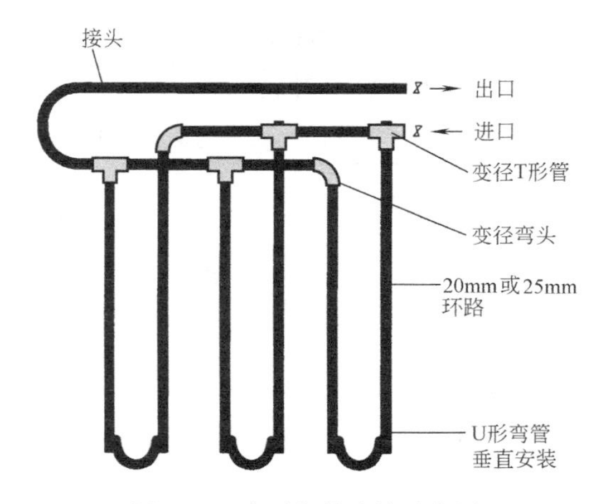

图6-17　水平集管连接示意图

水平集管连接的方式主要有两种。一种是沿钻孔的一侧或两排钻孔的中间铺设供水和回水集管；另一种是将供水和回水集管引至埋设地下U形管区域的中央位置。

6.7.4 地埋管换热系统的检验与水压试验

(1) 地埋管换热系统的检验

应由一个最好是来自专业试验机构的独立的第三方承包商来工地现场做试验鉴定，并按如下内容提出报告。这些承包商应分别和业主签订合同。

① 管材、管件等材料应符合国家现行标准的规定；

② 全部竖直U形埋管的位置和深度以及热交换器的长度应符合设计要求；

③ 灌浆材料及其配比应符合设计要求，灌浆材料回填到钻孔内的检验应与安装地埋管换热器同步进行；

④ 监督循环管路、循环集管和管线的试压是否按要求进行，以保证没有泄漏；

⑤ 如果有必要，需监督不同管线的水力平衡情况；

⑥ 检验防冻液和化学防腐剂的特性及浓度是否符合设计要求；

⑦ 循环水流量及进出水温差均应符合设计要求。

(2) 地埋管水压试验

① 水压试验的特点。聚乙烯管道的水压试验，是为了间接证明施工完成后管道系统的密闭程度。但聚乙烯管道与金属管道不同，金属管线的水压试验期间，除非有漏失，其压力能保持恒定；而聚乙烯管线即使是密封严密的，由于管材的徐变特性和对温度的敏感性，也会导致试验压力随着时间的延续而降低，因此应全面地理解压力降的含义。国内地埋管换热系统应用时间不长，在水压试验方法上缺乏试验与实践数据。《埋地塑料给水管道工程技术规程》CJJ 101—2016 适用于埋地聚乙烯给水管道工程，但其水压试验方法与地埋管换热系统工程应用实践有较大差距，也不宜直接采用。水压试验方法是建立在加拿大标准基础上，在试验压力上考虑了与国内相关标准的一致性。

② 试验压力的确定。当工作压力不大于 1.0MPa 时，试验压力应为工作压力的 1.5 倍，且不应小于 0.6MPa；当工作压力大于 1.0MPa 时，试验压力应为工作压力加 0.5MPa。

(3) 水压试验步骤

按《规范》中的规定进行[4]：

① 竖直地埋管换热器插入钻孔前，应做第一次水压试验。在试验压力下，稳压至少 15 min，稳压后压力降不应大于 3%，且无泄漏现象；将其密封后，在有压状态下插入钻孔，完成灌浆之后保压 1h。水平地埋管换热器放入沟槽前，应做第一次水压试验。在试验压力下，稳压至少 15 min，稳压后压力降不应大于 3%，且无泄漏现象。

② 竖直或水平地埋管换热器与环路集管装配完成后，回填前应进行第二次水压试验。在试验压力下，稳压至少 30 min，稳压后压力降不应大于 3%，且无泄漏现象。

③ 环路集管与机房分、集水器连接完成后，回填前应进行第三次水压试验。在试验压力下，稳压至少 2h，且无泄漏现象。

④ 地埋管换热系统全部安装完毕，且冲洗、排气及回填完成后，应进行第四次水压试验。在试验压力下，稳压至少 12h，稳压后压力降不应大于 3%。

(4) 水压试验方法

水压试验宜采用手动泵缓慢升压，升压过程中应随时观察与检查，不得有渗漏；不得以气压试验代替水压试验。

聚乙烯管道试压前应充水浸泡，时间不应小于12h，彻底排净管道内空气，并进行水密性检查，检查管道接口及配件处，如有泄漏应采取相应措施进行排除。

6.8　我国地埋管地源热泵技术发展中应关注的几个问题

6.8.1　浅层岩土蓄能十浅层地温能才是地源热泵可持续利用的低温热源[10]

（1）浅层地能的提出与认识

1997年后，由美国ASHRAE将地下水源热泵、地表水水源热泵和土壤耦合热泵统一为标准术语——地源热泵。国内规范[4]中也把地下水源热泵、地表水水源热泵和土壤耦合热泵统称为地源热泵，它是一个广义的术语，包括了使用地下水、地表水和土壤作为低温热源（或热汇）的热泵系统。为了便于使热源（或热汇）与地源热泵相呼应，国内学者提出了“浅层地能”的概念化术语，它是将土壤、地下水和地表水汇集在同一术语中，统称为浅层地能。国内对浅层地能研究仍沿用以往的从一个个工程视角出发，对小尺度的浅层岩土、地下水和地表水进行研究，一方面，研究浅层地能的特征，其特征对地源热泵产生什么影响，地源热泵如何适应它的特点；另一方面，地源热泵的长期运行对浅层地能会产生什么样的影响，如何解决等等。但是，在研究中注意到“浅层地能”主要来自太阳能的说法仍有争议。

近年来地源热泵系统在我国的应用日益广泛，工程实例的规模越来越大，几十万m^2的地埋管地源热泵工程实例时有介绍。因此，人们开始从宏观的角度，对大尺度的浅层岩土层进行研究，甚至整个浅层岩土进行研究，提出“浅层地温能资源的概念”[11]。文献中认为，“浅层地温能是指地表以下一定深度范围内（一般为恒温带至200m埋深），温度低于25℃，在当前技术经济条件下具备开发利用价值的地热能”；“浅层地温能是地热资源的一部分”；“浅层地能是赋存在地球的表面岩土体中的低温地热资源”；“分布普遍、埋藏浅、可持续利用，可以作为化石能源替代资源，减少温室气体的排放”等。对此，应注意以下几个问题：

① 地球是一个大热库，但由于处于工程场区内的可供地埋管用的大地面积有限，埋深有限，土壤的比热容又远远小于水的比热容，甚至小于空气的比热容（石英砂比热容0.82J/(g·℃)、黏土0.933J/(g·℃)、水为4.186J/(g·℃)，空气为1.005J/(g·℃)）。因此，处于工程场区内的浅层地热能相对要小得很多。

② 水平埋管和大口井由于位于变温带，其热能的来源为太阳能与地热能；竖直地埋管和深井位于恒温带，其热能的来源主要为大地热流和浅层地温能。而大地热流与建筑热负荷（30～40W/m^2）相比，相差甚远，这又如何可以持续利用。正如文献［12］认为，把恒温带看做“取之不尽，可不断再生的低温地热资源”是犯原则性的错误。此问题值得研究与分析。

③热泵实践过程中也发现土壤中热量来源不足的问题。如加拿大1990年建成的一个地源热泵系统，冬季运行末期，热泵机组出现了过冷保护[13]，类似的例子很多。为此，作为一种资源，应分析清楚热泵工程场地其资源可开采的价值。

④目前我国的热泵空调系统在空调中所占比例还很小。由于它分布的分散性，系统大多是冬、夏均运行，投入运行的时间还较短等原因，目前还没凸显出浅层地温能的枯竭现

象。但应注意国内地源热泵应用规模相对大的特点，在局部地区会出现什么问题。

基于上述情况，认为浅层低温能是一种资源，地源热泵是以浅层低温能资源为低温热源，这种过分乐观地发展大容量的地埋管地源热泵空调系统将会为地源热泵技术在我国的应用与发展带来不确定性与未知性。为此应开展地埋管储能系统的研究，开发大型浅层岩土季节性储能与地源热泵相结合的应用系统。

(2) 浅层岩土层季节性储能

浅层岩土层季节性储能是一种利用浅层岩土层作为蓄能介质的储能系统，在冬季供暖期结束后的夏季或过渡季，通过地下竖直埋管换热器将收集起来的太阳能、室外空气能、空调冷凝热或工业废热（或余热）贮存到地下土壤中，由于补热首先使地下埋管周围土壤温度场得到及时恢复，然后使其温度不断升高，从而使冬季热泵工况运行时，系统能效比也得到提高，并实现了太阳能的移季利用（夏季的太阳能供冬季用）。

过于浅层岩土层季节性储能技术国内外已开展了一些相关的研究工作[14-21]。欧洲一些大型地埋管储能系统大部分位于挪威，现有地埋管储能系统大约有 90 个[22]。部分大容量地埋管储能热泵系统列入表 6-10 中。由表 6-10 可以看出，由于采用浅层岩土层季节性储能技术，使地埋管地源热泵系统的规模越来越大，如阿克什胡斯大学医院项目地埋管总长已达 45.6km，热泵容量达 8MW。又如，2004 年，加拿大 Ontario 大学在校园内建成大型竖孔式地下蓄能与地源热泵应用系统，其埋管为 384 孔，孔深为 213m[23]。瑞典、土耳其、比利时、日本等国家也建有浅层岩土层季节性储能热泵系统。

挪威大容量地埋管储能热泵系统[22] **表 6-10**

项　　目	钻孔个数（个）	钻孔深度（m）	热泵容量（MW）	建设时间（年）
利勒斯特伦，阿克什胡斯大学医院	228	200	8	2007
奥斯陆，Nydalen 商业公园	180	200	6	2004
奥斯陆，Ullevalls tadion	120	150	4	2009
利勒斯特伦，邮政航站楼	90	200	4	2010
Asker，瑞典宜家，slependen	86	200	1.2	2009
Asker，爱立信	56	200	0.8	2001
奥斯陆，Alnafossen 办公大楼	52	50	1.5	2004

(3) 浅层岩土蓄能＋浅层地温能才是地源热泵可持续利用的低温热源[10]

目前，国内地埋管地源热泵空调系统在冬季按热泵工况运行，从土壤中吸取热量，而在夏季按制冷工况运行，将空调制冷的冷凝热释放到土壤中。因此，《规范》中规定，计算周期内，地源热泵系统总释热量宜与总吸热量相平衡。我们强调的是系统空调冬、夏季负荷的平衡，否则，全年总释热量与总吸热量平衡失调，将导致地埋管换热器区域岩土体温度持续升高或降低。如武汉某大型住宅小区土壤源热泵系统从 2004 年开始运行，经测定，运行一年后土壤各层的温度平均上升了 1.5～2℃[24]。地下换热器冬夏平衡问题虽然已成为国内业内人士的共识，但是这种理念将会导致出现下述问题：

① 据此理念，地埋管地源热泵系统适宜区应在寒冷地区（如北京、天津、河北、山东等地）和夏热冬冷地区（如上海、南京等地），而对于严寒地区则是不适宜区，这导致地埋管地源热泵空调系统在我国应用的局限性。

② 地埋管换热器设计难度加大。冬季地埋管换热器的换热特性（其特性与进口水温、

地下水流速、岩土导热系数、埋管深度、日运行时间、管内流速、回填土性能、U形管两管脚热干扰和多个钻孔热干扰等因素有关）要与建筑物供暖负荷特性相匹配，夏季地埋管换热器的换热特性又要与建筑物空调负荷特性相匹配。

③ 要求地埋管地源热泵空调系统冬夏负荷平衡，客观上起到季节蓄能作用，但夏季向土壤释放冷凝热的过程没有按科学的蓄能理论与技术去实施。仅强调在数量上的平衡，而没有考虑水文地质条件（如地下水流达西速度分布）。众所周知，地下水流速大的地区，由于热对流作用，地下热环境一年后可以恢复到初始状态，而地下水流速低的地区，则不可能完全恢复到初始状态。日本研究表明[25]：地下水达西速度大于 10^{-6}m/s 的地区适合竖直埋管地源热泵系统，可不考虑地下储能；地下水达西速度≤6.3×10^{-7}m/s 的地区适合于竖直埋管地源热泵系统同地下储热相结合的系统，必须考虑地下储能。

通过上述分析，我们认为浅层岩土蓄能＋浅层地温能才是地源热泵可持续利用的低温热源[10]。通过蓄能技术将夏季热能（如太阳能、室外大气热能、空调冷凝热等）转移到浅层岩土中储存起来，冬季再通过热泵技术将浅层岩土层中的热能取出向用户供暖。在此过程中，浅层低温能作为一种辅助性的调节用能，它是地源热泵安全用能的一种保证。即在第1年若冬季地源热泵系统从土壤中吸取的热量大于夏季储存在土壤中的热量时，则土壤温度降低，释放出热量补充给热泵系统。在第2年夏季要适当在浅层岩土层中多储存些热量，在第2年冬季也可能热泵从土壤中吸取的热量小于储存的热量，那么多余的热量暂时储存在浅层岩土层中，使其温度升高。第3年又可少储些，如此等等。按照这样的理论，以年度为时间步长，使浅层岩土层热环境温度围绕其原始温度保持动态平衡（如：±3℃、±4℃、±5℃）。这种地埋管地源热泵系统将会带来下述优点。

① 立足于浅层岩土层储能的思维，使冬季土壤温度升高，提高了热泵冬季工况运行的能效比，其系统的经济性高。

② 由于引入地温能作为其系统安全用能，提高热泵系统在寒冷地区和严寒地区冬季运行的可靠性、安全性。

③ 由于引入以年度为时间步长的浅层岩土层储能理念，保证了大容量的地埋管换热器管群运行的可持续性。

④ 以浅层岩土蓄能＋浅层地温能的理念，去研究、发展地源热泵技术，可避免基于浅层地温能的资源概念过分乐观地发展大容量地源热泵。

⑤ 拓宽了地埋管地源热泵系统在我国的应用范围，其适宜性更为广泛。

6.8.2　地埋管地源热泵系统在夏季自然供冷（免费供冷）潜力巨大

地埋管地源热泵系统的自然供冷是指其系统在夏季供冷时，停止热泵机组的运行，直接通过地埋管换热系统将浅层岩土层中储存的冷量，送至用户供冷。这种把用户末端设备的回水直接送入地埋管换热器回路制备冷冻水的方式，相对冷水机组而言，消耗的电能很小，其冷量几乎是免费的，故又称免费供冷。目前，地埋管地源热泵系统的投资高于其他能源系统，但由于它具有免费供冷能力，其系统仍是具有竞争力的能源系统。地埋管地源热泵系统自然供冷应注意以下问题。

（1）自然供冷的冷冻水参数要求高，一般为18℃/21℃。因此，用户末端装置与系统形式要与其相匹配。

（2）供夏季自然供冷的地下埋管周围的土壤在冬季要尽可能被冷却，在严寒地区亦可采用冬季季节蓄冷技术措施。

（3）在优先应用自然供冷的前提下，当地埋管周围土壤温度太高时，不足的供冷量可由热泵（制冷工况运行）或冷水机组运行提供。

（4）地埋管换热器设计时，必须考虑到，提供浅层岩土层为能量储存体实现不同步的季节性供暖和供冷的需求。

现举一工程实例说明地埋管地源热泵系统自然供冷功能[26]。工程实例位于瑞士瓦利赛伦的一个建筑群，它由500多幢不同用途的公寓和办公楼组成，如图6-18所示。能源需求为：供暖6000MWh/a（热媒参数35℃/25℃），制冷3000MWh/a，其中冷媒参数为18/21℃的供冷量为2500MWh/年，冷媒参数为8/14℃的供冷量为500MWh/年。

图6-18　“Richti-Areal”建筑物群模型[26]

本工程系统的组成见图6-19，它是由地埋管换热器群、每栋建筑物独立的供暖（供冷）子系统和水环路系统三部分组成。

地埋管换热器群埋管总长57000m。地埋管换热器被分为四个独立的子系统安装在建筑物底板下。根据自然供冷（18/21℃）和工艺制冷（8/14℃）的不同，将其分成两组。A组用于自然供冷，埋深150m，间距7m，当A组地埋管周围土壤温度升高，其不足的供冷量由冷水机组提供，冷水机组的冷凝热释放到B组地埋管周围土壤中，将热量储存在浅层岩土层中。B组地埋管埋深250m，间距10m。

建筑物独立的供暖与供冷子系统。每个子系统有各自热泵机组，免费供冷、冷水机组制备热水（冷水），通过水管路系统将冷、热媒送至建筑物内，再由用户的冷、热分配系统向建筑物供冷供暖。

水环路系统功能是将地埋管换热器群与建筑物独立的供暖与供冷子系统连接起来。

图6-20给出本工程方案免费供冷的效果，由图上可以看出，18℃/21℃制冷的免费供冷效果显著，如运行5年时已可达到80%（AB线段）。8℃/14℃制冷也能提供少部分免费供冷。

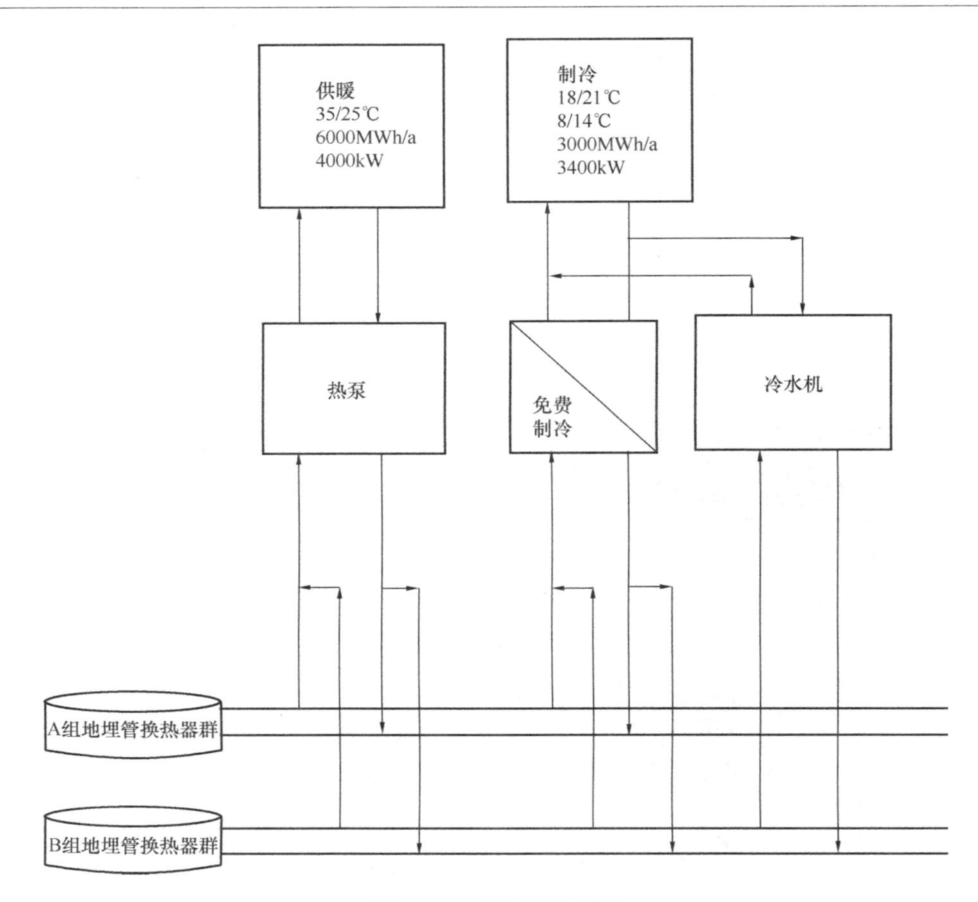

图 6-19　系统原理图[26]

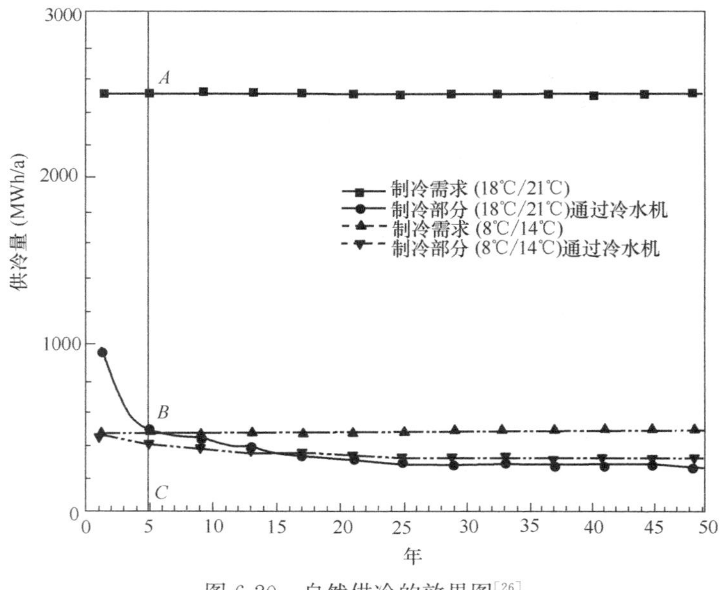

图 6-20　自然供冷的效果图[26]

6.8.3 地下水流动是地埋管换热器换热过程的重要影响因素

土壤是固、液、气多孔介质，地下垂直埋管换热器会穿越各种不同性质的地质层，各地质层的性能都会极大地影响其传热过程，尤其是竖直地埋管管段大部分位于地下水位以下的土壤饱和区内，地下水流动的影响尤为重要，对于孔隙率大、渗透系数较高的含水层，作用更为明显，现有的国内外资料也已经证实了这一点。因此，考虑不同的地质层、地下水流动等因素的影响是很必要的。

国内竖直U形埋管管井一般都深达40～100m，会穿越土壤饱和区，饱和区的地下水流动会有助于竖直埋管换热器的传热过程，有利于减弱或消除由于地埋管换热器吸放热不均引起的热量积累效应，因此能够减少地埋管换热器的设计容量。而在设计计算中未考虑地下水流动的影响，则会造成设计容量偏大，带来经济和资源上的浪费。

文献[27]基于单U竖直地埋管换热器的热渗耦合传热模型进行大量的数值模拟计算，并用SPSS统计分析软件对计算结果进行了一元和多元回归分析，从而对地下埋管换热器单位井深换热量的影响因素（岩土热物性、地下水流动、地埋管参数、循环液参数和运行模式等）的影响程度进行了研究。其单位井深换热量与各影响因素的关系为

$$q_l = -120.4 - 0.1L + 10.12k + 0.069U - 0.0000147U^2 + 2.911T_{in} - 10.077\ln(t) + 83.84/\exp(0.201/V) \tag{6-24}$$

式中 q_l——单位井深换热量，W/m；

L——孔深，m，基准值100m，取值范围：50～150m；

k——岩土导热系数，W/(m·℃)，基准值1.55 W/(m·℃)，取值范围：0.85～3.3W/(m·℃)；

U——地下水渗流速度，m/a，基准值30m/a，取值范围：5～800m/a；

T_{in}——循环液进口温度，℃，基准值35℃，取值范围：30～40℃；

t——日运行时间，h/d，基准值8h/d，取值范围：6～18h/d；

V——循环介质流量，m^3/h，基准值$1.5m^3/h$，取值范围：$0.6～2.0m^3/h$。

各因素的影响程度由大到小为：进口水温>地下水流速>岩土导热系数>埋管深度>日运行时间>管内流量。由此可见，地下埋管换热器的进口水温对埋管的换热能力影响最大，这意味着地下埋管换热器的换热能力主要取决于换热温差。其次是地下水流速，这意味着地下水流速是影响地下埋管换热器传热系数大小的主要因素，因此，在设计或运行调节时必须要考虑地下水流动的因素。

6.8.4 改善地埋管管群周围土壤热环境的技术措施

众所周知，地埋管换热器管群长期运行后，其土壤热环境的恢复时间要比单管长得多，系统规模越大，其热环境恢复越困难。因此，应采取技术措施，改善其热环境是地埋管地源热泵稳定可靠运行的关键因素。现归纳总结出以下技术措施：

（1）有目的地去研究以年度为时间步长的浅层岩土层储能理论与技术（详见6.8.1）。

（2）地埋管换热器管群宜敷设在地下水流速较快的岩土层内（详见6.8.3）。

（3）在实际工程允许的条件下，尽可能加大地埋管群的管间距。

目前，国内工程和规范中地埋管管间距在3～6m。文献[28]对6根长100m的地埋管换热器以3～15m的不同间距进行模拟计算，计算结果绘制在图6-21上。图6-21比较

了运行3年中地埋管换热器单管与管群之间出口水温差的差异。由图可见，管间距为15m时，其影响不大；间距小于5m时，其影响很大（差别达到约5℃）；当间距为7.5m时，其影响也十分明显。这表明，在每个单管相同的负荷条件下，与单一地埋换热器相比，管群间的相互影响引起流体出口温度的降低，即也导致周围岩土层温度的降低。因此，建议即使在高导热系数（大于3W/(m・℃)）的岩土层中，最小间距不应小于7m[28]。

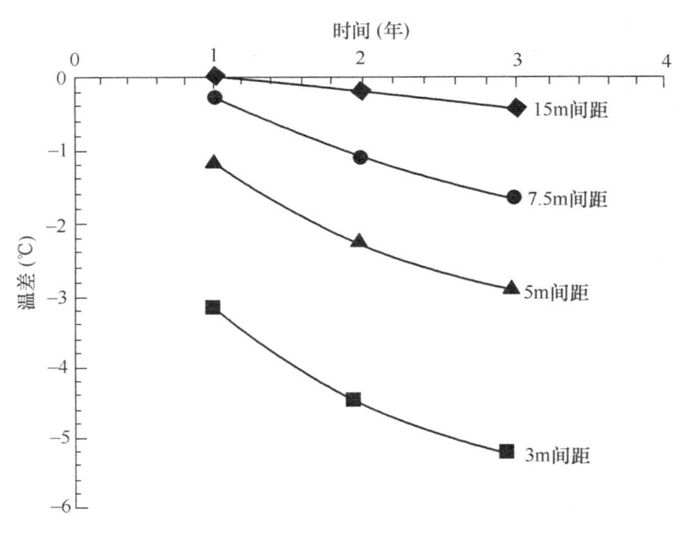

图6-21　地埋管换热器管群与单一埋管换热器的出口流体温差[28]

（4）加大地埋管的埋深

图6-22给出对6根100m长、间距7.5m的地埋管换热器管群增加埋深（增加10、20、30、40、50m)，运行10年间的管群与单一地埋管间的流体运行温差（流体出口温差）的变化关系。由图可见，在不增加埋深（埋深100m）时，从第1年开始，管群出口

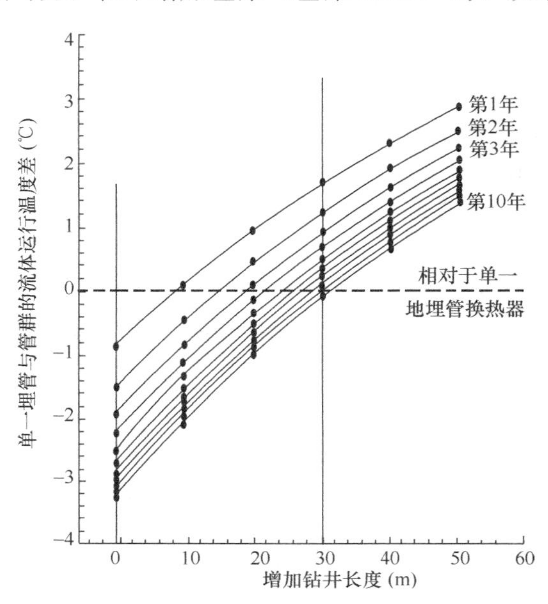

图6-22　单一埋管与管群的流体运行温差与加大埋深的关系图[28]

流体温度低于单一埋管。增加 10m（相对原始埋深增加 10%，即 110m）时，从第 2 年开始，管群出口流体温度低于单一埋管。直到增加 30m（130m）时，管群出口流体温度基本同于单一埋管。这说明对于间距 7.5m 的地埋管换热器管群加大 30%的埋深，可获得与单一埋管换热器相同的流体出口温度[28]。

（5）间歇运行可有效地改善地埋管换热器管群周围土壤热环境

对于土壤源热泵系统而言，长时间的连续运行不利于地埋管区域土壤的温度恢复，由此使得系统的运行效率有所降低。由图 6-23 也可以看出这一点，当运行时间从 6h/d 增加到 16h/d 时，换热达到稳定状态条件下，单位井深换热量从 46.88W/m 下降到 32.55W/m，下降幅度为 30.6%。因此，在选择土壤源热泵系统时，必须考虑到系统的运行模式。如果为住宅楼所用，全天 24h 的运行会给大面积埋管区域的温度恢复带来不利的影响。因此，其系统（如服务于办公楼的系统）运行模式要间歇运行，在相同停机期间，土壤的温度可以得到一定程度的恢复，间歇运行机组能效比比连续运行时高。

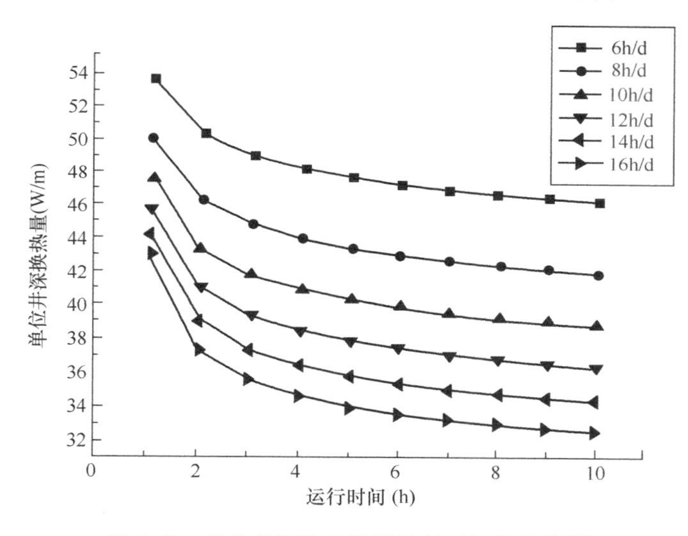

图 6-23 单位井深换热量随运行时间的变化[27]

6.8.5 系统能效比始终是地埋管地源热泵设计与运行中关注的问题

地埋管地源热泵空调系统是空调节能技术中一种有效的节能手段，它不像锅炉用高位能（煤、燃气、燃油等）产生热能，而是将热源中不可直接利用的热量，提高其品位，变为可利用的再生高位能，因此将热泵系统视为热能再生系统，作为供暖的热源。那么，与传统的热源相比，它的节能效果如何始终是设计与运行中关注的问题。

众所周知，通常用热泵的系统能效比来描述它的节能效果。从国内部分地源热泵空调工程实例的测试结果看，热泵工况时系统能效比基本在 2～3 之间，系统最高达 3.6，最低 1.5[29]。文献［29］中测试了 11 项土壤源热泵空调系统，其测试结果列入表 6-11 中。由表中可见，系统能效比＞3 的系统占 27.27%，系统能效比为 2.5～3 的系统占 45.46%，系统能效比≤2.5 的系统占 27.27%。因此，采取技术措施提高系统能效比的任务还十分艰巨。现可归纳总结出如下的技术措施：

① 充分发挥地埋管地源热泵系统夏季自然供冷的潜力。

② 通过夏季蓄热技术，提高冬季土壤温度。

③ 全面解决好地埋管水环路系统的水力平衡问题，正确进行水环路系统的水力计算，避免循环泵耗功过大。

④ 水环路系统运行中时根据供暖与供冷负荷的变化，采用变水量水环路系统。

⑤ 用户末端装置与系统实现低温供暖（高温供冷）。

⑥ 提高热泵机组的能效比。

⑦ 科学地运行调节与管理，实现管理节能。

土壤源热泵工况能效比测试值　　**表 6-11**

测试系统编号及地点	GS1 北京	GS2 北京	GS3 河北	GS4 天津	GS5 无锡	GS0 新疆	GS7 天津	GS8 天津	GS9 天津	GS10 沈阳	GS11 南京
系统能效比	2.79	2.29	2.64	3.01	3.17	3.60	2.5	2.9	2.0	2.53	2.81
热泵机组能效比	3.29	3.44	4.02	4.59	5.24/4.52	5.85	3.9	4.1	2.8	3.36	4.73
二者比值	0.85	0.47	0.66	0.66	0.60/0.70	0.62	0.64	0.71	0.71	0.75	0.59

参 考 文 献

[1] 刁乃仁，方肇洪．地埋管地源热泵技术．北京：高等教育出版社，2006.

[2] 马最良，吕悦．地源热泵系统设计与应用．北京：机械工业出版社，2007.

[3] Jeffrer D. Spitler，Sigrnhild E. A. Gehlin. 地源热泵热响应测试系统—综述．郭占闯，彭宜译，吴延鹏审校．地源热泵，2016，(10)，64-76.

[4] GB 50366—2005 地源热泵系统工程技术规范(2009 版)．北京：中国建筑工业出版社，2009.

[5] 国家标准．GB/T 13663．给水用聚乙烯(PE)管材．

[6] 国家标准．GB/T 19473.2．冷热用聚丁烯(PB)管道系统．

[7] 范蕊．土壤蓄冷与热泵集成系统地埋管热渗耦合理论与实验研究．哈尔滨工业大学博士学位论文，2006.

[8] 蒋能照，刘道平主编．水源、地源、水环热泵空调技术及应用．北京：机械工业出版社，2007.

[9] 赵军，戴传山主编．地源热泵技术与建筑节能应用．北京：中国建筑工业出版社，2007.

[10] 董菲，倪龙，姚杨等．浅层岩土蓄能加浅层地温能才是地源热泵可持续利用的低温热源．暖通空调，2009，39(2)：70-72.

[11] 卫万顺，李宁波，冉伟彦等．中国浅层地温能资源．北京：中国大地出版社，2010.

[12] 汪训昌．关于发展地源热泵系统的若干思考．暖通空调，2007，37(3)：38-43.

[13] Cane D，Garnet J. Commercia/instituonal heat pump Systems in Cold climates. CADDET Anayses，2002：27.

[14] Schmidt T，Mangold D，Muller-Steinhagen H. Central solar heating plants with seasonal storage in Germany. Solar Energy，2004，(1-3)：165-174.

[15] Ucar A，Inalli M. Thermal and economic comparisons of solar heating systems with seasonal storage used in building heating. Renewable，2008，(12)：2532-2539.

[16] 李伟，李新国，赵军等．土壤蓄热特性与模拟研究．太阳能学报，2009，30(11)：1491-1495.

[17] 赵军，陈雁，李新国．基于跨季节地下蓄能系统的模拟对热储利用模式的优化．华北电力大学学

报，2007，34(2)：74-77.

[18] 崔俊奎，赵军，李新国等. 跨季节蓄热地源热泵地下蓄热特性的理论研究. 太阳能学报，2008，29(8)：920-926.

[19] 陈红兵，栾丹明，牛浩宇等. 地下水渗流条件下土壤蓄热性能的数值研究. 可再生能源，2017，35(3)：454-458.

[20] 杨卫波，陈振乾，施明恒. 跨季节蓄能型地源热泵地下蓄能与释能特性. 东南大学学报，2011，41(3)：973-978.

[21] 张姝，郑茂余，王潇等. 严寒地区跨季节空气-U型地埋管土壤蓄热特性模拟与实验验证. 暖通空调，2012，42(3)：97-102.

[22] 周训，刘东林. 欧洲地下蓄能的发展现状. 地温资源与地源热泵技术应用论文集(第三集)：56-64.

[23] 高青，朱林. 可再生能源利用与建筑集成. 暖通空调，2007，37(增刊)：53-56.

[24] 马宏权，龙惟定. 地埋管地源热泵系统的热平衡. 暖通空调，2009，39(1)：102-106.

[25] Tomoyuki Ohtani. 由水文地质条件评判地源热泵的适宜区：以日本中部浓尾平原为例.（孙燕冬译，郑克琰校）. 地源热泵，2010，(8)：17-26.

[26] Thomas Megel. 地下岩土用作地热储能满足供暖和供冷需求.（孙燕冬译，郑克琰校）. 地源热泵，2010，(10)：30-35.

[27] 陈旭，范蕊，龙惟定等. 竖直地埋管单位井深换热量影响因素回归分析. 制冷学报，2010，31(2)：11-16.

[28] Saran Signorelli. 地埋管换热器管群运行的可持续性.（孙燕冬译，郑克琰校）. 地源热泵，2010，(9)：15-21.

[29] 邹瑜. 中国地源热泵技术现状及动向. 2010年第3届中日热泵与蓄热技术交流会资料集. 2010.

第7章　水环热泵空调系统

7.1　概述

所谓的水环热泵空调系统是指小型的水/空气热泵机组的一种应用方式，即用水环路将小型的水/空气热泵机组（水源热泵机组）并联在一起，构成一个以回收建筑物内部余热为主要特征的热泵供暖、供冷的空调系统。该系统于20世纪60年代在美国加利福尼亚出现，故也称加利福尼亚系统。其系统早在1955年，就在美国申请了专利[1]，这种系统很快传遍美国，产品早已商品化[2]。到了20世纪70年代，英国开始批量生产水源热泵，这种系统广泛应用于5000～20000m^{2}的商业建筑中[3]，该系统20世纪70年代进入日本，发展很快，出现很多采用水环热泵空调系统的工程实例[4]，例如东京镰仓河岸大厦、平和东京大厦、住友生命名古屋大厦、新日建大厦等。20世纪80年代以来我国深圳、上海、北京等城市的一些工程也先后采用了水环热泵空调系统。例如北京天安大厦、上海锦江4号楼、上海锦明大厦、上海金城大厦、西安建国饭店、青岛华侨饭店、深圳国贸大厦、深圳光通大厦、深圳中兴大厦、惠州大酒店、泉州大酒店等工程中均采用了水环热泵空调系统。由于其节能效果和环保效益显著，因此20世纪90年代，水环热泵空调系统在我国得到了一定的应用，将有良好的发展前景。据文献［5］介绍，根据不完全统计，到1999年底全国约有100个项目，约2万台水源热泵机组在运行，其总冷量达到87923kW。

由于水环热泵空调系统在我国应用中有一定的盲目性（如：在南方工程中应用多；在北方应用水环热泵空调系统工程中有的还设置了供暖系统），基于此，原哈尔滨建筑大学暖通空调教研室（2000年并入哈尔滨工业大学）于1993年开始研究水环热泵空调系统[6]，坚持了20多年的研究工作[7,8]，提出了：

水环热泵空调系统运行能耗分析与评价方法[9,10,11]；

水环热泵空调系统在我国应用的评价[12]；

太阳能水环热泵空调系统在我国应用的预测分析[13]；

再生能源水环热泵空调系统[7,14]；

水环多联机热泵空调系统[8]；

既有建筑中如何改造成水环热泵空调系统[8]；

水环热泵空调系统设计[15]。

7.2　水环热泵空调系统的组成与运行

7.2.1　水环热泵空调系统的组成

图7-1给出典型的水环热泵空调系统原理图。由图可见，水环热泵空调系统由四部分

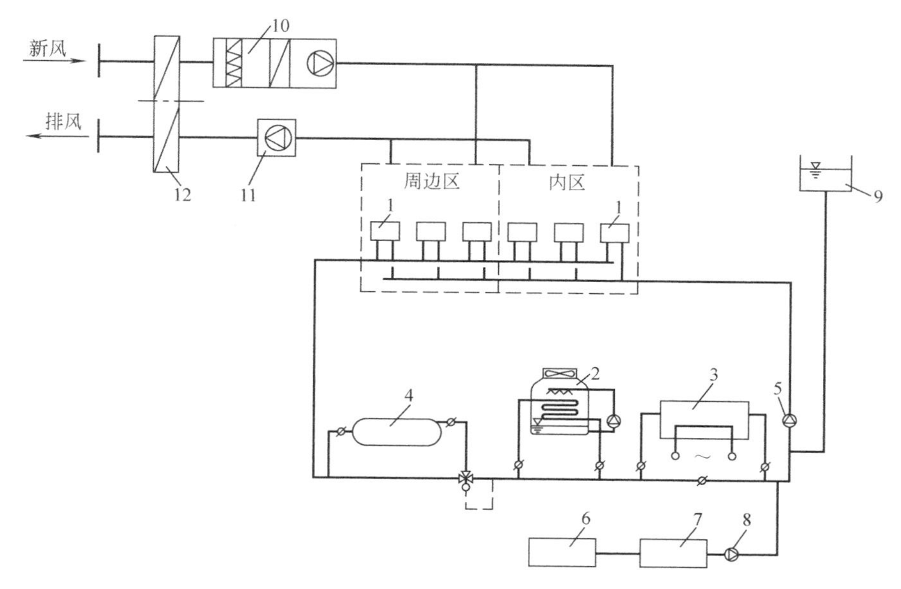

图 7-1 水环热泵空调系统原理图

1—水/空气热泵机组；2—闭式冷却塔；3—加热设备（如燃油、气、电锅炉）；4—蓄热装置；
5—水环路的循环水泵；6—水处理装置；7—补给水水箱；8—补给水泵；
9—定压装置；10—新风机组；11—排风机组；12—热回收装置

组成：室内水源热泵机组（水/空气热泵机组）；水循环环路；辅助设备（冷却塔、加热设备、蓄热装置等）；新风与排风系统。

(1) 室内水源热泵机组（水/空气热泵机组）

室内水源热泵机组即为水/空气热泵，其组成及工作原理在第 5 章中已有所介绍（详见 5.1.1），在此不再赘述。

(2) 水循环环路

所有的室内水源热泵机组都并联在一个或几个水环路系统上，如图 7-1 所示。通过水循环环路使流过各台水源热泵空调机组的循环水量达到设计流量，以确保机组的正常运行。

管道的布置，要尽可能地选用同程系统。虽然初投资略有增加，但易于保持环路的水力稳定性。若采用异程系统时，设计中应注意各支管间的压力平衡问题。水环路要尽量采用闭式环路，系统内的水基本不与空气接触，对管道、设备的腐蚀较小；同时闭式系统中水泵只需要克服系统的流动阻力。

水环路上应设置下列部件：

① 水系统的定压装置，通常采用膨胀水箱定压或气体定压罐、补给水泵定压；

② 水系统的排水和放气装置；

③ 水系统的补水系统；

④ 水系统的水处理装置与系统；

⑤ 循环水泵及其附件。

(3) 辅助设备

为了保持水环路中的水温在一定的范围内和提高系统运行的经济可靠性，水环热泵空调系统应设置一些辅助设备，主要有：排热设备、加热设备和蓄热装置等。

（4）新风与排风系统

室外新鲜空气量是保障良好的室内空气品质的关键。因此，水环热泵空调系统中一定要设置新风系统，向室内送入必要的室外新鲜空气量（新风量），以满足稀释人群及活动所产生污染物的要求和人对室外新风的需求。水环热泵空调系统中通常采用独立新风系统。独立新风系统已被美国能源部列为 21 世纪商业建筑最有前途、最先进的 15 项空调节能技术之一。因此，水环热泵空调系统将会优于传统的全空气中央空调系统。为了维持室内的空气平衡，还要设置必要的排风系统。在条件允许的情况下，尽量考虑回收排风中的能量。

7.2.2　水环热泵空调系统的运行特点

根据空调场所的需要，水源热泵可能按供热工况运行，也可能按供冷工况运行。这样，水环路供、回水温度可能出现如图 7-2 所示的 5 种运行工况：

（1）夏季，各热泵机组都处于制冷工况，向环路中释放热量，冷却塔全部运行，将冷凝热量释放到大气中，使水温下降到 35℃以下。

（2）大部分热泵机组制冷，使循环水温度上升，达到 32℃时，部分循环水流经冷却塔。

（3）在一些大型建筑中，建筑内区往往有全年性冷负荷。因此，在过渡季，甚至冬季，当周边区的热负荷与内区的冷负荷比例适当时，排入水环路中的热量与从环路中提取的热量相当，水温维持在 13～32℃范围内，冷却塔和辅助加热装置停止运行。由于从内区向周边区转移的热量不可能每时每刻都平衡，因此，系统中还设有蓄热装置，暂存多余的热量。

（4）大部分机组制热，循环水温度下降，达到 13℃时，投入部分辅助加热器。

（5）在冬季，可能所有的水源热泵机组均处于制热工况，从环路循环水中吸取热量，这时全部辅助加热器投入运行，使循环水水温不低于 13℃。

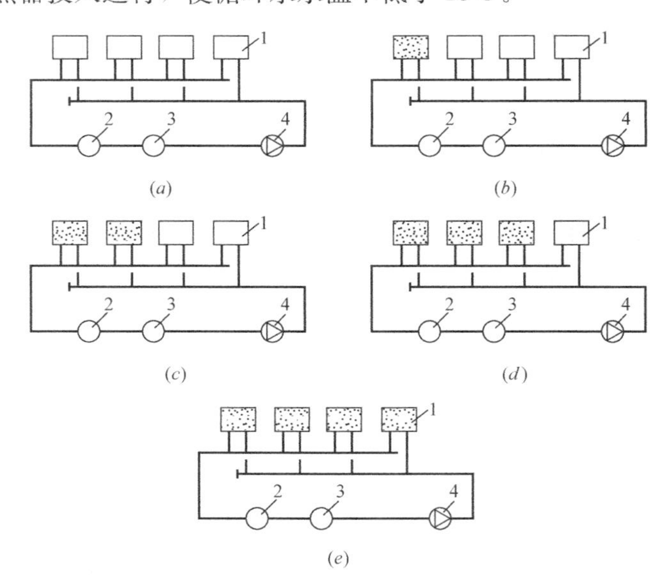

图 7-2　水环热泵系统全年运行工况

（a）冷却塔全部运行；（b）冷却塔部分运行；（c）热收支平衡；（d）辅助热源部分运行；（e）辅助热源全部运行

1—水/空气热泵机组；2—冷却塔；3—辅助热源；4—循环泵

机组供暖；机组供冷

7.3 水环热泵空调系统的特点

水环热泵空调系统的特点主要有：

(1) 水环热泵空调系统具有回收建筑内余热的特有功能

对于有余热，大部分时间有同时供热与供冷要求的场合，采用水环热泵空调系统将会把能量从有余热的地方（如建筑物内区、朝南房间等）转移到需要热量的地方（如建筑物周边区、朝北房间等），实现了建筑物内部的热回收，以节约能源。从而相应地也带来了环保效益，不像传统供暖系统会对环境产生严重的污染。因此说，水环热泵空调系统是一种具有节能和环保意义的空调系统形式。这一特点正是推出该系统的初衷，也是该特点使得水环热泵空调系统得到推广与应用。

(2) 水环热泵空调系统具有灵活性

随着建筑环境要求的不断提高和建筑功能的日益复杂，对空调系统的灵活性和性能要求越来越高。水环热泵空调系统是一种灵活多变的空调系统，因此，它深受业主欢迎，在我国的空调领域将会得到广泛的应用与发展。其灵活性主要表现在：

① 室内水/空气热泵机组独立运行的灵活性。用户根据室外气候的变化和各自的要求，在一年内的任何时候可随意地选择机组的供暖或供冷运行模式。用户的这种灵活性可以满足不同场合、不同人群的需要。

② 系统的灵活扩展能力。水环热泵空调系统可以整幢大楼一次完成安装后投入使用，也可以先定购初期安装所需的机组部分安装，更可以让租住人订购机组，随着大楼的租住情况逐步安装投入使用。对于分期投资项目或扩建项目，水环热泵空调系统可以在现有的系统上重新再增加新机组。

③ 系统布置紧凑、简洁灵活。由于水环热泵空调系统没有体积庞大的风管、冷水机组等，故可不设空调机房（或机房面积小），从而增大了使用面积和有效空间；环路水温为13～32℃（即常温水），管道不会结露，也几乎无热损失，故水管可不设保温，减小了材料费用。同时，系统布置方便灵活。

④ 运行管理的方便与灵活性。水环热泵空调系统采用的是单元式水/空气热泵机组，其机组可以独立运行，这样就可以按每户或每个房间独立计量与收费，也可以以区域为对象单独控制，独立计量电费，使管理既方便又灵活。同时，设备发生故障时只会影响某个房间或某一个区域。

⑤ 调节的灵活性。当大楼仅有部分租户使用空调时，就可使水环热泵空调系统中所需要的机组和循环水系统运行，其余水/空气热泵机组停止运行。这样能耗可大大减少，运行费用也自然低于传统的集中空调系统。

(3) 水环热泵空调系统虽然水环路是双管系统，但与四管制风机盘管系统一样，可达到同时供冷供热的效果。

(4) 设计简单、安装方便。水环热泵空调系统的组成简单，仅有水/空气热泵机组、水环路和少量的风管系统，没有制冷机房和复杂的冷冻水等系统，大大简化了设计，只要布置好水/空气热泵机组和计算水环路系统即可，设计周期短，一般只有常规空调系统的一半。而且水/空气热泵机组可在工厂里组装，现场没有制冷剂管路的安装，减小了工地的安装工作量，项目完工快。

（5）小型的水/空气热泵机组的性能系数不如大型的冷水机组，一般来说，小型的水/空气热泵机组制冷能效比 *EER* 在 2.76～4.16 之间，供热性能系数 *COP* 值在 3.3～5.0 之间。其中 HARROW 公司生产的超高效 Energy Miser 系列单元式水源热泵的制冷 *EER* 已达至 3.66～4.16，供热 *COP* 已达到 4.4～5.0；Trane 公司与美国电力研究院（EPRI）共同开发的 WPHE 系列高效水源热泵，制冷 *EER* 已达 4.16～4.46，制热 *COP* 值已达到 4.2～4.8[4]。而螺杆式冷水机组制冷性能系数一般为 4.88～5.25，有的可高达 5.45～5.74。离心式冷水机组一般为 5.00～5.88，有的可高达 6.76[14]。

（6）由于水环热泵空调系统采用单元式水/空气热泵机组，小型制冷压缩机设置在室内（除屋顶机组外），其噪声一般来说会高于风机盘管机组。国内一些工程实践表明，在设计安装正确的情况下，水环热泵空调系统在空调房间内的噪声为[4]：

① 对于采用旋转式压缩机的水/空气热泵机组，其噪声水平一般在 40～42dB（A）。

② 对于采用全封闭活塞式压缩机的水/空气热泵机组，其噪声水平一般在45～47dB（A）。

若选用分体式水/空气热泵机组，并采取有效的消声减振技术措施时，其噪声可控制在 35dB（A）以内[16]。

7.4　水环热泵空调系统的设计要点

7.4.1　建筑物供暖和供冷负荷

同集中空调系统设计一样，水环热泵空调系统设计中，首先也要依据室外气象参数和室内要求保持的空气参数及室内建筑、照明、人员等条件，按着规范和设计手册所推荐的计算方法，确定各个区域（或每个房间）空调热负荷和冷负荷，以便正确地选择室内水源热泵的容量大小。空调冷负荷的计算方法很多，如谐波反应法、反应系数法、*Z* 传递函数法和冷负荷系数法等。目前，我国常采用冷负荷系数法和谐波反应法的简化计算方法计算空调冷负荷。

但是，由于水环热泵空调系统的一些特殊问题，在计算建筑物供暖和供冷负荷时，还应明确以下几点：

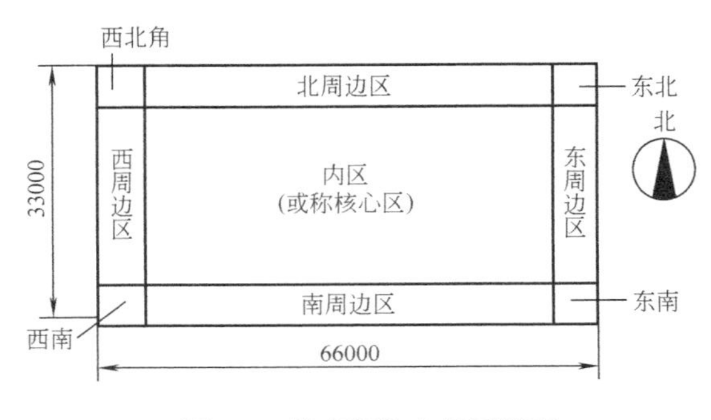

图 7-3　某建筑物中间层平面

（1）水环热泵空调系统的主要特点是回收建筑物内的余热，室内小型的水/空气热泵机组都是分区分散布置的。因此，计算建筑物冷、热负荷时先要明确建筑物的分区。例如，图 7-3 所示的建筑物，假设周边区进深为 5m，则该建筑物可分为 9 个区（4 个周边区、1 个内区、4 个角区）。

（2）计算分区热负荷与冷负荷，以便确定各分区水/空气热泵机组的规格和大小；计算建筑物热负荷与冷负荷是确定水环路的管径及循环水泵大小以及确定加热设备和排热设备大小的依据。

（3）文献［9］提出热负荷系数 K 的概念，K 定义为建筑物中热负荷与同时存在的热负荷与冷负荷之和的比例。K 只是对水环热泵系统运行工况的数学描述，不同的 K 值即代表着不同的运行工况。水环热泵空调系统相对于常规空调系统（如风机盘管系统）来说，只有大部分时间是在节能运行区（此区按 K 值范围定义的）内运行时，才是节能的。为此，水环热泵空调系统设计时，要计算出各空调区域（或每个空调房间）全年逐时冷、热负荷值，以便确定 K 值的变化范围，预测水环热泵空调系统的运行是否节能。

7.4.2 水/空气热泵机组的选择

7.4.2.1 机组形式的选择

室内水源热泵机组形式主要有水平式、立式、座地明装式、立柱式、屋顶式等[16]。设计中，对其形式的选择，主要考虑下述因素：

（1）水平式：主要为了节省空调设备占用建筑面积，可将水平式机组吊装在内区或周边区的顶棚内，可连接送、回风管道。但使用时，一定注意便于维修和防止水管路及凝结水管路的漏水问题。

（2）立式：立式机组平面尺寸很小。例如：WPVE026～06 立式机组平面尺寸为：622×622～737×737（mm），WPVD150 为：1168×1092（mm），WPVD200～250 为：1321×965（mm）。因此，立柜机组一般适用于机房安装。机房很小，其机房面积有 1m^2 左右即可，常置于储藏室内。立柜式机组可连接送、回风管道。

（3）座地明装机组：适用于周边区安装，通常装在窗台下或走廊处。

（4）立柱式机组：适用于多层建筑的墙角处安装，如旅店、公寓等。

（5）屋顶式机组：适用于屋顶上安装并连接风管的机组。通常也用于工业建筑或作新风处理机组用。

（6）上述的各种形式机组，从其结构看，均属于整体结构形式。虽然生产厂家在压缩机的减振、隔声等方面采用许多有效的技术措施，已使整体结构机组的噪声明显下降，但对于对噪声要求严格的场合，建议选择分体式水/空气热泵机组。由于采用分体结构，将压缩机与送风机分别置于两个箱体内，使其噪声大幅下降。

另外，通常应注意，目前国际市场上有许多空调制冷厂商生产的众多品种型号的水源热泵机组，其能效比是不同的。我们在设计中，一定要注意选用能效比高的水源热泵空调机组。

7.4.2.2 机组容量的确定

根据空调房间的总冷负荷和 h-d 图上处理过程的实际要求，查水源热泵机组样本上的特性曲线或性能表（不同进风湿球温度和不同的进水温度下的供冷量），使冷量和出风温度能符合工程设计的要求来确定机组的型号。

机组容量的选择步骤：

（1）确定水源热泵机组运行的基本参数。即机组进风干、湿球温度，环路水温一般在 13～35℃之间，冬季进水温度宜控制在 13～20℃为宜，当水温低于 13℃时，辅助加热投入运行；夏季供水温度一般可按当地夏季空气调节室外计算湿球温度加 3～4℃考虑。

（2）确定机组空气处理过程。

（3）选择适宜的水源热泵机组形式与品种。选定机种后，根据机组送风足以消除室内的全热负荷（含显热和潜热负荷，新风不承担室内负荷时）的原则来估计机组的风量范围，再由风量和制冷量的大致范围预选机组的型号和台数。每个建筑分区内机组台数不宜过多。对于大的开启式办公室，若选用十几台小型机组，显然会增加投资，使水系统复杂，噪声也大。因此，在这种大的开启式办公室内选用大型机组更为合理。但应注意，对周边区的空调房间来说，水源热泵机组应同时满足冬、夏季设计工况下的要求。对内区房间来说，水源热泵机组按夏季设计工况选取。

（4）根据水源热泵机组的实际运行工况和工厂提供的水源热泵机组的特性曲线（或性能表），确定水源热泵机组的制冷量、排热量、制热量、吸收热量、输入功率等性能参数。将修正后的总制冷量及显制冷量与计算总制冷量和显制冷量相比较，其差值小于10%左右，则认定所选热泵机组是合适的。

也可以采用有些公司提供的计算机程序进行选型。

7.4.3　机组风道的设计

水源热泵机组均为余压型的水/空气热泵机组，因此，无论立式还是卧式机组都接有送风风管及送风口，将空气送到被调房间人们工作或居住的区域，来创造一个健康而舒适的建筑环境。为达到此目的，设计水源热泵机组风管时，应注意以下几个问题：

（1）厂家的样本常给出机外的余压值，也就是说，样本上提供的风量是与机外余压相关的。因此，设计中要根据机组提供的机外余压值的大小来设计机组接风管的尺寸，否则将会影响机组的送风量。

（2）机组风管多为低压小风管。风管断面尺寸常采用摩擦损失法确定。通常建议采用每长100m的损失约为67Pa。风管中风速不宜过大，一般为2～3m/s。

（3）为了进一步防止噪声的传播，在风管上应采取消声措施。例如，采用有转弯的送风管；送、回风管内加衬消声材料（有的资料提出自机房延伸的一段送风管加衬消声材料）；机组与送风管用软接头连接；如有需要可在风管上加装消声器；如吊装机组以顶棚为回风小室时，应将回风格栅安装在远离机组的地方，以便取得最佳的消声效果。

（4）建议所有的送风管和回风管均应保持最短长度。所有风道的转向处应加装导向叶片，可以在风管内装设平衡风阀。不管什么情况，热泵机组都不应当在低于建议的最低风量条件下运行。

（5）为了防止结露，送风管应做保温处理。

（6）风管的设计应满足防火要求。

一般情况下，要采取可靠的防火措施。具体措施有：

① 在必要位置（如穿越防火分区的隔墙、楼板等）设置防火阀；

② 风道及附件采用不燃烧材料制造；

③ 管道和设备的保温材料、消声材料和胶粘剂等应为不燃材料或难燃材料；

④ 风道内设置电加热器时，机组风机与电加热器连锁，且电加热器应设无风断电保护装置。

（7）回风管与送风管设计方法相同，容量小的水源热泵机组可以不设回风管。

（8）应仔细确定送、回风口的形式和位置，以保证送风量正确地分配到每个空调分区内。周边区的送风口还应注意到同时满足供冷与供热的要求。

7.4.4　加热设备

如果内区的机组向环路释放的热量少于周边区从水环路吸取的热量时，环路中的水温将会下降，当水温降至13℃时，就必须投入加热设备。

目前，加热方式主要有两种：一是采用水的加热设备将外部热量加入循环管路中；二是采用空气电加热器将外部热量直接加入室内循环空气中。

但有一点值得注意，采用燃油（气）锅炉作为加热设备时，其供水最低温度为60℃。为此，加热设备要与闭式环路并联，通过调节阀使高温的锅炉水与环路回水进行混合，以保证环路水温不低于下限值。同时为了保证通过锅炉的水量恒定不变，而需要加一旁通管路，如图7-4所示。

7.4.5 排热设备

在夏季，水源热泵机组全部按制冷工况运行，将冷凝热释放到环路的水中，使环路水温不断升高。当水温高于32℃时，排热设备应投入运行，将环路中多余的冷凝热向外排放。

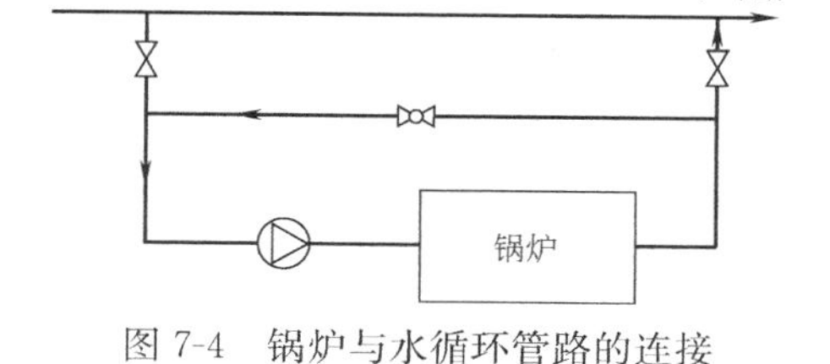

图7-4 锅炉与水循环管路的连接

目前，排热方式主要有三种：

（1）天然能源加换热设备，如图7-5所示。

（2）开式冷却塔加换热设备，如图7-6所示。在开式冷却塔加板式换热器的循环水系统中，水源热泵机组夏季选用的进水温度比当地空气湿球温度高5～6℃较合适，这样可选用标准冷却塔。

（3）闭式蒸发式冷却塔，如图7-7所示。选用进出风量的调节阀门，控制环路水的温度。

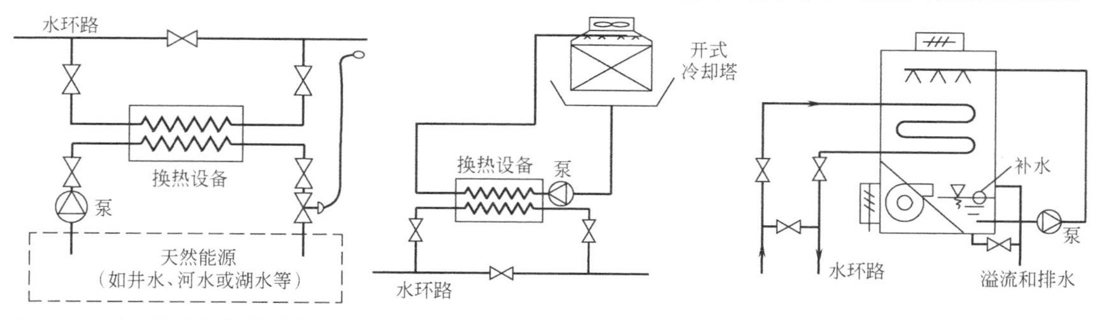

图7-5 天然能源加换热设备方案　图7-6 开式冷却塔加换热设备　图7-7 闭式蒸发式冷却塔

若室外不允许安装冷却塔，蒸发式冷却塔安装在室内时，要配有进风管和排风管，这样可能需要通风机的压头加大，以便把空气引出室外。

7.4.6 蓄热水箱

在水环热泵空调系统中常设置低温（或高温）蓄热水箱，以改善系统的运行特性，而且低温蓄热水箱和高温蓄热水箱的作用是完全不同的。

典型的水环热泵空调系统通过水环路实现了热量的空间转移（如：从内区转向周边区），然而，每时每刻内区需要转移的热量与周边区所需要的供热量之间很难平衡，为此，水环路中可设置一个蓄热水箱，这样水系统就可以实现热量在时间上的转移。也就是说，内区按制冷工况运行的机组向环路中释放的冷凝热与周边区按制热工况运行的机组从环路中吸取的热量可以在一天内或更长的时间周期内实现热量的平衡，从而降低了冷却塔和水加热器的年耗能量。但是，冷却塔和水加热器的容量不能减小，这是因为恶劣天气的持续性往往又要求冷却塔或水加热器按最大负荷运行。

图7-8为水环热泵空调系统设置低温蓄热水箱的原理图。低温蓄热水箱是串联在水环路上，以增大系统的蓄水量。显然，系统蓄水量越多，就可以越少开启冷却塔或水加热器，系统回收建筑物余热的能力也越强。为了减少安装空间，可选用容积式加热器，同时起蓄水和加热的作用。

低温蓄热水箱的尺寸，一般按能够平衡一天中的冷、热负荷来确定，即可以利用白天的过剩热量作为夜间和早上升温供能用。

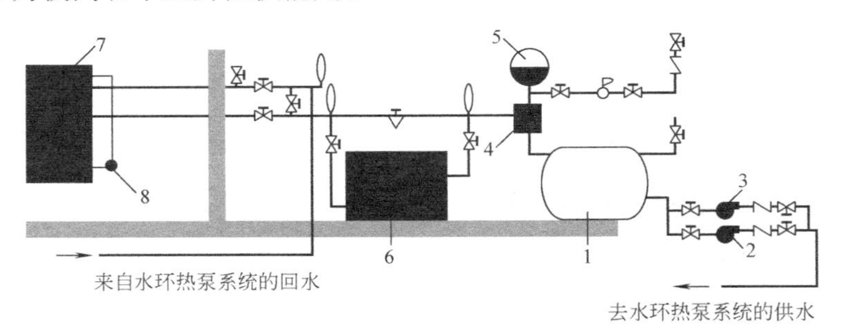

图7-8　低温蓄热水箱原理图
1—蓄热水箱；2—循环水泵；3—备用泵；4—空气分离器；5—定压装置；
6—水加热器；7—闭式冷却塔；8—冷却水泵

图7-9为水环热泵空调系统设置高温蓄热水箱的原理图。高温蓄热水箱与闭式水环路并联在一起。这是因为高温蓄热水箱中的水可加热到82℃甚至更高，通过三通混合阀把水环路中的水温维持在所要求的最低温度极限。但是必须指出，与低温蓄热水箱相比，高温蓄热水箱不能吸收建筑物内区的余热量。正因为如此，高温蓄热水箱会使冷却塔年运行小时数增加。

设置高温蓄热水箱的目的是利用夜间低谷时段电力加热蓄热水箱中的水，以减少或取消高峰用电时段水加热器的耗电量。

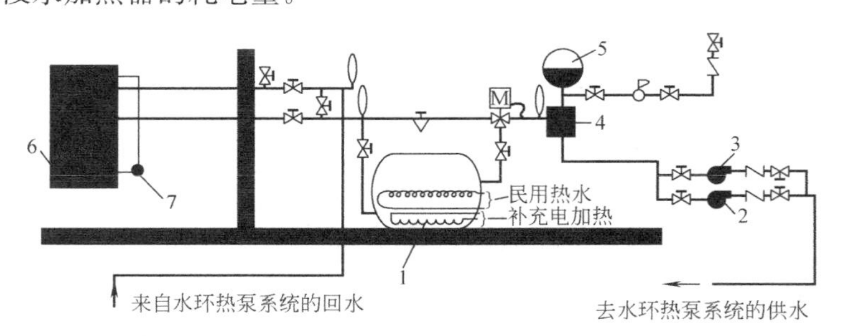

图7-9　高温蓄热水箱设置原理图
1—高温蓄热水箱；2—循环水泵；3—备用泵；4—空气分离器；
5—定压装置；6—闭式冷却塔；7—冷却水泵

7.5　水环热泵空调系统的问题与对策

7.5.1　合理选择应用场所，充分体现出节能和环保效益

水环热泵空调系统是回收建筑物内余热的系统，它的节能效果和环保效益是与气象条件、建筑特点及辅助热源形式（电锅炉、燃煤锅炉）等因素有关的。而我国地域辽阔，各

地区气象条件差异很大，各地实际的建筑形式与特点也各不相同。那么，在什么样的场合选用水环热泵空调系统才能收到最佳的节能效果和环保效益，这是我们应用水环热泵空调系统时，首先要注意的一个问题。

文献［9，10-12］曾分析过这个问题，提出系统运行能耗的静态分析法和运行能耗的动态分析法等，并对水环热泵空调系统在哈尔滨、北京、上海、广州四个城市及不同负荷特点的建筑物中的运行能耗进行了综合分析，初步得出了水环热泵空调系统在我国应用的评价。其实质可定性地概括为：

（1）水环热泵空调系统中的水/空气热泵机组全年绝大部分时间按制冷工况运行的场合，与使用风机盘管系统相比，一般来说是不节能的，相应也无环保效益。因此，在我国南方一些城市（如广州）从用能角度看，不宜选用水环热泵空调系统。

（2）在建筑物有余热的条件下，水环热泵空调系统按供热工况运行时，才具有节能和环保意义。因此，在建筑物内区有余热、外区需要用热且二者接近的场合，其节能效果才好。而且这种情况持续时间越长的地区，越适合应用水环热泵空调系统。

（3）目前，建筑物内部负荷不大，常规空调热源为燃煤锅炉，上海、北京是四个城市中较适合应用水环热泵空调系统的地区。

（4）北方地区在建筑物内区面积大，而内区的内部负荷又大（要求北方建筑物内余热量要比南方同样建筑内的余热量大）的场合使用水环热泵空调系统是十分有利的。若建筑物内无余热或余热很小，远远满足不了外区供暖所需的热量时，采用水环热泵空调系统，势必要用锅炉的高位能加热环路中的循环水，再由水/空气热泵机组消耗电能将循环水的低位热量提升到高位热量，向室内供暖，这种用能方式是十分不合理的。

7.5.2 向系统引入外部低温热源，拓宽水环热泵空调系统的应用范围

从上面的分析可以看出，只有建筑物内有大量余热时，通过水环热泵空调系统将建筑物内的余热转移到需要热量的区域，才能收到良好的节能效果和环保效益。但是，目前我国各类建筑内部余热不大，建筑物的内区面积又小。而且，常规空调热源又称为燃煤锅炉，这种情况制约了水环热泵空调系统在我国的发展。解决这个问题的途径，就是由建筑物的外部引进低温热源，以替代加热装置的高位能量。太阳能、水（地表水、井水、河水等）、土壤、空气均可作水环热泵空调系统的外部能源，用热泵机组替代传统的加热设备[7]。

7.5.2.1 闭式太阳能水环热泵空调系统

图 7-10 给出某闭式太阳能水环热泵空调系统的原理图。图中选用一套独立的太阳能热水系统（集热器 3、太阳能加热器 4、太阳能热水循环泵 5）与辅助加热器 6 串联起来，作为水环热泵空调系统的加热装置。系统的特点有：

（1）太阳能热水系统同水环热泵系统彼此独立，组成闭式系统；

（2）设置辅助加热器解决太阳能热水系统供热不足或阴天无太阳能问题；

（3）太阳能热水系统、辅助加热器同水环系统并联，通过调节阀按需要使高温水与环路回水混合，以保证环路水温不低于下限值，也不高于上限值。

7.5.2.2 井水源水环热泵空调系统

通常，根据地下水同水环热泵空调系统水环路（建筑物内循环水环路）是否分隔开，分为闭式系统和开式系统两种。前者，通过板式换热器把地下水同建筑物内循环水环路分

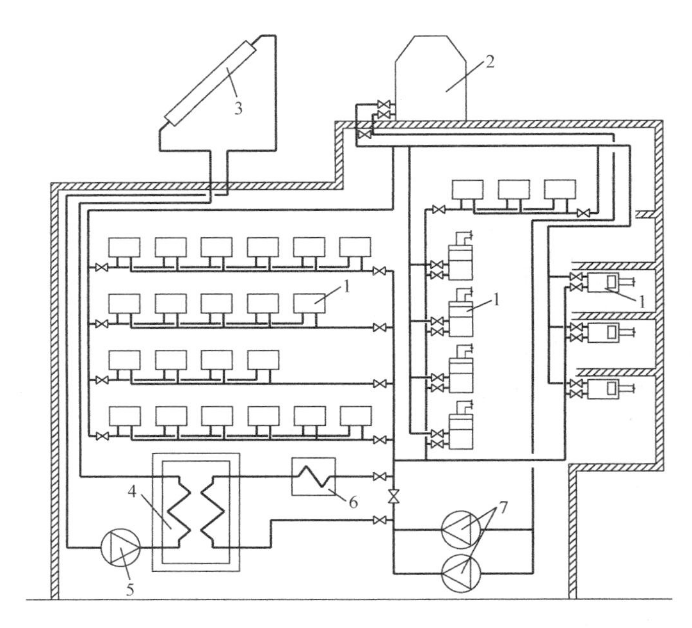

图 7-10 某闭式太阳能水环热泵空调系统原理图

1—小型水/空气热泵机组；2—闭式冷却塔；3—太阳能集热器；4—太阳能加热器；
5—太阳能热水循环泵；6—辅助加热器；7—水环路循环水泵

隔开，如图 7-11 所示。后者，地下水被直接供给并联连接每一台小型水/空气热泵机组，如图 7-12 所示。

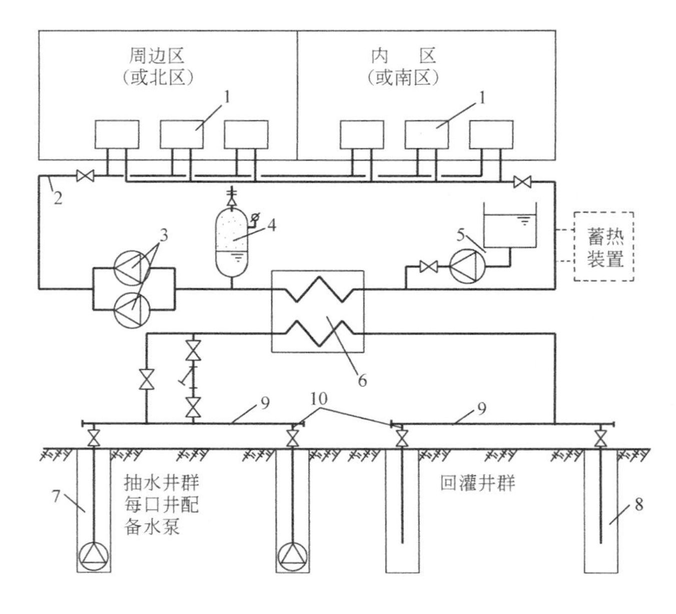

图 7-11 井水源水环热泵空调系统闭式图示

1—小型室内水/空气热泵机组；2—水循环环路；3—环路的循环水泵；4—定压装置；
5—补水系统；6—板式换热器；7—抽水井群；8—回灌井群；9—集管；10—支管

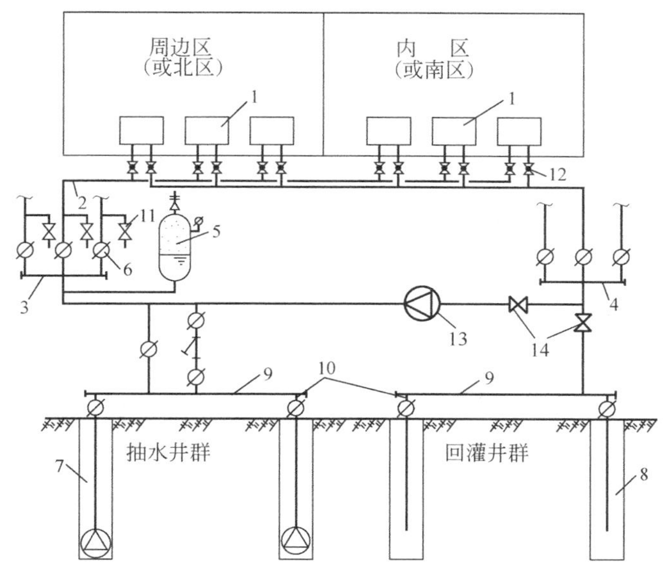

图 7-12　井水源水环热泵空调系统开式图示

1、2、7、8、9、10—同图 7-11；3—供水干管；4—回水干管；5—定压装置；6—关断阀；11—排污阀；12—球阀；13—水环路循环泵；14—调节阀

若井水水温较低时，不能满足水环热泵系统对水环路水温的要求，系统中可增设水/水热泵。通过水/水热泵从井水中吸取热量来提升水环路的水温，以保证水环路的水温不低于 13℃。

7.5.2.3　土壤源水环热泵空调系统

图 7-13 给出土壤源水环热泵空调系统。由图可见：该系统是由小型水/空气热泵机组及其回路、地下埋管换热器及其回路和一些辅助设备（定压装置、补水系统等）组成。系统中的水环路上设置蓄水罐 6，采用双级泵系统，由蓄水罐 6、一次泵 7、地下埋管换热器 8 和环路 9 组成一次回路；由热泵机组 1、环路 2、二次泵 3、蓄水罐 6 组成二次回路。这种系统的调节性能好。

在过渡季，甚至冬季可根据空调场所的需要，水/空气热泵机组可能按供热工况运行，也可能按供冷工况运行，若周边区的热负荷与内区的冷负荷比例适当时，排入水环路 2 中热量与从环路中提取的热量相当，环路 2 供水温度维持在 13～32℃范围内，一次环路循环泵 7 停止运行，此时，地下埋管换热器不从土壤中吸取热量，也不向土壤中排热量；当大部分机组制热时，环路 2 中循环水供水温度下降，达到 13℃时，循环泵 7 投入运行，地下埋管换热器开始从土壤中吸取热量，使循环水供水温度不低于 10℃。若在高寒地区，其供水温度低于 10℃的话，此系统应考虑适当加电加热设备或其他加热设备。当然，最好是增设土壤源热泵，通过热泵加热水环热泵空调系统水环路中的水，以保证水环路的水温不低于 13℃。

在夏季，小型水/空气热泵机组全部按制冷工况运行，机组向环路 2 中放热量，使环路 2 中循环水水温不断升高，当达到 32℃时，地下埋管回路投入运行，此时地下埋管换热器向土壤中排热，以维持环路中水温不高于 32℃。

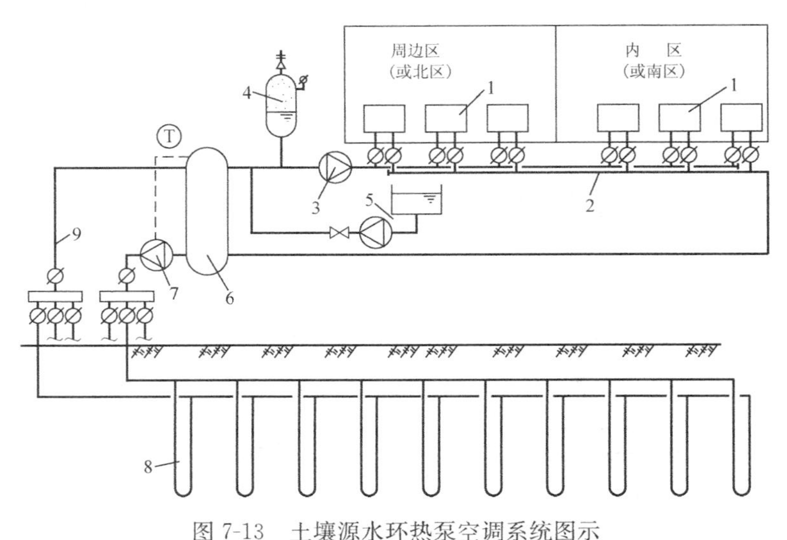

图7-13 土壤源水环热泵空调系统图示

1、2、3、4、5—同图7-11；6—蓄水罐；7—地下埋管环路循环泵（一次泵）；8—地下埋管换热器；9—地下埋管环路

环路2中的供水温度是通过一次回路的停开与地下埋管环路的通/断来控制的。室内温度是由水/空气热泵的控制来完成的。

7.5.2.4 双级耦合水环热泵空调系统

图7-14给出双级耦合水环热泵空调系统图示。它是双级耦合热泵空调系统中的一种系统形式。与传统的水环热泵空调系统相比，其差异是用空气/水热泵8替代传统水环热泵空调系统中的锅炉，空气/水热泵8以室外大气为低温热源，从室外空气中吸取热量，制备10～20℃温水供给室内水环路作为循环水用，其循环水又是小型水/空气热泵机组制热工况运行时的低温热源。水/空气热泵机组就会从循环水中吸取热量，加热室内空气，以向室内传热。这样，构成双级耦合水环热泵空调系统。其运行工况：

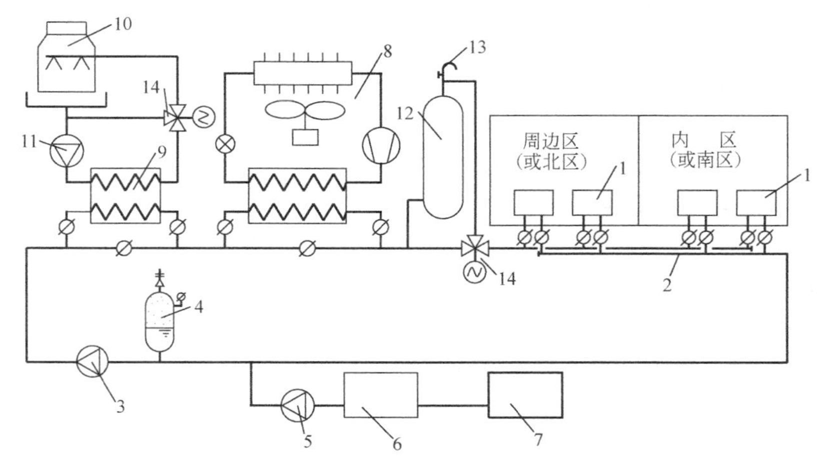

图7-14 双级耦合水环热泵空调系统

1、2、3、4—同图7-11；5—补给水泵；6—补给水箱；7—水处理设备；8—空气/水热泵机组；9—板式换热器；10—开式冷却塔；11—冷却水水泵；12—蓄热水箱；13—放气阀；14—电动三通调节阀

① 在夏季，各水/空气热泵机组 1 都按制冷工况运行，向环路 2 中释放冷凝热，通过由 9、10、11、14 组成的冷却系统运行，将冷凝热释放到大气中，以保证水环路中的水温不超过 35℃。

② 在过渡季，周边区（或北区）的水/空气热泵机组可能按制热工况运行，内区（或南区）的机组又可能按制冷工况运行，若环路 2 供水温度维持在 13～32℃范围内，空气/水热泵及冷却水系统都不投入运行。

③ 在冬季，当大部分机组制热或所有的机组均处于制热工况时，循环水温度下降到 13℃时，空气/水热泵机组投入运行，向环路 2 中不断供给热量。当室内热负荷变化时，通过空气/水热泵机组的能量调节来控制环路 2 中供水温度不低于 13℃，高寒地区可控制在不低于 10℃。

7.5.3 采用混合系统，进一步提高水环热泵空调系统的节能效果和环保效益

小型水/空气热泵机组的制冷性能系数（*COP* 值）远小于大型冷水机组的 *COP* 值。若建筑物内区较大，全年要求供冷的话，这意味着内区的水/空气热泵机组将会全年按制冷工况运行。如何提高这部分系统供冷的经济性是设计中值得注意的问题。

资料［16］提出混合系统，所谓混合系统是指水/空气热泵机组同其他空调设备（如冷水机组、单元柜式空调机等）共同组合而成为全新的空调系统。

图 7-15 为带离心式冷水机组的水环热泵混合系统。该系统对于固定的或大量的冷负荷场所（如大型办公楼的内区）选用大型离心式冷水机组进行全年供冷，这样提高了系统供冷时的效率，使系统供冷时比小型水/空气机组供冷时节约大量的运行能耗。而对于既有冷负荷又有热负荷的周边区，设置水源热泵系统夏季供冷，冬季供暖。系统在冬季运行时，大型离心式冷水机组的冷凝热排入水环热泵的水环路中，作为周边区水/空气热泵的低温热源，保持了水环热泵空调系统回收建筑物内余热的基本特点，从而节省了周边区供暖的高位能。

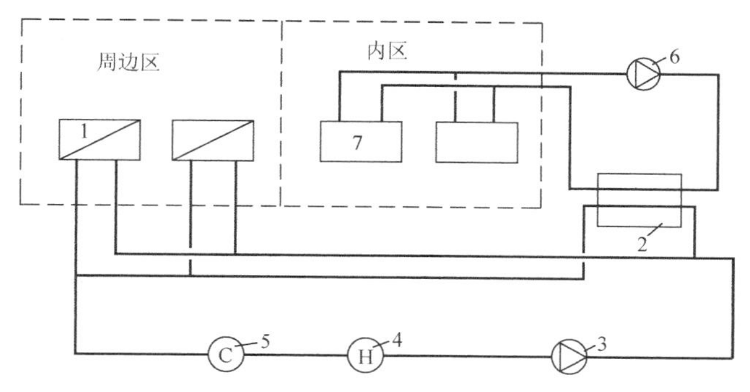

图 7-15　带离心式冷水机组的水环热泵空调系统

1—水/空气热泵机组；2—离心式冷水机组；3—水环路循环泵；4—水加热设备；5—冷却塔；
6—风机盘管水系统循环泵；7—风机盘管

图 7-16 给出带单元式空调机组的水环热泵混合系统的原理图。在建筑物内区设置水冷单元柜式空调机组，向内区供冷，其冷凝热释放到水环路中，夏季通过冷却塔再释放到大气中，而冬季柜式空调机冷凝热作为周边区小型水/空气热泵机组的低温热源。这样，提高了混合系统运行的经济性。另外，单冷式机组的价格也比热泵机组便宜。

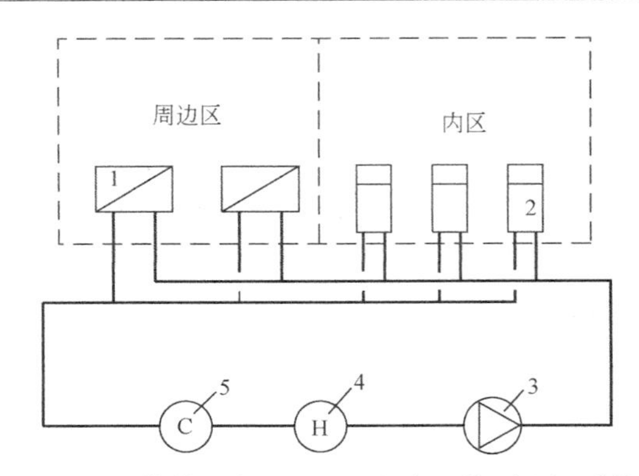

图 7-16　带单元式空调机组的水环热泵空调系统

1、3、4、5—同图 7-15；2—单元式空调机组

参　考　文　献

［1］ Lee. Kendrick. Energy Conservation-Unitary Style. Heating, Ventilating and Air Conditioning, June, 1969.

［2］ D. A. 雷伊，D. B. A. 麦克米查尔著，陈特銮译．热泵的设计和应用．北京：国防工业出版社，1985.

［3］ 汪训昌．水环热泵系统的热回收特性及其设计方法．空调设计，1997，(1)：61-71.

［4］ 范存养．热泵空调及各种热回收系统和空调节能措施．同济大学科技情报站，1980.

［5］ 谢汝镛．我国水源热泵机组应用的现状与发展．现代空调，1999，(2)：66-77.

［6］ 曹源．闭式环路水源热泵空调系统能耗分析及其在我国应用的评价．哈尔滨：哈尔滨建筑大学硕士学位论文，1996.

［7］ 马最良，姚杨，杨自强等编著．水环热泵空调系统设计．北京：化学工业出版社，2005.

［8］ 姚杨，姜益强，马最良等编著．水环热泵空调系统设计(第二版)．北京：化学工业出版社，2011.

［9］ 马最良，曹源．闭式环路水源热泵空调系统运行能耗的静态分析．哈尔滨建筑大学学报．1997，30(6)：68-74.

［10］ 马最良，曹源．闭式环路水源热泵空调系统运行能耗的计算机模拟分析．哈尔滨建筑大学学报，1998(3)：57-63.

［11］ 马最良，曹源．水环热泵空调系统运行能耗的参数评价法．全国暖通空调制冷 2002 年学术文集．北京：中国建筑工业出版社，2002：133-141.

［12］ 马最良，曹源．闭式环路水源热泵空调系统在我国应用的评价．空调设计．1997(2)：59-61.

［13］ 杨辉．太阳能开式环路水环热泵空调系统在我国多层建筑中供热的预测分析．哈尔滨：哈尔滨建筑大学硕士学位论文，1998.

［14］ 姚杨，马最良．水环热泵空调系统在我国应用中应注意的几个问题．流体机械，2002，30(9)：59-61.

［15］ 马最良，孙丽颖，杨自强等．水环热泵空调系统设计．殷平主编，现代空调．(3)空调热泵设计方法专辑．北京：中国建筑工业出版社，2001.

［16］ 芦汉良，杨飞，张双锁．水环式水源热泵在南京和园饭店空调工程的应用．暖通制冷设备，2003，(3)：42-45.

第8章 变制冷剂流量热泵式多联机空调系统

8.1 概述

近年来，变制冷剂流量多联机系统在我国发展很快。目前，全国主要生产厂家有20余家，主要以热泵型多联机为主。2005年多联机销售约15.2万套，销售额为34.4亿人民币，占中型空调设备（单元式空调机、热泵冷热水机组和VRF多联机）销售额的61.3%[1]。变制冷剂流量热泵式多联机空调系统是指由一台或数台室外机（风冷或水冷）连接数台不同或相同形式、容量的直接蒸发式室内机构成的热泵式空调系统，简称热泵式多联机空调系统，学术名称为VRF（Variable Refrigerant Flowrate）。商业名称很多，如VRV、MDV、MRV等[2]。它可以向一个或数个区域供冷与供热。按低位热源的种类不同，可分为风冷热泵多联机空调系统和水冷热泵多联机空调系统两种形式。与传统的集中空调和传统的一拖多产品相比，它具有如下特点：

（1）部分负荷特性良好。如某厂变频压缩机的SET—FREE系列变频多联机，尽管在满负荷时的*EER*值只有2.6左右，但是在50%～75%负荷区间运行时，*EER*值却高达3.0～3.5，比满负荷时提高了约15%～30%，即使在低至额定负荷的25%运行时，机组的*EER*值仍可高达2.6[3]。

（2）多联机空调系统具有灵活性。其灵活性主要表现在下列方面：

① 室内、外机可根据建筑物的负荷进行自由组合，构成机组各不相同且在一定室内、外机配比范围内的独立热泵与制冷系统。

② 系统的灵活扩展能力。在设计上，可根据建筑物的不同功能分区设计不同的独立系统，再由这些独立系统的组合而构成一种具有集中空调特点的新型空调系统。

③ 在运行中，容易实现分区运行，对不需要空调的区域可以完全停机，最大程度上实现节能运行。同时，还可以同时实现供冷与供热。

④ 室内机形式多样（一般公司都有6～10个款式和30～60种规格），可根据建筑装饰的要求选用不同类型的室内机。

（3）多联机空调系统具有优异的控制系统。其表现在：

① 室内机独立控制，可以根据室内的不同负荷进行连续调节。

② 室外机采用变频压缩机或数码涡旋压缩机，改变压缩机的容量。

③ 负荷的调节范围宽，多联机的容量调节范围可以达到10%～110%的容量控制。

④ 可按照用户的要求，实现各种控制方式。采用线控器和遥控器进行室内机的个别控制；使用集中控制器进行集中控制或分区控制；可以通过连接口与BMS大楼管理系统连接，实现电费的自动计量和用户电费分摊，而且具有故障诊断功能。

⑤ 工作温度范围宽广。一般制冷运行在环境温度为0～43℃，甚至达50℃。制热运

行在环境为－15～20℃，有的可达－20℃。

（4）多联空调系统还具有安装和维护简单、占建筑空间小、不需要专门的机房等优点。

但是多联空调系统由于管路过长、落差大也会带来管路流动阻力大的问题。在制冷工况时，配管过长使吸气压力降低，严重影响其制冷能力；吸气压力下降，过热增加，系统的 *EER* 相应也下降；配管长度影响室内、外机工作点，致使其能力降低。另外，多联空调系统的回油困难问题也不能忽略。

在《暖通空调》一书中，对变制冷剂流量多联机系统的分类、组成、系统配管、系统设计要点、新风输送方式等问题已有叙述。本章仅介绍热泵型多联机组，主要有：

① 变制冷剂流量热泵式多联机组；

② 多联空调系统类型与典型系统；

③ 多联空调系统中的一些关注问题；

④ 水环多联机热泵空调系统等。

8.2　变制冷剂流量热泵式多联机组

本节主要介绍热泵型多联机组系统的组成、工作原理及热泵机组中主要部件与设备的工作与原理等。

8.2.1　变制冷剂流量热泵式多联机组的组成与工作原理

现以 SET—FREE 热泵式多联机组为例，介绍其机组的系统组成与工作原理。

图 8-1 给出 SET—FREE 热泵式多联机组的系统图[3]。该系统的室外机是由 4 台压缩

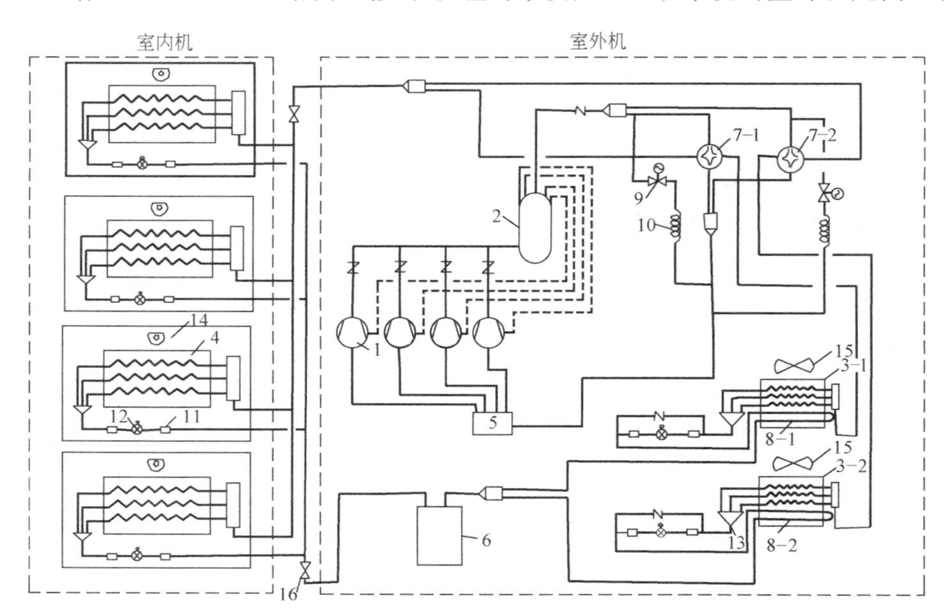

图 8-1　SET—FREE 20HP 热泵型多联机组的系统图

1—压缩机；2—油分离器；3-1、3-2—室外换热器（制冷剂/空气换热器）；4—室内换热器；5—气液分离器；6—高压贮液；7-1、7-2—四通换向阀；8-1、8-2—过冷却器；9—电磁阀；10—毛细管；11—过滤器；12—电子膨胀阀；13—分液器；14—离心风机；15—轴流风机；16—截止阀

机 1(其中 1 台是变频型，另 3 台为恒速型)、油分离器 2、室外换热器 3-1 和 3-2、气液分离器 5，高压贮液器 6、过冷却器 8、轴流风机 15 和辅助器件(如电磁阀、毛细管、单向阀、过滤器、电子膨胀阀、分液器)等组成。室内机是由室内换热器 4、电子膨胀阀 12、过滤器 11 和离心风机 14 等构成。室外机和室内机之间通过制冷剂管路系统连接起来，构成热泵式多联空调系统。其制冷剂管路系统的配管要求与规定同单冷型多联空调系统(见《暖通空调》7.5.2)。该系统的制冷剂流程见图 8-2 和图 8-3。

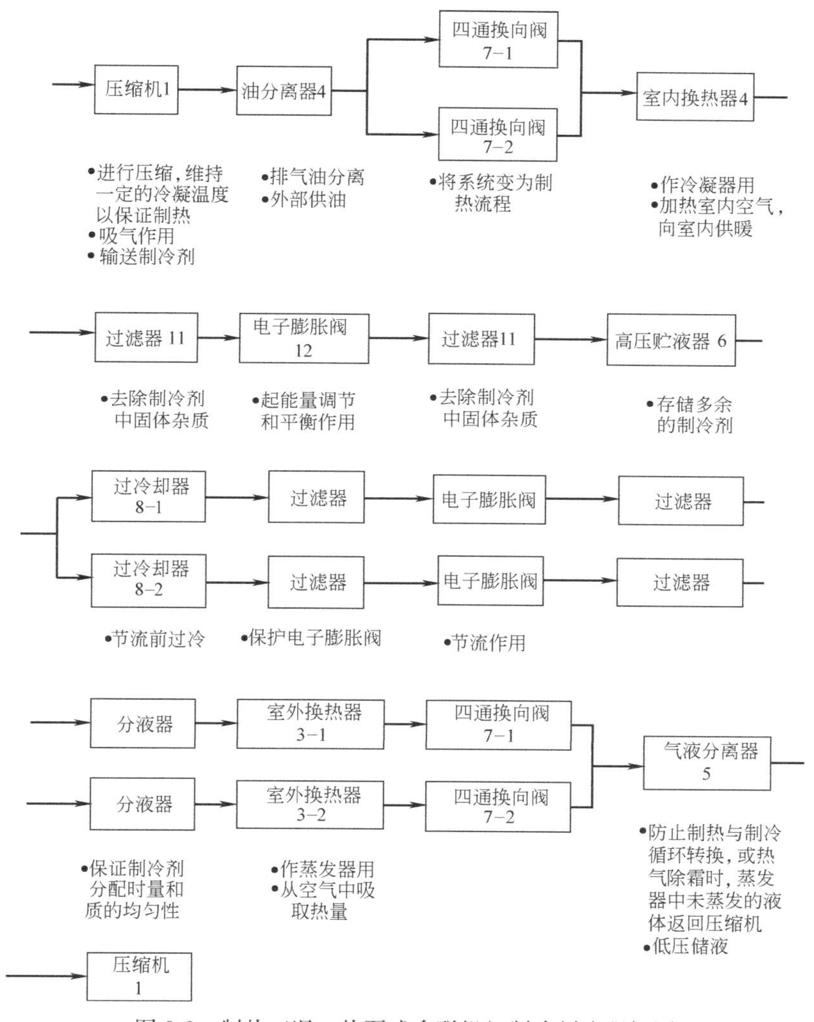

图 8-2 制热工况，热泵式多联机组制冷剂流程框图

8.2.2 机组中的部分辅助部件与设备

(1)热气旁通回路

热泵式多联机组由于管路长、高差大，常使冷凝机组远离蒸发器，因此，在图 8-1 中由毛细管 10 和电磁阀 9 组成排气管与吸气管之间的热气旁通回路，可以将部分热气旁通至吸气管。用这种方法控制吸气压力和调节能量。为保证返回压缩机的制冷剂气体温度在允许范围内，应在气液分离器内使旁通的热气、蒸发器回气和液体制冷剂充分混合。同时在热气旁通回路上接一电磁阀用于关断和抽空循环用[4]。

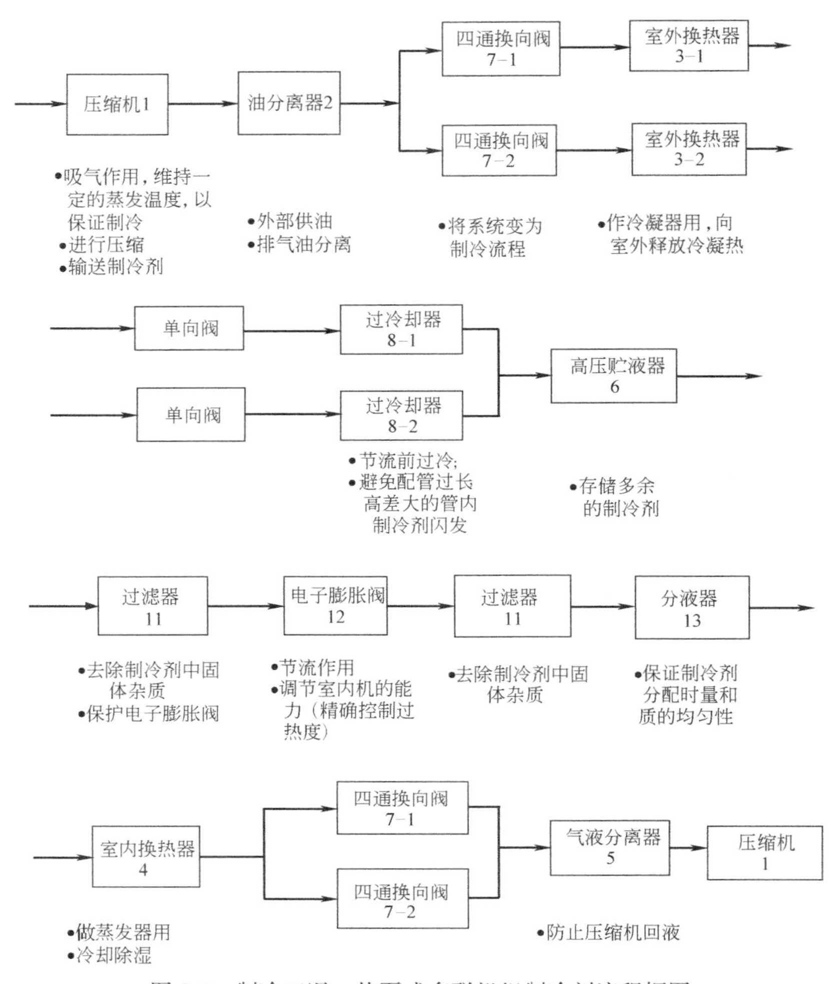

图 8-3　制冷工况，热泵式多联机组制冷剂流程框图

(2)再冷却回路

热泵式多联系统管路长，且存在上升立管，这将会引起高压液体沿程闪发，制冷剂到达室内机电子膨胀阀前已呈气液两相状态，严重影响电子膨胀阀的正常供液，或出现偏流现象而不能充分、完全地发挥室内换热器的换热作用。解决这一特殊问题的有效方法是对高压液体实现大幅度过冷，其技术措施有：

① 在室外换热器处设置一组过冷却器。如图 8-1 所示，高压液体制冷剂经过冷却器(8-1，8-2)进行冷却，再到电子膨胀阀节流。这是避免高压液体制冷剂沿程闪发的有效技术措施。

② 在高压贮液器出口液体管上设置过冷却回路，如图 8-4 所示。由贮液器出来的液态制冷剂分二路，一部分直接进入过冷却器 2，冷却后去电子膨胀阀；而另一部分液体制冷剂经节流阀节流，再进入过冷却器 2 中，从前一部分制冷剂中吸取热量而液化，其蒸气返回压缩机，或气液分离器。从而使第一部分液态制冷剂过冷。其过冷度大小是通过控制电子膨胀阀 4 的开度，调节两部分的流量比例来实现的。

③ 在吸气管路上的气液分离器中设置高压液体盘管，实现回热循环，如图 8-5 所示。

在热泵式多联机组中将气液分离器与回热交换器结合在一起，高压液体制冷剂在热交换/气液分离器中与系统的回气进行换热，一方面是回气中夹带的液体迅速蒸发以防压缩机回液；另一方面使高压液体制冷剂过冷却，以防沿程闪发，并减少节流损失。

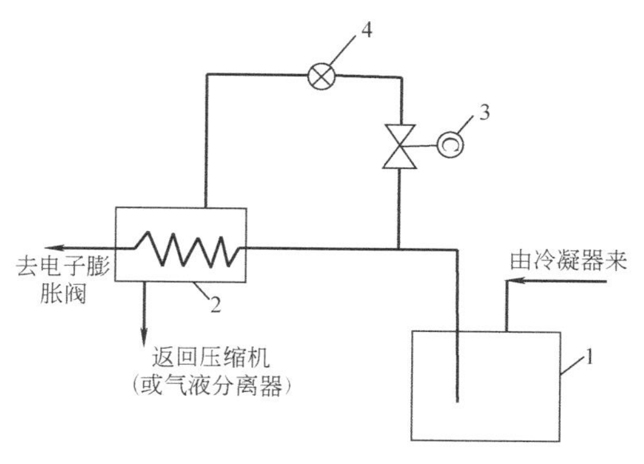

图 8-4 再冷却回路

1—高压贮液器；2—过冷却器；
3—电磁阀；4—电子膨胀阀

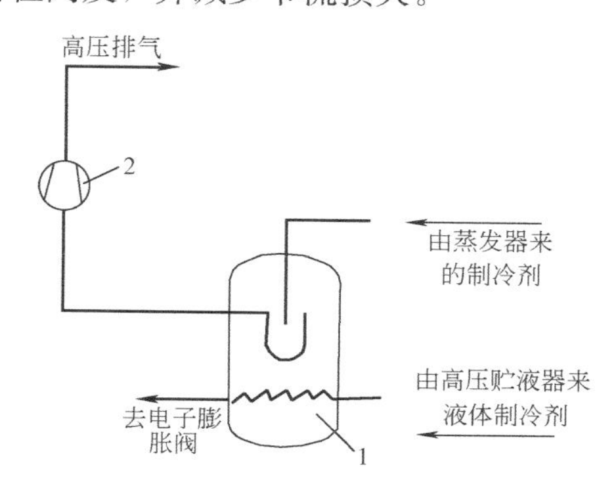

图 8-5 热交换器/气液分离器回热循环回路

1—热交换器/气液分离器；2—压缩机

(3)电子膨胀阀

电子膨胀阀是由电子电路进行控制的膨胀阀，是热泵式多联机组中的关键部件。电子膨胀阀与热力式膨胀阀相比，具有流量控制范围大、动作响应快、调节精细、双向流通等优点。

在热泵式多联机组中，压缩机容量调节常采用变频电动机，通过改变转速来实现。在这种情况下，热力式膨胀阀无法适应它的变制冷剂流量的要求。因此，通常选用电子膨胀阀与变频压缩机(或数码涡旋压缩机)相匹配，以适应系统变制冷剂流量的要求。

电子膨胀阀有电磁式膨胀阀和电动式膨胀阀两种。目前，使用最多的是电动式膨胀阀，它采用步进电动机来驱动阀针移动。步进电动机由单片机控制，按一定的逻辑关系发出脉冲信号，通过不同的脉冲序列可以控制电动机的正反转，带动阀杆上下移动，改变针阀开度，实现流量的调节。

(4)四通换向阀[5]

四通换向阀是实现热泵功能转换的一个关键部件，通过切换制冷剂循环回路，达到制冷或制热的目的。

四通换向阀工作原理见图 8-6。电磁线圈装在先导阀上，先导阀的两根毛细管分别与排气管和回气管相连。制冷时，四通阀不通电，先导阀的排气毛细管与四通阀活塞腔的右腔相通，低压部分的毛细管与活塞腔的左腔相连，因此左右就存在压差，把活塞推到左边，于是排气管与右边的连接管连通，回气管与左边的连接管相通。制热时，电磁线圈通电，在阀力的作用下，先导阀向右边移动，排气管毛细管与活塞腔左腔相通，回气管毛细管与活塞腔的右腔相连，在压差的作用下，把活塞推向右边，排气管与左边的管相通，回气管与右边的管相通，从而完成制冷剂方向变换。

(5)高压贮液器[6]

热泵式多联机组夏季按制冷循环运行，而冬季按制热循环运行，因此，机组系统是个折中系统。制冷和制热循环中却都使用相同的换热器，但是制冷和制热时其运行参数又相

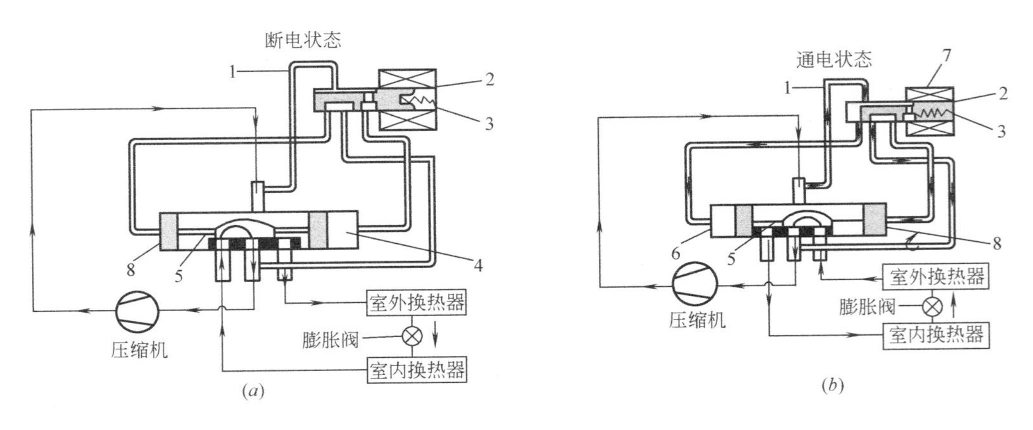

图 8-6　四通换向阀工作原理

(a)制冷循环；(b)制热循环

1—毛细管；2—先导滑阀；3—弹簧；4、6—活塞腔；5—主滑阀；7—电磁线圈；8—活塞

差很大。通常，冬季制热循环时，蒸发温度相对很低，压缩机的能力会下降。这样夏季制冷循环所需的制冷剂要远远多于制热循环，并且在制热循环中随着室外环境温度的下降，蒸发温度也下降，过剩的制冷剂就会更多。如何处理好多余的制冷剂是热泵系统设计中的一个很重要的问题。为此，在热泵式多联机组中要设置高压贮液器，贮存多余的制冷剂，以避免液体淹没冷凝器传热面。同时对热泵系统中流量的不平衡性起到调节作用，以适应负荷、工况变化的需要。另外，系统中的气液分离器还可以起到暂时贮存低压液体制冷剂的作用。

8.3　变制冷剂流量热泵式多联空调系统类型

变制冷剂流量热泵式多联空调系统的主要分类方法与系统类型表示在图 8-7 上。

下面简单介绍几个典型系统。

8.3.1　风冷交流变频变容热泵多联机系统

由图 8-1 可明显看出，制冷压缩机是热泵式多联空调系统中的核心部件。热泵多联空调系统中通常采用变频式涡旋压缩机、数码涡旋压缩机等。

风冷交流变频变容热泵式多联空调系统是指用室外空气作为热泵的热源与热汇，并选用交流变频压缩机的多联空调系统。变频压缩的容量调节是通过对变频压缩机的驱动电机的转速调节来实现。众所周知，感应式异步交流电动机的转速取决于电动机的极对数和供电源的频率。电动机的极对数是固定不变的(如 2 级、4 级、6 级、8 级)，一般不通过改变极对数来调节电动机的转速，而是通过变频器的频率控制改变电动机的转速，电动机电源的频率越低，电动机的转速也会越慢。反之，电动机电源的频率越高，电动机的转速也会越快。压缩机的排气量又与电动机的转速成正比。因此，交流电频率连续变化，则转速连续变化，从而实现排气量的连续变化，也就达到了制冷量连续调节的目的。

目前全封闭变频压缩机的变频调节除交流变频外，还有直流变频，直流变频选用无换向器稀土永磁同步电动机，其变频控制可见相关资料[3]。二者制冷原理相同，见图 8-1。

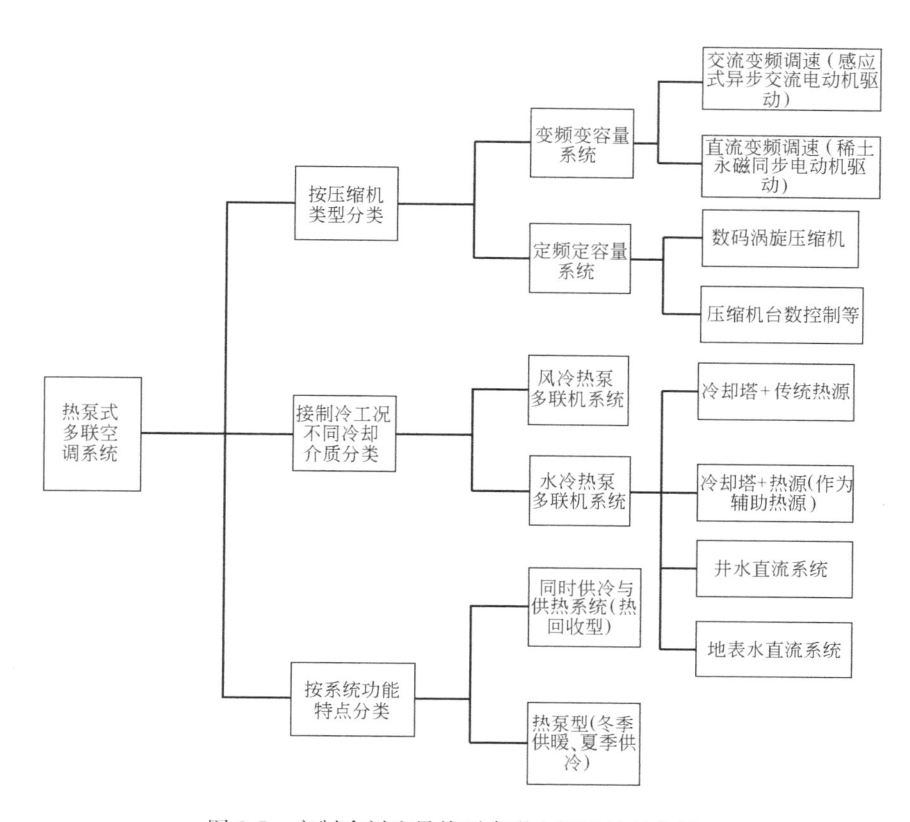

图 8-7　变制冷剂流量热泵多联空调系统的分类

8.3.2　水冷变频变容热泵多联空调系统

水冷变频变容热泵多联空调系统是 2005 年日本大金公司推出的，它是以水作为热泵的热源与热汇。与风冷式热泵相比，室外机的空气/制冷剂换热器被水/制冷剂换热器所替代，在系统中多一套水系统，系统相对复杂些，但室外机体积大大减小，安装更加灵活，系统的性能系数较高，常见的系统形式有：

(1)冷却塔＋传统热源＋水冷热泵式多联机系统

图 8-8 给出由冷却塔、热交换器、水冷热泵式多联机组成的水冷变频式多联空调系统的原理图。由图可见，建筑物内各区的水冷热泵多联机都是并联在一个或几个水环路系统上的，夏季通过水环路将热泵式多联机(按制冷工况运行)的冷凝热释放到室外大气中，而冬季又通过水环路将低温热源的热量输送给热泵式多联机(热泵工况运行)。为了保持水环路中的水温在制冷工况运行时最高为 32℃，热泵工况运行为 20℃，在水环路上设置排热设备和加热设备(或直接引入外部低温热源)等。为确保水环路可靠而经济运行，在水环路上还应设置循环水泵及其附件、定压装置、水系统的排水、放气和补水装置与系统、控制系统等。水环路各温度区设备的切换程序列入表 8-1。

对于图 8-8 系统，应提醒读者注意：

① 换热器 5 使用废热才有节能意义。若使用高位能(燃煤、燃气、油和电)的话，将会违背科学用高位能的原则，使高位能在质的方面贬值，这是用能的极大浪费。

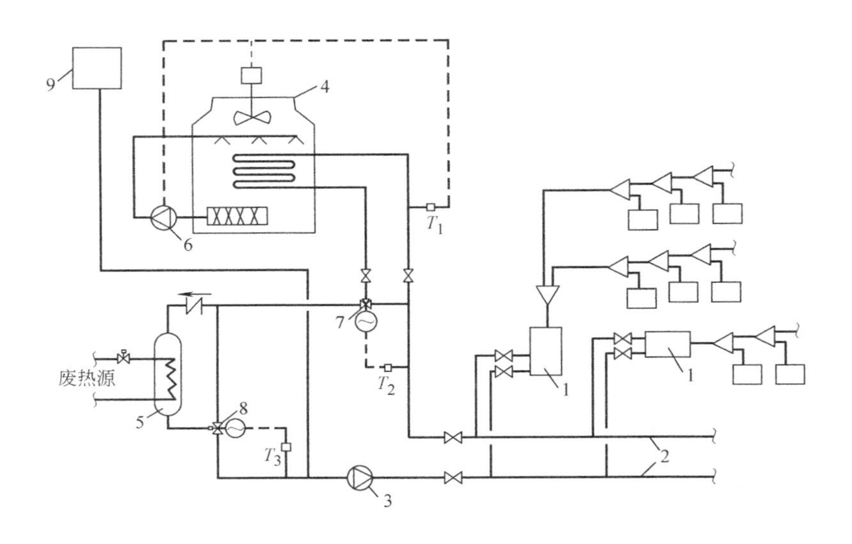

图 8-8 冷却塔＋传统热源＋水冷热泵式多联机系统原理图

1—热泵式多联机；2—水环路；3—循环水泵；4—闭式冷却塔；5—热交换器；6—冷却塔循环泵；7—双位电动阀；8—比例式热水混合阀；9—膨胀水箱；T_1、T_2、T_3—温度敏感元件

水环路设备的切换程序 **表 8-1**

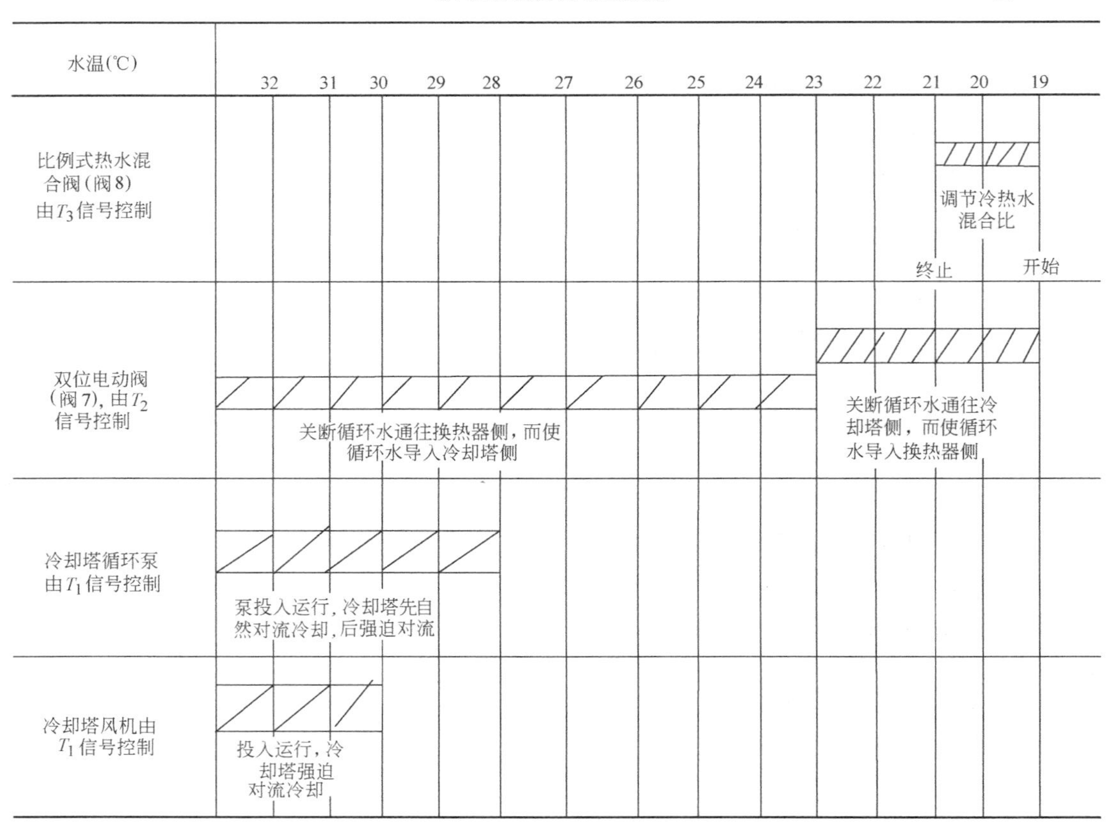

水温(℃)	32	31	30	29	28	27	26	25	24	23	22	21	20	19
比例式热水混合阀(阀8)由T_3信号控制												终止；调节冷热水混合比		开始
双位电动阀(阀7)，由T_2信号控制	关断循环水通往换热器侧，而使循环水导入冷却塔侧									关断循环水通往冷却塔侧，而使循环水导入换热器侧				
冷却塔循环泵由T_1信号控制	泵投入运行，冷却塔先自然对流冷却，后强迫对流													
冷却塔风机由T_1信号控制	投入运行，冷却塔强迫对流冷却													

② 若建筑物有较大的内区与外区(或南朝区与北朝区)，即建筑物有可利用的室内余热。此时，热泵式多联机应按建筑物内区与外区或南朝区与北朝区分别布置，使其系统具有回收建筑物内余热的功能(详见文献[13])。

③ 若使用场合有可利用的低温热源(如：浅层地能、地下水、河水、湖水等)，也可直接利用低温热源或相应热泵机组替代系统中换热设备5(图 8-8)使节能减排效果更为突出(详见文献[13])。

(2)水/水热泵+水冷热泵式多联机系统

图 8-9 给出适用于严寒地区应用的井水源热泵+水冷热泵式多联机系统形式。与图 8-8系统相比，它是以井水为热泵的热源与热汇。寒冷地区，由于井水水温较低，直接供给水冷热泵式多联机组用，将会使机组的能效比降低过大，甚至难于满足水环路中的水温要求。为此，选用井水源热泵制备 20℃的温水，然后再将 20℃温水供给热泵式多联机组用。但是，应注意，若井水水温较高，能满足水环路中水温要求时，应优先选用直接供水或间接供水方式，以提高系统的能效比。

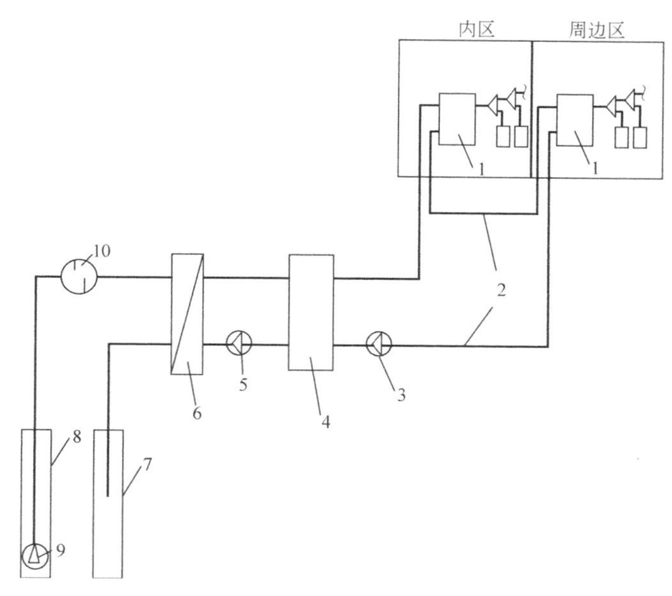

图 8-9 井水源热泵+水冷热泵式多联机系统原理图

1～3—同图 8-8；4—水/水热泵机组；5—中间环路循环泵；6—板式换热器；7—回灌井；8—生产井；9—井泵；10—除砂装置

8.3.3 风冷定频变容系统[7,8]

风冷定频变容系统与风冷变频变容系统相比不同之处是前者选用定频压缩机。定频压缩机一直处于启动状态，通过旁通阀开启调节制冷剂流量。目前，定频变容系统常选用数码涡旋压缩机。

数码涡旋压缩机利用谷轮常规涡旋压缩机的"轴向柔性"密封技术，如图8-10所示。一活塞安装于顶部定涡旋盘处，确保活塞上移时顶部定涡旋盘也上移。在活塞的顶部有一调节室，通过 0.6mm 直径的排气孔与排气压力相连通。另外还通过设有电磁阀的旁通管连接调节室和吸气管。电磁阀处于常闭位置时，活塞上下侧的压力为排气压力，一弹簧力确

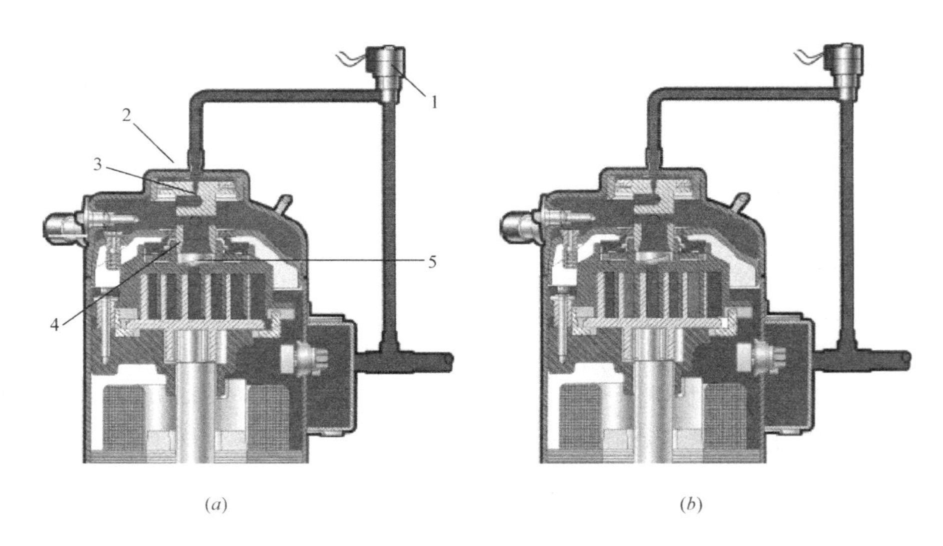

图 8-10 数码涡旋压缩机
(a)卸载状态；(b)负载状态
1—电磁阀；2—调节室；3—排气孔；4—活塞提升组件；5—弹簧

保两个涡旋盘密封并加载。电磁阀通电，即电磁阀打开时，调节室内的排气被释放至低压吸气管。这导致活塞上移，顶部定涡旋盘随之上移一间隙，使两涡旋盘分隔开，由于高低压腔室的连通，导致无制冷剂流量通过涡旋盘。外接电磁阀断电再次使压缩机满载，恢复压缩操作。应指出的是：顶部涡旋盘的可移动幅度很小——仅 0.1mm，因而从高端释放至低端的高压气体的量也较小。

由此可见，数码涡旋运行分两个阶段——“负载状态”(图 8-10b)，此时电磁阀常闭；“卸载状态”(图 8-10a)，此时电磁阀打开。负载状态时，压缩机像常规涡旋压缩机一样工作，传递全部容量和制冷剂流量。然而，卸载状态中，无容量和制冷剂流量通过压缩机。一个“负载状态”时间和一个 “卸载状态”时间总和称为周期时间。在每个周期内由两个时间段的不同组合决定压缩机的容量调节，如图 8-11 和图 8-12 所示。

在图 8-12 中，在 20s 周期时间内，若负载时间为 2s，卸载时间为 18s，压缩机调节量为(2s×100％＋18s×0％)/20＝10％；若在相同的周期时间内负载时间为 10s，卸载时间为 10s，则压缩机的调节量为 50％。从图 8-12 中可看出，数码涡旋压缩机是通过旁通电磁阀开启-关闭时间的比例来进行能量调节的。由于数码涡旋压缩机是定速压缩机，在系统开启时间内一直处于运行状态，因此在部分负荷运行状态下的效率不如满负荷运行状态下的效率，这是与变频变容量系统的一个主要区别。

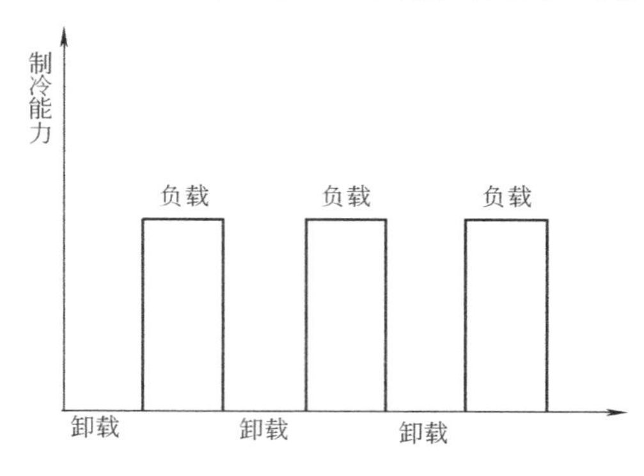

图 8-11 数码涡旋压缩机能量调节原理

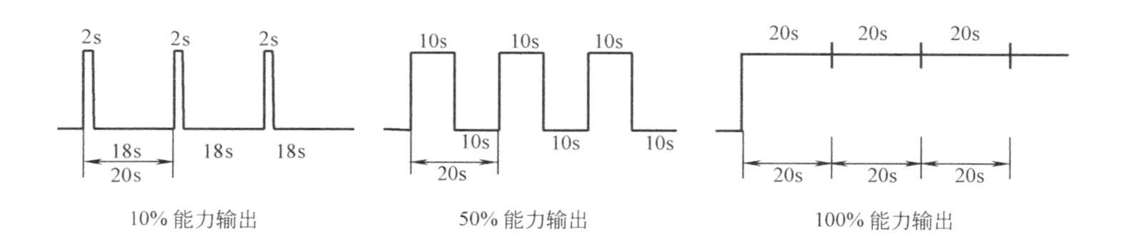

图 8-12 数码涡旋压缩机能量调节示意图

8.4 变制冷剂流量热泵式多联空调系统中的几个关注问题

近年来，风冷热泵式多联空调系统得到了广泛的应用，项目越用越大，配管越用越长，室内外机之间高程越用越大，在应用中又常常忽略了或没有注意到风冷热泵多联机空调系统的特点与其本身的局限性，往往造成了多联机的优点不能充分发挥出来，甚至导致有些项目失败。因此，本节将介绍热泵式多联空调系统中的几个应该关注的问题，以便正确使用它。

8.4.1 系统的地域适应性[2]

风冷热泵式多联机组是空气源热泵的一种新系统。众所周知，空气源热泵的制热量随着室外空气温度的降低而减少。这是因为空气源热泵当冷凝温度不变时，室外气温越低，使其蒸发温度也降低，引起吸气比容变大。同时，由于压缩比的变大，使压缩机的容积效率也降低，因此，空气源热泵在低温工况下比在中温工况下运行时的制冷剂质量流量要小。基于以上原因，空气源热泵在寒冷地区应用时，机组的供热量随室外气温的降低将会急剧下降，难于满足用户的要求。

尽管风冷热泵式多联机组采用了一些改善低温运行特性的技术与措施，相比传统的空气源热泵有了很大程度的改进，使用范围也更宽，当室外温度低于－10℃时，多联机组能够正常运行，但是已经很难发挥热泵供暖的优势。文献[3]中对 SET-FREE 变频多联 RAS-280FS3Q 机组实测值（表 8-2）表明：在温度低于－5℃时，制热量约为标准工况的 86%，－10℃时约为 76%，而在－18℃时约为 50%。由于压缩机耗功变化不大，因此室外温度下降时，系统的 *COP* 将下降，如在额定工况时的 *COP* 为 3.0，则在－10℃时约为 2.27，在－18℃时约为 1.4。热泵效率高的优势不再明显。此外，实际使用时室内机的风量没有变化，制热量的衰减必然带来出风温度的降低，如果在额定工况时的出风温度为 45℃，在－10℃时出风温度则降为 39℃，－18℃时约为 33℃，已经有吹冷风的感觉了，很难满足舒适性的要求。

变频多联 RAS-280FS3Q 制热性能随室外温度的变化（室内温度 20℃）　　表 8-2

室外温度（℃）	制热量（kW）	制热量变化率（%）	输入功率（kW）	输入功率变化率（%）	*COP*	*COP* 变化率（%）	出风温度（℃）
10	33.3	102	11.1	103	3.00	100	46
6	32.6	100	10.8	100	3.00	100	45

续表

室外温度(℃)	制热量(kW)	制热量变化率(%)	输入功率(kW)	输入功率变化率(%)	*COP*	*COP*变化率(%)	出风温度(℃)
0	30.5	94	11.5	107	2.65	88	44
−5	28	86	10.7	99	2.62	87	42
−10	24.6	76	10.9	101	2.27	76	39
−15	20.2	62	11.3	105	1.79	60	36
−18	16.3	50	11.5	107	1.42	47	33

综上所述，尽管变频多联机可以大大延缓制热量随室外温度的衰减，甚至在低于−20℃时也可以运行，但从供热的效率和供热的质量角度来看，在−10℃时出风温度已经无法充分发挥热泵的供热优势与效率，应优先选择其他更有效的供热方式。

8.4.2 制冷剂管路的配管长度对系统性能的影响

热泵式多联空调系统实际配管长度为100～150m，等效配管长度为115～175m[9]。这是热泵式多联机能够运行的极限条件，设计时无论如何都不能突破配管长度的极限条件。其原因为：

① 长配管由于流动阻力大，散热损失大等导致系统的制冷能力衰减；尤其是制冷工况时制冷量衰减更大。

② 长配管对系统的总输入功率影响不大，一般不会超过10%，但是使系统的能效比（*EER*）下降。

③ 长配管内制冷剂充灌量大，微小的泄漏又会影响系统的正常运行。

④ 长配管中存在润滑油量增多，使系统运行时可靠性下降。

现举一例说明长配管对系统制冷（制热）能力与*EER*的影响。

通常在设计制冷系统时，一般均对吸气管和排气管的压力损失许可值有所限制，这些许可值对于吸气管来说相当于蒸发温度降低了1℃，对排气管来说相当于冷凝温度升高了1～2℃。以R22为例，在蒸发温度为5℃时，吸气管压力损失的许可值不超过18kPa，按此要求，假定一制冷系统的制冷量为10kW，冷凝温度为40℃，吸气管当量长度为20m，粗略的计算表明，吸气管的管径应为19mm。若其他条件不变，仅将吸气管路当量长度增加到100m后，吸气管压力损失至少会达到90kPa以上，相当于蒸发温度下降了5℃以上。从表8-3中可以看出，吸气管压降对制冷能力和*EER*的影响相当大。因此，在设计多联机时必须尽可能地减少吸气管压力损失以满足配管长度。

吸气管压降对制冷能力和*EER*的影响[3]　　表8-3

吸气管路的压降(kPa)	相当蒸发温度下降(℃)	压缩机制冷能力(%)	*EER*(%)
0	0	100	100
18	1	96.7	98.1
90	5	83.0	89.7

由于长配管带来的吸气压力损失，使得压缩机的吸气压力下降、压缩比增大、吸气过热增加，从而使制冷（热）系统*EER*/*COP*相应下降。制冷（热）系统的*EER*/*COP*随管长的变化率见表8-4。

制冷（热）系统的 *EER/COP* 随管长的变化率　　表 8-4

当量长度(m)	制冷 *EER* 变化率	制热 *COP* 变化率	当量长度(m)	制冷 *EER* 变化率	制热 *COP* 变化率
5	1	1	100	0.81	0.90
30	0.95	0.98	120	0.76	0.88
50	0.91	0.95	150	0.72	0.85
80	0.86	0.92			

假定配管长度为 5m 时，若制冷系统的 *EER* 为 2.6，从表 8-4 中 *EER* 的变化率可以得出，在当量长度为 100m 时，系统的 *EER* 只有 2.6×0.81=2.1，当量长度为 50m 时，*EER*=2.6×0.91=2.37。

基于上述分析，在设计中，一方面系统必须要尽量减少制冷剂管路的配管长度，使用小系统；另一方面，要根据多联机制冷剂管路的实际配管长度对其制冷（制热）容量进行修正。表 8-5 给出制冷（制热）能力随制冷剂管路的配管长度的容量修正率。

制冷（制热）能力随管长的容量修正率　　表 8-5

当量长度(m)	制冷容量修正率	制热容量修正率	当量长度(m)	制冷容量修正率	制热容量修正率
5	1	1	100	0.73	0.90
30	0.94	0.98	120	0.67	0.88
50	0.87	0.95	150	0.55	0.85
80	0.79	0.92			

8.4.3 室内外机高差对系统性能的影响

（1）室外机在室内机上部（图 8-13）

当制冷运行时，室内机电子膨胀阀起节流作用。但是由于重力的作用，电子膨胀阀前的过冷液体的压力要高于冷凝压力，高出的数值取决于室内外机高度差产生的附加压力。电子膨胀阀工作时，最高动作压差一般不超过 2.16MPa。因此，室内外机的高差应有一定的限制，否则，电子膨胀阀可能不会正常动作，导致系统不能正常运行。同时，从蒸发器出来的制冷剂蒸气通过上升管路回到压缩机，如果高差过大，必然带来管路阻力的增加，造成吸气压力下降，吸气过热，排气温度上升，甚至压缩机会出现低压停机保护。

当制热运行时，室外机电子膨胀阀起节流作用，室内机电子膨胀阀主要起室内机之间流量平衡的作用。因此，当室内外机之间高度差较大时，管路相对较长，制冷剂会在管路中冷凝，减少了室内机的供热量。此外，经过室内机冷凝后的过冷液体要在垂直上升管中上升，并通过室外机电子膨胀阀的节流作用进入室外换热器，蒸发吸热后进入压缩机。制冷剂在上升管路流动时，必须要考虑重力产生的附加压降可能带来的液体闪蒸，保证室外机电子膨胀阀前有一定的过冷度，否则膨胀阀的工作可能不稳定。另外，制热运行时，为保证一定的出风温度必须对冷凝压力有一定的限制，再加上重力带来的附加压降使得压缩机排气压力必须要提高。也就是说，压缩机对排气压力的限制条件决定了室内外机高度差不能超过一定范围，一般厂家定为 50m。

(2) 室外机在室内机下部（图 8-14）

制冷运行时，室内机电子膨胀阀起节流作用。制冷剂在冷凝器中冷凝后的过冷液体在液管中上升，然后进入电子膨胀阀。由于重力的作用，高压液体管需克服上升立管造成的重力损失。为防止液体压力降低可能带来的液体闪蒸，室内外机的高度差有一定的限制。为防止液体闪蒸确定的最大室内外机高差 H 约为 40m。同时，从室内机蒸发器出来的制冷剂蒸气沿着垂直管路流入压缩机，管路长度增加带来吸气压力下降，吸气过热，排气温度上升。为防止排气温度超过限制，室内外机之间的高度差也不能超过一定范围。

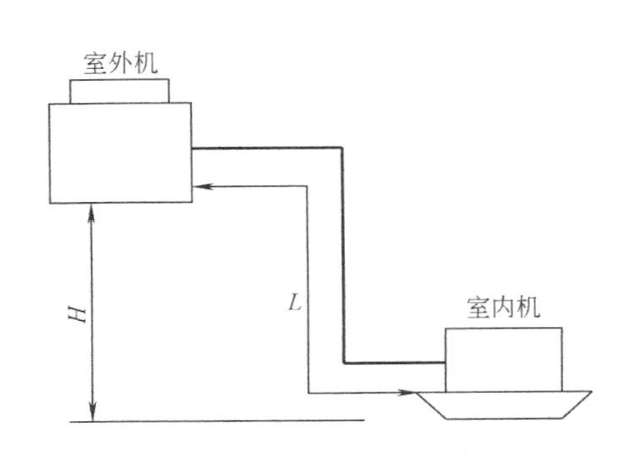

图 8-13　室外机高于室内机布置示意图

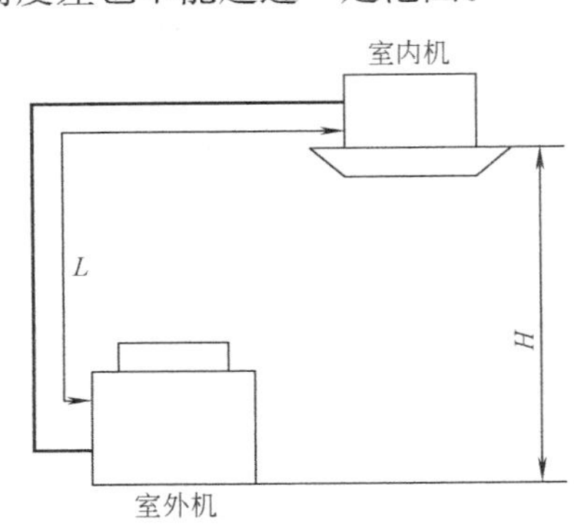

图 8-14　室外机低于室内机布置示意图

制热运行时，室外机电子膨胀阀起节流作用，制冷剂蒸气在垂直管中上升至室内冷凝器，冷凝后的过冷液体在液管中流入室外电子膨胀阀节流后进入室外蒸发器。如果高度差过大，一方面高温制冷剂蒸气可能在管路中冷凝，从而减少室内机的制热量；另一方面，由重力引起的附加压力，使室外机电子膨胀阀前的压力高于冷凝压力，同前面的分析类似，由电子膨胀阀最高动作压差决定的室内外机高度差不能超过 50m。

综上所述，为防止液体制冷剂在垂直上升过程中重力带来的压降引起的闪蒸，保证室内外电子膨胀阀的正常工作，防止吸气过热，排气温度过高，保证吸气管顺利回油，室内外机之间的高度差要尽量小，最好不要超过 40m。

8.4.4　室内机高度差对系统性能的影响

制冷运行时，室内机的电子膨胀阀起节流作用，并且室内机之间的流量分配也是由电子膨胀阀来完成的。为了使电子膨胀阀能够稳定工作，具有良好的调节作用，电子膨胀阀前液体应有一定的过冷度。室内机电子膨胀阀前的过冷度一般为 3～5℃。安装在最低位的室内机中的电子膨胀阀，由于重力作用前后压差最大，安装在最高位的室内机中的电子膨胀阀，前后压差最小。如果室内机之间高差较大，如图 8-15 所示，安装在最高位的膨胀阀过冷度最小，导致容量最小，全开时容量可能也不够，而安装在最低位的电子膨胀阀容量过大，在调节过程中可能出现振荡现象。为了避免出现上述问题，一般厂家规定室内机高度差极限值为 15m。

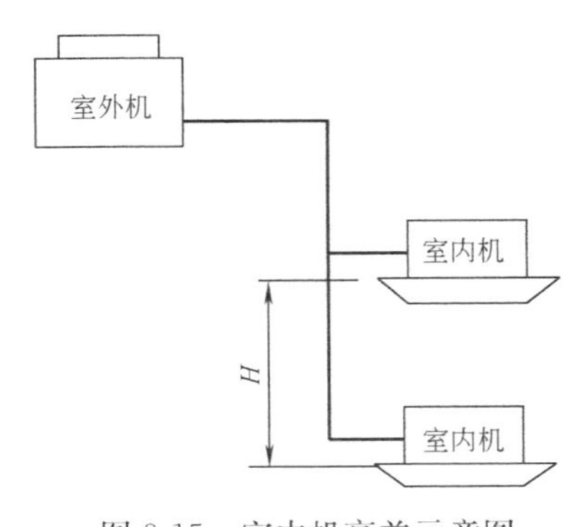

图 8-15　室内机高差示意图

8.4.5 系统的回油问题[10-12]

风冷热泵多联系统相对一般制冷系统，更容易导致压缩机失油，甚至导致压缩机断续失油而损坏。这主要是由于它属于空气源热泵，同时它又具备变制冷剂流量多联机的配管长、高差大、变制冷剂流量等特点。系统回油困难的具体原因主要有：

（1）制冷工况运行时，从室内机过热区到气液分离器这段吸气管路最易积油。特别是在长的配管和室内外机高差较大的情况下，制冷剂流速并不能保证将分离出的润滑油携带回压缩机。另外，即使在额定工况时制冷剂的流量足以携带润滑油返回压缩机，但对多联机这种负荷变化较大的系统，情况比较复杂。在较低的负荷，如25%额定负荷工作时，制冷剂的流量较小，当室内外机的高度差超过一定范围后，可能不足以携带润滑油在上升管中流动并返回压缩机，对系统运行的可靠性不利。

（2）长期在低温环境下停机，由于室外机一般设置在室外低温环境下，润滑油黏度增加，出现回油困难问题。同时，由于制冷剂的冷迁移，使部分制冷剂集中到气液分离器和压缩机曲轴箱内，又因为矿物油微溶于R22，其溶解度随着环境温度下降而降低，当温度到了某一临界值以下，气液分离器和压缩机曲轴箱内发生润滑油和制冷剂分层现象，由于润滑油较轻，则上层是润滑油为主的混合物，下层是制冷剂为主的混合物。在这种状态下启动，则会发生：

① 油泵把几乎只有制冷剂的“润滑油”供往轴承和其他运动部件，造成油压的损失，可能在启动后的短时间内使轴承等部件损坏，或发生因油压保护而停机。

② 液态制冷剂从气液分离器回油孔回到压缩机内，而大量的润滑油却积存在气液分离器内，从而也可导致压缩机缺油。

（3）热泵工况运行时，可能存油的管路主要是室外机过热区到气液分离器进口，由于管路较短，回油困难不大。但是，在热泵热气除霜过程中，由于四通换向阀的换向，使室内机中大量的液体制冷剂返回气液分离器，这在低温环境下会出现上述的液相分离现象。

为此，目前变制冷剂流量热泵多联机采取了完善的回油控制措施与技术。例如：

① 设置油分离器。为了保证压缩机良好的回油，在压缩机的排气管上设置高效油分离器，以保证从压缩机排气中将润滑油分离出来。然后，将分离出来的润滑油从高压侧经过毛细管直接返回压缩机，为了能有效回油和控制制冷剂旁通率，合理选择毛细管的管径和长度十分重要。通常要通过试验确定。

② 安装曲轴箱加热器。为了避免压缩机在低温下启动时出现油黏度大、溶于油中制冷剂沸腾而出现大量气泡，在曲轴箱内加装电加热器。在停机时通电加热润滑油，使其油温提高，并将制冷剂从润滑油中分离出来，也可以防止停机出现制冷剂冷迁移现象。

③ 采用带有回热器的气液分离器。为了有效解决低温环境下气液分离器内出现制冷剂与润滑油分层现象，宜采用带有回热器的气液分离器。同时，也实现了回热循环（图8-5）。

④ 设置回油弯。在工程安装时，在室内机与室外机之间垂直的吸气管上，每隔10m设置一个回油弯（乙字形弯管）。其功能：一是在低负荷时，气体制冷剂将润滑油携带到一定高度，将油积存在回油弯内，当油弯内油使管路隔断时，则在压差作用下，使润滑油返回压缩机；二是防止在长时间停机后启动时，大量管路中冷凝下来的制冷剂随吸气快速涌回压缩机，导致润滑油稀释，恶化润滑，甚至液击致使涡盘破碎。

⑤ 回油运行。所谓的回油运行是多联机系统在正常运行一段时间后，由于管路和室内机中积存的润滑油越来越多，或两台压缩机之间引起油位偏差，若不及时回油，压缩机（或低油位压缩机）将会因缺油而损坏，为此而进行一次油平衡运行，让大量的制冷剂冲刷掉附在管壁上的润滑油，并带回气液分离器。

回油运行方式即是采用全速运转，也就是说，在部分负荷运行一段时间之后，当需要回油运行时，可将变频压缩机和定频压缩机均满负荷运行，以保证制冷剂气体在管路内达到携带润滑油的设计流速，运行一段时间，使得制冷剂气体将积存在管路及室内机各处的润滑油带回各个压缩机或气液分离器内，然后再恢复正常的部分负荷运行。其中，确定回油运行的时间间隔和每次回油运转的时间长短是其技术的关键。通常是依据测试结果，确定出最小的安全运行时间（在最恶劣工况下，压缩机开始失油到润滑油处于危险界限以下的时间）和回油运行时间；两台低压油腔的压缩机运行时，由于变频压缩机常处于频繁调频运行状态下，吐油量不稳定，变频压缩机易出现缺油，因此，系统每运行一个最小安全运行时间后，进行一次油平衡运行，使定频压缩机富余的润滑油回到变频压缩机的储油腔。

回油控制模式应根据涡旋压缩机工作特点来设计，图8-16给出高压油腔压缩机回油控制，采用交叉两台压缩机的均油孔和油分离器分离出的润滑油通过毛细管自回油方式[7]。

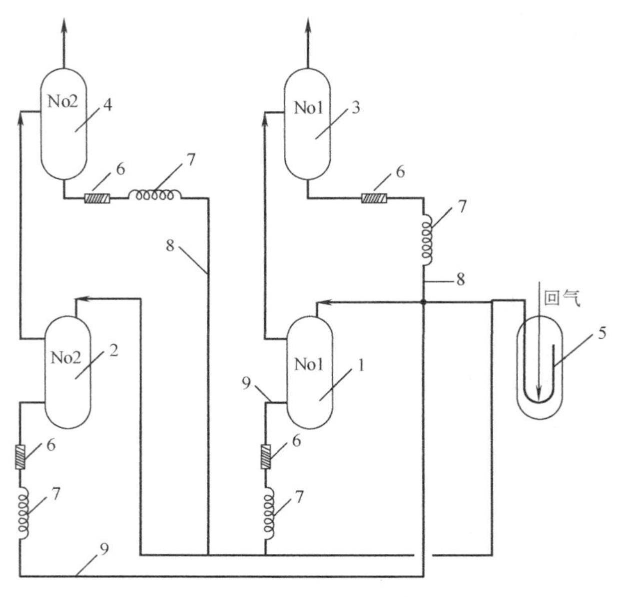

图8-16 高压油腔压缩机回油控制

1—变频压缩机；2—定频压缩机；3，4—油分离器；5—气液分离器；6—过滤器；7—毛细管；8—回油管；9—压缩机均油孔接管

8.5 水环多联机热泵空调系统

8.5.1 水环多联机热泵空调系统

文献［13］归纳总结出水环多联机热泵空调系统。在水环多联机热泵空调系统中用小

型水冷变容量热泵式多联机替代传统水环热泵空调系统中的室内小型水/空气热泵机组。也就是说，水环多联机热泵空调系统中的小型水冷热泵式多联机同传统水环热泵系统中的小型水/空气热泵机组一样按建筑物外区、外区（朝南区、朝北区）分别独立布置，并将其多联机并联在同一水循环管路上，构成一个以回收建筑物内部余热为主要特征的热泵供暖、供冷的空调系统，如图 8-17 所示。其系统既保持了传统多联机系统和传统水环热泵系统的优点，又由于水环路的引入给新系统带来了一些新的特点。

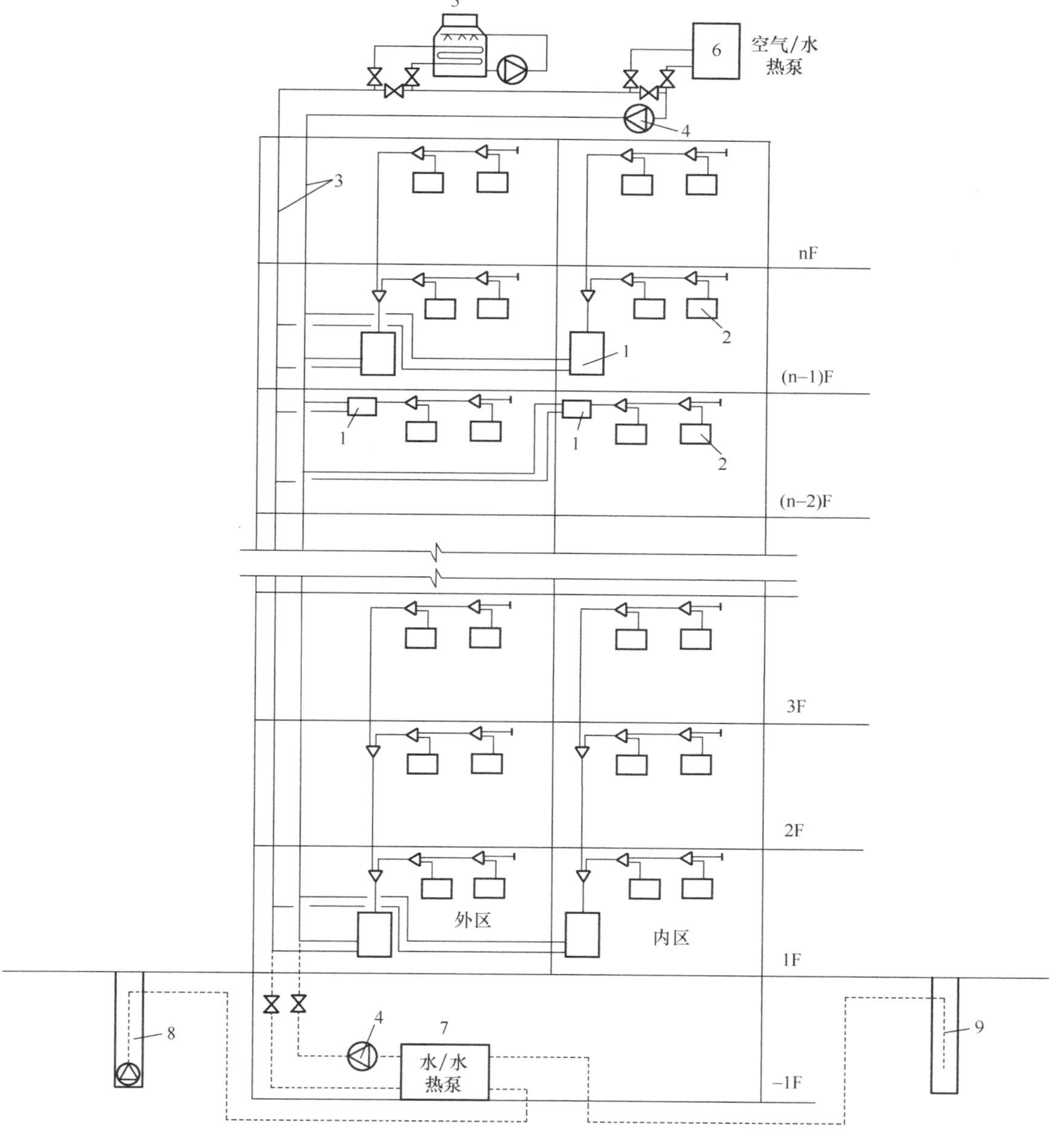

图 8-17 水环多联机热泵空调系统图示

1—水环多联机主机；2—室内机；3—水循环环路；4—水环路循环水泵；5—闭式冷却塔；6—空气/水热泵；7—水/水热泵；8—抽水井；9—回灌井

① 水环路的引入使水冷热泵型多联机的制冷剂管路由庞大而复杂变得简单而短小。

② 建筑物内每套多联机系统规模变小，从而克服了传统多联机系统制冷剂管路的配管过长、高差大、回油困难等问题。

③ 为大型公共建筑、高层建筑空调工程设计、系统布置等带来方便。

④ 水环路可使用大量的钢管（水煤气管或无缝钢管）或塑料管，从而节省传统多联机系统中的部分制冷剂铜管管路。

⑤ 由于水冷热泵型多联机并联在水环路上，而水环路的大小可根据建筑规模设置。因此其系统规模不再受传统多联机系统受制冷剂管路的配管要求的限制，而能更适用于大型公共建筑、高层建筑等。

⑥ 该系统的主机可设在小型独立机房内，而室内机设在室内，克服了制冷机设置在室内而引起噪声大的问题。

图8-17所示为水环多联机热泵空调系统的两种形式，一是空气源热泵＋水冷热泵式多联机系统形式（如图8-17实线所示部分）；二是井水源热泵＋水冷热泵式多联机系统形式（去掉图8-17中的实线部分4、6，而增设虚线部分的4、7、8、9和虚线部分水管路）。

（1）空气源热泵＋水冷热泵式多联机系统

由空气/水热泵和水冷热泵式多联机组成的水环多联机热泵空调系统是以空气为热源与热汇。空气/水热泵是其系统的辅助热源，当建筑物内区的余热少于外区所需要的热量时，即大部分热泵式多联机按制热工况运行使循环水环路水温下降并达到13℃时，投入空气/水热泵运行，制备15～20℃的热水，供热泵式多联机组用。该系统适用我国夏热冬冷地区、黄河流域、京津冀地区的应用，甚至也可在辽宁南部一些地区应用。但是，应注意空气/水热泵应具有良好融霜控制措施；空气源热泵机组在寒冷地区运行要具有改善空气源热泵低温运行特性的技术措施。

在夏季，热泵式多联机都处于制冷工况，向水环路中释放热量，使循环环路水温升至32℃时，启动冷却塔运行，从而保持循环环路水温不超过35℃。为了增加系统运行的稳定性和实施热量在时间上的转移，也可在水循环环路上设置水蓄能装置。

（2）水/水热泵＋水冷热泵式多联机系统

由水/水热泵和水冷热泵多联机组成的水环多联机热泵空调系统是以井水为热源与热汇，适用于寒冷地区应用。在寒冷地区，由于井水水温较低，直接供给水冷热泵式多联机用，将会使机组的能效比降低过大，甚至难于满足水环路中的水温要求。为此，选用井水源热泵（水/水热泵）制备15～20℃的温水，供热泵式多联机组用。

8.5.2　水环多联机热泵空调系统运行的模拟预测分析

为了推广水环多联机热泵空调系统在我国空调系统工程中的应用，哈尔滨工业大学热泵空调技术研究所开展了水环多联机热泵空调系统（空气源热泵＋水冷热泵多联机系统）运行的模拟预测分析工作[14,15]。

模拟建筑为一幢19层写字楼，建筑面积43340m^2，占地面积4146m^2，裙房为百货商场，共3层，面积11965m^2，标准层总面积31375m^2。该写字楼冬季供冷空调面积14063m^2，供热空调面积29277m^2，内、外新风由独立的机组处理，冬季仅在建筑使用时间开启内区的制冷设备。并假定模拟建筑分别在沈阳、北京和济南三座城市。以《中国建筑热环境分析专用气象数据集》提供的典型气象逐时参数为依据[16]，分别对系统在沈阳、北京和济南三座城市中的运行情况作了模拟与预测分析。数学模型采用集中参数法建立，时间常数按照系统动态学的经验法则确定为 6min[14]。模拟结果如图 8-18～图 8-20 所示。

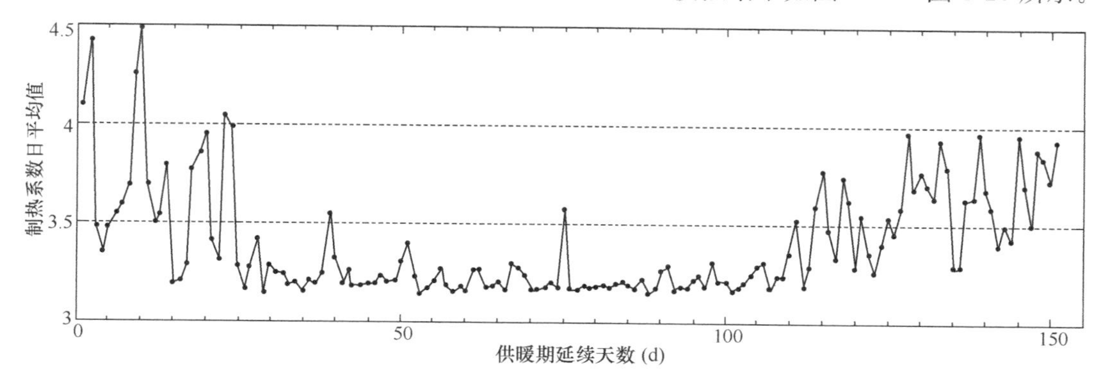

图 8-18　系统在沈阳运行时制热性能系数日平均值

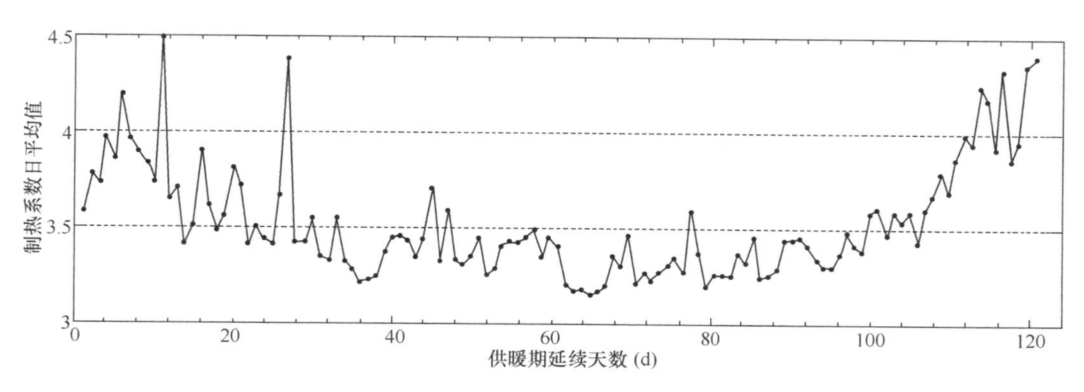

图 8-19　系统在北京运行时制热性能系数日平均值

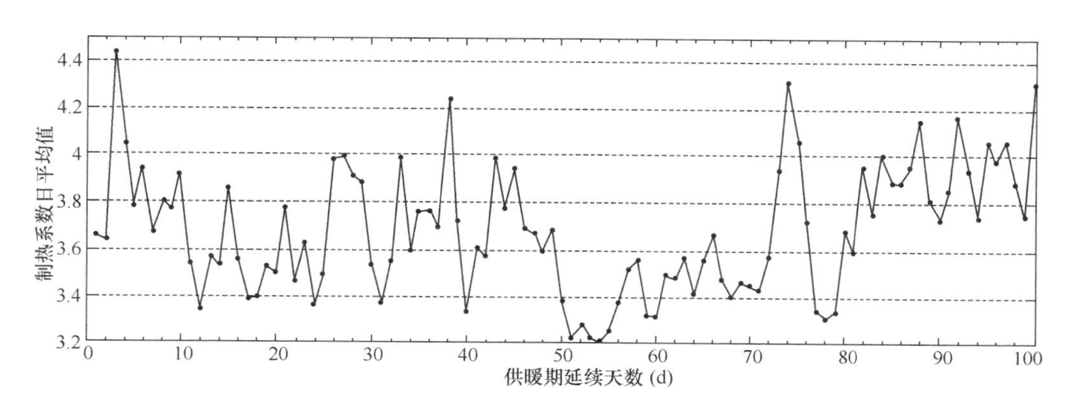

图 8-20　系统在济南运行时制热性能系数日平均值

① 空气源热泵的日最高排气温度变化范围 45～65℃，完全满足空调用压缩机排气温度不高于 150℃的要求。日最大冷凝压力值变化范围 1080～1230kPa，远小于压缩机的极限压力。日最大压缩比变化范围 2.5～7.7，螺杆式压缩机在此压缩比范围内能获得较高的容积效率。空气源热泵制热性能系数的日平均值变化范围 3.1～4.5，效率较高，详见

图8-18～图8-20。

由模拟数据可见，空气源热泵提供10～20℃温水时，在北京、沈阳、济南等北方城市的高层建筑中可以正常高效运行。

② 整个供暖季空气源热泵总制热量 Q_a，空气源热泵总耗功量 W_a，水冷多联机总制热量 Q_v，水冷多联机总制热总耗功量 W_{vh}，水冷多联机总制冷量 C_v，水冷多联机制冷总耗功量 W_{vc}，内区向低温水环中释放的热量 Q_m，实际为外区水冷多联机组所利用的内区转移热量 Q'_m，通过冷却塔释放的热量 Q_L 及整个系统的总耗功量 W，供暖期供热运行总小时数 t_h，供暖期供热同时供冷运行小时数 t_c，列入表8-6中。

水环多联机热泵空调系统全年运行能效表　　表8-6

城市	Q_a（MJ）	W_a（MJ）	Q_v（MJ）	W_{vh}（MJ）	C_v（MJ）
北京	3675	1081	11531	1900	5590
沈阳	7088	2185	17787	3106	6919
济南	2399	676	8789	1421	4582
城市	W_{vc}	Q_m（MJ）	Q'_m（MJ）	W（MJ）	Q_L（MJ）
北京	860	6450	5956	3842	495
沈阳	978	7897	7593	6242	304
济南	729	5311	4969	2826	342
城市	Q_v/W	C_v/W	t_h	t_c	
北京	3	1.45	2928	1464	
沈阳	2.85	1.11	3624	1812	
济南	3.11	1.62	2400	1200	

从表8-6可以看出，由于内区热量的回收，系统获得了较高的效率。实际得到应用的来自内区多联机的热量 Q'_m，占外区总供热量的比重在北京、沈阳、济南分别为51.6%、42.7%、56.5%。从整体上来看，对应1W的输入功率，可以获得2.85～3.11W的热量，同时还获得1.11～1.62W冷量，能量利用效果较好。

参　考　文　献

[1] 彦启森．中型空调技术与发展趋势．制冷空调工程技术．2006，(6)：8-13.

[2] 石文星．多联机空调系统得适用性．制冷空调工程技术．2006，(6)：23-31.

[3] 王志刚，徐秋生，俞炳丰编著．变频控制多联机空调系统．北京：化学工业出版社，2006.

[4] 美国谷轮公司压缩机应用技术讲座．第12讲 热气旁通控制冷系统．制冷技术．2003，(4)：43-45.

[5] 蒋能照，刘道平主编．水源．地源．水环热泵空调技术与应用．北京：机械工业出版社，2007.

[6] 殷光文．美国谷轮压缩机应用技术讲座．第1讲 空气-空气热泵系统设计．制冷技术．2000，(4)：38-42.

[7] 俞炳丰主编．中央空调新技术及其应用．北京：化学工业出版社，2005.

[8] 王贻仁．美国谷轮公司压缩机应用技术讲座．第9讲 数码涡旋技术．制冷技术．2003，(1)：35-38.

[9] 彦启森．漫谈多联机．2005年全国空调与热泵节能技术交流会论文集：12-18.

[10] 陈立新，杨良国．变频多联空调系统设计和应用中应注意的问题．流体机械．2005，33(增刊)：335-337.
[11] 邵双全．多台压缩机多联的空调系统中均油方法研究．低温工程．2001，(3)：22-28.
[12] 孙文治．变频多联空调机组回油问题的研究．科技与创新．2017，(2)：109-112.
[13] 姚杨，姜益强，马最良等编著．水环热泵空调系统设计(第二版)．北京：化学工业出版社，2011.
[14] 孙婷婷．双级耦合热泵在北方地区高层建筑中应用的模拟分析．哈尔滨：哈尔滨工业大学硕士学位论文，2007.
[15] 孙婷婷，倪龙，姚杨等．水环多联机复合空调在北方地区高层建筑中的应用分析．湖南大学学报(自然科学版)，2009，36(S2)：133-136.
[16] 中国建筑热环境分析专用气象数据集．北京：中国建筑工业出版社，2005.

第9章　吸收式热泵

9.1　概述

吸收式热泵是以热能为主要驱动力的热泵。吸收式热泵的分类方法有：根据采用的工作介质分，吸收式热泵可分为氨吸收式热泵和溴化锂吸收式热泵；根据工作特性来分，吸收式热泵可分为第一种吸收式热泵和第二种吸收式热泵；根据循环方式分，吸收式热泵又可分为单效吸收式热泵、双效吸收式热泵和再吸收式热泵等。

第一种吸收式热泵(通常简称为 AHP，Absorption Heat Pump)以消耗高温热能为代价，通过向系统输入高温热能，进而从低温热源中回收一部分热能，提高其品位，以中温的形式供给用户，也称增热型热泵。

第二种吸收式热泵(通常简称为 AHT，Absorption Heat Transformer)是靠输入中温热能(废热)为动力，将其中一部分能量品位提高送至用户，而另一部分能量则排放至环境中，常称为工业增温机(ITB)，也称升温型热泵。

吸收式热泵是利用工质的吸收循环实现热泵功能的一类装置，它采用热能直接驱动，而不是依靠电能、机械能等其他高品位能源。在我国能源消耗还主要依赖化石类燃料的今天，大量的中低温废热常常得不到有效的回收和利用，许多场合应用吸收式热泵在提高能源利用率、降低温室气体排放量等方面可以起到很好的效果。吸收式热泵有潜在庞大的市场需求，是一种很有发展潜力的技术。美国能源部计划到 2010 年，在 27 个工业过程中使用 1100 套吸收式热泵装置就是一个很好的证明[1]。

吸收式热泵与吸收式制冷机在原理上是一致的，都是利用了制冷剂/吸收剂的溶液循环取代了蒸气压缩式制冷的压缩机作用，利用热能为驱动动力的。在第一种吸收式热泵中，蒸发器与吸收器处在相对低压区，这样蒸发器可以利用低温热源使制冷剂蒸发，而相对高压区的发生器在高温热源驱动下使吸收剂溶液解析，放出高温制冷剂蒸汽，并在冷凝器中冷凝，将热量传给外部加以利用；第二种吸收式热泵整个过程则正好相反，蒸发器和吸收器处在相对高压区，蒸发器吸收中低温废热使制冷剂蒸发，并在吸收器中较高温度下与吸收剂达到吸收平衡，放出的高温吸收热可以重新被加以利用，相对低压区的发生器同样利用低温废热使吸收剂溶液再生，与冷凝器一起完成整个吸收循环。从两类吸收式热泵的工作原理可以看出，第二种吸收式热泵既不需要大量的高品位能源电能，也不需要消耗有用的高温热，它只需要消耗回收的中温余热和极少量的循环泵用电，可回收近 50%的废热。所以在能源短缺的今天，用第二种吸收式热泵使余热增温，比压缩式热泵和第一种吸收式热泵的利用更具有广阔的应用前景，在废热回收领域日益受到关注。

9.2 第一种吸收式热泵

第一种吸收式热泵可以在夏季供冷，冬季供热。图 9-1 为简单的溴化锂第一种吸收式热泵示意图。系统主要由发生器、冷凝器、蒸发器、吸收器和溶液泵组成。

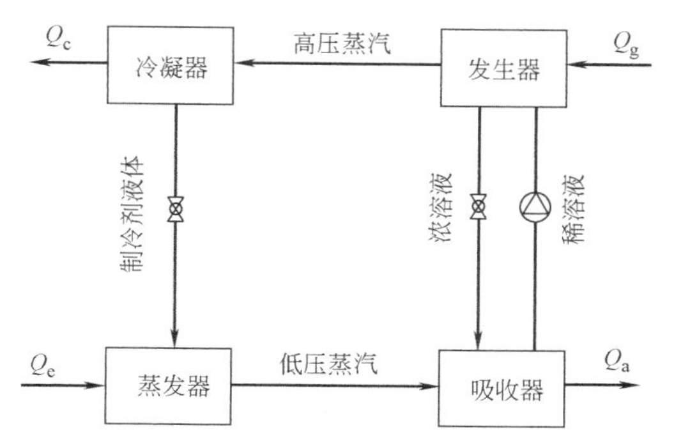

图 9-1 简单的第一种吸收式热泵循环

第一种溴化锂吸收式热泵循环与溴化锂吸收式制冷循环相同，只是制冷机获得冷量，吸收式热泵获得热量。该热泵可以从不易利用的低温热源中取得热量制备热水（一般最高为 90℃）。第一种吸收式热泵的循环流程图如图 9-2 所示。

制冷剂液体先从蒸发器的喷淋装置喷淋到传热管上，吸收了传热管内流动的热水（工厂排出废热水）的热量而蒸发成低温制冷剂蒸汽进入吸收器，低温制冷剂蒸汽在吸收器内被溴化锂浓溶液（以溴化锂浓度计，下同）喷淋吸收，成为稀溶液，在吸收过程中放出热量加热应用水（要利用的热水），此应用水再进入冷凝器继续被加热。

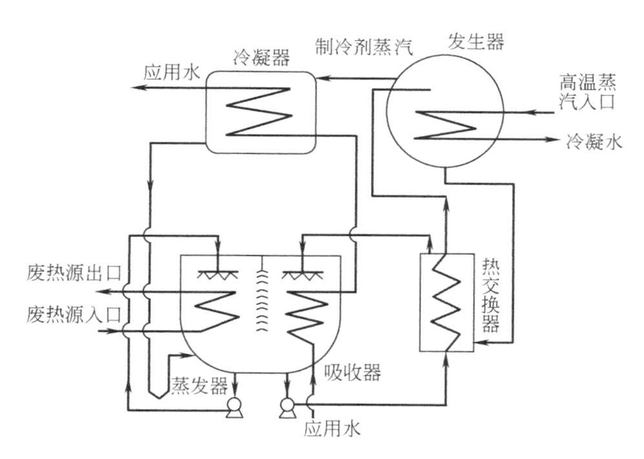

图 9-2 第一种吸收式热泵流程图

稀溶液由溶液泵经热交换器打入发生器内，受到外界高温热源加热，产生高压制冷剂蒸汽，同时溴化锂溶液浓度提高，成为浓溶液，经热交换器放热后进入吸收器。高压制冷剂蒸汽进入冷凝器凝结放热成制冷剂水，同时此放热量进一步加热应用水。

在理想情况下，向发生器输入热量 Q_g，发生温度为 T_g；蒸发器吸收的热量为 Q_e，蒸发温度为 T_e；冷凝器放出的热量为 Q_c，冷凝温度为 T_c；吸收器放出的热量为 Q_a，吸收温度为 T_a。这里 $T_g>T_c\approx T_a>T_e$，设环境温度为 T_s，若 $T_e\leqslant T_s$，该循环为吸收式制冷循环，若 T_c、$T_a\geqslant T_s$，该循环为第一种吸收式热泵循环。如果能做到 T_c、$T_a\geqslant T_s\geqslant T_e$，这就是既供热又制冷的吸收式热泵循环。

根据热力学第一定律和第二定律，如果忽略溶液泵的功，并取 $T_c=T_a$，可得理想的吸收式制冷机的性能系数 COP_r^0 和理想的第一种吸收式热泵的性能系数 COP_h^0：

$$COP_r^o=\frac{Q_e}{Q_g}=\frac{T_g-T_c}{T_g}\cdot\frac{T_e}{T_c-T_e} \tag{9-1}$$

$$COP_h^o=\frac{Q_c+Q_a}{Q_g}=\frac{T_g-T_e}{T_g}\cdot\frac{T_c}{T_c-T_e}=1+COP_r^o \tag{9-2}$$

由此可见，吸收式热泵循环相当于一台正向循环的热机和一台反向循环的制冷机联合工作，其性能系数总是比吸收式制冷机的性能系数大1。

在上述热泵系统中，进入发生器的溶液，其温度必须首先预热到平衡态温度，随后发生过程才开始。同样，进入吸收器的溶液温度必须预冷至平衡态温度，随后吸收过程才能进行。这种在发生器内或吸收器内的预热或预冷过程都是不可逆过程，必然会产生能量的损耗，从而使热泵性能系数下降。为了改善其性能，可在吸收器和发生器之间设置溶液热交换器，如图9-3所示[2]。设置溶液热交换器后，可以将发生器出来的浓溶液的热量传递给吸收器出来的稀溶液，从而可以减少发生器中溶液的预热量，同时也减少了吸收器的放热量。因此设置溶液热交换器的热泵的性能系数将大于没有设置溶液热交换器的热泵的性能系数。

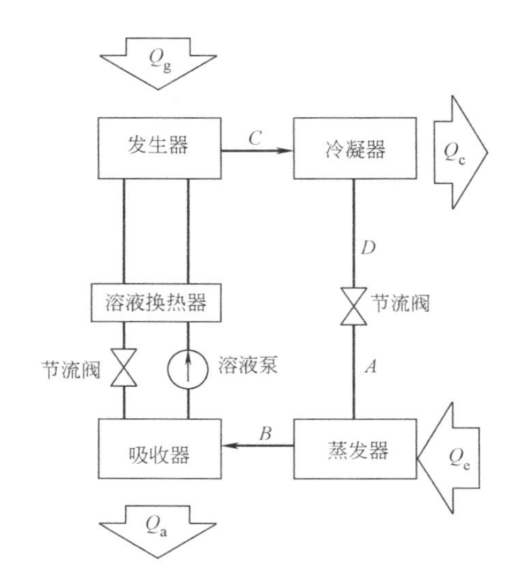

图9-3 设置溶液热交换器的第一种吸收式热泵示意图

第一种吸收式热泵的 COP 通常大于1，在1.5～1.7之间。第一种吸收式热泵可利用15～40℃的废热源，将20～50℃的应用水加热成50～90℃的热水供使用，此热泵输出热水的温度范围较宽，因此可应用于印染工业，供热给水加热或锅炉补给水的加热等系统。汽轮机排汽废热的回收利用如图9-4所示。抽凝式汽轮机排出的乏汽经凝汽器冷凝成水，再送回锅炉使用。此凝汽潜热作为低温热源，再利用汽轮机抽汽0.5MPa(表压)的蒸汽作驱动热源，通过吸收式热泵将锅炉给水从50℃加热至90℃，设系统冷热源传热温差 $\Delta t=5$℃，此热泵系统的性能系数 COP 为1.59，可节约40%左右的加热量[3]。

第一种溴化锂吸收式热泵由于温升范围宽，COP 在1.5～1.7范围内，节能效果相当

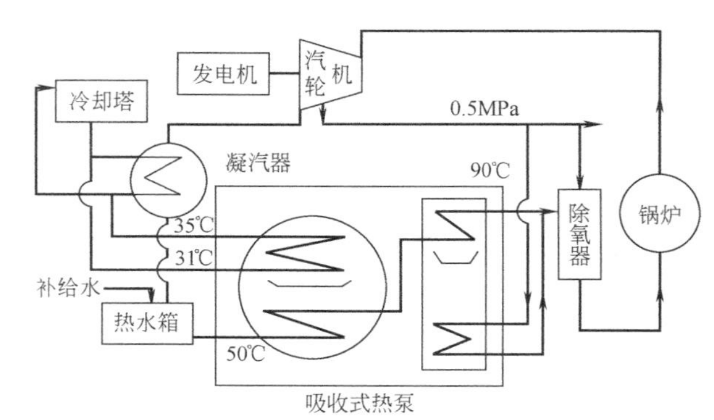

图9-4 回收汽轮机排汽废热的吸收式热泵

可观。尤其是第一种吸收式热泵能回收温度相当低的废热，这对于具有大量低温废热的场合，是值得借鉴的一种废热回收装置。

9.3 第二种吸收式热泵

图 9-5 为简单的溴化锂第二种吸收式热泵示意图。系统由发生器、冷凝器、蒸发器、吸收器、溶液泵和制冷剂泵组成，其中发生器和冷凝器处于低压状态，而蒸发器和吸收器处于高压状态。

第二种溴化锂吸收式热泵的循环正好与第一种溴化锂吸收式热泵的机内循环相反，能有效利用的热水或蒸汽在吸收器内产生，不需要外界提供高温热源，图 9-6 所示为第二种吸收式热泵循环流程图。

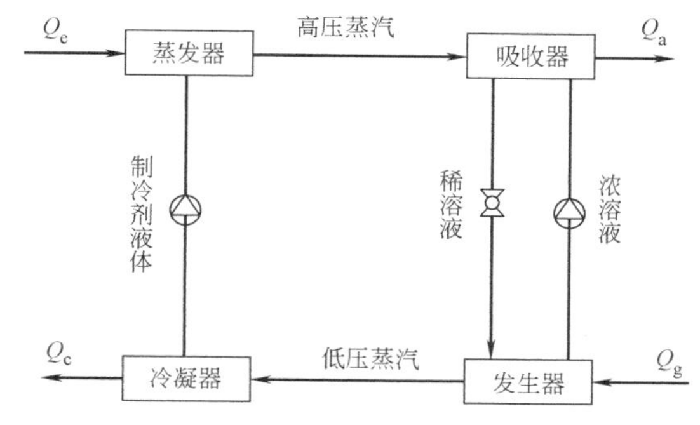

图 9-5 简单的第二种吸收式热泵循环

溴化锂稀溶液先流入发生器，受到发生器管内外界提供的废热蒸汽(或热水)的加热，产生低压制冷剂蒸汽，溴化锂溶液浓度提高，成为浓溶液，由溶液泵经热交换器打入吸收器。产生的制冷剂蒸汽在冷凝器中被冷却成为制冷剂液体，由制冷剂泵打入蒸发器，蒸发器内制冷剂液体通过喷淋装置，吸收了传热管内外界提供废热蒸汽(或热水)的热量蒸发成高压制冷剂蒸汽进入吸收器，该制冷剂蒸汽被溴化锂浓溶液所吸收，成为溴化锂稀溶液，同时产生吸收热，加热了应用水。

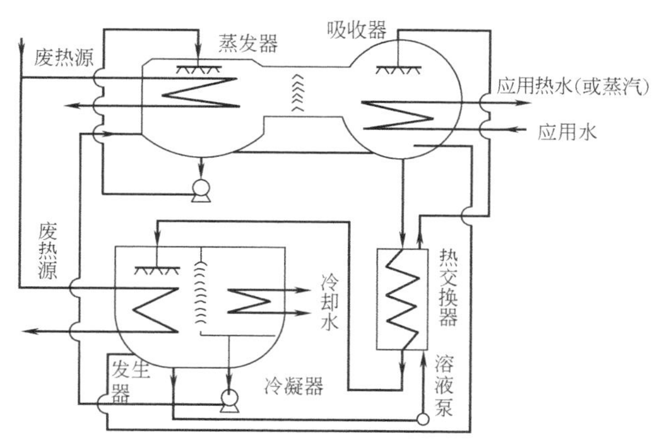

图 9-6 第二种吸收式热泵流程图

根据热力学第一定律和第二定律，如果忽略溶液泵和制冷剂泵的功，取 $T_g = T_e$，可得理想的第二种吸收式热泵的性能系数 COP_h^0：

$$COP_h^0 = \frac{Q_a}{Q_g + Q_e} = 1 - \frac{T_a - T_g}{T_g} \cdot \frac{T_c}{T_a - T_c} \tag{9-3}$$

由此可见，理想的第二种吸收式热泵的性能系数 $COP_h^0 < 1$，且一般在 0.4～0.6 之间。

但由于第二种吸收式热泵所用的是60～100℃的废热，冷却水温度在10～40℃时，输出热水或蒸汽的温度可在100～150℃，因此，节能效果表现在很好利用中温废热，变为向用户供的高温热能。由于热泵不需要消耗高温热源，仅利用温度较高的排放热水或蒸汽以及冷却水，纯粹为废热利用。并且企业一般排放低温低压蒸汽量或热水量都较大，因此使用第二种吸收式热泵可充分挖掘潜力，提高企业能源利用率。但是，也要注意到：应用第二种吸收式热泵时，除了有合适的中温余热源外，还要有合适的冷源。比如：应用第二种吸收式热泵为热用户制备100℃的高温热水，则需要70℃左右的中温废热水和6℃左右的冷却水才行。

在吸收式热泵实际工作中，当溶液或工质流经各个设备时，必然会有压力损失和散热损失。为了保证整个热泵系统的正常工作，必然要增加热泵系统所消耗的热能。因此，实际吸收式热泵的性能系数比理想循环的性能系数要低。

9.4　单效吸收式热泵循环

9.4.1　单效第一种吸收式热泵

图9-7为单效第一种吸收式热泵的流程图，循环过程在h-ξ图上的表示见图9-8。

图9-7中溶液循环为：6→2为吸收过程；2→7为稀溶液的热交换过程；7→5为稀溶液在发生器中被加热至沸点；5→4为发生过程；4→8为浓溶液的热交换过程；8→6为溶液在吸收器中被冷却至平衡状态。制冷剂循环为：发生器出来的制冷剂3′，进入冷凝器，3′→3为冷凝器中的冷却凝结过程；3→1为节流过程；1→1′为蒸发器中的汽化吸热过程。

根据能量平衡和质量平衡，可进行该循环过程的热力计算。根据发生器中溴化锂的质量平衡，有

$$a\xi_w=(a-1)\xi_s \tag{9-4}$$

得溶液循环倍率a

$$a=\frac{\xi_s}{\xi_s-\xi_w} \tag{9-5}$$

式中　ξ_w——稀溶液浓度(%)；

ξ_s——浓溶液浓度(%)。

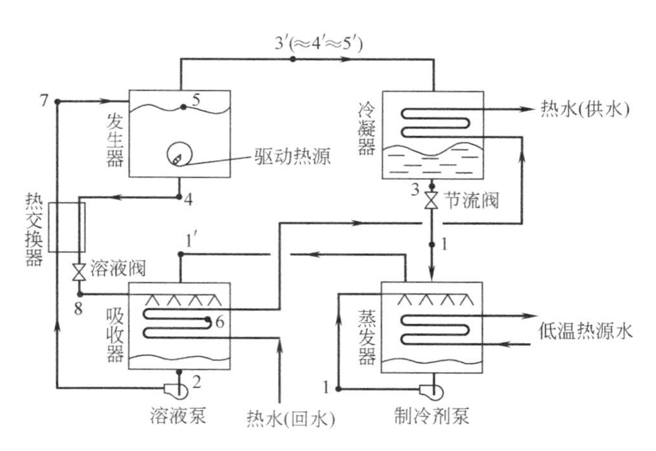

图9-7　单效第一种吸收式热泵的流程图

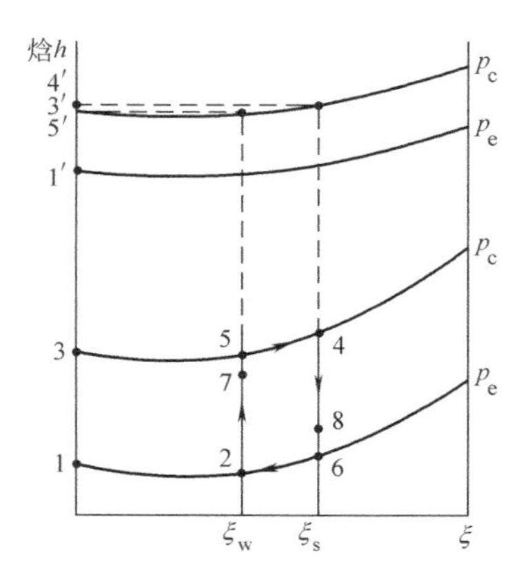

图9-8　单效第一种吸收式热泵循环在h-ξ图上的表示

设 $\dot{m}_R$ 为制冷剂循环量，即发生器产生的制冷剂蒸汽质量流量为 $\dot{m}_R$(kg/s)。各换热设备的热负荷为：

发生器

$$Q_g = \dot{m}_R[a(h_4 - h_7) + h_{3'} - h_4] \tag{9-6}$$

冷凝器

$$Q_c = \dot{m}_R(h_{3'} - h_3) \tag{9-7}$$

蒸发器

$$Q_e = \dot{m}_R(h_{1'} - h_1) \tag{9-8}$$

吸收器

$$Q_a = \dot{m}_R[a(h_8 - h_2) + h_{1'} - h_8] \tag{9-9}$$

溶液热交换器

$$Q_h = \dot{m}_R a(h_7 - h_2) = \dot{m}_R(a-1)(h_4 - h_8) \tag{9-10}$$

在稳定工况下，若忽略泵的耗功及散热损失，有如下的热平衡关系

$$Q_g + Q_e = Q_a + Q_c \tag{9-11}$$

第一种吸收式热泵的性能系数

$$COP = \frac{Q_a + Q_c}{Q_g} \tag{9-12}$$

9.4.2 单效第二种吸收式热泵

图 9-9 为单效第二种吸收式热泵的流程图[4]，循环过程在 h-ξ 图上的表示见图 9-10。

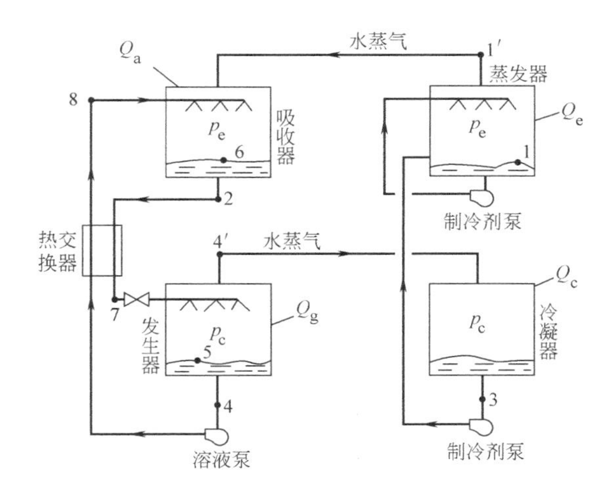

图 9-9 单效第二种吸收式热泵的流程图

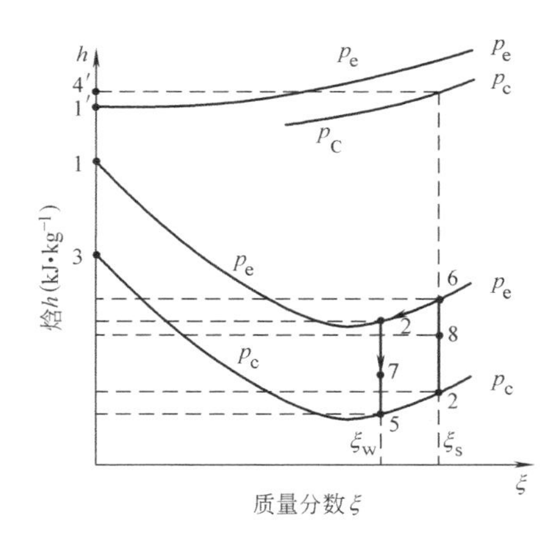

图 9-10 单效第二种吸收式热泵循环在 h-ξ 图上的表示

废热水分别被送入发生器和蒸发器作为热源。送入发生器中的稀溶液被废热水加热沸腾，分离出部分制冷剂蒸汽，进入冷凝器，向冷却水放出汽化潜热，凝结成液态制冷剂，经制冷剂泵加压送至蒸发器，吸收废热水提供的热量而汽化，产生的蒸汽进入吸收器。

在发生器中，随着制冷剂蒸汽的不断发生，溶液不断浓缩至浓溶液，再经溶液泵加压，流经溶液热交换器与稀溶液进行热交换，自身温度升高后送入吸收器，吸收来自发生

器的制冷剂蒸汽，吸收过程放出的热量供用户使用。吸收终了的稀溶液流经溶液热交换器降温后，减压送入发生器，再参加循环。

根据能量平衡和质量平衡原理，可进行该循环过程的热力计算。

设 $\dot{m}_R$ 为制冷剂循环量，a 为溶液循环倍率，各换热设备的热负荷可按下列公式进行计算：

发生器

$$Q_g=(a-1)\dot{m}_R h_4+\dot{m}_R h_{4'}-a\dot{m}_R h_7 \tag{9-13}$$

冷凝器

$$Q_c=\dot{m}_R(h_{4'}-h_3) \tag{9-14}$$

蒸发器

$$Q_e=\dot{m}_R(h_{1'}-h_1) \tag{9-15}$$

吸收器

$$Q_a=(a-1)\dot{m}_R h_8+\dot{m}_R h_{1'}-a\dot{m}_R h_2 \tag{9-16}$$

溶液热交换器

$$Q_h=[(a-1)\dot{m}_R](h_8-h_4)=a\dot{m}_R(h_2-h_7) \tag{9-17}$$

在稳定工况下，若忽略泵的耗功及散热损失，有如下的热平衡关系

$$Q_g+Q_e=Q_a+Q_c \tag{9-18}$$

第二种吸收式热泵的性能系数

$$COP=\frac{Q_a}{Q_g+Q_e} \tag{9-19}$$

9.5 双效吸收式热泵循环

9.5.1 双效第一种吸收式热泵

双效吸收式制冷机具有较高的性能系数，COP 可达到1.3。然而传统的双效吸收式制冷机若作为吸收式热泵用，虽然其性能系数较高，可达到2.3，但是输出温度很低，只能达到45℃。若要提高输出温度，则会遇到下列问题：

(1)高压发生器压力升高，可能会高于大气压；

(2)循环在高浓度区进行，容易出现结晶现象；

(3)循环温度高，溶液的腐蚀性强。

为了解决这个问题，图9-11给出了一个新的双效循环[5]。它由两个单效吸收式热泵组合在一起，左边是高压热泵，右边是低压热泵。

高压热泵利用蒸汽或高温水作为驱动热源。高压热泵的发生器产生的制冷剂蒸汽进入低压热泵发生器的加热管束中，放出汽化潜热，凝结成液态制冷剂，然后引入高压热泵的蒸发器中，作为单效运行。低压热泵的发生器以高压热泵发生器产生的制冷剂蒸汽作为驱动热源，也作单效运行。

由于两个热泵循环是完全分开的，所以它们具有各自独立的循环过程，如图9-12所示。

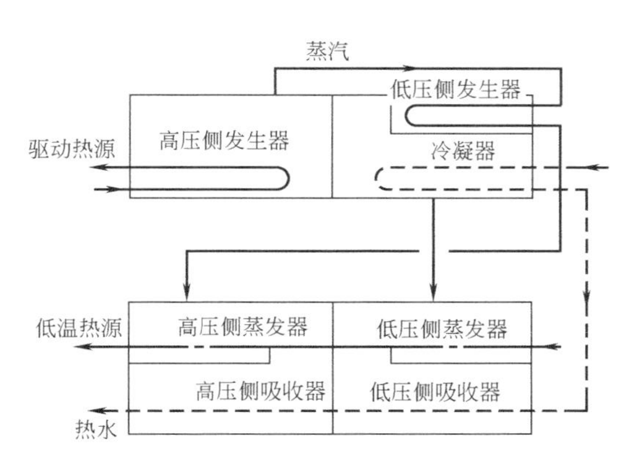

图 9-11 新的双效吸收式热泵结构示意图

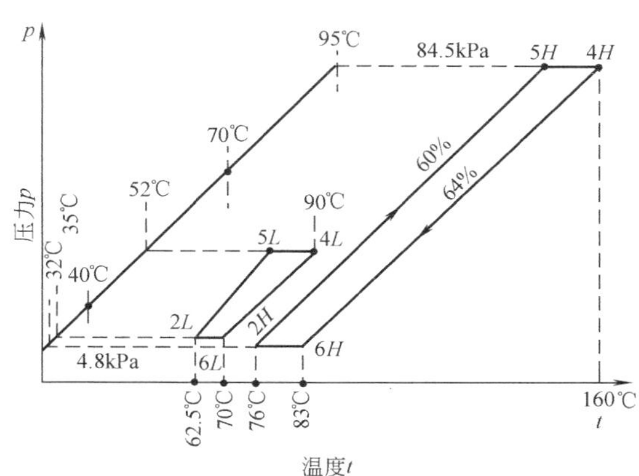

图 9-12 高温双效第一种吸收式热泵循环在 p-t 图上的表示

该循环的工作参数如下：

低温热源：由 40℃降温至 35℃；

输出热水：由 40℃升温至 70℃。

其中低温热源的水依次流经低压热泵的蒸发器和高压热泵的蒸发器；热水则依次流经低压热泵的冷凝器、吸收器和高压热泵的吸收器。

双效第一种吸收式热泵的性能系数 COP 可用下式表示：

$$COP=\frac{Q_{Lc}+Q_{La}+Q_{Ha}}{Q_{Hg}} \tag{9-20}$$

式中 Q_{Lc}——低压热泵冷凝器的热负荷(kW)；

Q_{La}——低压热泵吸收器的热负荷(kW)；

Q_{Ha}——高压热泵吸收器的热负荷(kW)；

Q_{Hg}——高压热泵发生器的热负荷(kW)。

9.5.2 双效二级吸收第一种吸收式热泵

双效二级吸收第一种吸收式热泵如图 9-13 所示。在双效吸收式制冷机的低压发生器 2 中，除蒸汽盘管 S 外，还设有热水加热盘管 HW。在高压发生器 1 中浓缩的溶液，喷淋在热水加热盘管 HW 上。低压发生器 2 中蒸汽盘管 S 的凝水，喷淋在冷凝器盘管上。

在作热泵运行时，将冷却水管路连接成封闭的回路，封闭回路中的热水则流经冷凝器中的热水加热盘管，使冷凝器 7 成为蒸汽发生器，借助于封闭回路中带来的吸收热，使喷淋在盘管上的凝水蒸发，以蒸汽形式进入低压发生器 2。其中热水盘管 HW 上喷淋着浓溶液，浓溶液吸收该蒸汽，放出吸收热，加热盘管 HW 中的热水。同时高压发生器 1 中发生的蒸汽，进入低压发生器 2 中的蒸汽盘管 S，加热溶液产生蒸汽，使溶液浓缩。此时发生的蒸汽也由喷淋在热水盘管 HW 上的浓溶液吸收。

双效二级吸收第一种吸收式热泵的循环过程如图 9-14 所示。图中：

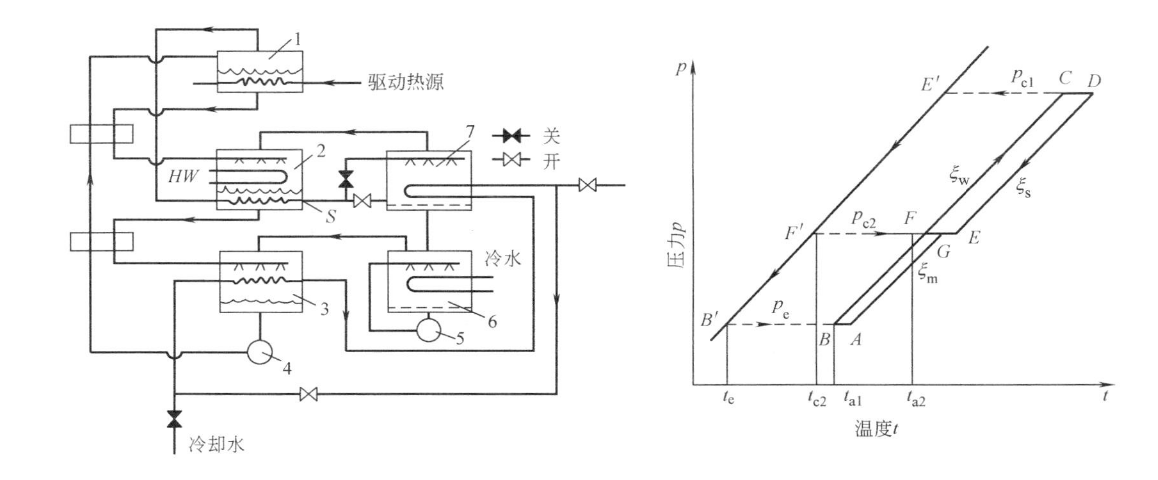

图 9-13　双效二级吸收第一种吸收式热泵循环简图
HW—热水盘管；S—蒸汽盘管；1—高压发生器；2—低压发生器；
3—吸收器；4—溶液泵；5—制冷剂泵；6—蒸发器；7—冷凝器

图 9-14　双效二级吸收第一种吸收式热泵循环过程在 p-t 图上的表示

A-B 吸收器中吸收来自蒸发器的在温度 t_e、压力 p_e 下吸取低温热源热量而蒸发的蒸汽；

B-C 吸收蒸汽后，浓度为 ξ_w 的稀溶液经热交换器而送入高压发生器；

C-D 稀溶液浓缩成浓度为 ξ_s 的浓溶液；

D-E 浓溶液经热交换器而送入低压发生器；

E-G 借助于冷却水的封闭回路，将热量由吸收器送到冷凝器，使喷淋在冷凝器管束上的水，在温度 t_{a2} 和压力 p_{c2} 下蒸发，该蒸汽喷在低压发生器上部的热水盘管外，被来自高压发生器的浓溶液吸收，热水被吸收过程放出的热量而加热；

G-F 来自高压发生器的制冷剂蒸汽，引入低压发生器的蒸汽盘管 S 中，使溶液浓缩而发生蒸汽，该蒸汽喷在热水盘管 HW 上，被浓度为 ξ_m 的溶液吸收，热水被吸收过程放出的热量而加热；

F-G 来自高压发生器的制冷剂蒸汽，引入低压发生器的蒸汽盘管 S 中，使溶液浓缩而浓度变为 ξ_m，制冷剂蒸汽的凝水喷在冷凝器管束上，借助于经封闭回路由吸收器传来的吸收热而蒸发；

G-A 浓度为 ξ_m 的中间溶液，经溶液热交换器喷淋在吸收器的管束上。

这种热泵的性能系数 COP 大体上与单效循环相同，但从热能的温度来看，单效循环限定为 t_{a1}，而双效二级吸收循环可达到 t_{a2}，见图 9-14。

另外，与冬季只能作为锅炉使用的燃气吸收式冷温水机相比较，燃料消耗量可以减少一半。

9.5.3　双效第二种吸收式热泵

尽管第二种吸收式热泵具有较高的输出温度，但其性能系数 COP 比较低。采用图 9-15所示的双效第二种吸收式热泵循环，则有助于改善系统的 COP。

这种热泵将废热水送到蒸发器和高压发生器，通过吸收器输出高温热水，它的冷却水用量比单效第二种吸收式热泵少。图 9-16 为双效第二种吸收式热泵循环过程在 p-t 图上的表示。

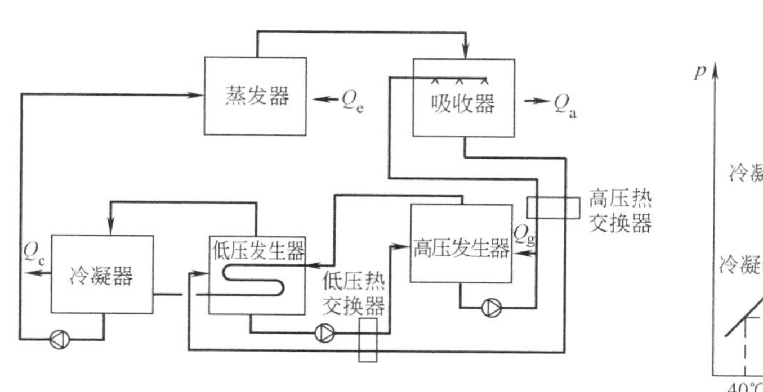

图 9-15 双效第二种吸收式热泵

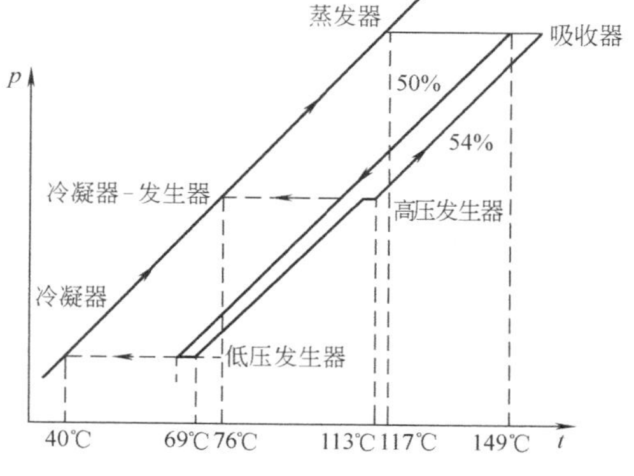

图 9-16 双效第二种吸收式热泵循环过程在 p-t 图上的表示

在这个循环中，高压发生器产生的制冷剂蒸汽进入低压发生器，在低压发生器中放出潜热，使来自吸收器的稀溶液分离出部分制冷剂蒸汽，而自身被冷凝。中间浓度的溶液经溶液泵加压，流入低压热交换器，在这里与来自吸收器的稀溶液进行热交换，使其温度有所升高，然后进入高压发生器，被废热水加热沸腾、浓缩，变成浓溶液。浓溶液经溶液泵加压，流经高压热交换器，与稀溶液进行热交换，浓溶液的温度升高，然后送入吸收器。在吸收器中，浓溶液吸收来自蒸发器经废水加热汽化的制冷剂蒸汽。吸收过程放出的热量用来加热热水，供用户使用。这个循环过程的性能系数 COP 约为 0.6。

9.6 联合型吸收式热泵及再吸收式热泵

9.6.1 第一种和第二种联合型吸收式热泵

图 9-17 为第一种和第二种联合型吸收式热泵的示意图。图 9-17 中上部为第二种吸收式热泵，下部为第一种吸收式热泵。这是一个在 4 个不同温位的热源之间工作的热泵。在这个循环中，第一种吸收式热泵和第二种吸收式热泵共用一个发生器和一个冷凝器。较高温度的废热输入系统后，可以从第二级吸收得到更高温度的热能，同时还可以从第一蒸发器获得冷量。

废热水输入到发生器和第二蒸发器中。在发生器中，来自第一吸收器并经第一溶液泵加压，流经第一热交换器浓度为 ξ_w 的稀溶液被废热水加热，部分制冷剂汽化进入冷凝器，凝结成液态制冷剂。制冷剂一部分被减压送入第一蒸发器，实现制冷；另一部分经第二制冷剂泵加压送入第二蒸发器，被废热加热汽化。

从发生器出来的浓度为 ξ_s 的浓溶液，经第二溶液泵加压，流经第二热交换器，送入第二吸收器，吸收来自第二蒸发器的制冷剂蒸汽，同时向外放出吸收热，供用户使用。从第二吸收器出来的浓度为 ξ_m 的中间溶液，经第二热交换器和第一热交换器后，送入第一吸收器，吸收来自第一蒸发器的制冷剂蒸汽，至此完成了整个循环。冷却水分别送到冷凝器

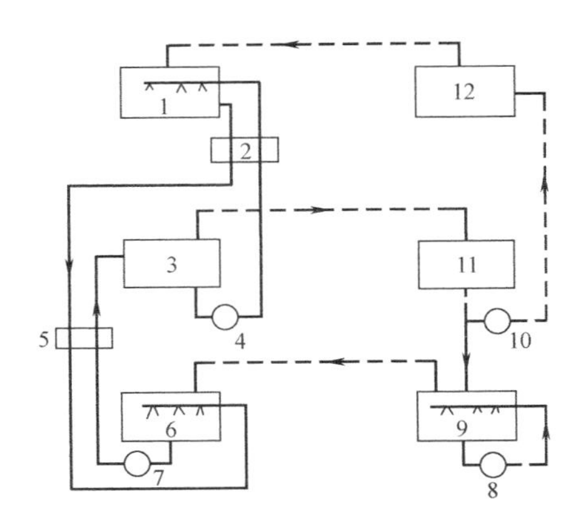

图 9-17　第一种和第二种联合型吸收式热泵循环

1—第二吸收器；2—第二热交换器；3—发生器；4—第二溶液泵；5—第一热交换器；6—第一吸收器；7—第一溶液泵；8—第一制冷剂泵；9—第一蒸发器；10—第二制冷剂泵；11—冷凝器；12—第二蒸发器

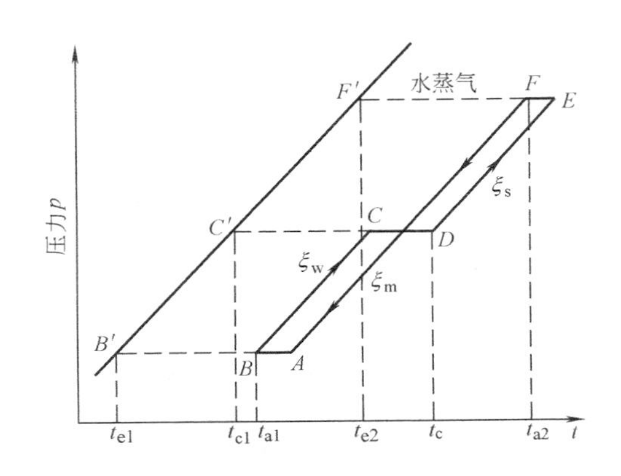

图 9-18　联合型吸收式热泵的循环过程

和第一吸收器，将这两部分热量带走。图 9-18 为这种联合型热泵的循环过程。

该热泵的性能系数可定义为

$$COP=\frac{Q_{a2}+Q_{e1}}{Q_g+Q_{e2}} \tag{9-21}$$

式中　Q_{a2}——输出的高温热量(kW)；

Q_{e1}——制冷量(kW)；

Q_g+Q_{e2}——输入废热的热量(kW)。

9.6.2　再吸收式热泵

图 9-19 为再吸收式热泵循环，循环过程见图 9-20。在这个循环中，用再吸收器和解析器代替了冷凝器和蒸发器。

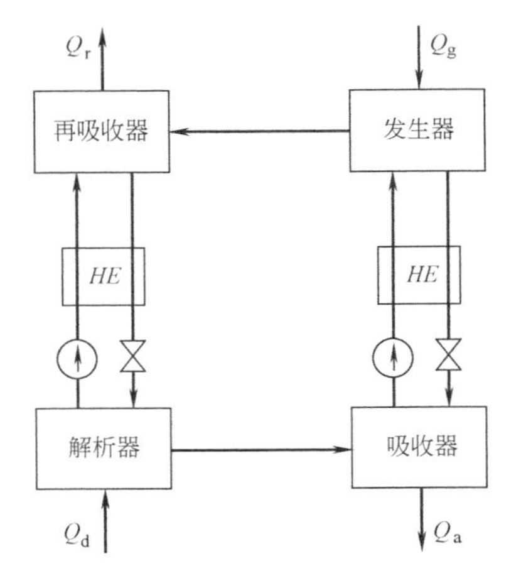

图 9-19　再吸收式热泵循环

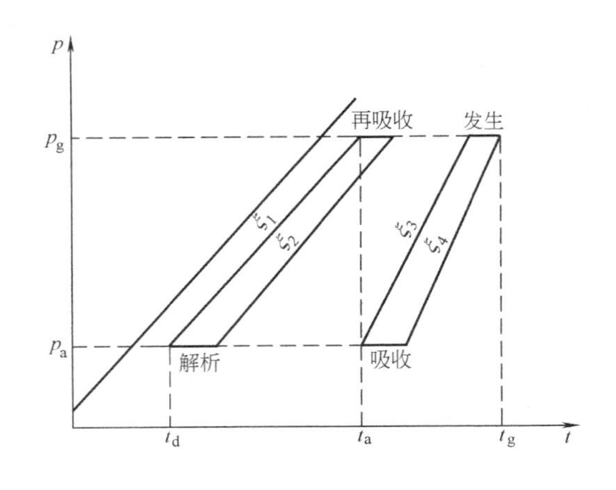

图 9-20　再吸收式热泵循环在 p-t 图上的表示

由于再吸收器和解析器构成的循环也同吸收器和发生器构成的循环一样，是利用二元非共沸工质对。因此，在解析器和再吸收器中的换热过程是变温换热过程，与冷凝器和蒸发器中纯制冷剂的等温相变过程不同。

再吸收式热泵的4个换热设备都是在变温条件下进行换热的，可采用逆流换热方式，减少传热温差，其性能系数会有所提高。

参 考 文 献

[1] 廖运文. 环保节能的吸收热泵技术. 甘肃科技，2005，21(7)：60-62.
[2] 蒋能照主编. 空调用热泵技术及应用. 北京：机械工业出版社，1997.
[3] 王以清. 溴化锂吸收式热泵的研究及应用. 能源技术，2000，(3)：177-179.
[4] 陈东，谢继红. 热泵技术及其应用. 北京：化学工业出版社，2006.
[5] 何耀东主编. 空调用溴化锂吸收式制冷机. 北京：中国建筑工业出版社，1993.

第 10 章　热泵工程典型案例分析

10.1　概述

热泵基本知识及不同类型的热泵空调系统在前面各章节已有所论述，它作为一种具有节能和环保双重功能的技术，在国内外有着广泛的应用。特别是近年来，国内出现了越来越多的优秀工程，我们很希望把这些应用成功的典范及经验同大家分享；同时，我们也发现，有些工程还存在一些不足，期待指出，避免今后出现类似的问题，从而推动我国热泵技术的应用与发展，同时也为我国的节能减排事业做出贡献。

本章的主要内容有：

① 地下水源热泵工程案例分析；

② 空气源热泵空调系统案例分析；

③ 空气源单、双级耦合热泵空调系统案例分析；

④ 地热尾水水源热泵案例分析；

⑤ 水环热泵空调系统案例分析；

⑥ 土壤耦合热泵空调系统案例分析；

⑦ 基于热泵的能量综合利用系统案例分析；

⑧ 再生水源热泵工程案例分析。

值得指出的是，在本章热泵工程典型案例分析各节中都给出案例分析与评价。案例分析与评价是编著者所写，其内容与理念只是编著者从某个角度对案例的鉴赏、判断与理解，并非标准答案，只是启发学生对案例的理解。因此，更期待学生在掌握前几章内容（热泵的基本理论知识和热泵空调系统的通用知识）后，通过自己的真实感受和独立思考，给出自己的案例分析与评价，以更好地培养自己深度阅读和判断思维的能力，这才是撰写案例分析与评价的真正目的。

10.2　异井回灌地下水源热泵工程案例分析

10.2.1　工程案例介绍

武汉香榭里花园，为武汉市某单位职工住宅小区，整个小区占地 11330m^2，东西方向长约 140m，南北方向长约 100m。小区由三幢 13 层的小高层住宅围合而成，总建筑面积为 40856 m^2。该工程 1998 年开始设计，采用地下井水源热泵作为空调的冷热源，空调总冷负荷 3687kW，热负荷 2950kW。2000 年开始动工兴建，2002 年 11 月竣工并投入使用[1]。

10.2.2　场地水文地质条件和主要含水层水文地质参数

该工程位于长江一级堆积阶地中部，地势平坦，地面标高 20.5m。根据场地岩土工程勘察报告和武汉地质工程勘察院编制的“试验井水文地质报告”可知，场地地层为第四系全新系统冲积层，为一元结构，如图 10-1 所示。自上而下分布为：杂填土，深度 0～1.6m；淤泥质黏土，深度 1.6～14.0m；淤泥质粉砂，深度 14.0～17.0m；粉细砂，深度 17.0～35.0m，属弱透水层，厚度 18m；细砂，深度 35.0～40.0m，主要含水层，层厚 5m；含砾中粗砂，深度 40.0～43.0m，砾径一般为 0.5～1.0cm，主要含水层，层厚 3m；砂砾石，深度 43.0～46.0m，以砾石为主，砾径一般为 1.0～5.0cm，最大达 12cm，主要含水层，层厚 3m；含砾黏土岩，深度 46.0～47.0m，砾石大小混杂，以石英岩、石英砂岩为主，还有火燧石、硅质岩，为隔水层。因此，场地含水层总厚度为 29m，其中主要含水层厚度为 11m，分布在中下部。

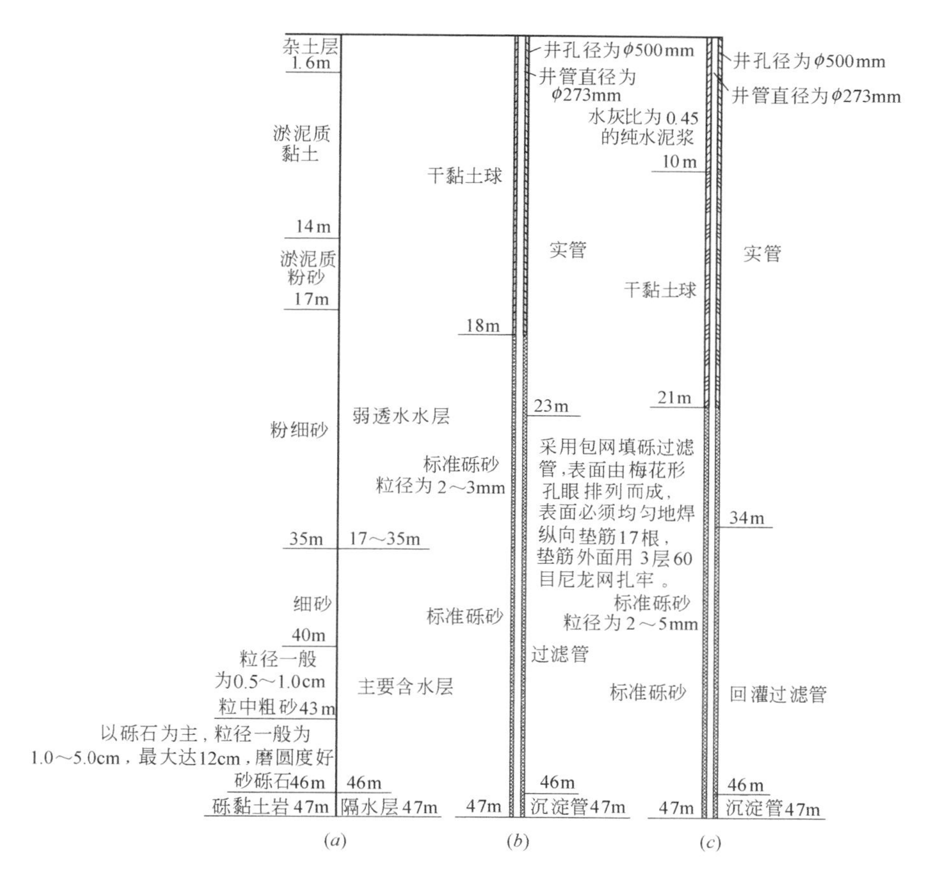

图 10-1 水文地质勘测情况、抽水井、回灌井结构示意图

（a）水文地质勘测情况；（b）抽水井结构；（c）回灌井结构

2001 年 4 月测得地下静止水位标高为 17.8m（从井口标高 21.0m 算起埋深 3.2m），含水层顶板标高 3.5m，因此，地下水的类型为承压水，承压水头高度为 14.3m。抽水试验系单井抽水试验，当用 QJ-5/24 型深井潜水泵抽出水量 1200m³/d 时，5min 后地下水位基本稳定于标高 14.7m 处，水位下降值 3.1m，水位稳定时间 24h。经过计算，水文地质参数为：渗透系数 K 值为 14.55m/d，影响半径为 118.33m。

地下水无色、无味、无肉眼可见物，实测水温为 18.5℃。经水质分析，地下水水化学类型属重碳酸钙型水，pH值为7.2，总矿化度980.75mg/L，总硬度535.12mg/L，属中等矿化极硬水。总铁（Fe）含量为16mg/L，其中Fe^{2+}含量为15.8mg/L，Mn含量为0.44mg/L，Cl^{-}含量为84.72mg/L。若不经过专门处理，该地下水不适宜饮用和生活洗涤用。

10.2.3 抽水井和回灌井设计

根据场地环境条件和“试验井水文地质报告”进行抽水井、回灌井的设计及布置。设计应保证水源热泵空调系统地下水长期稳定使用的前提下，不致造成地下水利用期间地质灾害的出现。根据设计负荷，地下水开采量必须达到满足高峰空调负荷的3000m^3/d。根据此用水量和试验井抽水试验数据，抽水井设计为3口，每口井水量1000m^3/d，3口井呈三角形布置，间距80～120m；回灌井5口，每口井回灌水量600m^3/d，总回灌水量3000m^3/d，5口井呈梅花形布置，井间距大于40m。当3口抽水井与5口回灌井同时工作时，即抽取的地下水经水源热泵机组利用后全部回灌入5口回灌井时，根据计算绘制出的抽水井和回灌井同时工作状态下水位等值线图显示，场地东侧地下水水位基本没有变化（变化小于0.5m），场地南侧地下水水位有不到1.0m的沉降。大部分场地的地面沉降均小于0.5cm，只有场地南侧地面有1.0cm的沉降。大部分场地不均匀沉降小于0.2%，不会产生不良地质现象或影响建筑物的正常使用。地下水的开采与回灌设计由武汉地质工程勘察院进行，并由湖北省深基坑工程咨询审查专家委员会进行了咨询审查。

抽水井的井结构为：井孔深度47.0m，孔径500mm，井管直径273mm，井管为壁厚8.0mm的无缝钢管，管与管采用对口焊接，井管下置深度47.0m。自上而下0～23.0m为实管，23.0～46.0m为过滤管，46.0～47.0m为沉淀管。井管与井孔均必须圆直，井管下入井孔时，井管必须有找中器，管底必须用钢板焊死，井孔与井管间从下而上回填标准砾砂（粒径2～3mm）至深度18.0m处，再用干黏土球填至地面。采用包网填砾过滤器，过滤管在深度23.0m处与实管连接，过滤管表面由梅花形孔眼排列而成，过滤管表面必须均匀地焊纵向垫筋17根，垫筋外面用3层60目尼龙网扎牢（取水时要求地下水含砂量<1/20万）。抽水井施工完毕后必须洗井直至水清砂净，方可用水泵进行抽水，每口井均必须经过抽水试验和试运行，方可正式投入使用。

回灌井的井结构为：井孔深度47.0m，孔径500mm，井管直径273mm，井管为壁厚8.0mm的无缝钢管，管与管间采用对口焊接，井管下置深度47.0m。井管从孔口算起0～34.0m为实管，34.0～46.0m为回灌过滤管，46.0～47.0为沉淀管，沉淀管底部用钢板焊死。井管与井孔间从下而上，回填标准砾砂（粒径2～5mm）到深度21.0m处，再用干黏土球填至深度10.0m处，最后用水下浇注法将水灰比为0.45的纯水泥浆浇注至孔口。采用缠丝包网填砾过滤管，过滤管在深度34.0m处与实管连接。过滤管的孔眼排列、孔径数量和孔隙率与抽水井的过滤管相同。过滤管表面焊接纵向垫筋的直径、材料、数量也与抽水井的过滤管相同。回灌井施工完毕后必须立即洗井，直至水清砂净，接着进行回灌水试验和试运行，并提出相应资料，方可投入使用[2]。

10.2.4 水源冷热水机组及深井泵的选用

地下水在夏季和冬季的实际需求量，与系统选择的水源热泵冷热水机组性能、地下水温度、建筑物内水的循环温度和冷热负荷以及热交换器的形式、水泵能耗等密切相关。经过多方技术论证，设计中最后选用国外某公司生产的BE/SRHH/D2702型水/水螺杆冷热水机组3台。因地下水氯离子含量偏高（84.72 mg/L），设计中选用的板式换热器为国外某公司生产的M15-EFG8型板式换热器。板式换热器采用小温差（对数温差2℃）设计，制冷时地下水进/出口温度为18/32℃，进入机组温度为20/34℃；制热时，地下水进/出口温度为18/10℃，进入机组温度为16/8℃，每台机组地下水冬夏季的使用量均为80m^3/h。

水源热泵冷热水机组夏冬季节制冷供暖的转换，是通过水路系统阀门的切换实现的。夏季用户侧通过蒸发器回路供应冷水，冬季用户侧则通过冷凝器回路供应供暖热水。因此夏冬季节水环路转换阀最好采用调节灵活、性能可靠的电动阀，采用普通蝶阀时，也一定要采用关断灵活、密闭性好的阀门。地下水井抽水泵采用深井潜水泵，潜水泵下放深度应在动水位之下5m处，安装要平稳，泵体要居中。一般依据井管内径、流量和扬程要求，选配合适的水泵，再根据所需电功率选择电机及配套电缆。潜水泵的扬程应包括井内动水位至机房地面高度、管道及板式换热器阻力、水泵管道阻力及回灌余压。

10.2.5 案例分析与评价

本工程场地内赋存丰富的地下承压水，开发利用条件极好，具备使用水源热泵的条件。采用地下井水源热泵机组作为空调系统冷热源，经实际运行表明：夏季水源热泵空调系统使用效果良好，运行费用既低于常规冷水机组集中空调系统，更低于户式集中空调系统。这不仅是因为采用热泵系统节能的原因，还因为集中空调系统在居住小区中使用时，居住小区面积越大，其用户空调的同时使用率就越低，其优越性和节能性就越显著。

另外，通过工程运行，我们也可以获得一些启发，以供大家借鉴。

（1）本系统空调水泵的能耗占到系统总能耗的32%以上，主要是因为空调末端风机盘管虽然采用了电动两通阀的变流量系统，但热泵机组主机供回水总管上未设压差旁通控制阀，用户侧水系统无法实现变流量运行。而系统末端同时使用率较低，空调负荷的变动性又较大，如果通过空调水泵的联控和变频改造以适应空调负荷的变化，降低空调水泵的运行费用，其节能效果将是较为可观的。

其次，在评价水源热泵系统时，不仅要看其热泵主机的性能系数，更重要的是要看整个系统的季节性能系数，即要把深井泵的能耗、热泵机组的能耗一起加上。因为抽水井的深度随水文地质环境不同而有较大差异，一般有几十米到上百米，动水位差别也较大，而且回灌方式也不同，井水管路的形式（如开式或闭式）不同等，因此，深井泵的功率有很大差异。只有把这部分能耗考虑进去，整个分析才有意义。此外，空调循环泵的功耗也影响到空调系统的能耗。在空调系统末端设计时，建议进行详细地水力计算，然后进行水泵的选型。如果采用变频泵则更好，但也要注意变频泵的特性曲线要与水力变化工况相吻合。

（2）本系统在井水和机组之间，设有板式换热器。为防止水源热泵冷热水机组被腐蚀和泥沙堵塞，地下水抽取后先进入板式换热器。采用板式热交换器间接换热，水源热泵冷热水机组的能效比降低5%左右，但能保证机组稳定正常运行，提高机组的使用寿命。实际上，是否选择换热器，还和水井的温度有关系，如果水温低于10℃，则不建议采用板式换热器。尽管理论上板式换热器的对数温差可达1℃，实际运行时常常大于此值，有可能造成冬季制热时蒸发器出水温度较低，有冻坏的可能。这种情况下，可将地下水直接送入机组，机组换热器做特殊处理。

（3）本系统是在武汉地质工程勘察院完成了试验井水文地质报告、地下水的开采与回灌设计之后进行的，并由湖北省深基坑工程咨询审查专家委员会进行了咨询审查，认为不影响地面其他建筑物的沉降，其设计程序符合国家相关规范要求。建议所有地下水源热泵项目，都应按此设计流程做：在决定采用地下水源热泵系统之前，一定要作详细的场区水文地质调查，并先打勘测井，以获取地下温度、地下水温度、水质和出水量等可靠数据。同时，要求末端空调系统设计单位与水文地质设计单位相互配合，不要机械地以建筑物内和建筑物外来区分设计范围，使工程做到各系统之间有机地匹配，确保系统不会因负荷不当、水泵功耗过高、管理不善而降低了效率。

（4）在实际选用水源热泵系统时，在机组允许的范围内，应尽可能加大地下水的使用温差，以减少地下水用量。这对提高水源热泵系统的能效比和减少地下水的开采量、保护水资源都是极为重要的。如此合理高效地利用地下水资源，才能产生最好的节能环保效益。此外，地下水回灌管道设计应根据各回灌井的距离进行阻力平衡计算，以保证各回灌井流量的均衡。

（5）发展地下水源热泵，一定要切实保证地下水资源这个国家战略资源不受任何污染。因为水文地质问题的出现，是一个缓慢过程，等到发现有问题，挽救已来不及了。这也是发达国家对此一再强调并予以严格管制的基本原因。因此，应用地下水源热泵，必须因地制宜，不能一概而上。为保证随时掌握地下水的使用和变化情况，还应该设置专门的水位观测井或利用抽水井与回灌井进行水位观测。抽水井与回灌井的科学设计与合理分布，直接影响到水源热泵空调系统的长期稳定运行，必须找有资质的专业水文地质部门进行设计，凿井施工也必须严格按《管井技术规范》GB 50296—2014 执行，以确保成井的质量。

（6）为防止地下井水的热污染，必须做到从地下水取热和向地下放热达到全年热平衡。如果系统本身做不到这一点，在地下水移动较小的情况下，长期运行的结果不仅使系统的效率下降，更为严重的是，当累积排热量大于吸热量时，热污染可能导致一切不可逆转的物理和生化变化。为此，在冷热负荷不匹配的地区，可做成复合式系统。夏季冷负荷较大的地区可设置额外的冷却塔或设置热回收机组供应生活热水；冬季热负荷较大的地区可设置额外的太阳能装置向地下补热，或设置调峰锅炉，这样做的好处还在于有可能使整个系统的初投资下降。

（7）目前地下水源热泵系统工程运行中有两个问题普遍存在：一是回灌井的回灌效果不好，回灌水从井中溢出；二是热泵机组中积砂，影响机组的制冷制热效果。为了避免以上问题的出现，在设计及施工中就应该引起重视，做好以下几个环节：

① 为防止回灌井堵塞，水井管网设计成双回路，出、回水井可以互相切换使用，定期更换抽水井和回灌井，这样可以保证水井中滤水层畅通，不会堵塞，保证回灌量，当然，这将增加热源井的造价。

② 水井管网中一定要设计排污管，这样有利于井管网安装后的洗井，将新打成的井连续抽洗，一般是日夜不停两三天左右。另外，每年夏冬两季开机时也要洗井，一般一两天可以把水井抽清。抽清以后使用，即可延长热泵机组、水泵等设备的使用寿命。

③ 回灌试验表明：后次的单位回灌量比前次的单位回灌量有所减少，因此，在空调系统长期用水中，应对回灌井回扬，这是十分重要的，在设计和使用中应给予注意。

④ 系统回灌井设计成有压回灌，将井加设法兰、密封井口，这样既可保证回水不会从井中外溢，又可以在外力的作用下使水井中透水层畅通，回灌压力限制在 0.1MPa（因地区而异）。只要排气得当和定期回扬，是有可能确保长期 100%回灌的。

⑤ 选用高质量的旋流除砂器。旋流除砂器在地下水源热泵系统中是一个很重要的设备，正规厂家的产品在选材、尺寸设计上都是很严格的，生产出的产品都经过国家权威部门的检验。有些施工单位为了降低工程造价，自己在现场用钢板加工旋流除砂器，这是不符合要求的。由于除砂效率不高，久而久之，砂粒就会在热泵主机中越积越多，降低主机效率。另外，还要经常定期排污除砂，才能达到除砂的目的，起到保护热泵主机的作用。

(8) 地下水源热泵系统是一柄双刃剑，在推动地下水地源热泵应用时，必须趋利避害，认真做好每一项工程，在造福大众时，切实保证我们及子孙赖以生存的地层和地下水资源不受任何损害，做到可持续发展。

10.3 同井回灌地下水源热泵工程案例分析

10.3.1 工程案例介绍

本工程位于北京市海淀区四季青镇，比邻西山。由一口抽灌同井组成的地下水源热泵系统为附近的某工程师宿舍和换热器厂（现为永源热泵设备厂）办公楼供冷供暖，总建筑面积约 8000m²，其中，宿舍区为 6000m²，办公楼为 2000m²。宿舍区为连排别墅，复式结构。宿舍区共有 9 栋楼，37 户。其空调系统由三个环路组成：地下水环路、中间水环路、用户冷热水环路。在过渡季、初夏和夏末，中间水环路旁通进入用户环路提供“免费”供冷。每户独立安装小型水/水热泵，制热量为 18.1kW，输入功率为 4.3kW；制冷量为 15kW，输入功率为 3.0kW；换热器厂安装一台水/水热泵，制热量为 245kW，输入功率为 50kW；制冷量为 190kW，输入功率为 43.0kW。井泵电机、中间水循环泵、补水泵、螺旋板式井水/循环水换热器及电控设备集中布置在同一独立机房内，井水经螺旋板式换热器后又返回同一井内。换热后的循环水分别送至各用户内，作为各个热泵的源（或汇），热泵制备的热水（或冷水）通过风机盘管空调器向室内供热（或供冷），同时，此系统还为用户提供生活热水。

由于本工程采用按户分散设置热泵机组（设在楼梯间转向平台下面，约 2m²）的布置方式，使系统更符合用户的个性化要求，自行决定运行时间、供冷与供热等，并可以独立计量与收费。该系统 2001 年开始运行以来，运行耗电量较小，运行费用也较低，表 10-1 给出部分用户冬季供暖运行费用的统计。

冬季供暖运行费用 **表 10-1**

序号	单元号	室内平均温度	热泵用电(kWh)					风机盘盘 120d 用电(kWh)	总用电量(kWh)	冬季(120d)供暖费(元/m²)
			11月25日—12月25日	12月25日—1月15日	1月15日—2月25日	2月25日—3月25日	合计用电量			电费(元)按 0.393 元/kWh 计算 (0.6 元/kWh 计算)
1	9-1	18℃以上	1399	1602	1279	554	4834	242	5076	12.5(19)
2	9-2		2196	2326	1158	528	6208	310	6518	16(24.4)

续表

<table>
<tr><th rowspan="3">序号</th><th rowspan="3">单元号</th><th rowspan="3">室内平均温度</th><th colspan="5">热泵用电(kWh)</th><th rowspan="3">风机盘盘 120d 用电(kWh)</th><th rowspan="3">总用电量(kWh)</th><th>冬季(120d)供暖费(元/m²)</th></tr>
<tr><th>11 月 25 日</th><th>12 月 25 日</th><th>1 月 15 日</th><th>2 月 25 日</th><th rowspan="2">合计用电量</th><th rowspan="2">电费(元)按 0.393 元/kWh 计算(0.6 元/kWh 计算)</th></tr>
<tr><th>12 月 25 日</th><th>1 月 15 日</th><th>2 月 25 日</th><th>3 月 25 日</th></tr>
<tr><td>3</td><td>9-3</td><td rowspan="8">18℃以上</td><td>2080</td><td>1830</td><td>1614</td><td>843</td><td>6367</td><td>318</td><td>6685</td><td>16.4(25)</td></tr>
<tr><td>4</td><td>8-1</td><td>1676</td><td>1596</td><td>1205</td><td>647</td><td>5124</td><td>256</td><td>5380</td><td>13.2(20)</td></tr>
<tr><td>5</td><td>8-3</td><td>2257</td><td>2028</td><td>1540</td><td>677</td><td>6502</td><td>325</td><td>6827</td><td>16.8(25.6)</td></tr>
<tr><td>6</td><td>7-2</td><td>1498</td><td>1202</td><td>958</td><td>706</td><td>4364</td><td>218</td><td>4582</td><td>11.3(17.25)</td></tr>
<tr><td>7</td><td>6-1</td><td>1310</td><td>1618</td><td>1383</td><td>575</td><td>4886</td><td>244</td><td>5130</td><td>12.6(19.3)</td></tr>
<tr><td>8</td><td>6-4</td><td>2628</td><td>2378</td><td>2303</td><td>1447</td><td>8756</td><td>438</td><td>9194</td><td>22.6(34.5)</td></tr>
<tr><td>9</td><td>5-2</td><td>1898</td><td>1915</td><td>912</td><td>672</td><td>5397</td><td>270</td><td>5667</td><td>13.9(21.2)</td></tr>
<tr><td>10</td><td>5-3</td><td>2658</td><td>2656</td><td>2399</td><td>1334</td><td>9047</td><td>452</td><td>9499</td><td>23.3(35.5)</td></tr>
</table>

10.3.2 地质概况

北京西郊位于永定河冲洪积扇的上部，区内第四系构成单一砂砾卵石含水层，颗粒粗大，出露地表，入渗能力强[3]。地势西北高、东南低。城西部基岩之上由永定河古河道多次演变形成了以西山为界，东至复兴门、北到海淀、南至南苑，面积约 300km²，厚度为 25～150m 的大片砂砾石透水层。

该工程位于西山以东 4km 处，处于永定河引水渠和南旱河交汇点附近，地势平坦，全为第四系覆盖。钻井物探表明，该处地面 3m 以下即为卵砾石层，岩性较粗，但不均匀，中间夹有砂层、含砾砂层和透镜体。由于过度开采，地下水位线逐年较低，现地下水静水位在 22m 左右。现场试验工程附近分布着一定量饮水井、工业用水井和灌溉用井。

10.3.3 抽灌同井装置

本工程抽灌同井于 2005 年 11 月 15 日更换井装置。更换井装置前后，抽灌同井各部分尺寸如图 10-2 所示。更换前，在深 58m 处设置有隔板，将井分为两部分，回水部分和

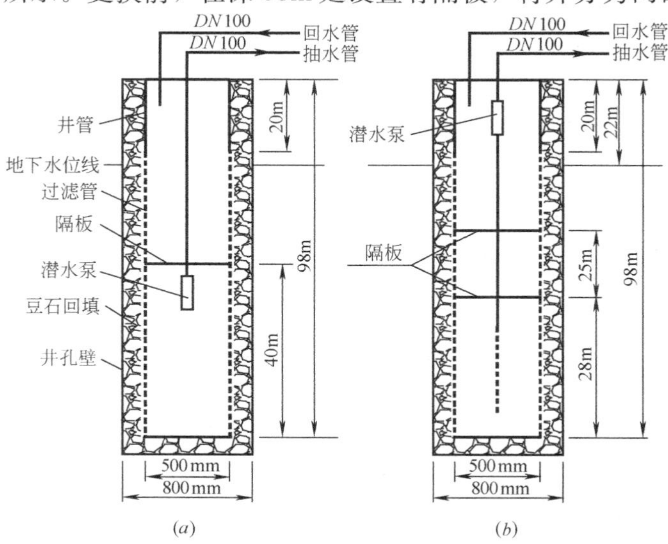

图 10-2 抽灌同井更换井装置前后各部分尺寸
(a) 更换井装置前；(b) 更换井装置后

抽水部分。潜水泵在井的下部；更换井装置后，在深45m、70m处设置有隔板，将井分为三部分：回水部分、抽回水间隔部分和抽水部分。潜水泵在井的上部，通过滤水管与抽水部分连通。这样，更换后回灌段长度为23m（处于地下水位线以上的部分由于泥皮护壁，过滤管孔隙堵塞），抽回水间隔25m，抽水段长度28m。潜水泵的流量为$80m^3/h$，扬程$55mH_2O$。

10.3.4 系统测试与结果分析

本次现场测试重点放在抽回水温度和含水层温度场。测试内容包括：室外气温、抽回水温度、抽水流量、含水层温度场。

（1）测井布置及测试仪表　原计划在抽灌同井四周不同半径处分别布置16个温度测井和16个测压计型水位测井，用于测定含水层的温度变化、热影响范围和水头变化。但由于场地的限制，此次现场试验仅在靠近抽灌同井的东侧设置了4个温度测井，如图10-3所示。0号温度测井于2005年3月成井，2005年6月由于测温电缆进水损坏。1号、2号、3号温度测井分别于2005年10月和11月成井。测井中植入测温电缆后采用豆石回填，这样避免了由于受热对流的影响而产生的温度跳跃[4,5]。表10-2给出了4个温度测井及其测温电缆的特性。其中3号-1测温电缆备用。2005～2006年供暖季，对抽回水温度逐时观测，测井中温度和地下水流量每两天观测一次。

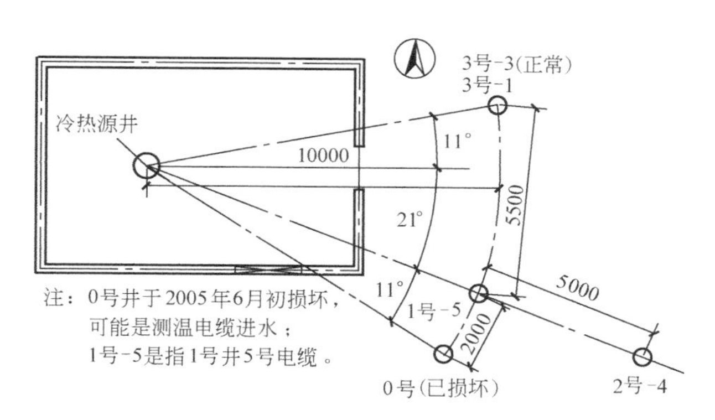

图10-3　观测井布点示意图

测井及其测温电缆特性　　表10-2

测井		测温电缆		传感器			
编号	深度(m)	数量	编号	个数	间距(m)	最小深度(m)	最大深度(m)
0号	100	2	—	64/50	1/1	37/0	100/39
1号	102	1	5	64	1.5	7.3	101.8
2号	106	1	4	64	1.5	11.5	106
3号	111	2	1/3	64/64	1.5/1.5	16/13	110.5/107.5

冷水表型号LXLC-100，接口管径$DN100$，B级精度。玻璃棒温度计为实验室用玻璃棒水银温度计，温度范围0～50℃，精度：±0.1℃。温度传感器采用Dallas“1-wire bus”数字化传感器DS18B20，测温范围－10～85℃，精度±0.5℃。该传感器利用晶振振荡频率随温度变化的特性进行测温，能够自动补偿测温过程中的非线性，具有高信噪比、高可靠性和高分辨率的特点。其误差线平缓，个体相似性好，采用“一线总线”技术，价格便

宜。缺点是精度较差，对防水要求高，测温电缆一处进水会导致整根测温电缆失效。本次测试 0 号温度测井中的两根测温电缆就因为进水而失效。通过组态软件，计算机可以方便地与温度传感器通信，实现多测点的实时无人测量。

（2）现场试验结果及分析

① 抽水流量。更换井装置前对抽水流量进行了 26 次有效测量，流量平均值为 87.5m³/h，最大值、最小值偏离平均值的百分比分别为：1.07%、0.50%。在更换井装置后，对抽水流量进行了 13 次测量，其平均值为 89.6m³/h，最大值、最小值偏离平均值的百分比分别为：2.28%、2.41%。因此，可以认为现场试验期间抽水流量保持不变，更换井装置前为 87.5 m³/h，更换后为 89.6m³/h。

② 抽回水温度。图 10-4 给出了测试期间抽回水温度（经玻璃棒温度计标定）和室外气温的变化。2005～2006 年供暖季测试期间，北京室外最低气温－14.13℃，出现在 2006 年 2 月 4 日上午 8 点。根据抽回水温差的大小可以大致把测试分为三个阶段，前期 2005 年 12 月 15 日至 2005 年 12 月 27 日，该阶段换热器厂办公楼热泵机组故障，抽灌同井换热温差很小，仅在 0.7℃附近处波动；中期 2005 年 12 月 27 日至 2006 年 3 月 1 日，换热器厂办公楼热泵机组部分得以恢复，天气渐冷，换热温差相对较大；后期 2006 年 3 月 1 日至 2006 年 3 月 20 日，处于供暖季后期，天气转暖，换热温差很小。从总体上来说，换热温差仍然较小，测试期间，抽回水温差最大值仅为 1.86℃。

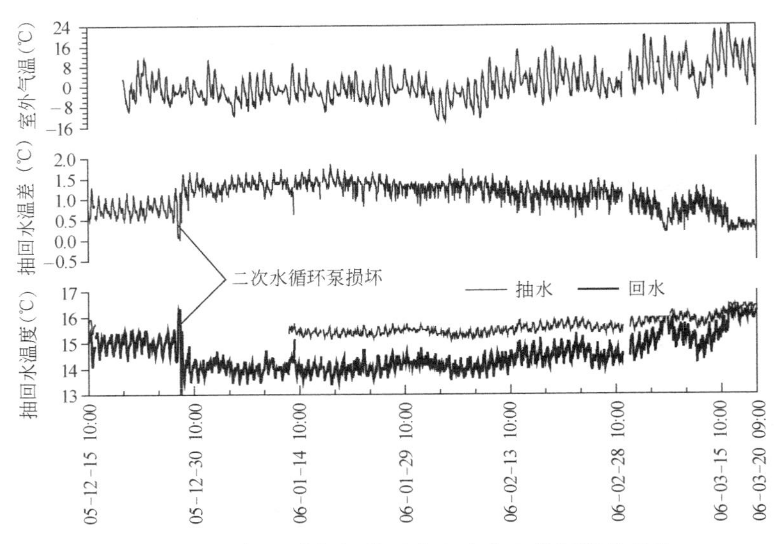

图 10-4 现场试验期间抽回水温度和室外气温的变化

由图 10-4 可知，抽水温度在整个测试期间总体变化不大，其最大值为 16.46℃，最小值为 15.03℃。但测试期间抽水温度升降频繁，具体表现为以下几个方面：

A. 2005 年 12 月 27 日，换热器厂办公楼热泵机组部分启动，负荷有所加大后，抽水温度亦随之降低，大约降低了 0.6℃。

B. 测试后期，由于天气转暖负荷较小，抽水温度回升。测试末期，抽水温度已回升至 16.4℃左右。

C. 如图 10-5 所示，2005 年 12 月 28 日 4：00 至 13：00 时二次水循环泵故障后停转，

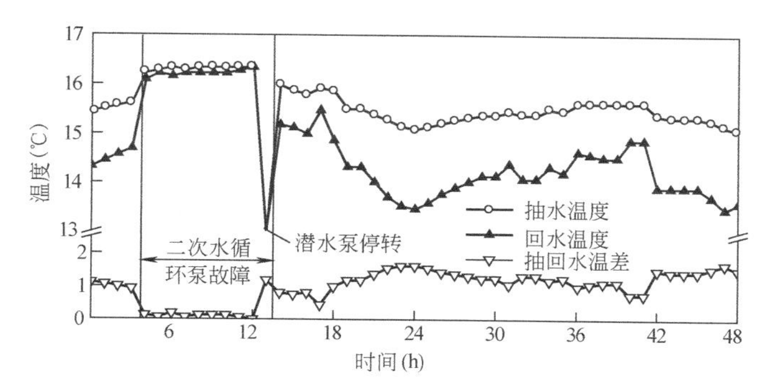

图 10-5　2005 年 12 月 28 日 8：00 至 2005 年 12 月 30 日 0：00 抽回水温度详图

抽回水温差接近于零，此时抽水温度有一定程度的攀升，相对当日最低抽水温度，大约攀升了 1℃。

D. 由图 10-5 还可以看出，一天之中随着负荷的变化抽水温度亦随之变化，当负荷较小时抽水温度较高，负荷较大时抽水温度随之降低，温度变幅达 0.5℃。

这四个现象说明，该工程项目的抽灌同井存在一定程度的热贯通。这种热贯通抽水热响应速度很快，不同于文献［6］中报道的热贯通。为区别，称为瞬变热贯通。文献［6］中热贯通热响应较慢，称为缓变热贯通。瞬变热贯通产生的原因是抽灌同井井内隔断封堵不严、豆石回填不紧密或者抽灌同井周围存在竖向渗透性很强的含水层分区。其实质是地下水的短路，短路的地下水并没有足够的时间参与含水层的换热而直接进入了抽水口。缓变热贯通是因为含水层内回水部分与抽水部分的传热引起。这两种热贯通对抽水温度的影响也不尽相同。对于瞬变热贯通，发生短路的这部分地下水的温度会随着负荷的变化而变化，负荷加大时，这部分地下水的温度降低；负荷减小时，地下水的温度升高。在天然渗流较小、同为取热的条件下，缓变热贯通的作用只会使抽水温度出现由高到低的变化，而不会出现由低到高的反弹。抽灌同井抽取地下水的温度是短路的地下水和含水层地下水温度依水量的加权平均值。在瞬变热贯通存在时，如果缓变热贯通不显著，含水层地下水温度变化不大，那么抽水温度的变化就与回水温度的变化同向。

③ 含水层温度。抽灌同井运行时在地下含水层及其顶底板岩土层中取热或放热，含水层和顶底板岩土层温度会有一定程度的变化。图 10-6 给出了 4 个测井两个时段、不同深度处的温度关系。由图 10-6 可知：

A. 测温曲线的构形极不规则，出现了较多的波折，这说明含水层在深度方向上的构造极不均匀，甚至存在分层。该地区含水层的竖向分层对同井回灌地下水源热泵是有利的，竖向上出现的含水层弱透水区能够有效地阻止回水进入抽水段，从而减小缓变热贯通。研究表明，弱透水层的存在能够有效地减小缓变热贯通，即使弱透水层很薄也会有效地抑制缓变热贯通[7]。1 号和 3 号测井与抽灌同井的距离均相等（10m），处于不同的方位上，其温度曲线极为相似；但方位相同水平距离不同的 1 号与 2 号测井的温度曲线形状不同。

B. 测井的温度变化主要集中在 20～70m 的深度范围内，该深度主要处于抽灌同井的回水段和抽回水过滤器间隔段。在 2005 年 3 月 4 日至 2005 年 6 月 7 日时段内，0 号测井温度升高最大值在不考虑近地表处温度变化时为 4.16℃，发生深度为 38m。在 2005 年 11

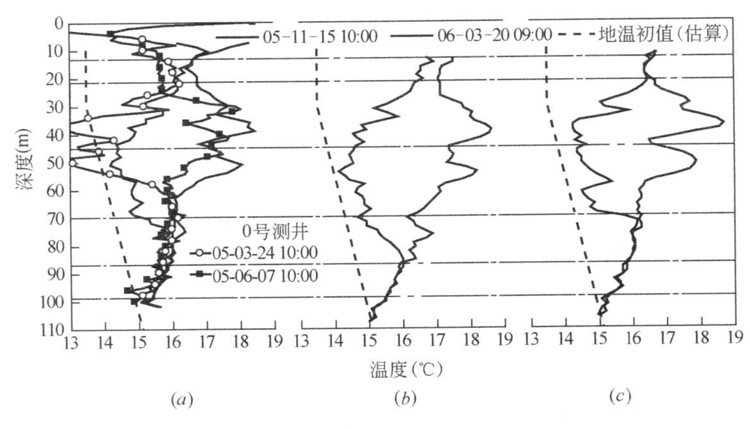

图 10-6　测井温度与深度的关系

（*a*）0 号、1 号测井；（*b*）3 号测井；（*c*）2 号测井

月 15 日至 2006 年 3 月 20 日时段内，1 号测井在深度 50.8m 处出现了最大的温度降低值，为 3.88℃；3 号测井在深度 53.5m 处出现了最大的温度降低值 4.06℃；2 号测井在深度 37.0m 处出现了最大的温度降低值 4.44℃。温度变化较大的地方均出现在含水层回灌段的末端或抽回水过滤器间隔段，这是因为受抽水负压的影响，回水流线向抽水段弯曲，从而导致该处的换热加强。

C. 2005～2006 年度供暖季由于换热器厂办公楼热泵机组仅部分断断续续启动，使得抽灌同井负荷较 2004～2005 年度供暖季小，因此 0 号测井 2004～2005 年度供暖季末的温度曲线较 1 号测井 2005～2006 年度供暖季末温度曲线更靠左，部分地方温度低于 12℃。1 号测井夏季终止时测温曲线较 0 号测温电缆夏初温度曲线更向右突出。这是因为经过一个夏季的放热运行，含水层温度升高，尤其在回灌段。但由于换热器厂办公楼热泵机组停运，工程师宿舍大部分时间采用二次水旁通运行，夏季负荷不大，含水层温度升高值也不大。

D. 回灌水由距地面 22m 处至 45m 处之间（共长 23m）返回含水层，引起含水层水平方向和竖向温度的变化。由现场试验结果可以看出，系统运行一个冬季后，在距井 15m 远的 2 号测井处，竖向温度影响到 70m 处左右，即从回灌过滤器下边缘算起，影响了约 25m 深度。而距井 10m 远的 3 号测井，竖向温度影响到了 88m 处，从回灌过滤器下边缘算起，约影响了 43m。而由于测试井少，暂时还无法判断一个冬季对含水层水平方向温度影响多远。现场试验结果也明确告诉我们：在同一个运行期间里（如一个冬季）越靠近井处，对含水层竖向的温度影响范围越大。

E. 0 号测井从 2005 年 3 月 24 日到 2005 年 6 月 7 日的测试结果是，测试出的温度曲线从地温初始线（估算值[8,9]）附近由左向右移动，这表明在测试期间，由于向含水层回水段内释放热量，使含水层温度逐渐升高，这也意味着向含水层回水段内释放的热量被部分蓄存起来。2005 年供暖季开始时（2005 年 11 月 15 日），1 号、2 号、3 号测井处的温度曲线均在地温初始线的右方向，并且远远偏离地温初始线，也即含水层内相对于初始状态蓄存着一定量的热量，这为系统在冬季里取热提供了新的热源。实测结果正是这样，从 2005 年 11 月 15 日开始测试的温度曲线由右向左不断地移动，到 2006 年 3 月 20 日，测试的温度曲线又移动到地温初始线附近。这表明：季节性蓄能是同井回灌地下水源热泵的重要低温热能来源之一。

F. 由图 10-6 中可以看出，经过一个冬季的运行，测井抽水段测温曲线仍位于大地初始温度曲线的右侧，即取热后温度仍高于地温初值。如果不存在瞬变热贯通，抽水温度应该高于地下水初始温度。图 10-4 中供暖季前期和后期抽回水温度曲线和图 10-5 中二次水循环泵故障时抽水温度值正说明了这个设想。供暖季前期、后期和二次水循环泵故障时，抽回水温差很小，瞬变热贯通程度轻微，抽水温度的大小由含水层抽水段地下水温度决定。当含水层抽水段地下水温度高于地温初值时，抽水温度也会高于地温初值。由图 10-4、图 10-5 可以看出，供暖季前期、后期和二次水循环泵故障时抽水温度均在 16℃以上。再者，测温曲线抽水段温度随着深度的减小而增大，这种与大地增温率反向的温度梯度也说明，抽灌同井冬季取热量来源的一个重要组成部分是抽灌同井夏季向含水层中排放的热量。经过一个冬季的运行，回灌段和抽回水过滤器间隔段温度仍然高于初始值，这说明，该系统 5 年内向含水层中放的热量大于从含水层中取的热量，这也使得测温曲线抽水段温度出现负向温度梯度。这种放热量和取热量的不平衡会造成含水层富积（亏损）一部分热量，长时间过于严重的富积或亏损热量，不利于地下水热泵的取热和放热，也对含水层产生不利的影响。因此，应尽量使地下水源热泵从含水层中取的热量和放的热量在年度内平衡。

图 10-7 给出了 2005～2006 年度供暖季三个测井某几点温度随时间的变化关系。其中 40m 深度位于回水段含水层，55m 深度位于抽回水过滤器间隔段含水层，85m 位于抽水段含水层。由图中可以看出，85m 处，三个测井温度经过一个供暖季的运行均没有变化，温度维持在 16℃。55m 处由于抽水段相对低压的引导，使地下水流线向下弯曲，换热增强，该处温度在整个供暖季中持续降低，前期和后期由于热泵负荷较小，变化速率也较小。40m 处含水层温度在供暖季前期和中期持续降低，供暖季后期有所

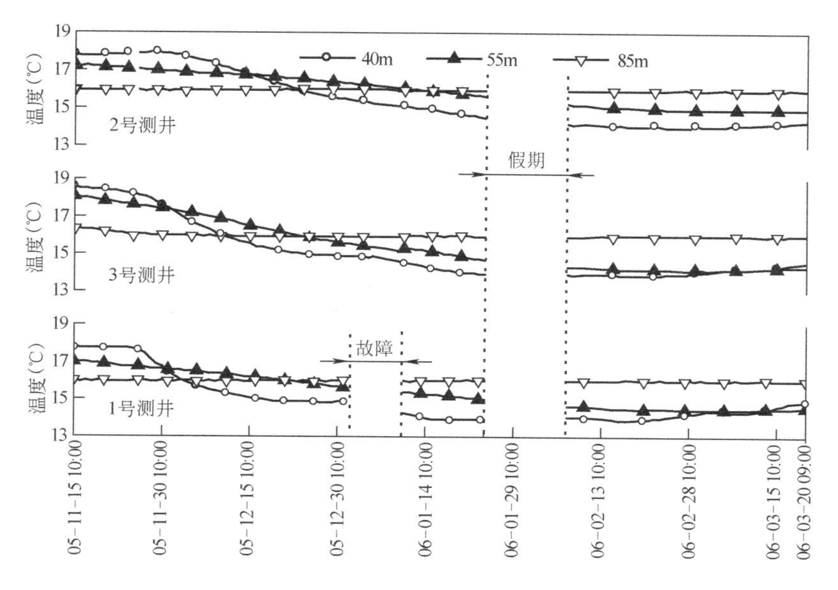

图 10-7　测井某几点温度随时间的关系

回升。这是因为，在供暖季前期，该处含水层温度较高，如图 10-7 中所示达到 18℃，而回灌水温度相对较低；供暖季中期由于负荷的加大，再加上瞬变热贯通的影响，回灌水温度更低，含水层温度持续降低；供暖季后期，由于负荷减小，瞬变热贯通轻微，回灌水温度又开始升高，而此时含水层温度已降至 14℃左右，低于回灌水温度（≥16℃），这必定会引起含水层温度有所恢复。这种含水层温度升高的趋势会一直持续到下个冬季的到来。55m 深度处含水层距含水层回灌段较远，近期温度恢复趋势还不明显，但随着天气的转暖，抽灌同井又开始向含水层内释放热量，从而引起 55m 深处含水层温度恢复的趋势越来越明显。

另外，1 号测井与 2 号测井相比较，1 号测井 40m 深处测点的温度 19d 后达到 16℃，而 2 号测井 40m 深处测点的温度 38d 后才达到 16℃。这说明，随着系统运行天数的增加，产生与释放热量的含水层范围越来越大，从而充分起到抑制缓变热贯通现象的作用。

10.3.5 案例分析与评价

以上给出的同井回灌地下水源热泵工程的现场试验虽然在很多方面还不尽完善，但作为一次有益的尝试，对于从实践的角度分析同井回灌地下水源热泵的运行特性、含水层温度变化特征大有裨益。通过对测试结果的分析，对抽灌同井工程有几点启示：

（1）同井回灌地下水源热泵系统又称单井循环地下井水源热泵系统，它与传统的异井回灌系统相比，其本质性的区别是采用单井循环地下换热器。单井循环地下换热系统目前有三种热源井，如图 10-8 所示。它们都是从含水层下部取水，换热后的地下水再回到含水层的上部。从水井构造上来说，循环单井使用的是基岩中的裸井；抽灌同井采用的是过滤器井（井孔直径和井管直径相同）；填砾抽灌同井采用的是填砾井（井孔直径较井管直径大，其孔隙采用分选性较好的砾石回填）。抽灌同井与循环单井相比，抽灌同井有井壁，井内设有隔板。

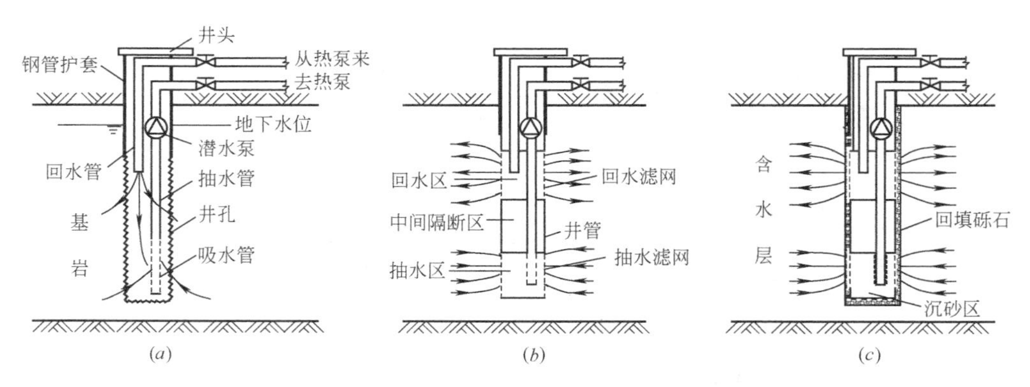

图 10-8 单井循环地下换热系统

(a) 循环单井；(b) 抽灌同井；(c) 填砾抽灌同井

循环单井开发于 20 世纪 70 年代中，20 世纪 90 年代单井循环系统被 AEE（Association of Energy Engineers）和 ASHRAE 提出，开始有自己的商业市场[10]，现全美大约安装有 1000 个循环单井[11,12]，主要集中在美国的东北部、西北太平洋地区和邻近加拿大的部分地区[10]，该地方有适合的水文地质条件。抽灌同井的最早报道是 1992 年丹麦技术大学校园内的一个足尺寸的试验井[12]；2000 年我国专利报道了填砾抽灌同井[13]。抽灌同井在丹麦的应用除了丹麦技术大学校园内的试验井外还未见文献报道。在我国，填砾抽灌同井于 2001 年首次在北京某工程上投入运行[14]，随后其推广与应用速度很快，到 2006 年，已有 250 多个工程项目采用抽灌同井，建筑面积 360 多万 m^2[15]。本工程项目即为我国早期的填砾抽灌同井实例之一。

（2）热贯通（亦称“热突破”）定义为热泵运行期间抽水温度发生改变的现象。对于地源热泵，热贯通现象时有发生。土壤耦合热泵当埋管换热面积不够，回水换热不充分，或者由于抽回水支管之间的换热，抽水温度会发生改变，可以视为产生热贯通现象。地表水源热泵当充当热源或者热汇的水体体积较小时，热泵运行一段时间，水体的温度会发生改变，从而改变抽水温度，而发生热贯通现象。对于有回灌的地下水源热泵，热贯通产生的原因是温度不同的回水通过与含水层骨架的对流换热、自身的热对流和含水层骨架之间的导热等将热量（冷量）从回水口传到抽水口，从而引起抽水温度的变化。如加拿大 1990 年建成的一个地下水源热泵系统，冬季运行末期，由于热贯通严重，地下水温度低，机组出现了过冷保护[16]。天津两个地下水源热泵系统均出现了热贯通[16-19]，一个供暖季，地下水温度降低值均超过 4℃。

本工程项目抽水温度测试表明，在使用填砾抽灌同井关注的是热贯通问题，即抽水温度变化是否在接受的范围内。热贯通分为瞬变热贯通和缓变热贯通。瞬变热贯通产生的原因是井内隔断不严、豆石回填不紧密或抽灌同井周围存在竖向渗透性很强的含水层分区。如果系统存在瞬变热贯通，将会使抽水温度随着回水温度变化，当回水温度较低时，抽水温度相应快速降低，这对抽灌同井是不利的，尤其在承担大负荷时。

（3）本工程项目现场试验结果表明，抽灌同井冬夏均运行时，季节性储能是抽灌同井低位热量来源的重要组成部分。这种以年度为时间步长的季节性储能很大程度地减轻对含水层作为热源的依赖，而让其作为一种蓄热的载体。但是多年取热量和放热量的严重不平衡，会使含水层富积或亏损部分热量，不利于地下水源热泵的取热和排热，也不利于含水层[20]。2006 年 11 月 13 日“首届中国地源热泵技术城市级应用高层论坛”上，研究人员指出地源热泵系统并不是一种地热利用系统，只不过是将含水层、土壤及地表水等作为热泵的源和汇的“蓄热体”，认为把恒温带地层看作“取之不尽、可不断再生的低温地热资源”是犯原理性的错误[20]。笔者认为，浅层岩土蓄能加浅层地温能才是地源热泵可持续利用的低温热源。

（4）同井回灌地下水源热泵抽灌同井水量的设计是节能的关键，过大的地下水流量，不仅会增加回灌的难度，而且由于潜水泵的功耗，会大大降低系统的节能特性。因此，实际工程中，应认真计算负荷，选择合适的地下水流量、换热温差和合理的水量调节措施，以便在热贯通程度许可的范围内最大限度地体现系统的节能优越性。本工程测试过程中，造成地下水小温差、大流量的原因是换热器厂热泵机组故障导致负荷减小，再加上没有地下水量调节措施。这使得潜水泵功耗剧增，大大削弱了地下水源热泵系统节能的优越性。因此，在系统抽水井泵较少的情况下，采用变频技术是一个不错的选择，可以提高系统的能效比；但当单井出水量不大，抽水井泵较多的情况下，部分负荷下多台深井泵的台数调节也可以达到相应节能效果。

10.4　空气源热泵空调系统案例分析

10.4.1　工程案例介绍

淮南城市体育文化广场坐落在中心城区，北临朝阳西路、西沿广场北路，总占地面积约9万m^2。广场设计有体育馆、运动员训练馆和多功能会议中心，总建筑面积23000m^2。其中体育馆建筑面积为18800m^2，6600个观众座位席，可进行国际、国内各种大型室内体育项目比赛及综合性文艺演出。该工程的空调冷热源主要为空气源热泵机组、风冷冷水机组和多联机。整个工程总投资2亿元，是淮南市有史以来规模最大的公用建设工程，工程于2007年初建成投入使用，空调系统运行效果良好。

10.4.2　冷热源系统

（1）空调冷负荷

① 体育馆主馆空调冷负荷为3564kW，具体分配见表10-3。

体育馆主馆空调冷负荷　　**表10-3**

名称	体育馆比赛比赛大厅	商场	健身俱乐部	平时常用房间	赛时用房间
负荷(kW)	2514	148	148	70	490
冷源形式	集中冷源	VRV系统	VRV系统	分体式空调器	集中冷源

② 国际会议中心负荷为500kW，与比赛馆共用一集中冷热源。

③ 体育中心的热负荷为1911kW。

④ 夏季空调冷负荷指标为170W/m^2（建筑面积），冬季热负荷指标为96.5W/m^2（建筑面积）。

（2）空气源热泵机组的选择

选择风冷冷水机组1台，单台机组冷量为1024kW；空气源热泵机组5台，单台机组冷量为560kW，室外温度为－7℃时的制热量400kW。冷水温度为7℃/12℃，热水温度为60℃/50℃。空气源热泵机组、风冷冷水机组均布置在室外，采用超静音风机，且要求与周围环境协调一致，并保证机组周围无障碍物，从而使得气流通畅。

（3）空调冷源运行情况

冷源运行情况见表10-4。

冷源运行情况　　**表10-4**

空调范围	冷水机组的选用
① 主体育馆	1024kW×1＋560kW×4
② 主体育馆＋会议中心	1024kW×1＋560kW×5
③ 会议中心	560kW×1
④ 商服及平时用房	VRV多联机系统及分体式空调器

（4）空调冷热源系统与风冷机组的布置

空调冷热源系统原理与风冷机组平面布置如图10-9和图10-10所示，其中空气源热泵

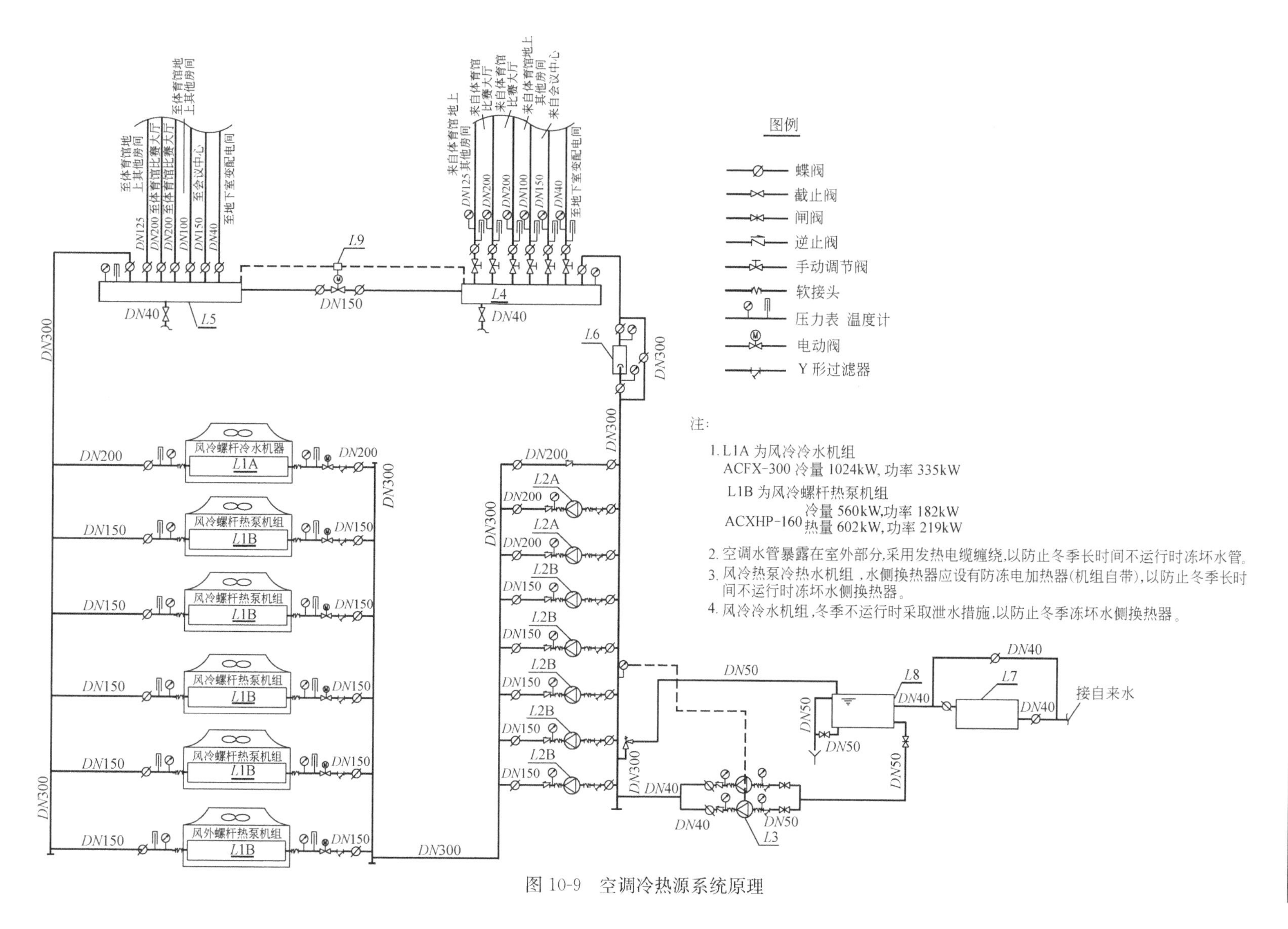

图 10-9 空调冷热源系统原理

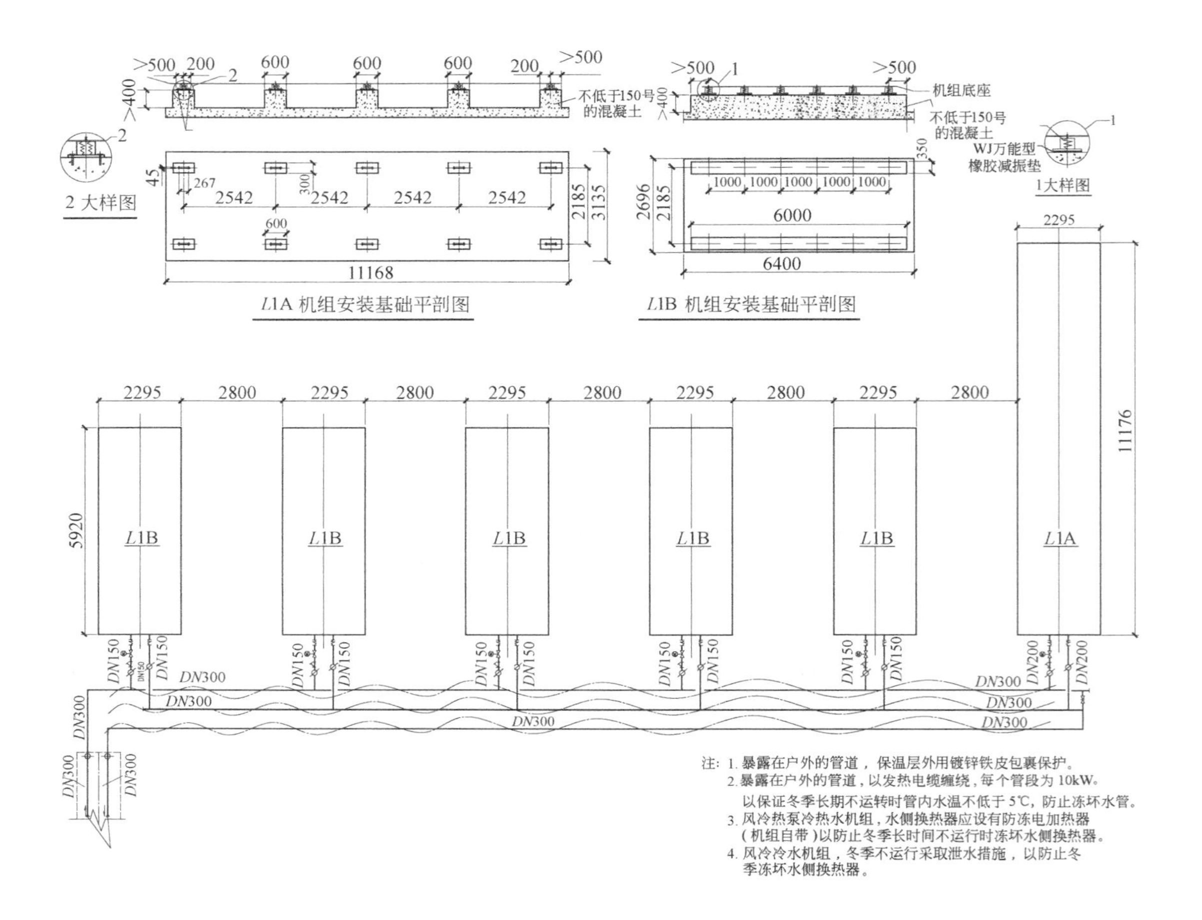

图 10-10　风冷机组平面布置

机组与风冷冷水机组采用一机对一泵，机组之间留有足够的空间，以满足风冷机组对风量的要求。

10.4.3　案例分析与评价

本工程位于淮南市，夏季室外空调设计干球温度为 35.4℃，冬季室外空调设计干球温度为−5℃，冬季有供热要求，其周围没有其他集中热源。如果选用其他热源，如燃煤锅炉、燃油锅炉会存在环境污染问题，此外，无论是燃油锅炉还是燃气锅炉，烟囱均会影响整个文化广场的美学效果。而且，该地区冬季室外空调设计干球温度为−5℃，为此，本工程采用空气源热泵机组冬季作为空调的热源是完全可行的。通过此工程可以得到如下启示：

（1）空气源热泵机组对不同区域的适应性

我国是一个地域辽阔的国家，地跨三个气温带，根据国家标准《民用建筑热工设计规范》GB 50176—2016，淮南市属于 3A 区，是夏热冬冷地区，这种气候特点较适合空气源热泵高效运行。另外，我国中部和长江流域一带，不但夏季气温高，而且冬季也较冷，一些城市日平均气温平滑稳定通过 5℃的天数超过了 60d，不供暖难于正常生活与工作。而这些地区传统上不属于供暖地区，所以城市中无城市热网和区域锅炉房；在这些地区的某些大城市因环保要求又不允许有烟囱。因此，这些地区空调冷热源的能源只能是靠电能，在商业建筑与住宅建筑中如果采用电阻加热直接供暖，不但电力供应很难承受，而且也是目前合理用电所不允许的。所以，在这种情况下，选用空气源热泵冷热水机组作为空调冷热源就显得更为合理，而且在某些情况下，几乎成了唯一的选择[21-23]。

（2）空气源热泵机组的选择

空气源热泵冷热水机组作为空调冷热源，担负着一机两用的角色：夏季作为冷源，冬季作为热源，所以在热泵选型时就要同时考虑其制冷和制热性能，使所选用的空气源热泵冷热水机组的制冷量、制热量，既要满足夏季室内空调冷负荷又要满足冬季室内空调热负荷的需要。本工程根据空调冷热负荷，首先选择空气源热泵机组满足热负荷，其夏季不足的冷负荷由风冷冷水机组承担，这样既便于机组设置和集中管理，又节省费用。

目前，对于空气源热泵冷热水机组的选择，国内学者和广大设计工作者针对某一地区进行了一些研究，但总的来看，有以下三种方案：

① 根据夏季冷负荷来选择空气源热泵冷热水机组，对冬季热负荷进行校核计算，如果机组的供热量大于冬季设计工况热负荷，则该机组满足冬季供暖要求；如果机组的供热量小于冬季热负荷，可按两种情况进行考虑：一是当机组供热量不大于冬季热负荷的50%～60%时，可以增加辅助加热装置；二是综合考虑初投资和运行费用来确定容量。按夏季冷负荷选择机组的方案存在的问题是，如果在冬季供热时，机组所提供的热量远大于建筑物所需要的热量，只能让机组经常在部分负荷下运行，利用效率不高，且初投资较大。

② 根据冬季热负荷来选择空气源热泵冷热水机组，对夏季冷负荷进行校核。如果机组的制冷量大于夏季空调设计冷负荷，则满足要求；如果小于夏季空调设计冷负荷，则应增加单冷机组供冷，以满足负荷要求。这种方案存在的问题在于，如果所选择机组的制冷量远大于夏季空调冷负荷，则机组也常在部分负荷下运行，设备利用率不高，初投资过大。

③ 比负荷系数法选择空气源热泵机组[24]。南京市市政设计研究院在对空气源热泵机组的供热制冷特性的研究及对全国各地的冬夏空调计算温度统计的基础上，提出了比负荷系数法，定义比负荷系数：

$$CORL=\frac{Q_e\times q_c}{Q_c\times q_e} \tag{10-1}$$

式中 Q_e——夏季空调设计冷负荷（kW）；

Q_c——冬季空调设计热负荷（kW）；

q_e——夏季空调室外设计温度下的单台热泵机组的制冷量（kW/台）；

q_c——冬季空调室外设计温度下的单台热泵机组的制热量（kW/台）。

若 $CORL<1$ 时，则可按夏季冷负荷来选择空气源热泵机组，此时，所选用的机组可同时满足室内的冷热负荷；若 $CORL>1$ 时，则应按冬季空调热负荷来选择空气源热泵机组，此时的机组不能满足夏季室内冷负荷，应加辅助冷源。但如果把比负荷系数的定义进行化简，则有：

$$CORL=\frac{Q_e\times q_c}{Q_c\times q_e}=\frac{Q_e/q_e}{Q_c/q_c}=\frac{N_e}{N_c} \tag{10-2}$$

式中 N_e——夏季供冷时所需机组的台数；

N_c——冬季供热时所需机组的台数。

通过公式（10-1）、公式（10-2）可以看出，比负荷系数实质上只体现了机组台数之间冬夏运行的匹配性，而并未考虑这样选择是否经济、是否节能。

④ 最佳平衡点法选择空气源热泵机组

最佳平衡点选择机组的一般步骤为：

A. 计算最佳平衡点温度下的建筑物热负荷。

B. 把平衡点温度下的供热量，换算到标准工况下的制热量选择空气源热泵冷热水机组。

C. 通过查询生产厂家的样本或技术资料，求得该机组在冬季空调设计工况下的制热量，并由设计热负荷求得辅助热源的容量。

D. 通过查询生产厂家的样本或技术资料，求得该机组在夏季空调设计工况下的制冷量，如果不能满足空调冷负荷的要求，则应补充辅助冷源，考虑到机组布置的方便，一般选用风冷单冷机组作辅助冷源。

（3）空气源热泵机组的布置[25]

空气源热泵应尽可能布置在室外，进风应通畅，风速不应太大（一般为 3～4m/s），排风不应受到阻挡，避免造成气流短路。本工程空气源热泵机组布置在室外空旷地带，机组与机组之间有较大的距离，完全可以满足机组对风量的要求。但大多情况下，机组周围经常会出现遮挡物，这时机组布置就要符合一定的条件。在图 10-11 所示的热泵机组四种布置方式中，图 10-11（*a*）是最佳布置方式，运行能有保证；图 10-11（*b*），图 10-11（*c*）所示布置方式尚可，但会存在部分排风短路；而图 10-11（*d*）所示布置方式则是错误的，因排风速度可达 10～11m/s，*H* 不可能太大，这样排风射流受限、排风气流短路，机组因热保护而停机则是必然的。

由于高层建筑建筑造型日新月异、超高层建筑的频频建设，在屋面上或屋外布置空气源热泵，往往难以实现。如香港中环广场，是总共 78 层的塔式建筑，其立面如图 10-12 所示，采用空气源热泵，屋面无安装空气源热泵的条件，且该楼是超高层建筑，从设备承压上也必须分层设置系统。空气源热泵分别布置在五层和六层、四十四层和四十五层、七十层、七十一层和七十二层共 7 个设备层上，具体布置如图 10-13 所示。下层布置空气源热泵主机，上层为排风层。这种布置是出于无奈，以牺牲建筑面积为代价的。香港地区水源紧张，在近海处尚可利用海水作为水冷冷水机组的冷却水，而远海处就只能采用风冷了。图 10-13（*a*）是室外无风时的进风、排风流向图；图 10-13（*b*）是室外有正面风时

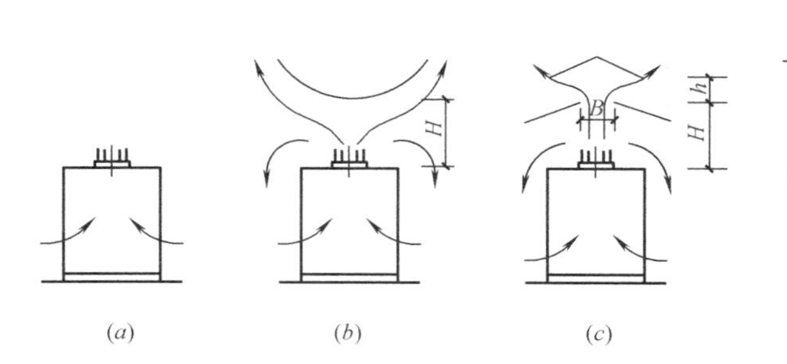

图 10-11　热泵机组的几种布置方式

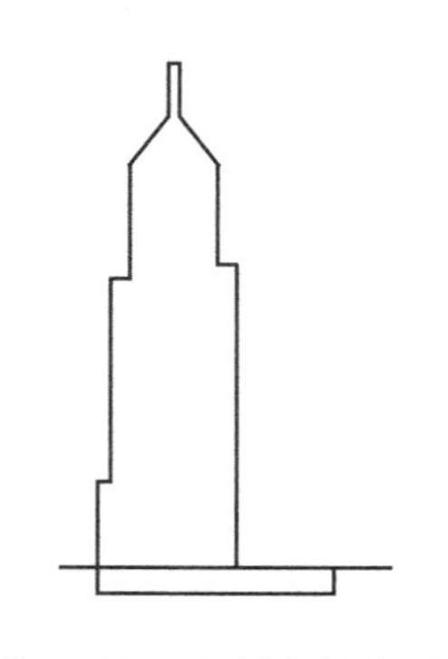

图 10-12　中环广场立面

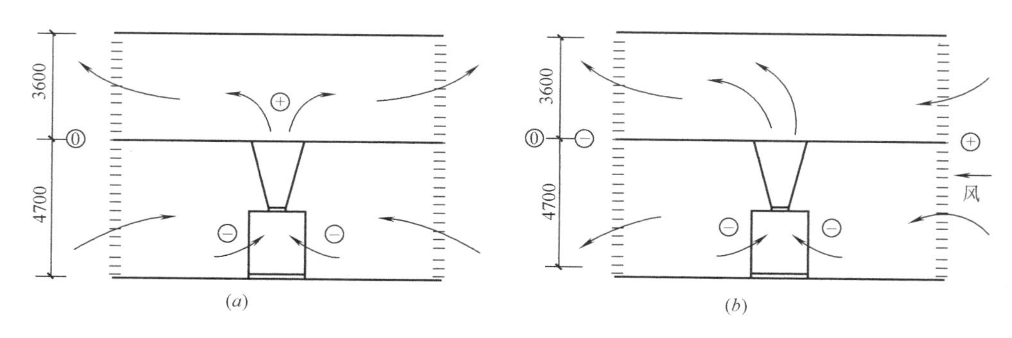

图 10-13 香港中环广场风冷机组进排风示意图

的进风、排风流向图。对这种布置方式，现场考察发现，机房内气温比室外高，说明气流短路现象仍有存在。

空气源热泵室内布置时，还有一种方式原则上也是可行的，即提高空气源热泵的风机静压或更换风机，用风管将排风排出室外，排风口风速至少要达 7m/s，使其有一定射程，而进风口风速则不要超过 2m/s，进排风口垂直距离尽可能大一些，使气流不致短路，如图 10-14 所示。但是由于大型空气源热泵的排风量很大，如 350kW 空气源热泵的排风量达 72000～90000m^3/h，具体施工时会有困难，噪声也很大，尤其是空气源热泵台数较多时。

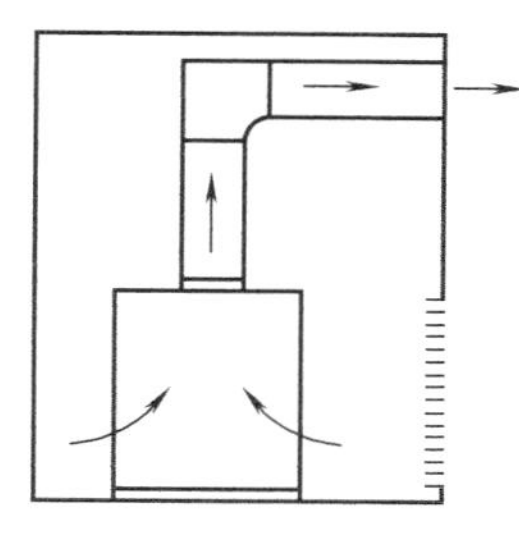

图 10-14 机组排风布置的方式

（4）空气源热泵机组水泵的设置

本工程热泵机组与水泵一对一设置，管路同程布置，能够保证各机组水流量分配均匀，不至于因为某台机组水流量过少而停机保护。同时，对于冬季晚间不用或间歇使用的空气源热泵冷热水机组，要注意布置在室外水管的防冻。本工程采用局部室外管道电加热，解决此问题。同时，热泵机组不要完全断电，以避免机组因大量制冷剂融入润滑油，而造成机组润滑程度下降。

（5）空气源热泵机组的形式

空气源热泵机组的形式很多，本工程选用了三种：空气源热泵冷热水机组、风冷变制冷剂流量热泵式多联机空调系统（VRV 系统）和分体式房间热泵型空调机，分别供应功能不同的建筑物或区域使用。空气源热泵冷热水机组作为比赛大厅及赛时用房的集中空调系统的冷热源。VRV 系统作为商场、健身俱乐部的集中空调系统。分体式空调机作为平时常用房间使用的局部空调。其选择正确，符合各房间的实用功能和负荷特性。同时，也显示出空气源热泵机组的多样性，为选择带来极大的方便与灵活。

10.5 空气源单、双级耦合热泵空调系统案例分析

10.5.1 工程案例介绍

本工程为北京市海淀区某办公综合楼，位于北京市凤凰岭自然风景区内，总建筑面积

$2200m^2$，主体建筑依山而建，1 层为主，局部 2 层，以铝合金玻璃外廊连接各房间，共有客房 17 间、办公室 12 间，另配有会议室、活动室、多媒体演播厅等房间，如图 10-15 所示。该工程于 2003 年 10 月竣工，11 月中旬开始供暖。到目前为止，系统已经度过多个供暖季。

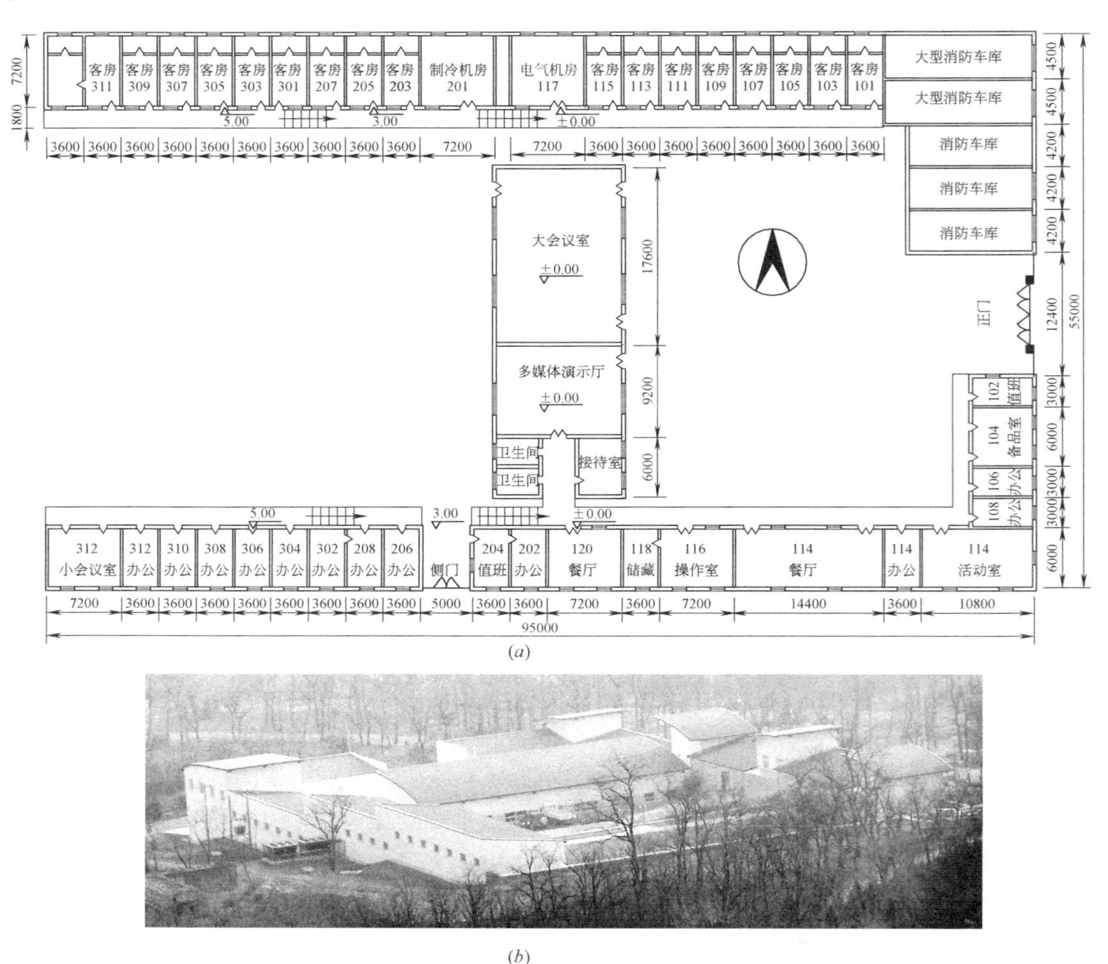

图 10-15 北京市海淀区某办公综合楼

(*a*) 工程平面布置图；(*b*) 工程鸟瞰图

本工程冷热源由 1 台空气源热泵冷热水机组（ASHP）和 2 台水源热泵冷热水机组（WSHP）机组构成，均采用 R22 作为制冷剂。ASHP 由两台活塞式压缩机组成，单台额定功率为 37kW，额定供热量 118kW，室外侧换热器总风量 $126000m^3/h$，共 12 台风机，单机风量 $10500m^3/h$，额定功率为 0.75kW；WSHP 机组由 2 台涡旋式压缩机组成，单台额定功率 11kW，额定供热量为 53kW。此外，建筑物热水供应负荷由 ASHP 机组承担，供暖系统末端采用低温辐射地板供暖系统和风机盘管空调系统[26]。

10.5.2 单、双级耦合热泵机房平面布置

本工程单、双级耦合热泵设备间及管道布置如图 10-16 所示。

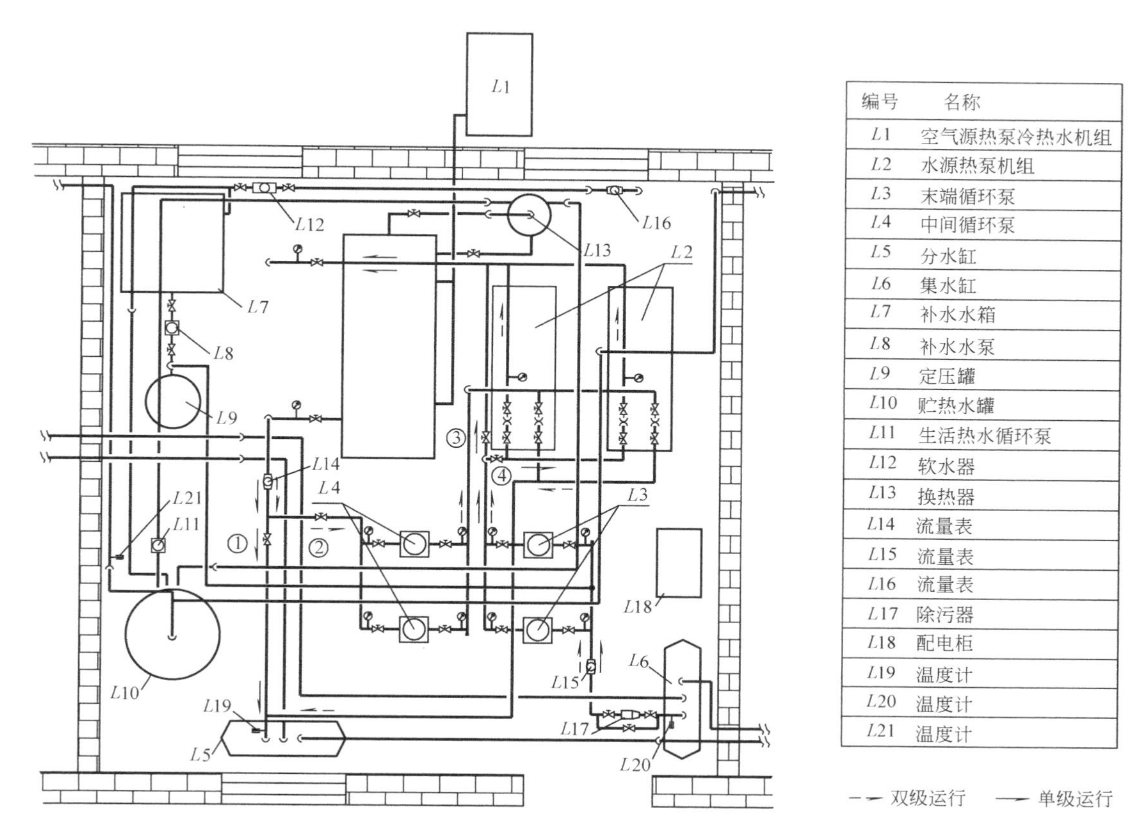

编号	名称
L1	空气源热泵冷热水机组
L2	水源热泵机组
L3	末端循环泵
L4	中间循环泵
L5	分水缸
L6	集水缸
L7	补水水箱
L8	补水水泵
L9	定压罐
L10	贮热水罐
L11	生活热水循环泵
L12	软水器
L13	换热器
L14	流量表
L15	流量表
L16	流量表
L17	除污器
L18	配电柜
L19	温度计
L20	温度计
L21	温度计

图 10-16 单、双级耦合热泵设备间及管道布置图

10.5.3 工程测试与分析

(1) 测试内容及方法

该工程于 2003 年 10 月竣工，测试时间为 2003 年 12 月 15 日～2004 年 1 月 15 日，历时一个月。为获得双级耦合热泵供暖系统（简称 DSCHP）在实际应用中的供暖性能、供暖效果以及机组运行工况等方面的详细信息，重点测试以下参数：(*a*) 中间环路、末端环路循环水流量以及供、回水温度；(*b*) 压缩机吸、排气温度以及压力；(*c*) 室外空气温度；(*d*) 室内空气温湿度；(*e*) 系统输入功率。部分测点位置如图 10-17 所示。

(2) 测试期系统整体供暖效果

① 室外环境温度。测试期内北京地区气温偏高，如图 10-18 所示，日平均室外温度在－6～6℃之间波动，整个测试期内室外平均温度为－1℃。但个别时刻室外气温仍达－10℃，而北京地区冬季供暖室外设计温度为－7.6℃，因此，这样的温度足可验证单、双级耦合热泵供暖系统的运行效果。

② 系统运行情况（图 10-19）。测试期内系统有连续运行和分时段连续运行两种模式，前者多出现在白天平均气温低于 0℃或阴雨天气，后者则出现在白天气温较高，阳光充足的情况下。一般在早 8：00 停机，晚 17：00 开机，这样的运行模式可充分利用太阳能，而机组在夜间运行，可享受峰谷电价的优惠政策。当室外空气温度达到－5～3℃时，对系统进行单、双级工况转换。测试期内系统共运行 520h，占测试期总时段的 72％，其中单

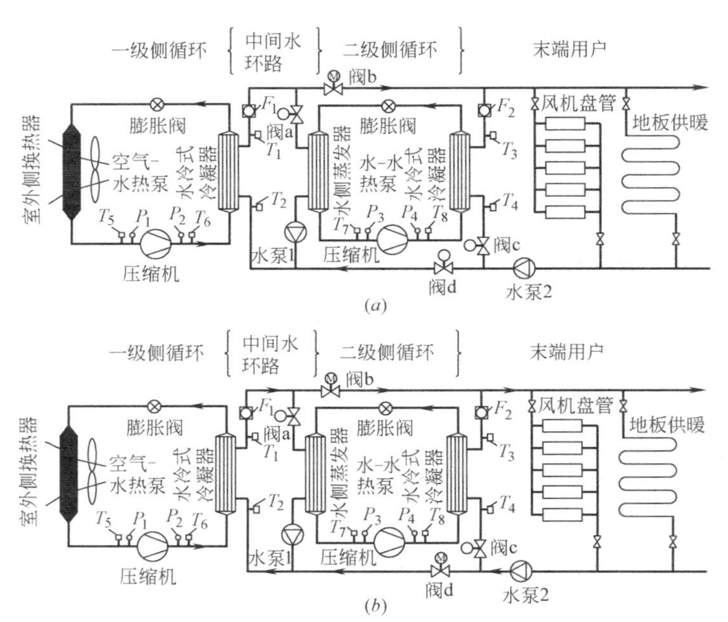

图 10-17 单、双级耦合热泵测点布置图

(a) 单级运行；(b) 双级运行

F_1，F_2—流量计；T_1～T_4—热水温度计；T_5～T_8—制冷剂温度测点；P_1～P_4—制冷剂压力测点

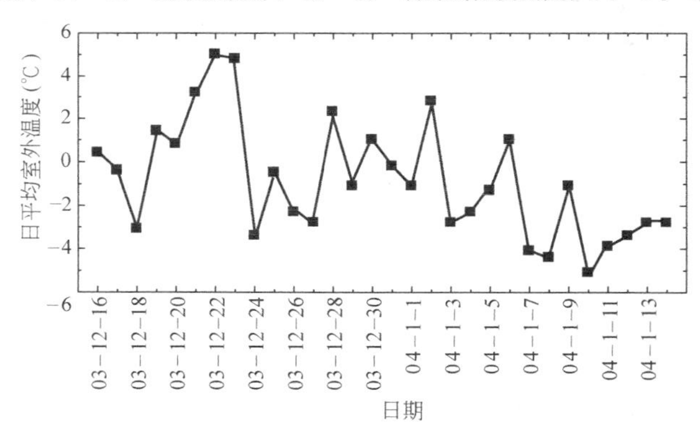

图 10-18 测试期日平均室外环境温度

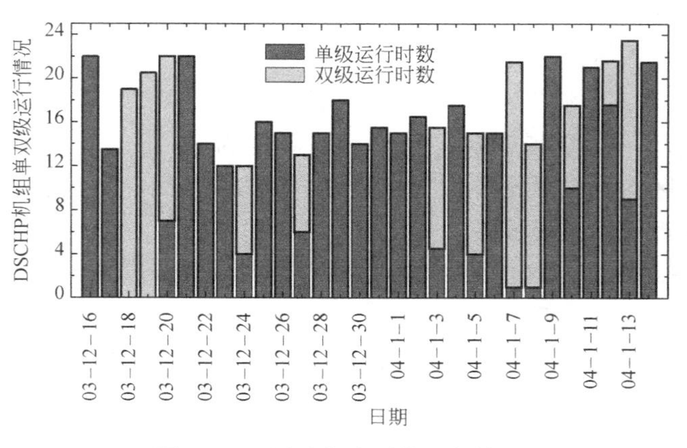

图 10-19 测试期内系统运行情况

级运行 370h，占总运行时数的 71%，双级运行 150h，占总运行时数的 29%。

③ 系统供热效果。图 10-20 为测试期日平均室内空气温度，可以看出，测试期日平均室内空气温度为 19.5℃，最低为 18℃，达到了设计要求。另外，由于建筑物刚刚装修完，需要经常性的通风换气，在一定程度上影响了供暖效果，比如 1 月 14 日，建筑物多数房间 10：00～23：00 都处于开窗状态，而这一天的室内平均温度为 18.1℃，仍可满足供暖要求。同时，室内相对湿度稳定在 45%左右。

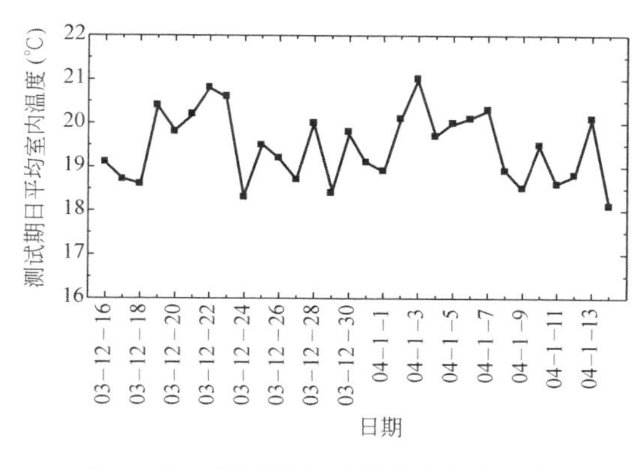

图 10-20　测试期日平均室内空气温度

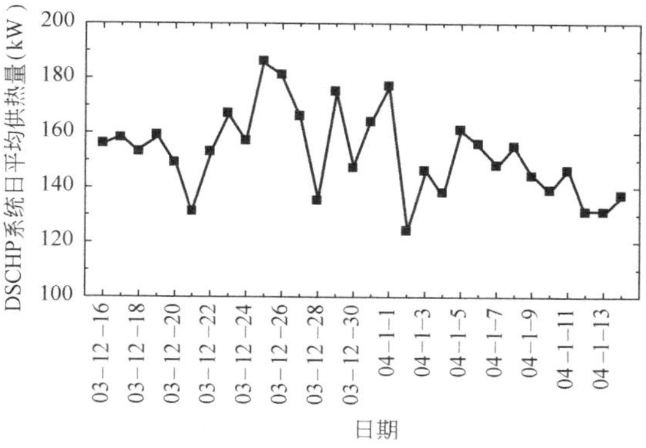

图 10-21　测试期系统日平均供热量

④ 系统供热性能。图 10-21～图 10-23 反映了系统整体供热性能。系统供热量的波动范围在 124～186kW 之间，平均值为 153kW，双级供热时段供热量平均值为 146kW，单级为 153.6kW。系统能耗主要包括 ASHP 机组功率、室外侧风机功率，双级运行时外加 WSHP 机组功率、中间环路循环水泵功率。测试期系统日平均能耗量在 33.2～58.2kW 之间波动，平均值为 49kW，双级运行时段能耗量为 52.8kW，单级运行时段能耗量为 47.6kW。系统日平均供热能效比 *EER*（指一天内系统总供热量与其总输入功之比，其中双级运行输入功率包括中间环路循环水泵的功率）均高于 2.5，平均值为 3.2，最高可达 4.4，ASHP 机组日平均 *EER* 值为 3.3，WSHP 机组为 4.5。以上实测数据显示，单、双级耦合热泵供暖系统能够适应室外负荷的波动特性，获得良好的供暖效果，即使在低温环境运行时，系统仍可正常工作，且维持较高的能效比。

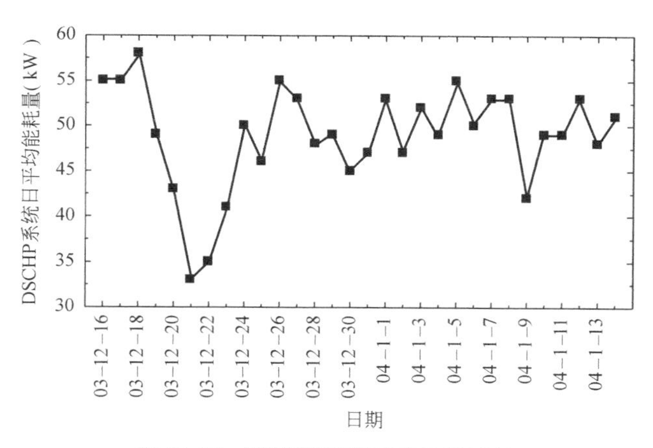

图 10-22　测试期系统日平均能耗量

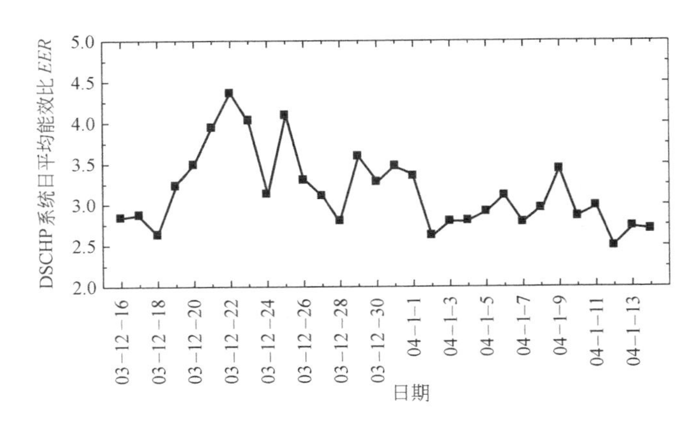

图 10-23　测试期日平均能效比

（3）单、双级转换前后系统特性比较

单、双级耦合热泵供暖系统的创新之处即单、双级交替运行，其中单、双级转换前后系统供暖特性变化是业界人士最为关心的问题。测试过程中针对此问题做了大量工作，图 10-24～图 10-29 的数据取自 2004 年 1 月 13 日 4：00～7：30，其中 4：00～5：40 系统单级运行，6：00～7：30 系统双级运行，中间 20min 进行工况转换。测试时段室外空气温度平均为－6. 5℃，单级运行时段平均为－6℃，双级运行为－7℃，大气温度最低值为－7. 3℃。表 10-5 是单、双级运行工况转换前后系统特性参数的对比，表 10-5 中各参数均为测试时段内的平均值。从表 10-5 中可以看出 ASHP 机组在工况转换后，压缩比降低

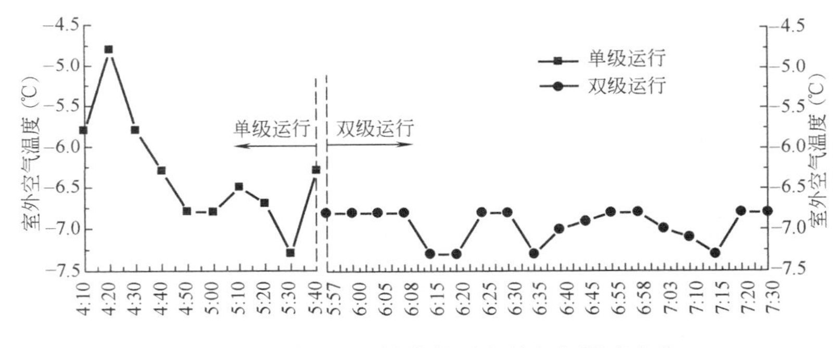

图 10-24　单、双级转换前后室外空气温度变化

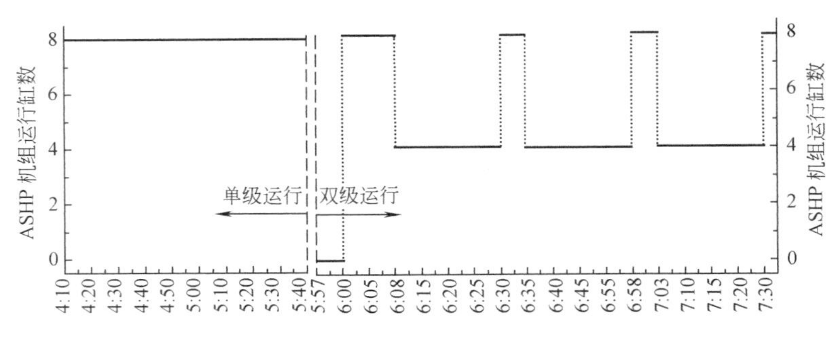

图 10-25　单、双级转换前后机组调节过程

了 46%，机组排气温度降低了 30%，冷凝压力降低了 50%，供热量提高了 12%，能耗降低了 51%，机组能效比 *EER* 却提高了 128%，现场可明显感受到机组振动噪声的降低。在低温侧 ASHP 机组稳定运行的基础上，高温侧 WSHP 机组 *EER* 达到 5.6，系统总能效比提高到 2.5，较单级运行增加 20%。应该注意的是，双级运行室外空气温度比单级运行还要低，可以说，单、双级耦合热泵供暖系统已经成功地改善了 ASHP 机组低温运行工况，扩展了其应用范围，取得了令人满意的供暖效果。

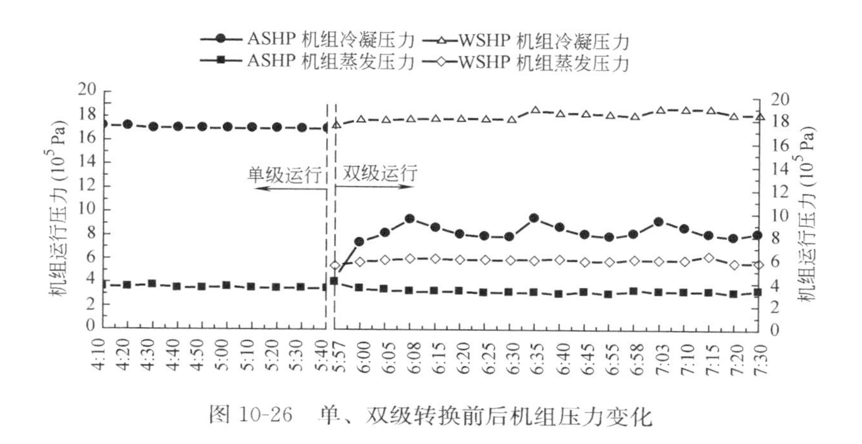

图 10-26　单、双级转换前后机组压力变化

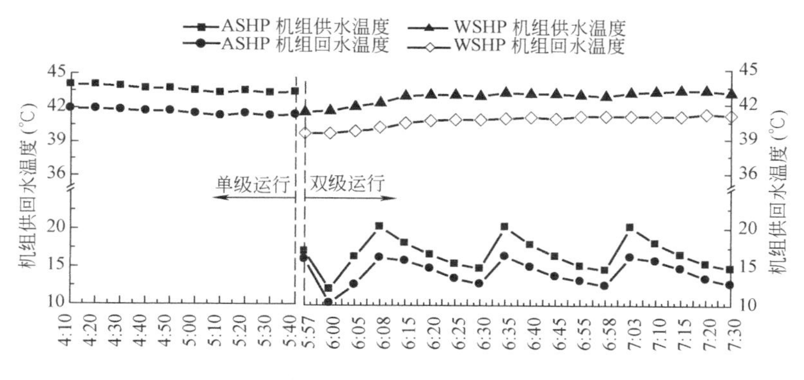

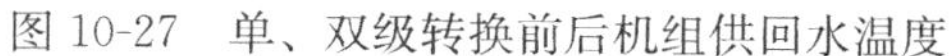
图 10-27　单、双级转换前后机组供回水温度

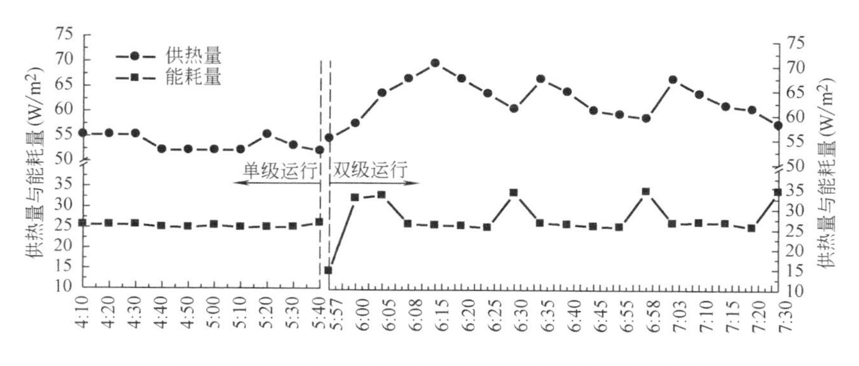

图 10-28　单、双级转换前后系统供热量与耗能量变化

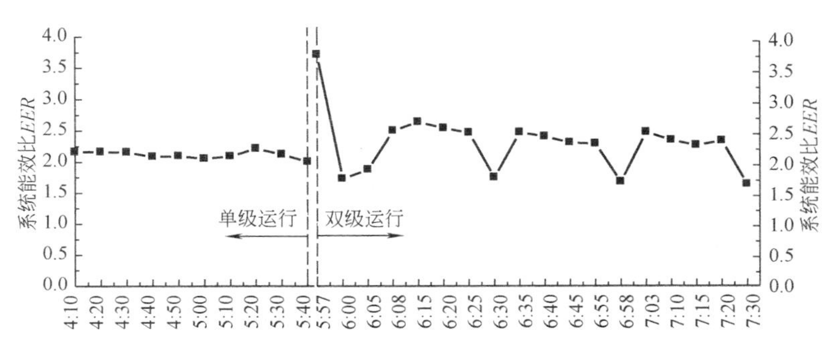

图 10-29　单、双级转换前后系统能效比变化

单、双级运行工况转换前后系统特性参数　　　　**表 10-5**

参数 / 机组	压缩比		排气温度(℃)		蒸发压力/冷凝压力(kPa)		供/回水温度(℃)		供热量(kW)		耗电量(kW)		能效比 EER	
	单级	双级	单级	双级	单级	双级	单级	双级	单级	双级	单级	双级	单级	双级
ASHP	4.8	2.6	83	58	356/1705	329/854	43.7 41.6	16.7/14.6	107	120	51	25	2.1	4.8
WSHP		3.1				597/1835		42.6/40.6		135		24		5.6

（4）机组调节过程对系统特性的影响

单、双级耦合热泵系统形式相对复杂一些，但其调节方式可以很简单。本工程采用位式调节方式。ASHP 的位式调节仅控制中间环路水温，而室温由风机盘管空调器控制。整个系统控制形式十分简单、方便，效果很好。

ASHP 机组的两台压缩机各有 6 个气缸，采用调载温差方式控制机组运行，两台压缩机轮流调载，当调载温差 Δt 为回归温差 t 的一半时，机组调载过程如图 10-30 所示，分 4 级交替加卸载，即(6 + 6)缸→(6 + 4)缸→(4+4)缸→(4+0)缸→停机。图中虚线为卸载运行，实线为加载运行。WSHP 机组依靠压缩机和机组的启停调节系统的供热量。机组运行调节参数设定见表 10-6，实际调节过程如图 10-30 所示。从图 10-24～图 10-28 中可以看出，双级运行时，系统的供回水温度、供热量、能耗量、供热性能系数等特性参数均随 ASHP 机组的加卸载过程呈周期性波动。ASHP 机组调节周期内，供水温度变化为 14.6℃→20.2℃→14.6℃，显示出变化快、波动大的特点。机组加载时，系统的供热量出现谷值，能耗量出现峰值，系统的供热能效比 EER 则呈现明显的谷值，机组卸载前供热量出现峰值，然后缓慢回落，能耗量则除开机过程外均保持稳定，系统的供热能效比波

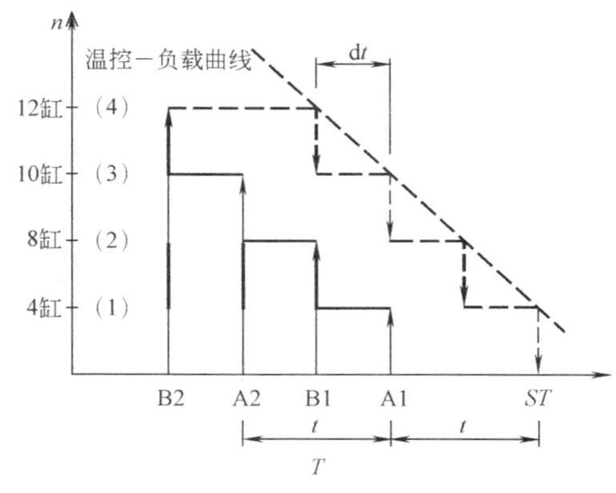

n: 级数；T: 出水温度；dt: 调载温差；t: 回归温差；ST: 设定温度；-A 机加卸载；-B机加卸载

图 10-30　ASHP 机组温控负载曲线

动不大。ASHP 机组这种频繁的调节过程主要是由于中间环路的热惯性较小，环路供回水温度对系统负荷响应较快所致。本次运行，回归温差设定为 5℃，以往测试数据显示，若回归温差设定为 3℃，则 60min 内即可完成以上 3 次启停过程。这种现象对双级耦合热泵供暖系统动态特性的影响较大，尤其是压缩机启动过程，机组能耗大，*EER* 低。压缩机的频繁启停，还加快了机组的磨损，增加了故障率。另外机组的供热能力始终处于波动之中。解决此问题的关键是在中间环路设置适当的蓄热装置，或改为以 2 缸为调节单元的缸数调节，以提高系统供热的稳定性。

系统运行参数设定　　表 10-6

	单级运行			双级运行		
	设定温度(℃)	回归温差(℃)	调载温差(℃)	设定温度(℃)	回归温差(℃)	调载温差(℃)
ASHP	45	1	0.5	21	5	0.9
WSHP				45	1	0.5

10.5.4　单、双级耦合热泵系统的经济性评价

表 10-7 为采用熵权层次分析法对包括双级耦合热泵系统在内的多种系统进行的经济性评价（以 10.5.1 节的工程为例）。评价指标包含经济指标（如费用年值、寿命周期成本、投资回收期等）、能耗指标（一次能耗标准煤量、能源利用率）和环境指标（废气、噪声），表 10-7 中前三种为双级耦合热泵系统的不同应用形式。

各种方案综合评价表　　表 10-7

评价项目 \ 方案		空气/水热泵+水/空气热泵系统	空气/水热泵+水/水热泵+风机盘管系统（单、双级）	空气/水热泵+户式水/水热泵+风机盘管系统	地下水源热泵+风机盘管系统	燃油热水锅炉+风机盘管系统
初投资	总费用（万元）	53.0	50.4	53.5	60.4	54.6
	单位面积造价（元/m²）	282	268	284	321	287
运行费	总费用（万元）	1.92	2.38	2.92	2.08	3.06
	单位面积运行费用(元/m²)	10.2	12.6	15.5	11.0	16.2
经济评价	费用年值（万元）	9.57	9.89	10.80	10.78	14.2
	寿命周期成本（万元）	83.0	84.2	92.0	91.7	87.3
	静态回收期（年）	25.03	30.25	47.74	30.74	229.83
能耗评价	一次能耗（t 标准煤）	57.58	40.68	55.87	26.18	43.53
	一次能耗利用率	0.65	0.92	0.67	1.43	0.86

续表

评价项目 \ 方案		空气/水热泵+水/空气热泵系统	空气/水热泵+水/水热泵+风机盘管系统（单、双级）	空气/水热泵+户式水/水热泵+风机盘管系统	地下水源热泵+风机盘管系统	燃油热水锅炉+风机盘管系统
环境评价	CO_2 [g/(m^2 · a)]	22279	24723	33194	19322	24218
	CO [g/(m^2 · a)]	1.63	1.81	2.42	1.41	1.84
	烟尘 [g/(m^2 · a)]	128	142	191	111	36
	SO_2 [g/(m^2 · a)]	47	52	69	40	21
	NO_2 [g/(m^2 · a)]	8.01	8.89	11.93	6.95	54.33
	噪声	大	中	中	中	中
熵权层次分析法综合评价顺序		③	②	④	①	⑤

由表 10-7 可以看出：

① 熵权层次分析法的综合评价顺序是：地下水源热泵系统；单、双级耦合热泵；燃油热水锅炉。

② 双级耦合热泵系统最好为单、双级混合式系统；第二为空气/水热泵+水/空气热泵系统；第三为空气/水热泵+户式水/水热泵系统。

但是，应该注意到：

（1）评价中，地下水源热泵选用一抽一灌方式，但实践中这种方式难于 100%回灌。

（2）评价中，空气/水热泵+水/空气热泵系统未按水环热泵空调系统计算。

10.5.5　案例分析与评价

（1）本工程位于北京凤凰岭自然风景区，由于燃油锅炉、燃煤锅炉禁止使用，因此热泵几乎成了唯一的选择。单、双级混合式系统是一种以室外空气为低位热源、适合于寒冷地区应用的新型供暖方式，其系统构思巧妙，技术先进，符合暖通空调可持续发展的战略。另外，多年运行实践表明，空气源热泵机组在室外空气温度高于－3℃的情况下，均能安全可靠运行。而寒冷地区在整个供暖期里室外气温高于－3℃的时数却占很大的比例，只有小部分时间内室外气温低于－3℃，极冷的天气更没有几天。为此，空气源热泵机组在寒冷地区运行时，应在室外气温较高时，先按单级模式运行，在室外气温较低时，再按双级模式运行。因此，本工程选用了单、双级混合系统。为确保系统运行的可靠性，本工程开展了一个多月的测试工作。在测试期内，单、双级耦合热泵供暖系统始终保持较高的供暖能效比（平均值为 3.2），室内温度平均值达到 19.5℃，系统运行稳定可靠，调节简单可行，说明双级耦合热泵供暖系统在寒冷地区使用是能够取得令人满意供暖效果的。

（2）热泵装置与系统是多种多样的，而空气源热泵仅是热泵家族中的一员。今后空气源热泵将不会因为其他热泵技术的发展而停滞不前，它将会获得更大的发展。这不仅是因为它具有节能与环保效益，而更重要的是它在供暖过程中，可实现部分热量循环使用，是一种以能量闭路循环使用为特征的热泵空调系统。建筑物将室内热量散失到周围大气中，并降低其品位，空气源热泵再将大气中的热量吸收，提高其品位再送回建筑物内，以补充损失掉的热量，从而维持人们居住或工作所需要的室内温度。因此，空气源热泵供暖应属于生态供暖范畴，是大有发展前途的，也会有广阔的应用前景。

（3）20 世纪 90 年代中期开始，空气源热泵的应用范围由长江流域开始扩展到黄河流域和华北等地区，在我国北方一些城市开始应用，试图以此来解决或部分解决这些地区供暖的能源与环境问题。几年的应用实践表明，从技术与经济方面看，空气源热泵的应用扩展到黄河以南地区是可行的，而在黄河以北的寒冷地区应用空气源热泵却有一些特殊性。在黄河以北以空气源热泵作为过渡季的冷热源用，其效果良好。若全年使用，其系统的安全性、可靠性均存一些特殊的问题。这主要是因为空气源热泵的性能受室外环境因素的影响较大，这些地区室外气温过低，引起空气源热泵供热量不足、压缩机的压缩比高、排气温度过高、能效比下降、制冷剂的冷迁移、润滑油的润滑效果变差、机组的热损失加大等问题。而本工程的测试结果和几年的运行实践充分表明，单、双级混合热泵系统基本解决了上述问题。特别值得一提的是 ASHP 采用分体式结构形式，效果十分好（详见《空气源热泵技术与应用》6.3 节图 6-8）。2005 年笔者为北京良乡某饭店设计安装一套单、双级耦合热泵系统。该项目为建筑面积 6500m^2 的一栋集客房、餐厅、洗浴、娱乐为一体的综合性民用建筑。该建筑采用 FHS760 双级耦合热泵系统进行供暖、供冷和供生活热水。自 2005 年 11 月投入运行以来，运行效果良好、安全可靠。

（4）通过本项目的测试和运行实践，笔者认为还应注意下述问题的改进与完善：

① 由于系统中间环路缺乏有效的蓄热手段，造成中间环路的热惯性较小，环路供回水温度对系统负荷响应较快，导致系统调节周期变短，机组的加、卸载调节过程过于频繁。适当加大回归温差仅能在一定程度上解决问题。为此，在今后对系统的设计过程中，应引入蓄热装置，寻求中间环路的最佳供水温度，进一步提高系统的供暖稳定性和能源利用系数。

② 本工程 ASHP 机组压缩机启停位式调节仅能完成 4 级调载，若在此基础上增加两级，使机组实现（6+6）缸→（6+4）缸→（4+4）缸→（4+2）缸→（2+2）缸→（2+0）缸→停机的运行调节模式，可以延长系统的调节周期，有利于稳定系统低温侧的供热能力，另外也可采用变频技术，以改善系统的调节特性。

③ 单、双级耦合热泵供暖系统不仅能够完成供热和供生活热水的过程，其夏季单级运行能够完成制备空调冷水的过程。但由于该系统较新，设计人员在设计过程要根据专业知识详细计算，选择相匹配的 ASHP 机组和 WSHP 机组进行耦合，才能提高系统的效率和可靠性。

10.6 地热尾水水源热泵案例分析

10.6.1 工程案例介绍

天津市动物园供热工程原为锅炉供热，有 3 台 4 t/h 燃煤锅炉，供暖时锅炉的供水温度 80～90℃，回水温度 50～70℃，运行期间为防止突然温降等情况一开二备，供暖系统末端为铸铁散热器。动物园原有地热井一口，井深 1000 m，出水温度 45℃，水质较好。为支持天津市“蓝天工程”，保护环境，结合现有资源，决定采用清洁地热能源进行供热。供热面积 9093.8m²。由于动物馆舍均为单层单体建筑，相对独立而且十分分散，且各个馆舍要求温度不一致，不利于集中方式供暖。所以将整个系统划分成 4 个区域，每个区域设置两台小型水源热泵机组，独立向该区域供热。分区模式控制比较灵活，能满足不同区域动物冬季对温度的不同要求[27]。系统分区及馆舍要求温度见表 10-8。其工程特点为：

（1）供暖期长。从每年的 10 月 15 日至第二年的 4 月 15 日，长达 6 个月。

（2）为节省初投资，保留原有末端的散热器。

（3）馆内温度必须满足要求，否则会危及动物的健康，给动物园造成巨大的经济损失。

（4）经过实际运行和测试，环保效益和经济效益显著。

系统分区及馆舍要求温度　　**表 10-8**

序　　号	分　　区	馆舍名称	所需温度(℃)
1	热泵一区	猩猩馆	20～22
		猿猴馆	18～24
		熊猫馆	10～15
		驯兽团	16～20
2	热泵二区	仙客来餐厅	18
		长颈鹿馆	15～20
3	热泵三区	河马馆	15～18
		大象馆	17～22
		犀牛馆	18～22
4	热泵四区	攀禽馆	18～24
		鸣禽馆	16～22
		维修队	18
		食火鸡	10～20

10.6.2　水系统原理及运行效果测试

（1）系统流程

根据此工程的特点，地热水系统的流程如图 10-31所示，45℃地热水自地热井提取后，经过地热管网系统送至各个馆舍，先经过原有的散热系统（铸铁散热器）散热后降至 33℃左右，然后尾水经过水源热泵机组再次提取热量，最终使地热水温度降低到 10℃后排放。热泵制出的 45℃热水经过地板辐射供暖系统或风机盘管系统向室内供热，满足动物馆舍冬季供暖要求。因此，本改造工程由利用地热水直接供给散热器，改造为散热器与水源热泵联合系统流程。此流程

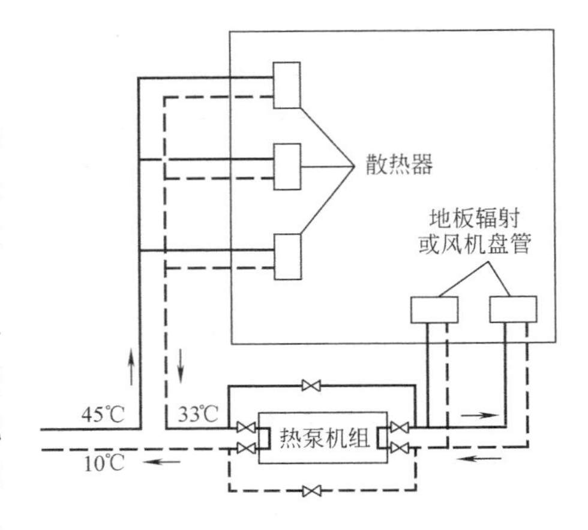

图 10-31　系统流程示意图

的特点：一是地热水采用梯级利用方式，增大了地热水的供回水温差（达到35℃），这样能够充分利用地热水中的能量，减少地热水的水量，减小热网管径，降低地热水输送能耗，减少管网的初投资；二是利用地热水（45℃）后，由于水温较原系统水温低，原有散热器散热量减少，不能满足馆舍的要求，而新系统中的水源热泵系统却可以补充其不足；三是原锅炉供暖系统循环水量约为90m^3/h，改用水源热泵后循环水量为25m^3/h，减少了65m^3/h；四是水源热泵用地热尾水作为热源，地热井水水温恒定，不受外界环境的影响，因此运行可靠，可以保持供热的出水温度稳定。另外，小型水源热泵机组具有自控程度高，温度适应性强，安装简单，运行管理方便，无人值守，安全可靠等优点。各分区一般选取2台水源热泵机组，部分负荷时可以开启其中一台，既有利于节能，又可以互为备用。在供暖初期和末期负荷较小时，可不开启热泵机组，地热水经过散热器散热后由旁通直接进入地板辐射系统或风机盘管，即可满足需求。

(2) 运行效果

图10-32是散热器与地板辐射供暖系统共同作用下，房间垂直方向平均温度的分布曲线。由图10-32中可以看出，垂直方向上在靠近地面0.2m以内，温度梯度很大，而在0.2m以上整个空间内温度梯度很小，大约在2.5～3m温度达到最高值，然后趋于平缓。整个房间的温度维持在约20℃，从实测效果来看完全满足实际的供暖需要。在2.5～3m高度，温度稍高的主要原因是散热器的传热主要是对流散热，热气流上升，使上部空间的温度明显高于下部。但由于散热器的散热量不占主导地位，另外散热器进出口温度要比常规散热器供暖的温度低，所以在大空间范围内，随着高度的增加，散热器的作用逐渐减弱，在空间的上部温度分布又趋于稳定。

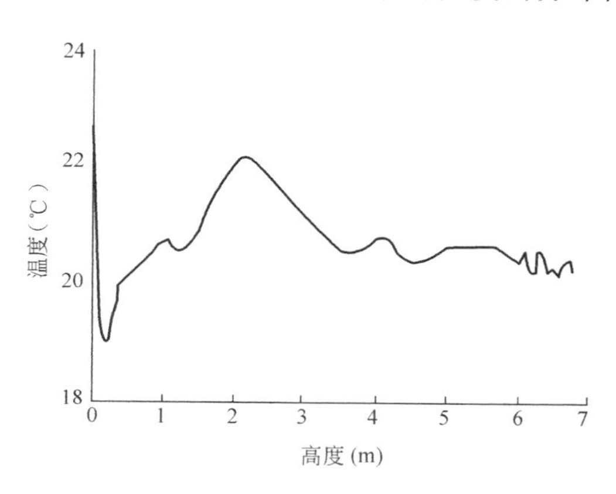

图10-32 空间温度分布曲线

10.6.3 案例分析与评价

地热作为一种清洁能源，在我国天津、北京、西安等地发展迅速，主要用于供暖、洗浴、花卉种植、水产养殖等。天津市蕴藏着丰富的地热资源，是我国开发利用地热能最早的地区之一。截至2004年底，天津市已开发地热井251眼，年开采量达2468万m^3，供热面积947万m^2，占全国地热供热面积的一半以上[28]。但地热供暖在实际利用中，却存在着开采量小、实际利用率低的问题，主要表现出以下三个突出的问题：地热水供暖后尾水排放水温较高，一般在40℃以上，没有进行很好的深度开发，造成了资源的较大浪费；有一些地热田属低温地热田，地热水温度低于55℃，能量品位低，不能直接为采用散热器的系统供暖；地热水供暖后尾水排放水温较高，对环境造成热污染，不符合环保的要求。

本工程为了解决地热尾水排放温度过高，造成资源浪费和热污染的问题，利用水源热泵机组从低温地热尾水中提取热量，从而降低地热尾水的排放温度，增大地热利用温差，充分利用地热资源，并使尾水排放符合环保要求。此项目根据能量梯级利用思想，设计合理，在地热供暖系统的节能改造过程中值得借鉴。同时，从本项目中还可以得到如下启示：

（1）地热井的钻井成本较高，地热水一经采出后，应尽可能地提高其热能利用率，做到物尽其用。利用热泵技术回收地热尾水余热，梯级开发利用，不仅能提高其能量利用率，还可以解决低温地热水或地热尾水排放后对环境造成的热污染问题。

（2）既有建筑节能改造中，采用地热水直接供暖与水源热泵联合运行的方式，在保留原有散热器条件下实现供暖，取代燃煤锅炉，可取得很好的环保效益和经济效益，避免燃煤锅炉的废气、废渣对周围环境的污染，省掉燃煤的运输费用、储煤场地费用、除尘费用、灰渣的运输处理费用等，符合节能减排的要求。

（3）本项目在改造过程中，并没有取消原有的散热器，节省了投资，为我国既有暖通空调系统的改造提供了较好的借鉴。

10.7 水环热泵空调系统案例分析

10.7.1 工程案例介绍

北京嘉和丽园公寓是一座高档住宅式公寓，占地 14175m²，总建筑面积为 87949m²，为三座塔式建筑，地上最高 32 层，地下 3 层，总建筑高度为 98m。该建筑包括地下车库、设备用房、一、二层会所、游泳池及公寓，公寓是由三栋 32 层的塔式住宅组成，公寓部分建筑面积为 62759.25m²，共 369 户。建筑总图见图 10-33。总冷负荷为 4200kW，冷负荷指标 64W/m²。总热负荷 3400kW，热负荷指标为 51.8W/m²。1998 年设计，1999 年开工，2000 年底竣工[29,30]。

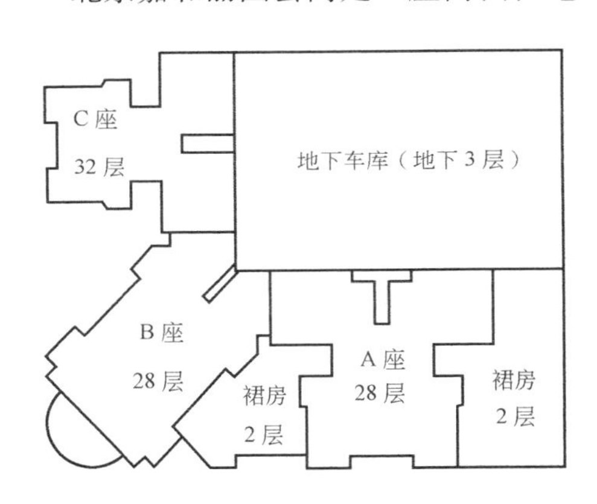

图 10-33 嘉和丽园公寓建筑总图

10.7.2 空调系统

北京嘉和丽园公寓的空调方式采用以井水为外部热源的水环热泵空调系统。其空调面积约为 70000m²。无组织进新风。室内空气温度见表 10-9。图 10-34 给出空调水系统的原理图。

室内空气温度　　表 10-9

	厅、卧室	厨房	厕、浴室
冬季(℃)	20	18	25
夏季(℃)	26	28	27

（1）深井水源

本工程总需水量为 400t/h，打 4 口井，井间距为 120m，井管管径为 ϕ500，井深 170m，可开采水层累积深度在 35～40m，静水位为 18m，动水位为 24m，水温 12～14℃。根据抽水实验，每口井出水量为 200t/h。回灌实验在井口压力为 0 时，回灌量为 200t/h，井口压力增大时，回灌量亦增加。地下水管路通过板式换热器与水/空气热泵机组水环路

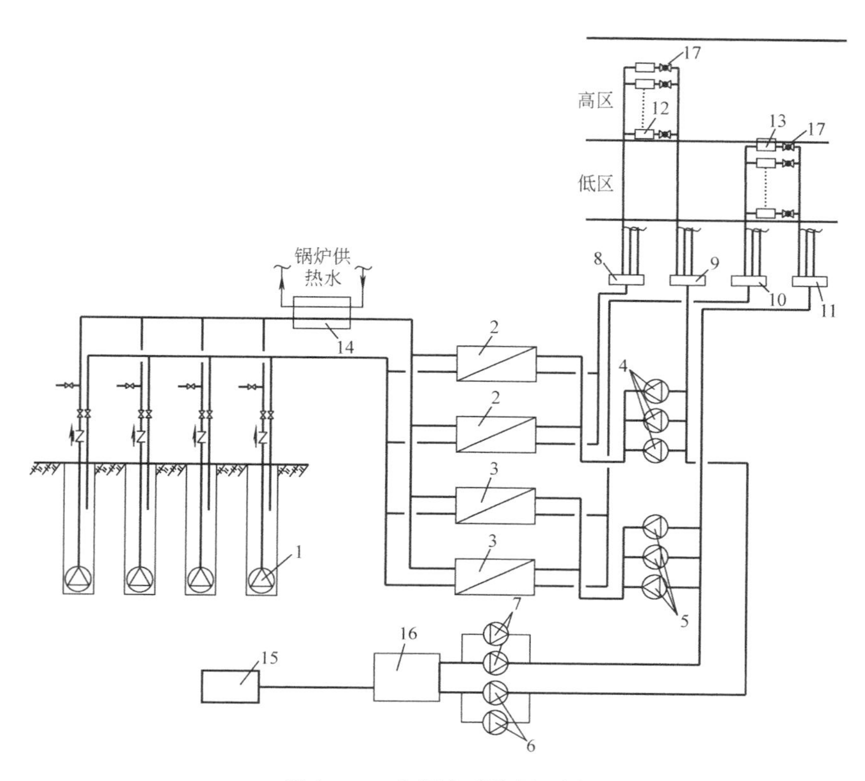

图 10-34 空调水系统原理图

1—深水井泵；2—高区板式换热器；3—低区板式换热器；4—高区水环路（二次水水环路）循环泵；5—低区水环路（二次水水环路）循环泵；6—高区补给水泵；7—低区补给水泵；8—高区分水缸；9—高区集水缸；10—低区分水缸；11—低区集水缸；12—高区小型水/空气热泵机组（又称高区水源热泵机组）；13—低区小型水/空气热泵机组（又称低区水源热泵机组）；14—辅助热源（容积式加热器）；15—水处理装置；16—补给水水箱；17—手动平衡阀

分隔开，形成一次水和二次水系统。一次水系统（地下井水系统）采用变频技术，根据板式换热器进、出口温差，控制深井泵的出水量，以适应冷（热）负荷的变化。

本工程采用两抽两灌。在冬季时，地下井水通过板式换热器向水环热泵空调系统的水环路供给热量，并利用生活热水锅炉的备用锅炉作为辅助热源。冬季井水温度过低时，可通过系统上的容积式加热器加热一次网水，以补充不足的热量；在夏季时，地下井水通过板式换热器从水环路中带走热泵机组的冷凝热，而升温后的井水再回灌到地下含水层内。为了避免回灌井的堵塞，考虑了取水井、回灌井交替使用及回扬的设备、阀门设置和控制。深水井抽取回灌温差，夏季为 8～10℃；冬季为 5～6℃。

（2）水源热泵的水环路

水环路为闭式水环路系统，通过板式换热器与地下井水系统分隔开。因此，水环路也是二次水泵系统。根据楼层高度进行竖向分区，十六层以下为低区，十六层以上为高区。高、低区分别设置循环水泵、补给水泵、分水缸和集水缸等。水环路采用定流量系统，为使流过机组的水流量恒定，每台机组和支管路上安装手动平衡阀。水环路（二次网）水的设计温度：夏季为 18～32℃；冬季为 12～6℃。热泵机组进、出口温差为 4～6℃。高、低区水环路的冬、夏季水流量均为 327t/h。

选用 4 台板式换热器，每台换热面积为 216m^2，其换热量为 1800kW（18～24℃/14～22℃）。

高、低区分别选 3 台（2 用 1 备）循环水泵，其参数为：流量：180m^3/h；扬程：38mH$_2$O；电功率：30kW。

高区定压补给水泵选 2 台（1 用 1 备），其参数为：流量：6.2m^3/h；扬程：118mH$_2$O。

低区定压补给水泵选 2 台（1 用 1 备），其参数为：流量：7.4m^3/h；扬程：66mH$_2$O。

系统定压方式采用变频泵补水定压。

为了确保水环路中的水质良好，本工程设置水处理设备，对补水进行水处理。

（3）水/空气热泵机组（水源热泵机组）

每户住宅根据面积大小和建筑平面布置，设置一至两台热泵机组，落地或吊顶安装，热泵机组接风管，通过风管将冷（热）量送至各房间。根据建筑条件及使用要求，或采用回风管道回风，或由门缝回风。从经济角度出发，不另设新风系统，新风通过窗缝无组织进入。为保持厕所、浴室的负压，当热泵机组开启时，同时开启各厕浴的排风机，防止厕所的异味串到其他房间。

热泵机组的确定，住宅是以户为单位，共选 505 台，每台冷量从 4.71kW 到 14.90kW；商务会所及游泳池共选 14 台，每台冷量从 14.90kW 到 41.20kW。

10.7.3　公寓部分空调设备费概算及系统运行情况

（1）公寓部分空调设备费概算

公寓部分空调设备费概算见表 10-10。

空调设备费概算表　　**表 10-10**

设备名称	台数	单价(万元/台)	总设备费(万元)
水/空气热泵机组	477	2.5	1193
板式换热器	4	27.5	110
容积式加热器	1	6.5	6.5
循环水泵	6	1.85	11.1
定压补水泵	4	0.25	1.0
软化水设备	1	4.0	4.0
自动控制	1	30	30
2t/h 热水锅炉	1 套	25	25
风管系统			205
水管系统			88.7

设备费共计 1564.3 万元，单位建筑面积设备费用指标为 290.7 元/m^2。另外，打深井及深井泵、管道费用约为 150 万元。

（2）运行情况

该工程在 2000 年冬季和 2001 年夏季试运转两个季节，2002 年冬季大部分用户入住，其系统正式运行，情况良好。地下水温稳定在16℃左右，冬季室内温度都在20～22℃以上。据2001～2002年初的冬季运行记录，板式换热器前一次水进水温度为16～14℃，一次水出水温度为13～11℃。板式换热器后二次水出口温度12.4～9.9℃，入口温度为11.1～9.02℃。深井运行为一抽两灌，间歇启停。

10.7.4 案例分析与评价

（1）本工程将地下井水通过换热器与传统水环热泵系统耦合在一起组成新系统，它是利用可再生能源的一种综合系统。与传统水环热泵空调系统相比，冬季通过换热器从地下井水中吸取热量作为传统水环热泵空调系统的外部热源，不足部分由热水锅炉补充；夏季通过换热器将水环路中的热量释放到地下井水中，从而可以省去冷却装置。与传统的设有锅炉和冷却塔的系统相比，该系统可以说是一种节能、环保的空调系统[31]。

（2）从运行效果看，该系统运行良好。水环热泵空调系统只有在建筑物有内外区或同时存在冷热负荷时，才能具有很好的节能效果。因此，如果本系统能将热水供应结合进去，则系统的夏季节能效果将会更好。

（3）如何为系统引入合适的外部冷热源，是设计者应认真考虑的问题。根据具体问题，引入地下井水、地埋管系统、太阳能系统、低谷电蓄热系统、系统本身的蓄能等，对系统运行的节能都是有所裨益的。

10.8 土壤耦合热泵空调系统案例分析

10.8.1 工程案例介绍

上海台海大厦总建筑面积11000m²，其中空调面积7500m²。经计算其空调夏季设计冷负荷1200kW，冬季设计热负荷700kW。整座建筑采用分散式热泵系统，既可以夏季供冷，也可以冬季供暖。室内机组总功率350kW。考虑到房间的使用率和机器的使用率，取夏季需要排向室外的热量为1550kW，冬季从室外吸收的热量为500kW。外界热源采用闭式循环的地埋管系统，夏季热汇采用此埋管系统加冷却塔。整个系统共分三个环路：空调系统环路、地埋管环路和冷却塔环路。该系统原理如图10-35所示。

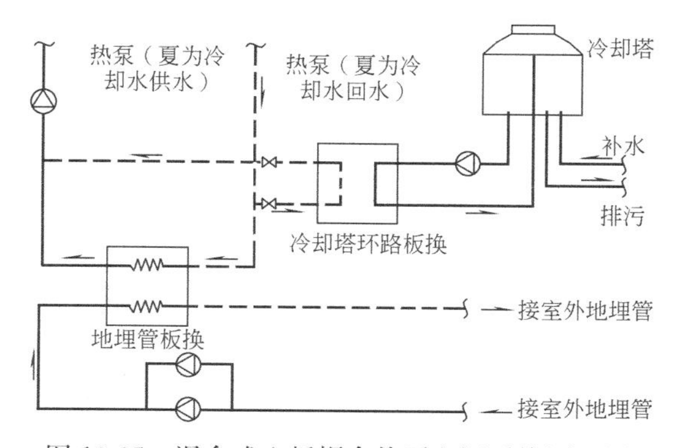

图10-35 混合式土板耦合热泵空调系统原理图

整个系统的控制策略为：冬季地埋管的换热量刚好满足整个建筑的供热需要；在过渡季节部分制冷或制热时，地埋管环路会根据空调系统内环路中的水温而控制启停；当夏季冷负荷进一步加大，内环路水温超过32℃时，冷却塔环路就会开启，当冷却塔开启后内环路水温会下降，当环路水温低于28℃时，冷却塔环路又会自动关闭[32]。

10.8.2 混合地埋管系统的设计概况

（1）地质勘探说明

根据实地地质勘测，台海大厦地基处的岩石特性为：28m以上为土质，28～56m为强风化岩，56～80m为中轻风化岩，地下为铁化海底礁石层。由岩土物性测定仪测定的热导率，见表10-11。

台海大厦土力学参数 **表10-11**

土质	热导率[W/(m·K)]	密度(kg/m³)	比热容[kJ/(kg·K)]
黏土、淤泥、砂砾等	0.91～3.135	1800～2250	14.654

由表10-11可知，本工程所在地岩层分布较为简单。本工程打井至78m，故只需对土质热导率进行加权处理，再考虑对含水层影响的修正，得土壤热导率为1.24W/(m·K)。

用加权处理后的土壤热导率代替等效岩层的热导率，用黏土的密度和比热容代替等效岩层的密度和比热容。等效岩土的物性参数：热导率为1.24W/(m·K)，密度为2250kg/m³，比热容为14.654kJ/(kg·K)。

本区域岩层主要为砂质黏土、黏土、泥土、细砂等，湿度以湿饱和为主，回填材料选用细砂和饱和黏土（或膨胀水泥+黏土），属于重饱和潮湿性土壤。等效岩土综合导热系数取值为2.4W/(m·K)（表10-12）。

不同回填材料等效岩土综合导热系数 **表10-12**

回填材料	W/(m·K)
细砂和饱和黏土	2.40
膨润土-砂浆	2.91
重砂浆	3.33

（2）混合地埋管的材料与设备选型

由于地埋管换热是冬季换热的唯一方式，则地埋管的长度将按冬季工况选取，取管内流体的平均温度为4℃，外界环境土壤温度为15℃，则传热温差为11℃，土壤综合导热系数2.4W/(m·K)，则每米孔深换热热量26W/m。冬季吸收热量500kW，采用单U形竖直埋管，各U形管采用并联连接。U形管采用国产高密度聚乙烯管，内径26mm，外径32mm，共钻孔121个，孔深78m，孔间距4m，共占地面积1400m²。配合地埋管的地埋管环路板式换热器一台，换热面积109.8m²，最大热交换量540kW。地埋管水环路水泵一用一备，流量112m³/h，扬程32m，功率22kW。

夏季系统共散失热量1550kW，地埋管部分能带走500kW，其余选用辅助用冷却塔，其技术参数为流量250m³/h，输入功率11kW。配合冷却塔的冷却塔环路水泵一用一备，其技术参数为流量280m³/h，扬程16m，功率18.5kW。冷却塔环路板式换热器一台，换热面积109m²，最大换热量1163kW。

（3）单一地埋管的材料与设备选型

当系统选择冬夏全部用地埋管做热泵的热源热汇时，其系统简称为单一地埋管系统。由于夏季工况的热负荷明显大于冬季工况，应当以夏季工况作为选择地埋管的依据。由于夏季环路温度高，取地埋管内平均温度30℃，管内流体与土壤温差15℃，土壤导热系数取值为2.4W/(m·K)，则地埋管传热量36W/m。在总传热量1550kW的情况下，则共需要268个深78m的孔，孔间距4m，占地面积2180m^2。选用板式换热器一台，换热面积140m^2，最大换热量1550kW。地埋管循环水泵一用一备，流量245m^3/h，扬程32m，功率37kW。

10.8.3　单一地埋管和混合地埋管系统的经济性分析

（1）两种系统初投资对比

单一地埋管和混合地埋管系统的初投资比较　　表10-13

	设备型号	参数	数量	单价(元)	价格(元)	备注
单一地埋管系统						
钻孔及管材费用	地埋管	268孔	1	1286400	1286400	
板式换热器(埋管侧)	板换BR-08型	换热面积140m^2	1	140000	140000	
水泵(埋管侧)	KQW200/320-37/4(z)	流量245m^3/h	2	13200	26400	一备一用
		扬程32m				
		功率37kW				
附件			1	20000	20000	
总计					1472800	
混合地埋管系统						
	设备型号	参数				
钻孔及管材费用	地埋管	121孔	1	550000	550000	
板式换热器(埋管侧)	BR-08型	换热面积109.8m^2	1	109800	109800	
板式换热器(冷却塔侧)	BR-08型	换热面积109m^2	1	109000	109000	
水泵(埋管侧)	KQW200/320-22/4(z)	流量112m^3/h	2	6500	13000	一备一用
		扬程32m				
		功率2kW				
水泵(冷却塔侧)	KQW200/320-18.5/4(z)	流量280m^3/h	2	7740	15480	一备一用
		扬程16m				
		功率18.5kW				
冷却塔	KST-400	循环水量250m^3/h	1	37440	37440	
		功率11kW				
附件			1	30000	30000	
总计					864720	

现在对单一地埋管和混合地埋管系统进行经济性分析。系统的主要花费为打孔、板式换热器、水泵、冷却塔。其中材料均按照现在的市场价格，121口钻孔连同管路费用为55万元，相当于每口钻孔总费用4600元，钻268口钻井费用128.6万元。两种系统的初投资见表10-13。很明显，在初投资方面，混合地埋管系统明显低于单一地埋管系统，共节省初投资1472800－864720＝608080元。

（2）两种系统运行费用对比

按照上海台海大厦的使用情况对其运行费用做个对比。由于室内侧使用的机组相同，所以其运行费用相同，现仅对室外换热部分和辅助设备的功率进行对比。当使用单一地埋管时，室外换热部分运行设备只有地埋管循环水泵，功率为 37kW；当使用混合地埋管系统时，室外换热部分运行设备有地埋管循环水泵，功率为 22kW，冷却塔功率为 11kW，冷却塔循环水泵功率为 18.5kW。其中冷却塔和冷却塔循环水泵随负荷大小部分启停。其具体的运行时间及费用见表 10-14。

单一地埋管和混合地埋管两种系统运行费用对比　　表 10-14

	时间(天)	每天运行时间(h)	总运行时间	功率(kW)	电价(元/kWh)	费用单位(元)
单一地埋管系统						
夏季地埋管循环水泵运行	180	8	1440	37	1	53280
冬季地埋管循环水泵运行	90	8	720	37	1	26640
总计						79920
混合地埋管系统						
夏季冷却循环水泵运行	180	8	1440	18.5	1	26640
夏季冷却塔运行	180	8	1440	11	1	15840
夏季地埋管水泵运行	180	8	1440	22	1	31680
冬季地埋管水泵运行	90	8	720	22	1	15840
总计						90000

以上统计的前提是：电价 1 元/kWh。在实际运行中由于冷却塔和冷却塔环路水泵是一个动态的启停过程，所以其运行时间无法估计。现在以最恶劣情况估算冷却塔和水泵的运行，即整个夏季冷却塔和水泵都运行 180d，不考虑其停机的情况。由表 10-14 可知，单一地埋管系统运行费用每年 79920 元，混合地埋管系统运行费用每年 90000 元。由以上对比可以发现，当处于最乐观的情况时，一年运行下来单一地埋管系统的运行费用也只比混合地埋管系统节约 90000－79920＝10080 元。

根据以上对比可知，尽管混合地埋管系统的年运行费用比单一地埋管系统多出 1 万元，可是其造价比单一地埋管系统节约 60.8 万元。因而，采用单一地埋管系统的投资回报期为 60 年（还是在未计入预期投资回报率的基础上，如果考虑 3.5％的利率，则回报期更长）。而通常一套地埋管系统的使用年限为 15～20 年，很明显使用混合地埋管系统更有经济优势。同时使用混合地埋管系统所需埋管面积仅占 $1400m^2$，而单一地埋管需要 $2180m^2$。在江浙城镇尤其上海等大中城市，楼房容积率较高，混合地埋管系统则更有推广的价值。

10.8.4　案例分析与评价

台海大厦位于我国长江三角洲平原的上海市，处于我国夏热冬冷地区。这个地区的负荷特征是：夏季冷负荷明显大于冬季热负荷。按照工程经验，一般夏季冷负荷为冬季热负荷的2倍左右。因此，如果全部采用地埋管系统，则存在以下两个问题：

（1）地下埋管换热器夏季向埋管附近土壤排出的热量远大于冬季从土壤中吸取的热量，使冬季和夏季的土壤负荷产生不平衡，系统长期运行将使埋管周围土壤温度升高，夏季埋管内流动介质与周围土壤温差降低，换热能力减弱，影响系统能效比和运行特性。

（2）为满足建筑供冷需要，就要增加地下埋管长度以增大换热量，从而在冬季使用时埋管长度远远大于实际建筑室内负荷要求。这样，不但造成资源的浪费，无疑也大大增加了初投资。同时使埋管场地需求增大，严重削弱了土壤耦合热泵系统的优越性。

本工程在分析系统的冷热负荷及岩土特性的基础上，采用冷却塔加U形地下竖直埋管的混合地源热泵系统，运行结果表明，该项目是经济可行的。

土壤耦合热泵系统初投资高，已是人们的广泛共识。为了降低初投资，推广土壤耦合热泵系统，国内外技术人员想了很多办法，其中一个有效办法是：采用混合土壤耦合热泵系统（Hybrid Ground - Source Heat Pump：HGSHP），即地埋管系统+冷却塔或地埋管系统+锅炉等。在夏热冬冷地区和夏热冬暖地区的办公及商业建筑中，年度供冷负荷远大于供暖负荷，土壤吸排热不平衡，单一采用地埋管系统初投资巨大，造成资源的浪费；而且，逐年累积，地温升高不利于系统正常运行。在这种情况下，选用地埋管系统+冷却塔的混合热泵系统是合适的。尽管混合地埋管系统的运行费用略高，但与其节约的初投资相比，所占比重相当小。因此，在夏热冬暖地区和夏热冬冷地区，采用混合地埋管系统更具有实用性和经济性。同样在寒冷地区，当年度供暖负荷远大于供冷负荷时，可以采用地埋管系统加锅炉的混合式热泵系统，而地埋管按夏季负荷设计，采用锅炉为系统补充冬季不足负荷，其系统同样具有经济和实用性。

再者，有的工程为降低地埋管的初投资，将设计负荷分为基本负荷与高峰负荷，基本负荷（如取设计负荷的50%～60%）作为地埋管设计的依据，而调峰负荷则由常规系统（如夏季冷水机组+冷却塔，冬季燃气、油锅炉或热力网）来承担。众所周知，空调系统全年大部分时间在基本负荷下运行，峰值负荷出现的时间非常短。因此，地埋管系统虽然按基本负荷设计，却可能承担全年累计负荷的80%～90%，充分发挥它的节能效益和减排效果。相对于全部采用地埋管系统，又可节省大量的初投资。传统系统的投资比地埋管热泵系统要省，其运行费、能耗等又比地埋管要多，但是传统系统调峰时间非常短，仅承担全年累计负荷的20%～10%。综合比较，这种设计理念既可节省大量的初投资，又没有过多增加运行费用。因此说这种设计理念是先进而合理的。

10.9 基于热泵的能量综合利用系统案例分析

10.9.1 工程案例介绍

桂林市游泳馆是广西壮族自治区十运会建设的大型体育建筑，除作大型游泳比赛场所外，平时供专业游泳运动员训练，同时也是市民游泳健身的场馆。游泳馆位于桂林市体育场东南角，占地面积8800m²。馆内共分3层，一层为大厅、热泵空调机房、摄影房、健身房和器材库，二层为一个标准10泳道的游泳池（50m×25m），三层为训练池（25m×21m）和公共池（21m×18m）。配套使用的更衣室、淋浴室、医务室、运动员及裁判休息室等均设在二层。该馆按现代比赛要求设计，规模可作为省市区级游泳比赛场馆。

室内游泳馆设计池水温度为26℃，室内设计温度为28℃，相对湿度60%～63%，气流末端风速度不大于0.25m/s；游泳馆设计服务人数300人次，淋浴喷头共34只，每只喷头供水量0.1L/s，每人每次用热水量30L，供水温度为55℃。

馆泳池区除湿量218.5kg/h，新风量0.9m^3/s，换气次数为4h^{-1}，水加热负荷为144kW，夏季总冷负荷为274.5 kW，选择两台123kW的热回收型热泵机组（不足部分由其他空调设备补充）。冬季空调热负荷为324.1kW。游泳馆池厅空间大，又是间歇使用的场所，为了冬季能快速提高池厅温度，在热泵出风口加装空气辅助电加热器。

游泳馆每天工作按12h计算，淋浴所需热量为40kW，选用两台供热量为24.6kW的空气源热泵机组制热水[33]。

10.9.2　泳池能量回收系统设计

（1）池厅风系统设计

桂林市虽属非供暖地区，但在冬春季节气温仍比较冷，如果池厅不供热，运动员在入水前和出水后会有不舒适的感觉。本馆送风方式采用上送下回的方式，即送风管分布在馆顶网架内，回风管分布在高于地面泳池四周地面上。通过热风循环来调节室内空气温度，同时保证馆内空气流动。

该系统空调热回收原理如图10-36所示。池厅总送风量为69000m^3/h，采用22500m^3/h除湿-加热热泵热回收机组Ⅰ二台和24000m^3/h除湿-加热热泵热回收机组Ⅱ一台，设置于一层机房内。热泵机组送风借助两个对称的建筑竖风道送至地上三层。在三层送风道出口处安装微穿孔消声器，总回风道利用三层泳池四周回风道。为了满足训练比赛的要求，池厅空间吊顶距地面13m，池厅送风干管穿行在网架内，离地面标高大约15m。池厅送风方式为垂直下送风，风口采用双层百叶风口，出口风速不大于3m/s。风口布置在泳池和运动员活动区域上空，冬季送热风末端计算速度为0.5m/s，风速稍大于理想速

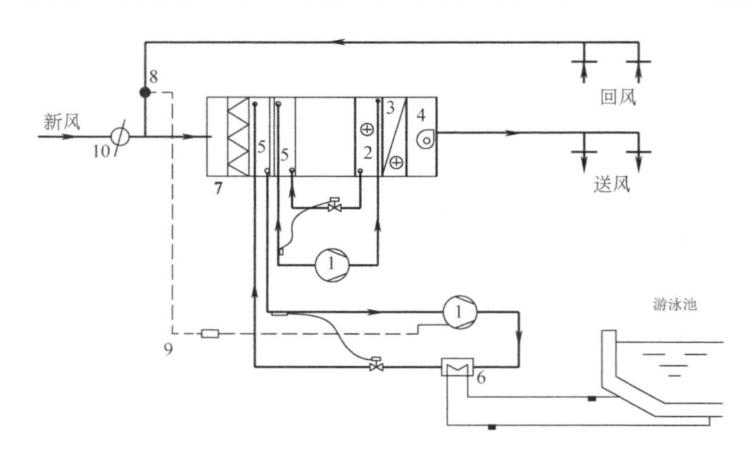

图10-36　泳池除湿-加热热泵空调系统原理图

1—压缩机；2—风冷冷凝器（空气/制冷剂换热器）；3—辅助电加热器；4—风机；5—蒸发器（空气/制冷剂换热器）；6—水冷冷凝器（水/制冷剂换热器）；7—过滤器；8—温感元件；9—控制器；10—风量调节阀

度（0.25m/s），为的是加快热空气流动，增加人体舒适感。池厅的回风口设在泳池四周高出地面 0.7m 处，尽量靠近地面，以便及时把地面湿气带走。

（2）除湿-加热热泵热回收机组Ⅰ

除湿-加热热泵热回收机组Ⅰ的制冷剂循环及组成如图 10-37 所示。该机组由两个单独的制冷剂循环——两台热泵所组成：一个是空气/空气热泵；一个是空气/水热泵。第一台热泵部分承担游泳池室内空气的除湿，与此同时，用风冷式冷凝器再加热除湿后的空气。如果单用一台热泵达不到预定的除湿量，则启动第二台热泵完成其余的除湿量。但第二台热泵的冷凝器采用套管制热水，将回收的热量去加热池水。控制进入的新风量为最小值，以节约能量。晚间不用新风，完全采用室内空气循环。当除湿量减少（意味着吸热减少、空气的冷凝热减少）时，采用辅助加热器（通常为电加热器）加热空气，以保证室内供暖需要。由此可见，该机组能将池水表面蒸发潜热回收利用，转移到池水和空气中，弥补池水和空气的热损失，同时实现空气调节和除湿功能。

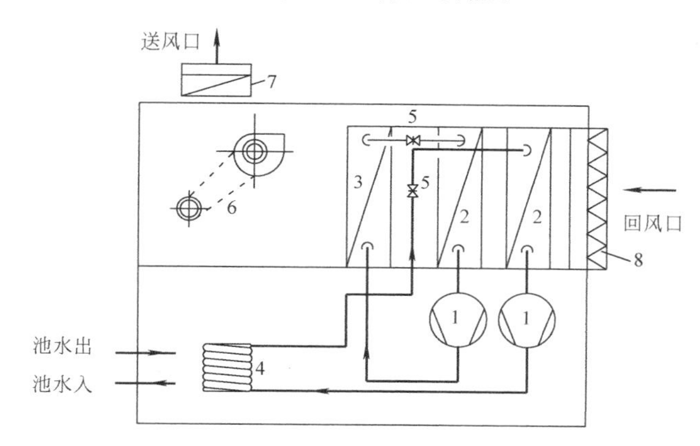

图 10-37　除湿-加热热泵热回收机组Ⅰ的制冷剂循环及组成

1—压缩机；2—蒸发器（空气/制冷剂换热器）；3—风冷冷凝器（空气/制冷剂换热器）；
4—水冷冷凝器（水/制冷剂换热器）；5—节流机构；
6—风机；7—辅助加热器；8—过滤器

（3）除湿-加热热泵热回收机组Ⅱ[34]

图 10-38 为国外某公司除湿-加热热泵热回收机组Ⅱ的流程。由图 10-38 可以看出，与上面介绍的机组不同，它是由一套独立的空气/水热泵机组和送风与排风的热管能量回收器组成的系统。该热回收机组的送风由热管换热器加热和再加热（调整露点）；对室内空气进行双重除湿——热管的冷端除湿、热泵蒸发器中的除湿。排走一部分的回风，补入室内人员必需的一部分新风。新风量用露点控制器调节。该机组在工程中应用的原理如图 10-39所示，热泵机组吸取温水游泳池室内的水蒸气和热空气中的潜热和显热，通过空气源热泵，将热量转移到游泳池中来加热池水，使水温保持恒定；同时又将游泳池的室内空气去湿、降温，并补入一部分新风后，送入室内，以保证室内空气品质和不结露。该机组的综合能效比较高，可有效地降低游泳池室内空气的降温费用、池水的加热费用和室内空气除湿费用。

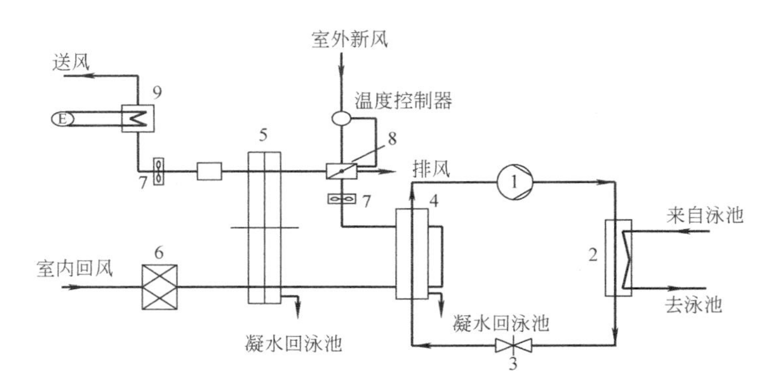

图 10-38　除湿-加热热泵热回收机组Ⅱ系统流程

1—压缩机；2—水冷冷凝器（水/制冷剂换热器）；3—节流机构；4—蒸发器（空气/制冷剂换热器）；5—热管换热器；6—过滤器；7—风机；8—风量调节阀；9—电加热器

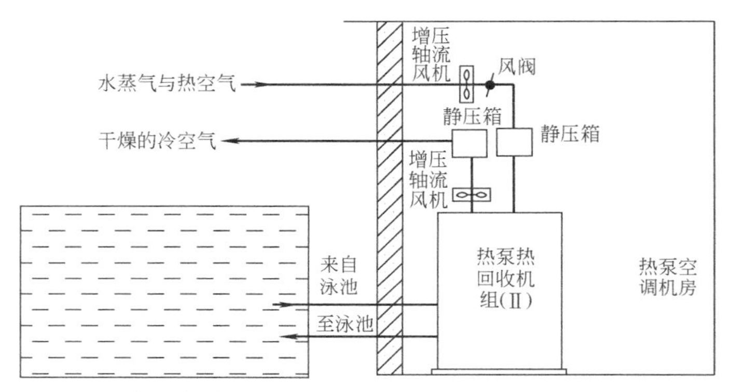

图 10-39　除湿-加热热泵热回收机组Ⅱ在室内游泳池应用的示意图

10.9.3　案例分析与评价

室内游泳馆暖通设计主要包括馆内温/湿度控制和池水、淋浴水加热。为保证游泳馆的功能需求及室内空气品质，池水全年需要加热。冬天需要除湿加热，夏天需要降温除湿等。传统的设计方法是采用冷水机组＋锅炉供暖，实现冷暖控制；馆内池水和淋浴用水加热主要采用锅炉循环加热，维持水温恒定。传统的除湿技术措施，根据不同的条件，可采用加热通风、冷冻除湿和材料除湿（液体吸湿剂或固体吸湿剂）。因此，其运行耗能较高，成本较大。

本工程成功地将热泵热回收机组用于游泳池的加热、除湿和降温，利用游泳池室内空气热量（潜热＋显热）的热泵热回收机组，可以达到“一机两用”、“一机三用”的功能。在制热保证池水恒温的同时，达到改善游泳馆室内空间的空气环境、去湿降温的目的。此外，本工程还采用空气源热泵对淋浴用水加热，这是国内大型游泳馆首次采用热泵实现加热。这充分说明，在游泳馆内除了用热泵实现除湿和热回收外，还可以利用外部热源（如地下水、地表水、土壤、空气等）的热泵提供游泳池馆的全部热量（如池水加热、淋浴水及其他用房的供暖等）。本项目自 2003 年 9 月开馆至今，设备运行达到设计要求，符合比赛游泳场馆标准，并且比传统锅炉＋冷水机组节省了 2/3 的年运行费用，收到了良好的经济效益。

游泳馆需要大量的热量，而人工冰场需要大量的冷量，如果将人工冰场和游泳馆联合在一起，采用热泵系统同时供冷与供热，这样就可以充分利用消耗的电功率，既满足游泳馆的用热要求，又满足人工冰场的用冷要求。但应注意二者的匹配关系，系统设备的选择可按人工冰场冷负荷确定热泵系统的大小，然后核算游泳池供暖、通风、热水供应等负荷。不足部分可用其他加热方法补充。国外这样的实例不少。

10.10 再生水源热泵工程案例分析

10.10.1 工程概况

某再生水源热泵供热/供冷系统位于大连星海湾广场的东部。一座污水处理厂坐落在该区域中，为热泵系统提供了良好的冷热源，同时由于该区域靠海，采用海水源热泵系统也是该区域供热/供冷的好方法，增强了这一系统的可靠性。

该项目被列为全国首批可再生能源建筑应用示范项目，其规划供暖规模为建筑面积200万 m^2，计划分三期实现。2007年初完成一期所有的工程，可以满足30万 m^2 建筑的供热/供冷需求。二期完成时，可满足70万 m^2 建筑的供热/供冷需求，三期完成时可以满足200万 m^2 建筑的供热/供冷需求。该热泵站一期采用3台10MW离心热泵机组，该机组利用某污水处理厂排放的城市再生水作为低位冷/热源（海水部分目前未开通），单台机组制冷量为10MW，制热量为7.2MW，供热/供冷面积约30万 m^2，为大连某会展中心、商业广场和游泳馆等建筑供热制冷。夏季总冷负荷为32.1MW，冬季总热负荷为21.73MW。一次网采用二级泵系统，二级加压循环水泵3台，其中2台的额定功率为500 kW，另一台的额定功率为132 kW，均可变频调节运行。初级泵仅克服热泵机组换热器以及少部分管路阻力，即使在一次网流量变化时，也能确保通过机组换热器的流量恒定。一次网供水进入分换热站的板式换热器换热后供二次网用户使用。采用高压小球式污水换热器清洗系统。热泵系统原理见图10-40。

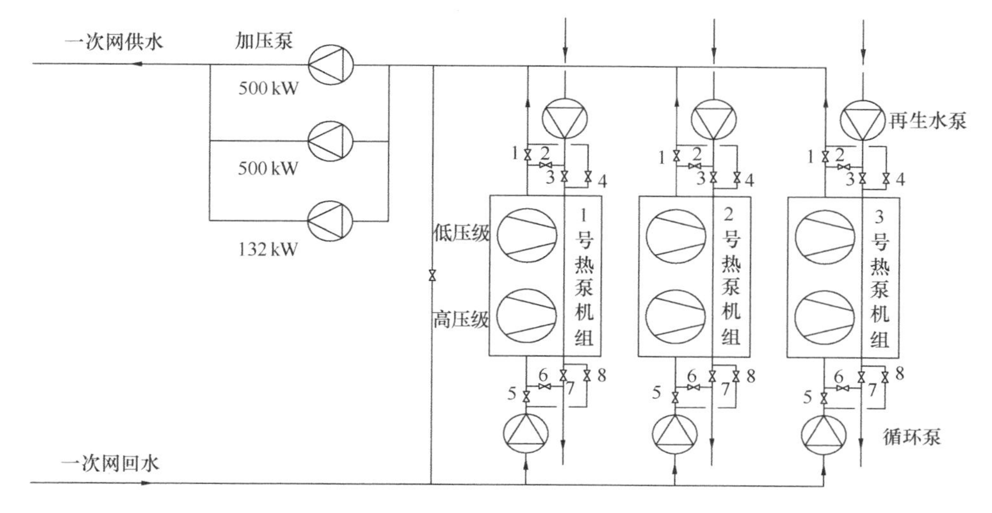

图10-40 热泵系统原理图

机组运行时，通过蒸发器和冷凝器入口处的阀门人工控制再生水和一次网冷/热水的流向，热泵机组中制冷剂的流动方向在冬夏季不变，夏季：关闭阀门 2、4、6、8，开启阀门 1、3、5、7；冬季：开启阀门 2、4、6、8，关闭阀门 1、3、5、7。

每台热泵机组安装了一个独立的 PLC 系统。中央控制系统除了可以控制热泵机组以外，还控制分配泵、阀门、仪器仪表等，同时也可以监控调峰换热站和各分站的运行状态。此外，该监控系统也可以实现远程控制和远程诊断，中央控制系统计算机界面参见图 10-41。

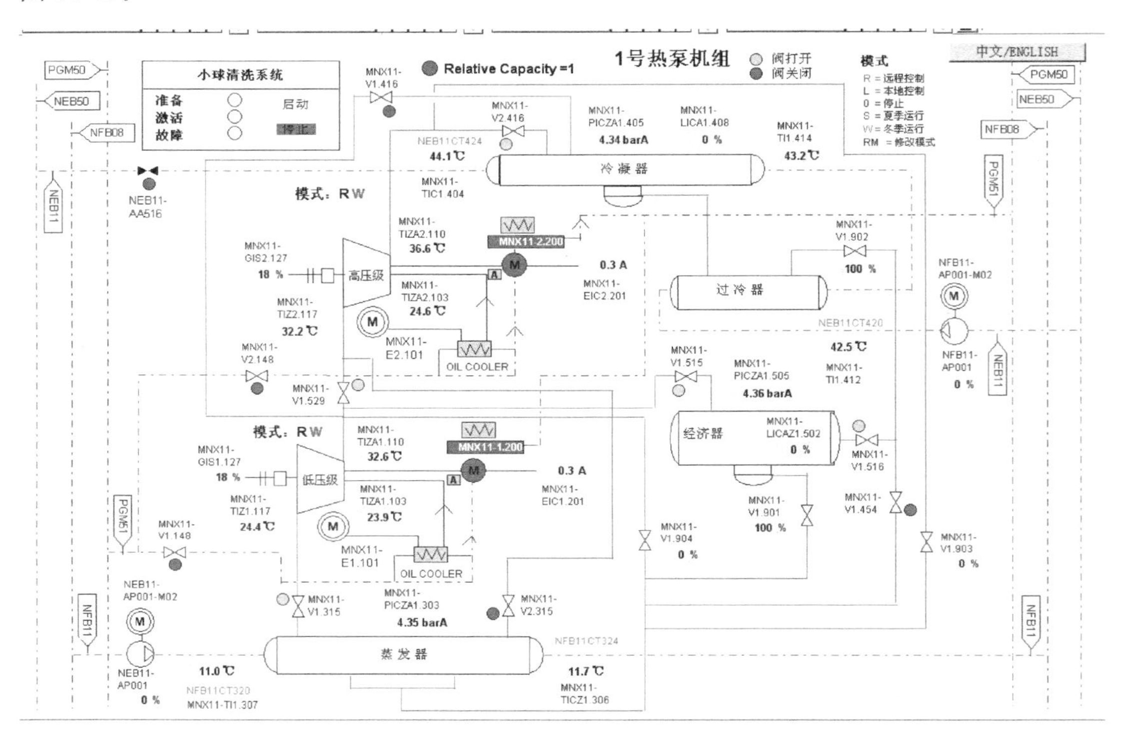

图 10-41　热泵机组计算机控制界面

10.10.2　系统原理

10.10.2.1　热泵机组夏季运行方式

如图 10-42 所示，每台热泵机组分别配有一个高压压缩机和一个低压压缩机，以供冷方式运行时，根据冷负荷的情况，两个压缩机可以并联运行也可以单独运行，为用户提供冷水，用于建筑物内降温。

冷水侧：在设计工况下，用户回水温度为 10℃进入蒸发器，经过低温低压制冷剂冷却后，为用户提供 3℃的冷水。

再生水侧：在设计工况下，从污水处理厂来的再生水在大约 23℃的温度下通过过冷器、冷凝器吸收高温高压制冷剂的热量之后，温度升高到大约 33℃，再回到污水处理厂。

10.10.2.2　热泵机组冬季运行方式

通过热泵机组内部阀门的切换，两台机组呈串联运行状态，见图 10-43。

热水侧：在设计工况下，用户回水温度约为 55℃，热水进入过冷器、冷凝器，经过高温高压制冷剂加热后为用户提供 65℃的热水进行供暖。

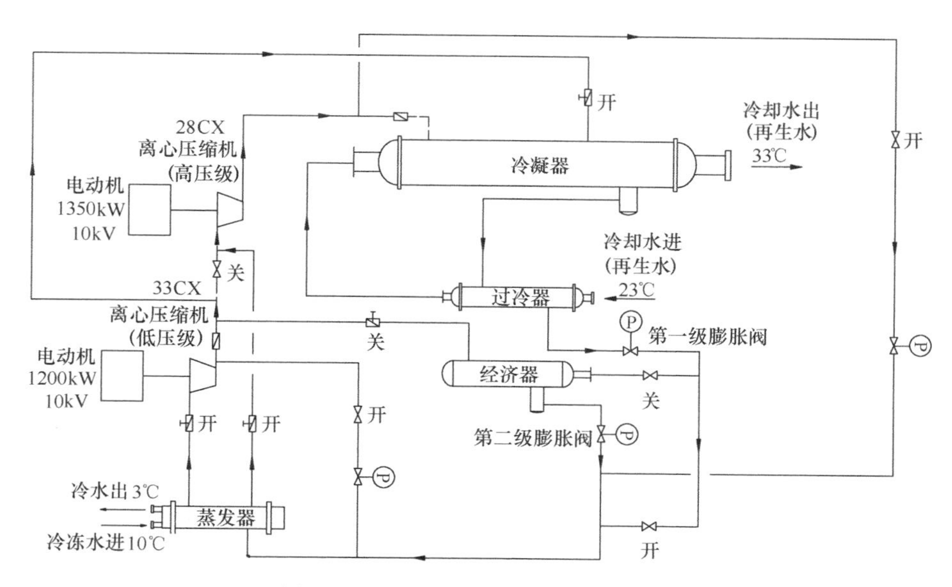

图 10-42 离心热泵机组夏季运行模式

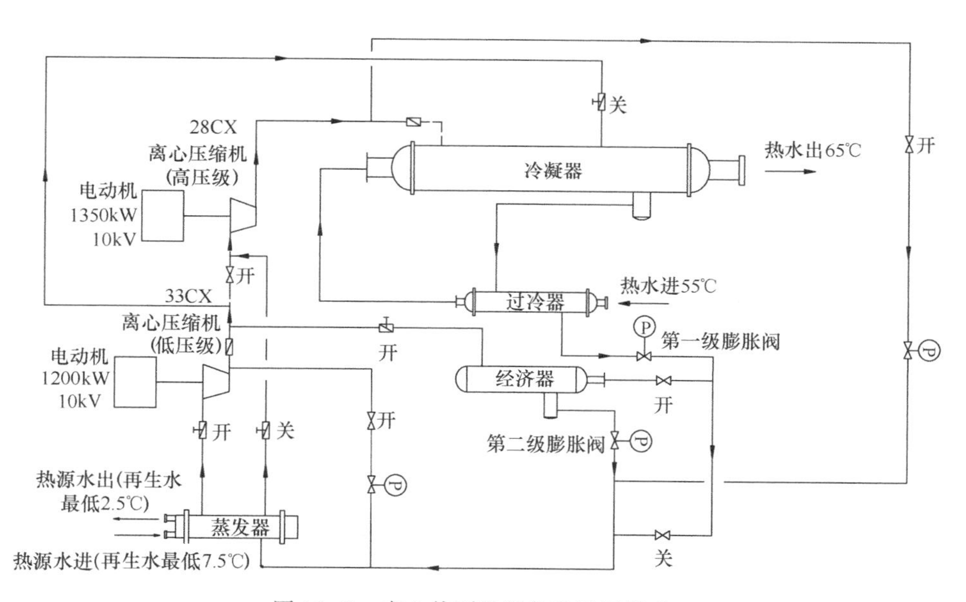

图 10-43 离心热泵机组冬季运行模式

再生水侧：在设计工况下，从污水处理厂来的再生水在大约 7.5℃的温度下通过蒸发器，把热量传给低温低压的制冷剂之后温度降至 2.5℃，再回到污水处理厂（设计工况）。

热泵机组的制热循环：从二级膨胀阀节流的低温低压制冷剂液体，在蒸发器中吸收热源（再生水）的热量，汽化后的低温低压制冷剂气体被低压级压缩机吸入，经过低压级压缩机压缩后与经济器出来的常温中压气体混合后进入高压级压缩机，经过高压级压缩机压缩变为高温高压气体排入冷凝器和过冷器。在冷凝器中，高温高压制冷剂气体将热量放给从用户返回的热水，热水被加热，制冷剂气体被冷却成常温高压的液体，经过膨胀阀一次节流变为中温中压的气液两相液体，进入经济器，其中气体与低压级压缩机排气混合后进入高压级压缩机吸气腔，液体经过膨胀阀二次节流变为低温低压气液两相液体进入蒸发器，吸收再生水中的热量，最后变为低温低压液体，进入低压级压缩机的吸气腔。

10.10.3　运行方式及分析

该热泵系统在测试运行期间，制冷时广场办公区的室内温度可达到 24 ℃，供热时可达到 21 ℃，游泳馆中泳区温度达到 27～28 ℃。根据在线实时监控系统显示，室内温度均可以达到设计要求，用户反映良好，使用效果理想[35]。冬季和夏季运行数据及分析如下。

10.10.3.1　夏季制冷运行数据分析

2007 年 8 月 11 日～9 月 3 日，对热泵机组间歇制冷运行时的室外空气温度、一次网冷水供回水温度及热泵机组的制冷量进行了监测，每 1.5h 读取 1 次数据。典型日的温度及制冷量变化如图 10-44～图 10-46 所示。由图可知，夏季热泵机组进行制冷时，一次网冷水供水温度基本上维持在 5 ℃，一次网冷水回水温度在 10～12 ℃之间变化，一次网冷水供回水温差基本维持在 5～7 ℃，与设计工况大致相符。由于各种条件的限制，并不能从图上看到制冷量变化与室外环境温度变化之间的关系。

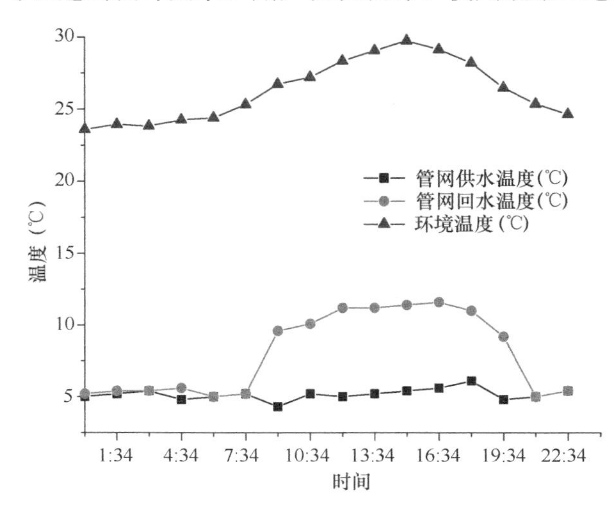

图 10-44　2007 年 8 月 14 日温度变化图

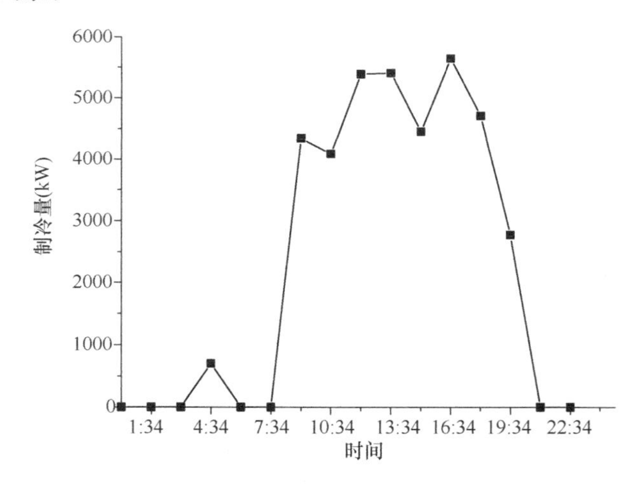

图 10-45　2007 年 8 月 14 日制冷量变化图

10.10.3.2　冬季供暖运行数据分析

2008 年 11 月 14 日至 2009 年 3 月 31 日，对热泵机组间歇供暖运行时的室外空气温度、一次网供回水温度、再生水供回水温度及热泵机组的制热量进行了监测，每 1h（由计算机数据采集系统设定）读取一次数据，典型日的供回水温度变化、制热量、系统 *COP* 变化、峰谷电所占的比例等详见图 10-47～图 10-51。

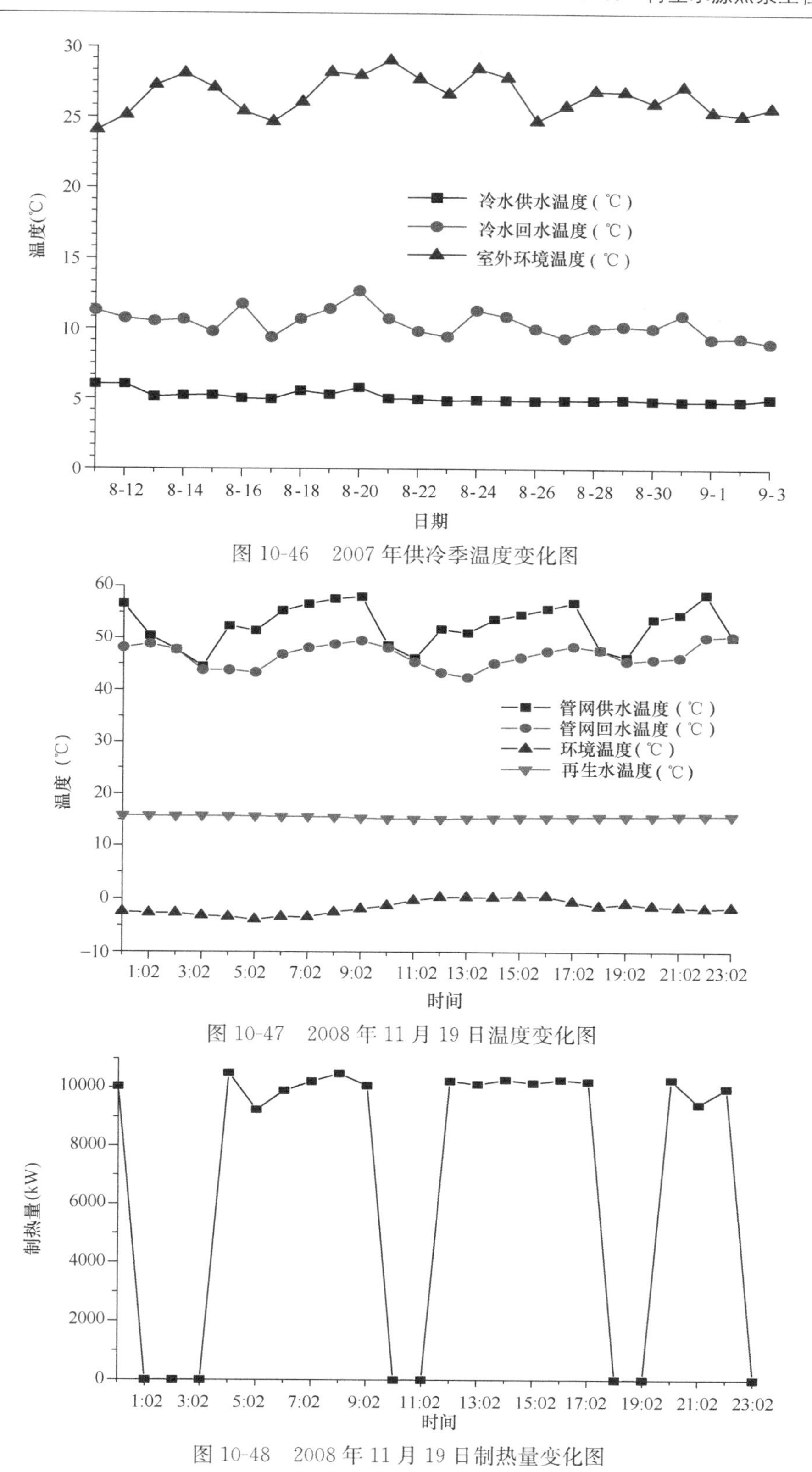

图 10-46　2007 年供冷季温度变化图

图 10-47　2008 年 11 月 19 日温度变化图

图 10-48　2008 年 11 月 19 日制热量变化图

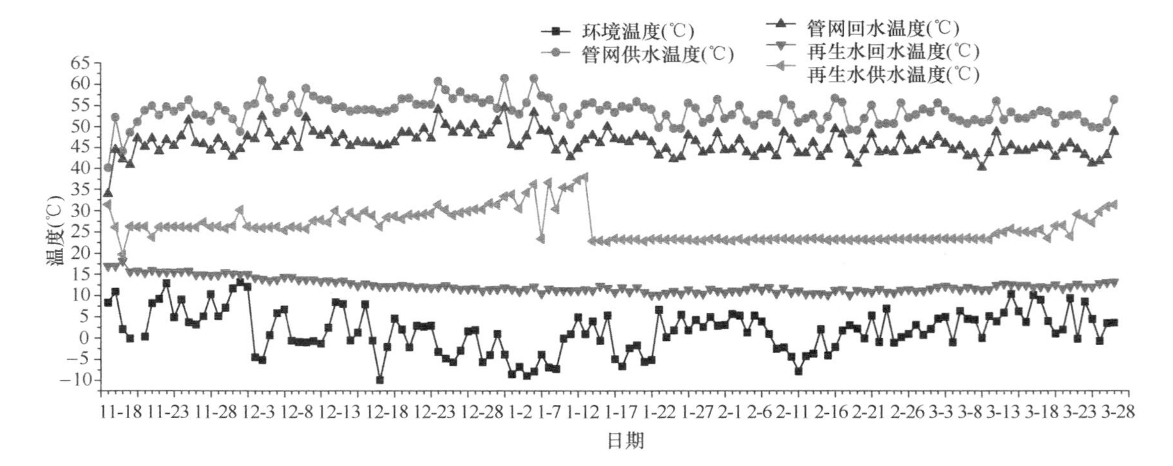

图 10-49　2008 年供暖季温度随时间变化图

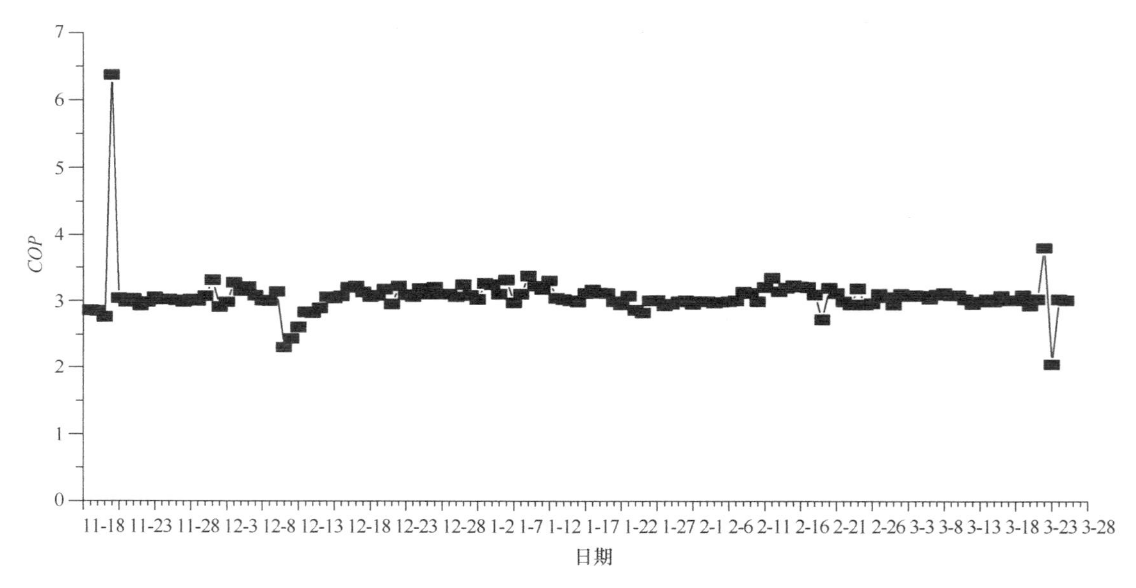

图 10-50　2008 年供暖季制热 *COP* 值随时间变化图

从以上运行数据图中可以看出：

(1) 冬季再生水的温度相对室外空气温度变化范围小，测试期间维持在 18℃左右，即使在目前最冷天气的情况下，温度仍维持在 10℃，由此可见，再生水在冬季是一种非常好的低位热源。

(2) 冬季热泵机组运行时，一次网供回水温差维持在 7～10℃之间，能够较好地满足供暖的要求；在同一天内，机组在开机运行时，尽管室外环境的温度随时间变化，但是热泵机组的制热量的变化幅度不是很大。

(3) 在整个供暖季热泵系统的 *COP* 值（热泵系统总的供热量与热泵系统的总耗电量，包括机组耗电量、水泵耗电量等的比值），基本上在 2.75～3.5 之间变化，整个供暖季的平均系统 *COP* 为 3.01，整个系统能够保持较高的 *COP* 值。

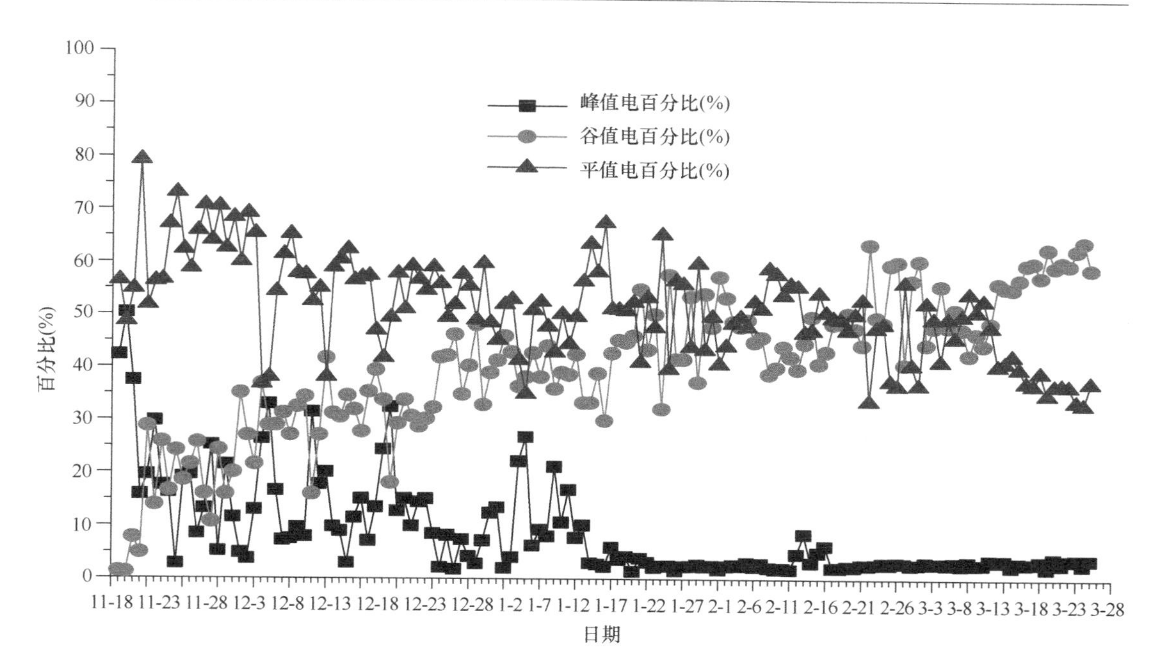

图 10-51 2008 年供暖季制热各值电在总耗电量中所占比例随时间变化图

（4）在供暖季中，整个系统大部分时间由平值电和谷值电进行驱动，谷值电和平值电在整个耗电量中所占的比例在 90%以上，降低了系统运行的成本。

10.10.4 案例分析与评价

本案例基于再生水热泵系统，进行区域供冷和供热，从其运行效果和实际能效来看，是一个成功的案例，该系统的特点如下：

（1）在寒冷和严寒地区，冬季处理后的污水（再生水）的温度相对室外空气温度变化范围小，而且温度相对较高，是一种非常好的低位热源。此外，夏季供冷时采用再生水作为热泵机组冷却水，也可以大大提高冷水机组能效，减少冷却水系统耗电。与该地区传统的冷却塔+冷水机组的供冷方式相比，相同负荷下，由于再生水夏季温度比冷却塔供水温度低 5～8℃，冷水机组的能效比可提高 15%左右。

（2）该工程进行区域供冷和供热，供热系统采用二级网系统，一次网供热系统温度较高，可应对低位热源温度过低时，确保较高的供水温度。每台热泵机组分别配有一个高压压缩机和一个低压压缩机，在再生水温度较低时，两个压缩机可以串联运行；以供冷方式运行时，根据冷负荷的情况，两个压缩机可以并联运行也可以单独运行，具有较好的调节性能。

（3）本系统基于水系统和建筑本体的蓄热能力，在运行过程中大量使用平值电和谷值电，谷值电和平值电在整个耗电量中所占的比例在 90%以上，能够降低系统运行的成本。

（4）本系统中处理后的污水直接进入换热器，尽管没有肉眼可见的杂质，但长时间运行时，会有软垢附着在换热器表面，使其换热效率下降，严重时甚至停机保护。因此，本系统选用胶球系统进行清洗，可以很方便地在线清洗换热器。需要注意的是，胶球的比重应根据再生水的密度进行选择，以使其在再生水中达到悬浮状态，增加清除软垢的效率。

（5）通常情况下，污水处理厂经常设在离热用户较远的地方，热源和热用户之间会有较远的输送距离，会影响系统的总体能效，系统应用时，应因地制宜，具体情况具体分析。

(6) 和处理后污水相比，市政原生污水水温稳定，蕴含大量热能，和热用户距离相对较近。为解决传统的换热设备在污水换热时会产生堵塞和腐蚀等问题，目前常用的除污和换热设备有旋流除污装置、流道式换热器等。其中流道式换热器是提取污水中热量的关键设备，该设备污水侧采用单流道、大截面、无触点结构设计，具有优异的抗堵、防垢性能；清水侧（介质水）采用紧凑型、小截面、多支点、多层并联再串联结构，既保证了换热设备整体的承压能力与抗挠度，又减少了设备体积与占地面积，解决了设备在热交换过程中的堵塞、腐蚀等一系列问题，实现了高效换热。但在实际使用时，要从全局和系统的观点分析原生污水系统是否可行。

参 考 文 献

[1] 陈焰华，祁传斌．武汉香榭里花园水源热泵空调系统设计．暖通空调，2006，36 (3)：82-85.

[2] 武汉地质工程勘察院．武汉市地税局汉口香榭里花园小区地温（水源）中央空调地下水开采与回灌设计．2001.

[3] 王新娟，谢振华，周训．北京西郊地区大口井人工回灌的模拟研究．水文地质工程地质，2005，(1)：70-72.

[4] F. J. Molz, A. D. Parr, P. F. Andersen et al. Thermal Energy Storage in a Confined Aquifer: Experimental Results. Water Resource Research, 1979, 15 (6): 1509-1514.

[5] Fred J. Molz, James C. Warman and Thomas E. Jones. Aquifer Storage of Heated Water: Part I—A Field Experiment. Ground Water, 1978, 16 (4): 234-241.

[6] 倪龙，马最良，孙丽颖．同井回灌地下水源热泵热力特性分析．哈尔滨工程大学学报，2006，27 (2)：195-199.

[7] 倪龙，马最良．多层含水层中同井回灌地下水源热泵特性分析．建筑热能通风空调，2005，24 (3)：10～13.

[8] 周训，陈明佑，李慈君．深层地下热水运移的三维数值模拟．北京：地质出版社，2001.

[9] 蔡义汉．地热直接利用．天津：天津大学出版社，2004.

[10] S. J. Rees, J. D. Spitler, Z. Deng, et al. A Study of Geothermal Heat Pump and Standing Column Well Performance. ASHRAE Transactions, 2004, 110 (1): 3-13.

[11] Z. D. O' Neill, J. D. Spitler, S. J. Rees. Modeling of Standing Column Wells in Ground Source Heat Pump Systems. Proceedings of the 10th International Conference on Thermal Energy Storage-ECOSTOCK, New Jersey, 2006, (CD-ROM).

[12] Z. D. O' Neill, J. D. Spitler, S. J. Rees. Performance Analysis of Standing Column Well Ground Heat Exchanger Systems. ASHRAE Transactions, 2006, 112 (2): 633-643.

[13] 徐生恒．井式液体冷热源系统．中华人民共和国国家知识产权局：(00123494.3)，2002.

[14] S. Xu, L. Rybach. Utilization of Shallow Resources Performance of Direct Use System in Beijng. Geothermal Resource Council Transactions, 2003, 27: 115-118.

[15] 杨自强，曲满洪．单井抽灌技术在我国的应用与发展．暖通空调，2006，36 (增刊)：208-210.

[16] 何满潮，乾增珍，朱家岭．深部地层储能技术与水源热泵联合应用工程实例．太阳能学报，2005，26 (1)：23-27.

[17] 刘雪玲，李宁．低温地热水源热泵供暖技术．煤气与热力，2004，24（10）：567-569.
[18] 刘雪玲，朱家玲．水源热泵在冬季供暖中的应用．太阳能学报，2005，26（2）：262-265.
[19] 刘雪玲，朱家玲，雷海燕．地下水地源热泵夏季运行的测试与分析．暖通空调，2006，36（7）：110-111.
[20] 倪龙，马最良，徐生恒等．北京某同井回灌地下水地源热泵工程的测试分析．暖通空调，2006，36（10）：86-92.
[21] 汪训昌．关于国外电热泵的发展道路及其模式—兼谈洋为中用的几点借鉴．暖通空调，1994，24（3）：19-23.
[22] 范存养，龙惟定．上海地区空气源热泵机组的应用与展望．暖通空调，1994，24（6）：20-24.
[23] 范存养，龙惟定．上海地区空气源热泵冷热水机组的经济分析．暖通空调，1995，25（5）：3-7.
[24] 殷民．比负荷系数法——选用风冷热泵机组的新方法．1998 年全国暖通空调年会文集：293- 297.
[25] 吴有筹．风冷热泵应用问题简析．暖通空调，1995，25（5）：8-10.
[26] 王伟，马最良，姚杨等．双级耦合式热泵供暖系统在北京地区实际应用性能测试与分析．暖通空调，2004，34（10）：91-95.
[27] 孙贺江，由世俊，郭淑琴．天津市动物园地热尾水梯级利用技术研究．给水排水，2007，33（5）：180-182.
[28] 中国地质调查局水文地质环境地质部．我国地热资源及其开发利用现状．北京：中国地质调查局.
[29] 周春风，陈矣人，叶瑞芳．嘉和丽园地下水闭环热泵中央空调系统的设计．全国暖通空调制冷 2002 年学术年会资料集：198-201.
[30] 徐珍喜，陈矣人，周春风．北京嘉和丽园公寓．暖通空调，1999，29（6）：57-58.
[31] 马最良，姚杨，杨自强等．水环热泵空调系统设计．北京：化学工业出版社，2005.
[32] 苏宇贵，麦康勤，吴含等．混合式地源热泵中央空调系统的应用．地温资源与地源热泵技术应用论文集：85-89.
[33] 范晴，陆本杜，钱东郁．热泵在现代游泳馆中的应用．给水排水，2004，30（9）：82-84.
[34] 林康立．热泵热水机组在游泳池中的应用．全国暖通空调制冷 2004 年学术年会资料摘要集（2），2004：206.
[35] 付国栋，陈爱露，姜益强等. 国内规模最大再生（油）水源热泵系统运行状况分析．建筑科学，2009，25（10）：93-97.